（第四版）

建筑工程定额与计价

主　编　王朝霞
副主编　张丽云
编　写　梁　恒　胡绍兰　孟文华
主　审　张泽平

中国电力出版社
CHINA ELECTRIC POWER PRESS

内容提要

本书为普通高等教育“十二五”规划教材（高职高专教育）。全书共两篇十一章，第一篇定额计价，第二篇工程量清单计价，书中重点介绍了在“定额计价”模式下工程量的计算，工程造价的确定；在“工程量清单计价”模式下工程量清单的编制，工程量清单计价方法，工程量清单计价要求等。本书立足基本理论的阐述，注重实际能力的培养，各章节均编入了大量与实践紧密结合的实例，并配有整套的有关工程量清单的编制和工程量清单计价的实例，充分体现“应用性、实用性、综合性、先进性”的原则。

本书可作为高职高专院校建筑工程技术及工程造价专业教材，也可作为本科院校、函授和自学辅导用书，还可作为相关专业人员参考用书。

图书在版编目（CIP）数据

建筑工程定额与计价/王朝霞主编. —4 版. —北京：中国电力出版社，2014.8（2020.5 重印）

普通高等教育“十二五”规划教材. 高职高专教育

ISBN 978-7-5123-6309-0

Ⅰ.①建…　Ⅱ.①王…　Ⅲ.①建筑经济定额—高等职业教育—教材②建筑工程—工程造价—高等职业教育—教材
Ⅳ.①TU723.3

中国版本图书馆 CIP 数据核字（2014）第 176687 号

中国电力出版社出版、发行
（北京市东城区北京站西街 19 号　100005　http://www.cepp.sgcc.com.cn）
北京雁林吉兆印刷有限公司印刷
各地新华书店经售
*
2004 年 7 月第一版
2014 年 8 月第四版　2020 年 5 月北京第二十八次印刷
787 毫米×1092 毫米　16 开本　21.75 印张　533 千字
定价 **59.00** 元

前 言

为适应深化工程计价改革的需要，与当前国家相关法律、法规和政策性的变化规定相适应，住房和城乡建设部在2012年12月25日发布新的《建设工程工程量清单计价规范》(GB 50500—2013）及《房屋建筑与装饰工程工程量计算规范》（GB 50854—2013)。同时住房城乡建设部、财政部在总结原《建筑安装工程费用项目组成》（建标〔2003〕206号）基础上，修订完成了新的《建筑安装工程费用项目组成》（建标〔2013〕44号）文件，新的计价规范和费用项目组成皆自2013年7月1日起实施。因计量与计价依据发生了变化，为此按照最新规范及标准的规定对全书内容进行了修改、补充和完善。

本书在内容的编排上，重点介绍了确定建筑工程造价时，在采用"工程量清单计价"与"定额计价"模式下，其工程量计算和工程造价的确定方法。主要内容包括：定额的编制、应用及"定额计价"模式下工程量的计算，工程造价的确定；工程量清单的编制，"清单计价"模式下工程量的计算，工程量清单计价方法及工程量清单计价要求等。

本书在编写时所采用的标准和规范主要有：《建筑工程建筑面积计算规范》（GB/T 50353—2013),《建设工程工程量清单计价规范》(GB 50500—2013),《房屋建筑与装饰工程工程量计算规范》(GB 50854—2013),《建筑安装工程费用项目组成》（建标〔2013〕44号）文件，《混凝土结构施工图平面整体表示方法制图规则和构造详图》等。

本书立足于基本理论的阐述，注重实际能力的培养，书中各章节编入了大量和实践紧密结合的实例，并配有整套的关于工程量清单的编制、工程量清单计价方法的工程实例。通过对实例的分析、探讨，起到引导、深化，进一步提高读者识别、分析和解决某一具体问题能力的目的。

参加本书编写的人员有：重庆科技学院梁恒（绪论、第一～三章），山西建筑职业技术学院张丽云（第四章、第十一章第三节），河北建筑工程学院胡绍兰（第五～七章），山西建筑职业技术学院王朝霞（第十、十一章第一、二节），山西建筑职业技术学院孟文华（第八、九章）。全书由王朝霞担任主编。太原理工大学张泽平教授审阅了全书。

本书配有电子课件、电子教案、三维动画、习题集与答案等大量电子资源。可通过扫码获取。

限于作者水平，加之时间仓促，疏漏和不足之处在所难免，恳请读者、同行批评指正。

编　者

2014.6

第一版前言

本书为高职高专“十五”规划教材。本书在编写时紧紧围绕高职高专建筑工程技术及工程造价管理专业的人才培养目标，依据国家颁发的最新规范、标准进行编写。本书主要作为高职高专建筑工程技术及工程造价管理专业的教材，也可作为本科院校、函授和自学辅导用书或供相关专业人员学习参考之用。

目前，“工程量清单计价”与传统的计价模式“定额计价”是共存于招投标活动中的两种计价模式，两种计价模式既有联系又有区别。为此本书在内容的编排上，重点介绍了确定建筑工程造价时，在采用“工程量清单计价”与“定额计价”模式下，其工程量的计算和工程造价的确定方法，主要内容包括：定额的编制、应用及采用“定额计价”模式下工程量的计算，工程造价的确定，施工预算、工程结算的编制及工程审计等；对采用“工程量清单计价”模式下依据的计价规范、工程量清单的编制、工程量清单下的价格构成及投标报价方法、报价技巧等进行了详细的阐述。

本书在编写时采用的规范和标准主要有：《全国统一建筑工程预算工程量计算规则》（GJDGZ—101—1995）、《全国统一建筑工程基础定额》（GJD—101—1995）、中华人民共和国建设部、财政部下发的《建筑安装工程费用项目组成》建标［2003］206号文件及《建设工程工程量清单计价规范》（GB 50500—2003）等。

本书立足于基本理论的阐述，注重实际能力的培养，书中各章节编入了大量的和实践紧密结合的实例，并配有整套的关于工程量清单的编制及工程量清单投标报价的工程实例，教材充分体现了“应用性、实用性、综合性、先进性”原则。

参加本书编写的人员有：重庆石油高等专科学校梁恒（绪论、第一、二、三章），山西建筑职业技术学院张丽云（第四章、第十一章第三节），河北建筑工程学院胡绍兰（第五、六、七章），山西建筑职业技术学院王朝霞（第八、九、十、十一章），全书由王朝霞担任主编。太原理工大学张泽平教授审阅了全书。

由于作者水平有限，时间仓促，错误和不足之处在所难免，恳请读者、同行批评指正。

编　者

2004年1月

第二版前言

为贯彻落实教育部《关于进一步加强高等学校本科教学工作的若干意见》和《教育部关于以就业为导向深化高等职业教育改革的若干意见》的精神，加强教材建设，确保教材质量，中国电力教育协会组织制订了普通高等教育“十一五”教材规划。该规划强调适应不同层次、不同类型院校，满足学科发展和人才培养的需求，坚持专业基础课教材与教学急需的专业教材并重、新编与修订相结合。本书为修订教材。

本书为普通高等教育“十一五”规划教材（高职高专教育）。本书在编写时紧紧围绕高职高专建筑工程技术及工程造价管理专业的人才培养目标，依据国家颁发的最新规范、标准进行编写。本书主要作为高职高专建筑工程技术及工程造价管理专业的教材，也可作为本科院校、函授和自学辅导用书或供相关专业人员学习参考之用。

目前，“工程量清单计价”与传统的计价模式“定额计价”是共存于招投标活动中的两种计价模式，两种计价模式既有联系又有区别。为此本书在内容的编排上，重点介绍了确定建筑工程造价时，在采用“工程量清单计价”与“定额计价”模式下，其工程量的计算和工程造价的确定方法，主要内容包括：定额的编制、应用及采用“定额计价”模式下工程量的计算，工程造价的确定，施工预算、工程结算的编制及工程审计等；对采用“工程量清单计价”模式下依据的计价规范、工程量清单的编制、工程量清单下的价格构成及投标报价方法、报价技巧等进行了详细的阐述。

本书在编写时采用的规范和标准主要有：《全国统一建筑工程预算工程量计算规则》（GJDGZ—101—1995）、《全国统一建筑工程基础定额》（GJD—101—1995）、中华人民共和国建设部、财政部下发的《建筑安装工程费用项目组成》建标［2003］206号文件及《建设工程工程量清单计价规范》（GB 50500—2003）等。

本书立足于基本理论的阐述，注重实际能力的培养，书中各章节编入了大量的和实践紧密结合的实例，并配有整套的关于工程量清单的编制及工程量清单投标报价的工程实例，教材充分体现了“应用性、实用性、综合性、先进性”原则。

参加本书编写的人员有：重庆石油高等专科学校梁恒（绪论、第一、二、三章），山西建筑职业技术学院张丽云（第四章、第十一章第三节），河北建筑工程学院胡绍兰（第五、六、七章），山西建筑职业技术学院王朝霞（第八、九、十、十一章），全书由王朝霞担任主编。太原理工大学张泽平教授审阅了全书。

限于作者水平，加之时间仓促，疏漏和不足之处在所难免，恳请读者、同行批评指正。

编　者

2007年6月

第三版前言

为贯彻落实教育部《关于进一步加强高等学校本科教学工作的若干意见》和《教育部关于以就业为导向深化高等职业教育改革的若干意见》的精神，加强教材建设，确保教材质量，中国电力教育协会组织制订了普通高等教育"十一五"教材规划。该规划强调适应不同层次、不同类型院校，满足学科发展和人才培养的需求，坚持专业基础课教材与教学急需的专业教材并重、新编与修订相结合。本书为修订教材。

本书为普通高等教育"十一五"规划教材（高职高专教育），全书根据《建设工程工程量清单计价规范》（GB 50500—2008），对第二篇工程量清单计价部分进行了修改。本书在编写时紧紧围绕高职高专建筑工程技术及工程造价管理专业的人才培养目标，依据国家颁发的最新规范、标准进行编写。本书主要作为高职高专建筑工程技术及工程造价管理专业的教材，也可作为本科院校、函授和自学辅导用书或供相关专业人员学习参考之用。

目前，"工程量清单计价"与传统的计价模式"定额计价"是共存于招投标活动中的两种计价模式，两种计价模式既有联系又有区别。为此本书在内容的编排上，重点介绍了确定建筑工程造价时，在采用"工程量清单计价"与"定额计价"模式下，其工程量的计算和工程造价的确定方法，主要内容包括：定额的编制、应用及采用"定额计价"模式下工程量的计算，工程造价的确定，施工预算、工程结算的编制及工程审计等；对采用"工程量清单计价"模式下依据的计价规范，工程量清单的编制，工程量清单计价方法及招标控制价、投标报价、竣工结算等的编制要求，都进行了详细阐述。

本书在编写时采用的规范和标准主要有：《全国统一建筑工程预算工程量计算规则》（GJDGZ—101—1995）、《全国统一建筑工程基础定额》（GJD—101—1995）、中华人民共和国建设部、财政部下发的《建筑安装工程费用项目组成》建标［2003］206号文件及《建设工程工程量清单计价规范》（GB 50500—2008）等。

本书立足于基本理论的阐述，注重实际能力的培养，书中各章节编入了大量的和实践紧密结合的实例，并配有整套的关于工程量清单的编制及工程量清单计价方法的工程实例，教材充分体现了"应用性、实用性、综合性、先进性"原则。

参加本书编写的人员有：重庆科技学院梁恒（绪论、第一、二、三章），山西建筑职业技术学院张丽云（第四章、第十一章第三节），河北建筑工程学院胡绍兰（第五、六、七章），山西建筑职业技术学院王朝霞（第八、九、十、十一章），全书由王朝霞担任主编。太原理工大学张泽平教授审阅了全书。

限于作者水平，加之时间仓促，疏漏和不足之处在所难免，恳请读者、同行批评指正。

编　者

2008年12月

目　　录

第二篇　工程量清单计价

绪　论

工程造价的计价是以建设项目、单项工程、单位工程为对象，研究其在建设前期、工程实施和工程竣工的全过程中计算工程造价的理论、方法，以及工程造价的运动规律的学科。计算工程造价是工程项目建设中的一项重要的技术与经济活动，是工程管理工作中的一个独特的、相对独立的组成部分。

建设工程造价的计价，除具有一般商品计价的共同特点外，由于建设产品本身的固定性、多样性、体积庞大、生产周期长等特征，直接导致其生产过程中存在流动性、单一性、资源消耗多、造价的时间价值突出等特点。所以工程造价的计价特点有单体性计价、分部组合计价、多次性计价、方法多样性计价和依据正确性计价。

工程计价的形式和方法有多种，且各不相同，但工程计价的基本过程和原理是相同的。如果仅从工程费用计算角度分析，工程计价的顺序是：分部分项工程单价→单位工程造价→单项工程造价→建设项目总造价。而影响工程造价的主要因素有两个，即基本构造要素的单位价格和基本构造要素的实物工程数量，可用下列基本计算式表达

$$\text{工程造价} = \sum_{i=1}^{n}(\text{实物工程量} \times \text{单位价格})$$

式中　i——第 i 个基本子项；

n——工程结构分解得到的基本子项数目。

基本子项的单位价格高，工程造价就高；基本子项的实物工程数量大，工程造价也就大。

从工程计价的模式角度考虑，有“定额计价”和“清单计价”两种模式。不论是哪种计价模式，在确定工程造价时，都是先算工程数量，再计算工程价格。

“定额计价”模式是我国传统的计价模式，在招投标时，不论是作为招标标底，还是投标报价，其招标人和投标人都需要按国家规定的统一工程量计算规则计算工程数量，然后按建设行政主管部门颁布的预算定额计算工、料、机费，再按有关费用标准计取其他费用，汇总后得到工程造价。不难看出，其整个计价过程中的计价依据是固定的，即法定的“定额”。定额是计划经济时代的产物，在特定的历史条件下，起到了确定和衡量工程造价标准的作用，规范了建筑市场，使专业人士在确定工程价格时有所依据，有所凭借。但定额指令性过强，反映在具体表现形式上，就是施工手段消耗部分统得过死，把企业的技术装备、施工手段、管理水平等本属竞争内容的活跃因素固定化了，不利于竞争机制的发挥。

为了适应目前工程招投标竞争中由市场形成工程造价的需要，对传统计价模式进行改革势在必行。因此，在出台的《建设工程工程量清单计价规范》中强调：从 2003 年 7 月 1 日起“全部使用国有投资或国有投资为主的大中型建设工程应执行本规范”，即在招投标活动中，必须采用工程量清单计价。

“工程量清单计价”模式，是指由招标人按照国家统一规定的工程量计算规则计算工程数量，由投标人按照企业自身的实力，根据招标人提供的工程数量，自主报价的一种模式。

由于“工程数量”由招标人统一提供，增大了招投标市场的透明度，为投标企业提供了一个公平合理的基础和环境，真正体现了建设工程交易市场的公平、公正。“工程价格”由投标人自主报价，即定额不再作为计价的唯一依据，政府不再作任何参与，而是由企业根据自身技术专长、材料采购渠道和管理水平等，制定企业自己的报价定额，自主报价。

两种计价模式既有区别，同时又有联系。其联系在于都是先有实体工程数量，再确定工程价格，且实体项目的划分基本相同，另外，两种计价模式虽不同，但费用项目的组成内容是相同的。

第一篇 定 额 计 价

第一章 建筑工程（概）预算基本知识

第一节 基本建设与建筑工程（概）预算

一、基本建设

（一）基本建设概念

建筑工程预算是基本建设预算的重要组成部分。物质资料的再生产是社会发展和人类生存的条件，而社会固定资产的再生产则是物质资料再生产的主要手段。

固定资产的再生产包括简单再生产和扩大再生产。固定资产的简单再生产主要是通过固定资产的大修或更新改造而进行的，固定资产的扩大再生产则是通过固定资产的新建、扩建、改建的形式来实现的。

那么，什么是基本建设呢？基本建设就是以新建、扩建、改建的形式来实现固定资产的扩大再生产。基本建设是指国民经济各部门中固定资产的再生产以及相关的其他工作。例如，工厂、矿井、铁路、公路、水利、商店、住宅、医院、学校等工程的建设和各种设备的购置。基本建设是再生产的重要手段，是国民经济发展的重要物质基础。对于某些报废的重建项目的简单再生产，我国也把它划归于基本建设的范畴。

基本建设是一个物质资料生产的动态过程，这个过程概括起来，就是将一定的建筑材料、机器设备等通过购置、建造和安装等活动把它转化为固定资产，形成新的生产能力或具有使用效益的建设工作。与此相关的其他工作，如征用土地、勘察设计、筹建机构和生产职工的培训等，也都属于基本建设工作的组成部分。

（二）基本建设内容

基本建设的内容包括建筑工程、设备安装工程、设备购置、勘察与设计及其他基本建设工作。

1. 建筑工程

建筑工程包括永久性和临时性的建筑物、构筑物以及设备基础的建造；照明、水卫、暖通等设备的安装；建筑场地的清理、平整、排水；竣工后的整理、绿化以及水利、铁道、公路、桥梁、电力线路、防空设施等的建设。

2. 设备安装工程

设备安装工程包括生产、电力、电信、起重、运输、传动、医疗、实验等各种机器设备的安装；与设备相连的工作台、梯子等的装设工程；附属于被安装设备的管线敷设和设备的绝缘、保温、油漆等，以及为测定安装质量对单个设备进行各种试运行的工作。

3. 设备购置

设备购置包括各种机械设备、电气设备和工具、器具的购置，即一切需要安装与不需要安装设备的购置。

4. 勘察与设计

勘察与设计包括地质勘探、地形测量及工程设计方面的工作。

5. 其他基本建设工作

指除上述各项工作以外的各项基本建设工作及其他生产准备工作。如土地征用、建设场地原有建筑物的拆迁赔偿、筹建机构、生产职工培训等。

二、基本建设程序

（一）基本建设程序概念

基本建设程序是指建设项目从策划、评估、决策、设计、施工到竣工验收、投入生产或交付使用的整个建设过程中各项工作必须遵循的先后次序。这是人们在认识客观规律的基础上制定出来的，是建设项目科学决策和顺利进行的重要保证。按照建设项目发展的内在联系和发展过程，将建设项目分成若干阶段，这些发展阶段有严格的先后次序，不能任意颠倒。

世界上各个国家和国际组织在工程项目建设程序上可能存在着某些差异，但是按照工程建设项目发展的内在规律，投资建设一个工程项目都要经过投资决策和建设实施两个发展时期。这两个发展时期又可分为若干个阶段，它们之间存在着严格的先后次序，可以进行合理的交叉，但不能任意颠倒次序。

（二）基本建设程序内容

1. 基本建设程序的阶段划分

按照我国现行规定，一般大中型及限额以上工程项目的建设程序可以分为以下几个阶段，如图1-1所示。

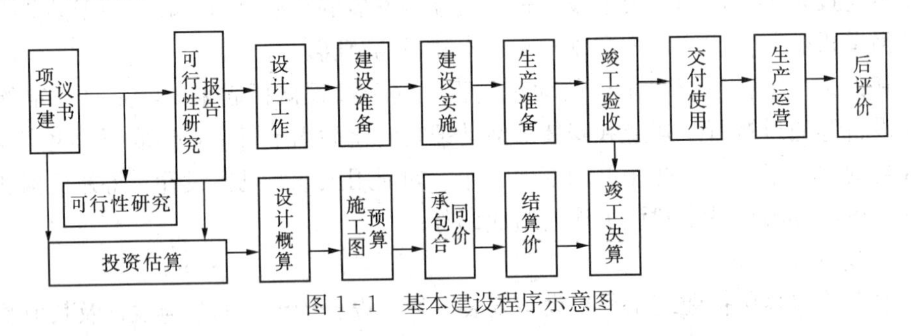

图1-1 基本建设程序示意图

（1）根据国民经济和社会发展长远规划，结合行业和地区发展规划的要求，提出项目建议书；

（2）根据项目建议书的要求，在勘察、试验、调查研究及详细技术经济论证的基础上编制可行性研究报告；

（3）可行性研究报告被批准以后，选择建设地点；

（4）根据可行性研究报告，编制设计文件；

（5）初步设计经批准后，进行施工图设计，并做好施工前的各项准备工作；

（6）编制年度基本建设投资计划；

（7）建设实施；

（8）根据施工进度，做好生产或动工前的准备工作；

（9）项目按批准的设计内容完成，经投料试车验收合格后正式投产交付使用；

（10）生产运营一段时间（一般为1年）后，进行项目后评价。

2. 基本建设程序各阶段的工作内容

（1）项目建议书阶段。项目建议书是建设起始阶段，是业主单位向国家提出的要求建设某一项目的建议文件，是对工程项目建设的轮廓设想。项目建议书的主要作用是推荐一个拟建项目，论述其建设的必要性、建设条件的可行性和获利的可能性，作为投资者和建设管理部门选择并确定是否进行下一步工作的依据。

项目建议书经批准后，可以进行详细的可行性研究工作，但并不表明项目非上不可，项目建议书不是项目的最终决策。

（2）可行性研究阶段。项目建议书一经批准，即可着手开展项目可行性研究工作。可行性研究是对工程项目在技术上是否可行和经济上是否合理进行科学的分析和论证。凡未经可行性研究确认的项目，不得编制向上报送的可行性研究报告和进行下一步工作。

可行性研究报告经批准，建设项目才算正式“立项”。

（3）建设地点的选择阶段。建设地点的选择，按照隶属关系，由主管部门组织勘察设计等单位和所在地部门共同进行。凡在城市辖区内选点的，要取得城市规划部门的同意，并且要有协议文件。

选择建设地点主要考虑三个问题：①工程、水文地质等自然条件是否可靠；②建设时所需水、电、运输等条件是否落实；③项目建成投产后，原材料、燃料等的供应能力是否具备，同时对生产人员生活条件、生产环境等也应全面考虑。

（4）设计工作阶段。设计是对拟建工程的实施在技术上和经济上进行全面而详尽地安排，是基本建设计划的具体化，同时是组织施工的依据。工程项目的设计工作一般划分为两个阶段，即初步设计和施工图设计。重大项目和技术复杂项目，可根据需要增加技术设计阶段。

1）初步设计。初步设计是根据可行性研究报告的要求所做的具体实施方案，目的是为了阐明在指定的地点、时间和投资控制数额内，拟建项目在技术上的可能性和经济上的合理性，并根据对工程项目所作出的基本技术经济规定编制项目总概算。

2）技术设计。应根据初步设计和更详细的调查研究资料编制，以进一步解决初步设计中的重大技术问题，如工艺流程、建筑结构、设备选型及数量确定等，使工程建设项目的设计更具体、更完善，技术指标更合理。

3）施工图设计。根据初步设计或技术设计的要求，结合现场实际情况，完整地表现建筑物外形、内部空间分隔、结构体系、构造状况以及建筑群的组成和周围环境的配合。它还包括各种运输、通信、管道系统、建筑设备的设计。在工艺方面，应具体确定各种设备的型号、规格及各种非标准设备的制造加工。

（5）建设准备阶段。项目在开工建设之前要切实做好各项准备工作，其主要内容包括：征地、拆迁和场地平整；完成施工用水、电、道路准备等工作；组织设备、材料订货；准备必要的施工图纸；组织施工招标，择优选定施工单位。

一般项目在报批开工前，必须由审计机关对项目的有关内容进行审计证明。审计机关主要是对项目的资金来源是否正当及落实情况、项目开工前的各项支出是否符合国家有关规定、资金是否存入规定的专业银行等内容进行审计。新开工的项目还必须具备按施工顺序需要至少3个月以上的工程施工图纸，否则不能开工建设。

（6）编制年度基本建设投资计划阶段。按规定进行了建设准备和具备了开工条件以后，便应组织开工。建设单位申请批准开工要经国家计划部门统一审核后，编制年度大、中型和限额以上工程建设项目新开工计划，并报国务院批准。部门和地方政府无权自行审批大、中型和限额以上工程建设项目开工报告。年度大、中型和限额以上新开工项目经国务院批准，由国家计委下达项目计划。

（7）建设实施阶段。工程项目经批准开工实施，项目即进入了施工阶段。项目新开工时间，是指工程建设项目设计文件中规定的任何一项永久性工程第一次正式破土开槽开始施工的日期；不需开槽的工程，正式开始打桩的日期就是开工日期；铁路、公路、水库等需要进行大量土、石方工程的，以开始进行土方、石方工程的日期作为正式开工日期。工程地质勘察、平整场地、旧建筑物的拆除、临时建筑、施工用临时道路和水、电等工程开始施工的日期不能算作正式开工日期。分期建设的项目分别按各期工程开工的日期计算，如二期工程应根据工程设计文件规定的永久性工程开工的日期计算。

施工安装活动应按照工程设计、施工合同条款及施工组织设计的要求，在保证工程质量、工期、成本及安全、环保等目标的前提下进行，达到竣工验收标准后，由施工单位移交给建设单位。

（8）生产准备阶段。对于生产性工程建设项目而言，生产准备是项目投产前由建设单位进行的一项重要工作。它是衔接建设和生产的桥梁，是项目由建设转入生产经营的必要条件。建设单位应适时组成专门班子或机构做好生产准备工作，确保项目建成后能及时投产。

（9）竣工验收阶段。当工程项目按设计文件的规定内容和施工图纸的要求全部建完后，便可组织验收。竣工验收是工程建设过程的最后一个环节，是投资成果转入生产或使用的标志，也是全面考核基本建设成果、检验设计和工程质量的重要步骤。竣工验收对促进建设项目及时投产、发挥投资效益及总结建设经验都有重要作用。通过竣工验收，可以检查建设项目实际形成的生产能力或效益，也可避免项目建成后继续消耗建设费用。

竣工和投产或交付使用的日期，是指经验收合格、达到竣工验收标准、正式移交生产或使用的时间。在正常情况下，建设项目的投产或投入使用的日期与竣工日期是一致的，但是实际上，有些项目的竣工日期往往晚于投产日期。这是因为生产性建设项目工程全部建成，经试运转、验收鉴定合格、移交生产部门时，便可算作全部投产，而竣工则要求该项目的生产性、非生产性工程全部建成完工。

（10）建设项目后评价阶段。项目后评价是工程项目竣工投产、生产运营一段时间后，再对项目的立项决策、设计施工、竣工投产、生产运营等全过程进行系统评价的一种技术经济活动，是固定资产投资管理的一项重要内容，也是固定资产投资管理的最后一个环节。通过建设项目后评价，可以达到肯定成绩、总结经验；研究问题、吸取教训；提出建议、改进工作；不断提高项目决策水平和投资效果的目的。

三、基本建设程序与建筑工程（概）预算间的关系

通过基本建设程序示意图（见图1-1）和建设项目不同时期工程造价的计价示意图（见图1-2），可以看出它们之间的关系为：

1）建筑工程（概）预算是基本建设预算的组成部分；

2）在项目建议书和可行性研究阶段编制投资估算；

3）在初步设计和技术设计阶段，分别编制设计概算和修正设计概算；

4）在施工图设计完成后，在施工前编制施工图预算；

5）在项目招投标阶段确定标底和报价，从而确定承包合同价；

6）在项目实施建设阶段，分阶段或不同目标进行工程结算，即项目结算价；

7）在项目竣工验收阶段，编制项目竣工决算。

综上所述，施工图（概）预算是基本建设文件的重要组成部分，是基本建设过程中重要的经济文件。

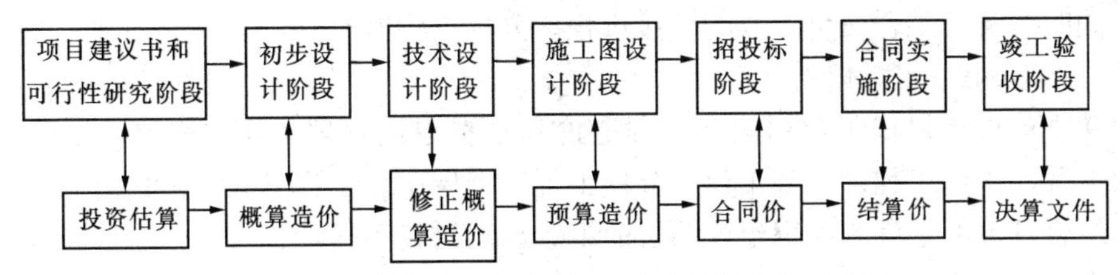

图 1-2　建设项目不同时期工程造价的计价示意图

四、基本建设项目

（一）基本建设项目概念

工程建设项目是以实物形态表示的具体项目，它以形成固定资产为目的。在我国，工程建设项目包括基本建设项目（新建、扩建等扩大生产能力的项目）和更新改造项目（以改进技术、增加产品品种、提高质量、治理三废、劳动安全、节约资源为主要目的的项目）。

基本建设项目一般指在一个总体设计或初步设计范围内，由一个或几个单位工程组成，在经济上进行统一核算，行政上有独立组织形式，实行统一管理的建设单位。凡属于一个总体设计范围内分期分批进行建设的主体工程和附属配套工程、综合利用工程、供水供电工程等均应作为一个工程建设项目，不能将其按地区或施工承包单位划分为若干个工程建设项目。此外，也不能将不属于一个总体设计范围内的几个工程，按各种方式归算为一个工程建设项目。

更新改造项目是指对企业、事业单位原有设施进行技术改造或固定资产进行更新的辅助性生产项目和生活福利设施项目。

（二）基本建设项目的分解

（1）按照国家《建筑工程施工质量验收统一标准》（GB 50300—2001）规定，建筑工程质量验收应划分为单位工程、分部工程和分项工程。

1）单位工程。具备独立施工条件，并能形成独立使用功能的建筑物及构筑物为一个单位工程。单位工程是工程建设项目的组成部分，一个工程建设项目有时可以仅包括一个单位工程，也可以包括许多单位工程。从施工的角度看，单位工程就是一个独立的交工系统，在工程建设项目总体施工部署和管理目标的指导下，形成自身的项目管理方案和目标，按其投资和质量的要求，如期建成交付生产和使用。对于建设规模较大的单位工程，还可将其能形成独立使用功能的部分划分为若干子单位工程。

由于单位工程的施工条件具有相对的独立性，因此，一般要单独组织施工和竣工验收。单位工程体现了工程建设项目的主要建设内容，是新增生产能力或工程效益的基础。

2）分部工程。分部工程是建筑物按单位工程的部位、专业性质划分的，亦即单位工程的进一步分解。一般工业与民用建筑工程可划分为地基与基础、主体结构、建筑装饰装修、建筑屋面、建筑给水排水及采暖、建筑电气、智能建筑、通风与空调、电梯八部分。

当分部工程较大或较复杂时，可按材料种类、施工特点、施工程序、专业系统及类别等划分为若干子分部工程，如主体结构可划分为：混凝土结构、劲钢（管）混凝土结构、砌体结构、钢结构、木结构、网架和索膜结构。

3）分项工程。分项工程是分部工程的组成部分，一般是按主要工种、材料、施工工艺、设备类别等进行划分。如混凝土结构可划分钢筋工程、模板工程、混凝土工程、预应力工程等。分项工程是建筑工程施工生产活动的基础，也是计量工程用工用料和机械台班消耗的基本单元，同时，又是工程质量形成的直接过程。分项工程既有其作业活动的独立性，又有其相互联系、相互制约的整体性。

（2）基本建设项目按照合理确定工程造价和基本建设管理工作的需要，划分为建设项目、单项工程、单位工程、分部工程、分项工程五个层次。工程量和造价是由局部到整体的一个分部组合计算的过程。认识建设项目的组成，对研究工程计量与工程造价（计价）确定与控制具有重要作用。

1）建设项目。一般是指在一个总体设计范围内，由一个或几个工程项目组成，经济上实行独立核算，行政上实行独立管理，并且具有法人资格的建设单位。通常，一个企业、事业单位就是一个建设项目。

在我国通常把建设一个企业、事业单位或一个独立工程项目作为一个建设项目。凡属于一个总体设计中分期分批建设的主体工程、水电气供应工程、配套或综合利用工程都应合并为一个建设项目。不能把不属于一个总体设计的几个工程，归算为一个建设项目，也不能把同一个总体设计内的工程，按地区或施工单位分为几个建设项目。

虽然建设项目具有投资额大，建设周期长的特点，但建设项目的管理者有权统一管理总体设计所规定的各项工程。建设项目的工程量是指建设的全部工程量，其造价一般指投资估算、设计总概算和竣工总决算的造价。

2）单项工程。又称工程项目，它是建设项目的组成部分，是指具有独立的设计文件，竣工后可以独立发挥生产能力或使用效益的工程。如，单项工程中一般包括建筑工程和安装工程；工业建设中的一个车间或住宅区建设中的一幢住宅楼都是构成该建设项目的单项工程。有时，一个建设项目只有一个单项工程，则此单项工程也就是建设项目。

单项工程的工程量与工程造价，分别由构成该单项工程的各单位工程的工程量和造价的总和组成。

3）单位工程。单位工程是单项工程的组成部分。单位工程是指具有独立的设计文件、可以独立组织施工，但建成后不能独立发挥生产能力或使用效益的工程。如，一个生产车间的土建工程、电气照明工程、给排水工程、机械设备安装工程、电气设备安装工程等都是生产车间这个单项工程的组成部分，即单位工程。

施工图预算，往往针对单位工程进行编制。

4）分部工程。分部工程是单位工程的组成部分。分部工程一般按工种工程来划分，而土建工程的分部工程是按建筑工程的主要部位划分的。例如，土石方工程、砖石工程、脚手架工程、钢筋混凝土工程、木结构工程、金属结构工程、装饰工程等。也可按单位工程的构成部分来划分，例如，基础工程、墙体工程、梁柱工程、楼地面工程、门窗工程、屋面工程等。一般建筑工程预算定额的分部工程划分综合了上述两种方法。

5）分项工程。分项工程是分部工程的组成部分。一般按照分部工程划分的方法，再将分部工程划分为若干个分项工程，一般是按生产分工，并能按某种计量单位计算、便于测定或统计工程基本构造要素和工程量来划分的。例如，基础工程还可以划分为基槽开挖、基础垫层、基础砌筑、基础防潮层、基槽回填土、土方运输等分项工程项目。分项工程划分的粗细程度，视具体编制概预算的不同要求而确定。一般情况下，概算定额的项目较粗，预算定额的项目较细。

分项工程是建筑工程的基本构造要素。通常，我们把这一基本构造要素称为“假定建筑产品”。假定建筑产品虽然没有独立存在的意义，但这一概念在预算编制原理、计划统计、建筑施工、工程概预算、工程成本核算等方面都是必不可少的重要概念。

土建工程的分项工程是按建筑工程的主要过程划分的。《全国统一建筑工程基础定额》和《全国统一安装工程预算定额》的定额子目，一般按分项工程划分，其单位是分项工程的计量单位。工程计量就是按照全国统一的《工程量计算规则》计算的分项工程的工程数量。

只有建设项目、单项工程、单位工程的施工才能称为施工项目。而分部、分项工程不能称为施工项目。因为前者是施工企业的完整产品，而后者不是完整的产品。但是它们是构成施工项目产品的组成部分，是工程计量与工程造价计算的基础。

某生产性基本建设项目划分示意图，见图1-3。

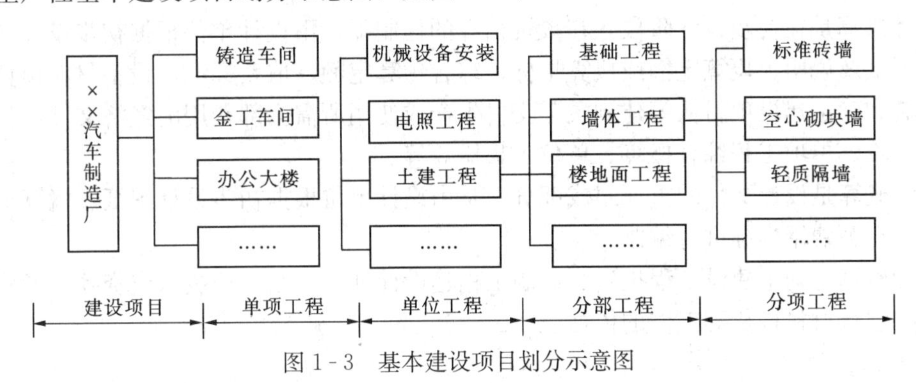

图1-3　基本建设项目划分示意图

（三）基本建设项目与建筑工程（概）预算间的关系

1. 施工图预算的编制对象

建筑工程预算、安装工程预算、装饰工程预算等统称为施工图预算，因为它们都是根据施工图和预算定额编制的。一个完整的施工图预算是以单位工程为研究对象进行编制的，即施工图预算可以确定单位工程的工程造价。

2. 基本建设项目与施工图预算项目

虽然施工图预算以单位工程为对象编制，但计算工程量时，必须以分项工程为对象进行一项一项地计算。

从基本建设项目划分中，我们知道，建设项目→单项工程→单位工程→分部工程→分项工程之间是层层分解的关系。因此，当我们从分项工程开始计算工程量后，就可以层层汇总为一个单位工程。施工图预算就是从分项工程计算工程量开始，然后套用对口的预算定额基价算出分项工程直接工程费，再汇总成单位工程直接费，最后根据有关费率计算和汇总成单位工程造价。

由此可见，基本建设项目划分的规则确定了施工图预算的编制对象和工程量计算对象的范围，也确定了施工图预算编制的主要顺序。

第二节 建筑工程（概）预算的编制

一、建筑工程（概）预算的分类

建筑工程（概）预算之所以要进行分类，是由于基本建设程序的要求所决定的。其分类可以按编制阶段、编制依据、编制方法及用途的不同进行，现分述如下：

1. 投资估算

投资估算是指编制项目建议书、进行可行性研究报告阶段编制的工程造价。一般可按规定的投资估算指标，类似工程的造价资料，现行的设备、材料价格并结合工程的实际情况进行投资估算。投资估算是对建设工程预期总造价所进行的优化、计算、核定及相应文件的编制，所预计和核定的工程造价称为估算造价。投资估算是进行建设项目经济评价的基础，是判断项目可行性和进行项目决策的重要依据，并作为以后建设阶段工程造价的控制目标限额。

2. 设计概算

设计概算是在初步设计阶段，在投资估算的控制下，由设计单位根据初步设计或扩大初步设计图纸及说明、概算定额或概算指标、综合预算定额、取费标准、设备材料预算价格等资料编制和确定建设项目从筹建到竣工交付生产或使用所需全部费用的经济文件，包括建设项目总概算、单项工程综合概算、单位工程概算等。

设计概算是设计文件的重要组成部分，是由设计单位根据初步设计图纸、概算定额或概算指标、有关费用标准进行编制。

设计概算是确定建设工程投资、编制工程建设计划、控制工程拨款或贷款、考核设计的合理性、进行材料订货等工作的依据。

3. 施工图预算

施工图预算是在施工图纸设计完成后、工程开工前，由建设单位（或施工单位）预先计算和确定单项或单位工程全部建设费用的经济文件。建设单位或其委托单位编制的施工图预算，可作为工程建设招标的标底。对于施工承揽方来说，为了投标也必须进行施工图预算。

设计概算和施工图预算均属基本建设预算的组成内容，两者除在编制依据、所处的编制阶段、所起的作用及分项工程项目划分上有粗细之分外，其编制方法基本相似。

4. 承包合同价

承包合同价是指在招标、投标工作中，经组织开标、评标、定标后，根据中标价格由招标单位和承包单位，在工程承包合同中，按有关规定或协议条款约定的各种取费标准计算的用以支付给承包方按照合同要求完成工程内容的价款总额。

按照合同类型和计价方法，承包合同价有总价合同、单价合同、成本加酬金合同、交钥匙统包合同等不同类型。

5. 竣工结算

竣工结算是指一个单位工程或单项工程完工后，经组织验收合格，由施工单位根据承包合同条款和计价的规定，结合工程施工中设计变更等引起的工程建设费增加或减少的具体情况，编制经建设或委托的监理单位签认的，用以表达该项工程最终实际造价为主要内容的作为结算工程价款依据的经济文件。竣工结算方式按工程承包合同规定办理，为维护建设单位和施工企业双方权益，应按完成多少工程，付多少款的方式结算工程价款。

6. 竣工决算

竣工决算是指建设项目全部竣工验收合格后编制的实际造价的经济文件。竣工决算可以反映建设交付使用的固定资产及流动资产的详细情况，可以作为财产交接、考核交付使用的财产成本以及使用部门建立财产明细表和登记新增资产价值的依据。通过竣工决算所显示的完成一个建设项目所实际花费的总费用，是对该建设项目进行清产核资和后评估的依据。

从投资估算、设计概算、施工图预算到承包合同价，再到各项工程的结算价和最后在结算价基础上编制竣工决算，整个计价过程是一个由粗到细、由浅到深，最后确定工程实际造价的过程，计价过程中各个环节之间相互衔接，前者制约后者，后者补充前者。在这种情况下，实行技术与经济相结合，研究和建立工程造价“全过程一体化”管理，改变“铁路警察各管一段”的状况，对建设项目投资或成本控制十分必要。

特别值得一提的是施工预算，它是施工企业内部对单位工程进行施工管理的成本计划文件，是由施工单位根据会审的施工图纸、施工定额、施工组织设计，并考虑了各种节约因素，按照班组核算的要求于施工前编制的。施工预算是施工企业实行定额管理，进行内部核算，向班组下达施工任务书，签发限额领料单，控制工料消耗和签订内部承包合同的主要依据。施工预算和施工图预算在编制依据、编制方法、粗细程度和所起的作用等方面均有所不同。如果说施工图预算是确定施工企业在单位工程上收入的依据，那么，施工预算则是施工企业在单位工程上控制各项成本支出的依据。

二、建筑工程施工图预算

（一）建筑工程施工图预算的概念

1. 施工图预算的概念

施工图预算是施工图设计预算的简称，又叫设计预算。它是根据建筑安装工程的施工图纸计算的工程量、施工组织设计确定的施工方案、现行工程预算定额或基价表、取费标准、主管部门规定的其他取费规定等进行计算和编制的单位工程或单项工程建设费用的经济文件。施工图预算确定的工程造价是建筑及安装工程产品的计划价格。

施工图预算不是建设产品的最终价格，它仅仅是工程建设产品生产过程中的建筑工程、装饰工程、市政工程、机械设备安装工程、电气设备安装工程、管道设备安装工程等某一专业工程产品的造价。当把组成某一单项工程的各单位工程造价计算出来后，相加就求得了该单项工程造价。施工图预算不含设计概算中的设备及工器具购置等费用。

同时指出，根据同一套施工图纸，各单位或施工企业进行施工图预算的结果，都不可能完全一样。因为，尽管施工图一样，按工程量计算规则计算的工程数量一样，采用的定额一样，按照建设主管部门规定的费用计算程序和其他费用规定也相同，但是，编制者所采用的施工方案不可能完全相同，材料预算价格也因工程所处不同的时间、地点或材料来源不同等有所差异。所以，认为同一套施工图作出的施工图预算应一样的观点，不能完全反映客观现实的情况。

编制施工图预算是一项政策性和技术性很强的技术经济工作。由于建设工程产品本身的固定性、多样性及体积庞大、生产周期长等特征，导致施工的流动性，产品的单件性，资源消耗多，受自然气候、地理条件的影响大等施工特点。建设工程产品的生产周期长，工程造价的时间价值十分突出，人工、材料、机械等市场价格的变化，施工图预算编制人员的政策、业务水平的不同，从而使施工图预算的准确度相差甚大。这就要求施工图预算编制人员，不但需要具备一定的专业技术知识，熟悉施工过程，而且要具有全面掌握国家和地区工程定额及有关工程造价计费规定的政策水平和编制施工图预算的业务能力。

要完整、正确地编制施工图预算，必须深入现场，进行充分的调查研究，使预算的内容既能反映实际情况，又能适应施工管理工作的需要。同时，必须严格遵守国家工程建设的各项方针、政策和法令，做到实事求是，不弄虚作假，并注意不断研究和改进编制方法，提高效率，准确、及时地编制出高质量的预算，以满足工程建设的需要。

在编制施工图预算时应做到：

1）熟悉本专业施工图纸表达的工程内容和本专业工程对象的施工及验收规范内容；

2）了解实施该工程对象的施工方案或方法；

3）掌握本专业工程量计算规则；

4）全面理解现行预算定额或计价定额等取费规定；

5）根据施工图计算的工程量套定额计算定额直接工程费；

6）根据定额直接工程费或其中人工费，计算应计取的其他各项费用和工程造价。

2. 施工图预算的作用

在社会主义市场经济条件下，施工图预算的主要作用是：

1）施工图预算是设计阶段控制工程造价的重要环节，是控制施工图设计不突破设计概算的重要措施。

2）施工图预算是编制或调整固定资产投资计划的依据。

3）对于实行施工招标的工程，施工图预算是编制标底的依据，也是承包企业投标报价的基础。

4）对于不宜实行招标而采用施工图预算加调整价结算的工程，施工图预算可作为确定合同价款的基础或作为审查施工企业提出的施工图预算的依据。

（二）建筑工程施工图预算的内容

施工图预算有单位工程预算、单项工程预算和建设项目总预算。单位工程预算是根据施工图设计文件、现行预算定额、费用定额以及人工、材料、设备、机械台班等预算价格资料，以一定方法，编制单位工程的施工图预算，然后汇总所有各单位工程施工图预算成为单项工程施工图预算，再汇总所有单项工程施工图预算，便是一个建设项目建筑安装工程的总预算。

单位工程预算包括建筑工程预算和设备安装工程预算。建筑工程预算按其工程性质分为一般土建工程预算、卫生工程预算（包括室内外给排水工程、采暖通风工程、煤气工程等）、电气照明工程预算、弱电工程预算、特殊构筑物（如炉窑、烟囱、水塔等）工程预算和工业管道工程预算等。设备安装工程预算可分为机械设备安装工程预算、电气设备安装工程预算和热力设备安装工程预算等。

建筑工程施工图预算是具体计算建筑工程预算造价的经济技术文件。一份完整的单位工程施工图预算由下列内容组成：

1. 封面

封面主要用来反映工程概况。封面填写内容一般应写明建设单位、单位工程名称、建设地点、工程类别、结构类型、工程规模（建筑面积）；预算总造价、单方造价；编制单位名称、技术负责人、编制人（资格证章）和编制日期；审查单位名称、技术负责人、审核人（资格证章）和审核日期等。

2. 编制说明

编制说明是编制者向审核者交代编制方面有关情况，包括编制依据、工程性质、内容范围、设计图纸号、所用预算定额编制年份（即价格水平年份）、有关部门的调价文件号、套用单价或补充单位估价表方面的情况及其他需要说明的问题。

编制说明主要说明所编预算在预算表中无法表达，而又需要使审核单位（或人员）与使用单位（或人员）必须了解的内容。其内容一般应包括施工现场（如土质、标高）与施工图说明不符的情况，对建设单位提供的材料与半成品预算价格的处理，施工图纸的重大修改，对施工图纸说明不明确之处的处理，基础的特殊处理，特殊项目及特殊材料补充单价的编制依据与计算说明，经甲乙双方协商同意编入预算的项目说明，未定事项及其他应予以说明的问题等。

3. 费用汇总表

指组成单位工程预算造价各项费用的汇总表。其内容包括分部分项工程费、措施项目费、其他项目费、规费、税金等。

4. 工程预算表

工程预算表是指分部分项工程直接费的计算表（有的含工料分析表），它是工程预算书（即施工图预算）的主要组成部分，其内容包括定额编号、分部分项工程名称、计量单位、工程数量、预算单价及合价等。有些地区还将人工费、材料费和机械费在本表中同时列出，以便汇总后计算其他各项费用。

5. 工料分析表

工料分析表是指分部分项工程所需人工、材料和机械台班消耗量的分析计算表。此表一般与工程预算表结合在一起（有的也分开），其内容除与工程预算表的内容相同外，还应列出分项工程的预算定额工料消耗量指标和计算出相应的工料消耗数量。

6. 材料汇总表

材料汇总表是指单位工程所需的材料汇总表。其内容包括材料名称、规格、单位、数量。

（三）建筑工程施工图预算的编制依据

1. 施工图纸及说明书和标准图集

经审定的施工图纸、说明书和标准图集，完整地反映了工程的具体内容、做法及各部分的具体结构尺寸、技术特征以及施工方法，是编制施工图预算的重要依据。

2. 现行预算定额及单位估价表

国家和地区都颁发有现行建筑、安装工程预算定额及单位估价表和相应的工程量计算规则，是编制施工图预算确定分项工程子目，计算工程量，选用单位估价表、计算分部分项工程费、措施项目费等的主要依据。

3. 施工组织设计或施工方案

因为施工组织设计或施工方案中包括了编制施工图预算所需的工程自然、技术经济条件和主要施工方法、机械设备选择等必不可少的有关资料，如建设地点的土质、地质情况，土石方开挖的施工方法及余土外运方式与运距，施工机械使用情况，结构构件预制加工方法及运距，重要的梁板柱的施工方案、重要或特殊机械设备的安装方案等。

4. 材料、人工、机械台班预算价格及调价规定

材料、人工、机械台班预算价格是预算定额的三要素，是构成分部分项工程费、措施项目费的主要因素。尤其是材料费在工程成本中占的比重大，而且在市场经济条件下，材料、人工、机械台班的价格是随市场的变化而变化的。为使预算造价尽可能接近实际，各地区主管部门对此都有明确的调价规定。因此，材料、人工、机械台班预算价格及其调价规定是编制施工图预算的重要依据。

5. 建筑安装工程费用定额

建筑安装工程费用定额是各省、市、自治区和各专业部门规定的费用定额及计算程序。

6. 预算员工作手册及有关工具书

预算员工作手册和工具书包括了计算各种结构件面积和体积的公式，钢材、木材等各种材料规格型号及用量数据，各种单位换算比例，特殊断面、结构件的工程量的速算方法和金属材料重量（密度）表等。显然，以上这些公式、资料、数据是施工图预算中常常要用到的。所以它是编制施工图预算必不可少的依据。

三、建筑工程施工图预算的编制方法和步骤

（一）单价法编制施工图预算

1. 单价法的含义

简而言之，单价法是用事先编制好的分项工程的单位估价表来编制施工图预算的方法。按施工图计算的各分项工程的工程量，乘以相应单价后汇总相加，得到单位工程的直接工程费（即人工费、材料费、机械使用费之和），再加上按规定程序计算出来的间接费、利润和税金，便可得出单位工程的施工图预算造价。单价法有工料单价法和综合单价法两种，具体计算方法见第三章第二节。

$$\begin{array}{c}\text{单位工程施工}\\\text{图预算直接工程费}\end{array}=\sum(\text{分项工程量}\times\text{预算定额单价})$$

2. 单价法编制施工图预算的步骤

单价法编制施工图预算的步骤如图 1-4 所示。

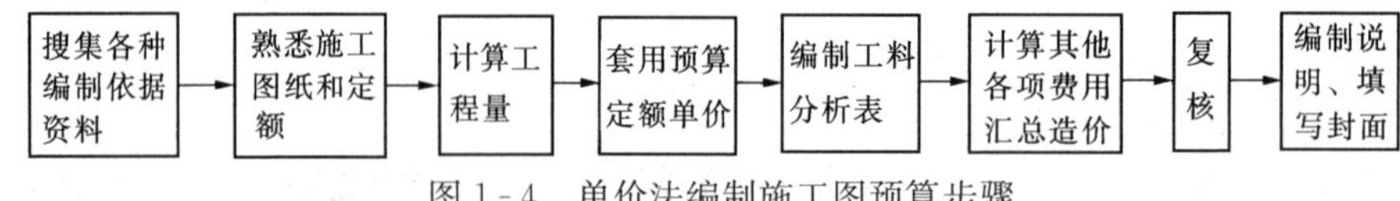

图 1-4 单价法编制施工图预算步骤

具体步骤如下：

（1）搜集各种编制依据资料。各种编制依据资料包括施工图纸、施工组织设计或施工方案、现行建筑安装工程预算定额、费用定额、统一的工程量计算规则、预算工作手册和工程所在地区的材料、人工、机械台班预算价格与调价规定等。

（2）熟悉施工图纸和定额。只有对施工图和预算定额有全面详细的了解，才能全面准确地计算出工程量，进而合理地编制出施工图预算造价。

（3）计算工程量。工程量的计算在整个预算过程中是最重要、最繁重的一个环节，不仅影响预算的及时性，而且影响预算造价的准确性。因此，必须在工程量计算上狠下工夫，确

保预算质量。

计算工程量一般可按下列具体步骤进行：

1）根据施工图示的工程内容和定额项目，列出计算工程量的分部分项工程；

2）根据一定的计算顺序和计算规则，列出计算式；

3）根据施工图示尺寸及有关数据，代入计算式进行数学计算；

4）按照定额中的分部分项工程的计量单位对相应的计算结果的计量单位进行调整，使之一致。

（4）套用预算定额单价。工程量计算完毕并核对无误后，用所得到的分部分项工程量乘以单位估价表中相应的定额基价，相乘后相加汇总，便可求出单位工程的定额人工费、材料费、机械费。

套用单价时需注意如下几点：

1）分项工程的名称、规格、计量单位必须与预算定额或单位估价表所列内容一致，否则重套、错套、漏套预算基价都会引起直接工程费的偏差，导致施工图预算造价偏高或偏低。

2）当施工图纸的某些设计要求与定额单价的特征不完全符合时，必须根据定额使用说明要求对定额基价进行调整或换算。

3）当施工图纸的某些设计要求与定额单价的特征相差甚远，既不能直接套用也不能换算、调整时，必须编制补充单位估价表或补充定额。

（5）编制工料分析表。根据各分部分项工程的实物工程量和相应定额中的项目所列的用工工日及材料数量，计算出各分部分项工程所需的人工及材料数量，经相加汇总便得出该单位工程的所需要的各类人工和材料的数量。

（6）计算其他各项应取费用和汇总造价。按照建筑安装工程造价构成中规定的费用项目、费率，分别计算出间接费、利润和税金，并汇总单位工程造价。

（7）复核。单位工程预算编制后，有关人员对单位工程预算进行复核，以便及时发现差错，提高预算质量。复核时应对工程量计算公式和结果、套用定额基价、各项费用的取费费率及计算基础和计算结果、材料和人工预算价格及其价格调整等方面是否正确进行全面复核。

（8）编制说明、填写封面。单价法是国内编制施工图预算的主要方法，具有计算简单，工作量较小和编制速度较快，便于工程造价管理部门集中统一管理的优点。但由于是采用事先编制好的统一的单位估价表，其价格水平只能反映定额编制年份的价格水平。在市场价格波动较大的情况下，单价法的计算结果会偏离实际价格水平，虽然可采用调价，但从测定到颁布调价系数和指数不仅数据滞后且计算也较繁琐。

（二）实物法编制施工图预算

1. 实物法的含义

实物法是首先根据施工图纸分别计算出分项工程量，然后套用相应预算人工、材料、机械台班的定额用量（消耗量），再分别乘以工程所在地当时的人工、材料、机械台班的实际单价，求出单位工程的人工费、材料费和施工机械使用费，最后按规定计取其他各项费用，最后汇总就可得出单位工程施工图预算造价。

2. 实物法编制施工图预算的步骤

实物法编制施工图预算的步骤如图 1-5 所示。

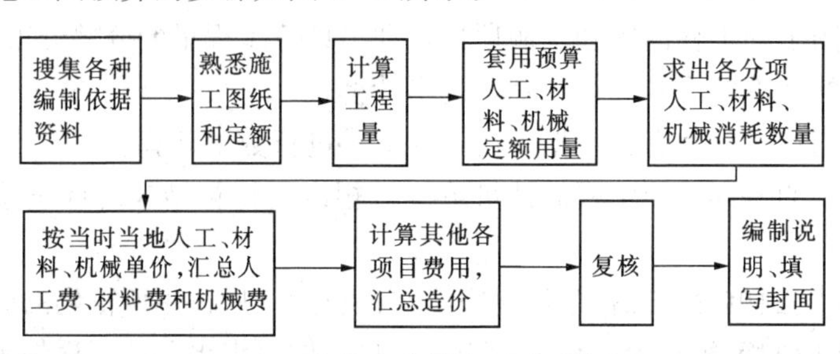

图 1-5 实物法编制施工图预算步骤

由图 1-5 可见，实物法与单价法首尾部分的步骤是相同的，所不同的主要是中间的三个步骤，包括：

(1) 工程量计算后，套用相应预算人工、材料、机械台班定额用量。建设部 1995 年颁发的《全国统一建筑工程基础定额》（土建部分是一部量价分离定额）和现行全国统一安装定额、专业统一和地区统一的计价定额的实物消耗量，是完全符合国家技术规范、质量标准的，并反映一定时期施工工艺水平的分项工程计价所需的人工、材料、施工机械的消耗量的标准。这个消耗量标准，在建材产品、标准、设计、施工技术及其相关规范和工艺水平等没有大的突破性变化之前，是相对稳定不变的，因此，它是合理确定和有效控制造价的依据；这个定额消耗量标准，是由工程造价主管部门按照定额管理分工进行统一制定，并根据技术发展适时地补充修改。

(2) 求出各分项工程人工、材料、机械台班消耗数量并汇总单位工程所需各类人工工日、材料和机械台班的消耗量。各分项工程人工、材料、机械台班消耗数量由分项工程的工程量分别乘以预算人工定额用量、材料定额用量和机械台班定额用量而得出的，然后汇总便可得出单位工程各类人工、材料和机械台班的消耗量。

(3) 用当时当地的各类人工、材料和机械台班的实际单价分别乘以相应的人工、材料和机械台班的消耗量，并汇总便得出单位工程的人工费、材料费和机械使用费。

在市场经济条件下，人工、材料和机械台班单价是随市场的变化而变化的，而且它们是影响工程造价最活跃、最主要的因素。用实物法编制施工图预算，是采用工程所在地当时的人工、材料、机械台班价格，能较好地反映实际价格水平，工程造价的准确性高。虽然计算过程较单价法繁琐，但用计算机来计算也就快捷了。因此，实物法是与市场经济体制相适应的预算编制方法。

思考与练习题

1. 什么是基本建设？它包括哪些内容？
2. 什么是建设项目？建设项目如何划分？
3. 简述基本建设程序的概念。它包括哪些内容？
4. 简述建筑工程（概）预算的分类。
5. 简述基本建设程序与建筑工程（概）预算间的关系。

6. 简述建筑工程施工图预算的概念和内容。

7. 简述建筑工程施工图预算中单价法和实物法的编制步骤。

8. 什么是两阶段设计？什么是三阶段设计？

9. 什么是建设项目、单项工程、单位工程、分部工程和分项工程？分别举例说明。

10. 绘出工程造价多次性计价和建设阶段的相互关系图框，并说明各阶段造价的含义和相互关系。

第二章　建筑工程定额

第一节　概　　述

一、定额的起源和发展

定额是企业科学管理的产物，最先由美国工程师泰勒（F. W. Taylor，1856～1915）开始研究。

20世纪初，在资本主义国家，企业的生产技术得到了很大的提高，但由于管理跟不上，经济效益仍然不理想。为了通过加强管理提高劳动生产率，泰勒开始研究管理方法。它首先将工人的工作时间划分为若干个组成部分，如划分为准备工作时间、基本工作时间、辅助工作时间等，然后用秒表来测定完成各项工作所需的劳动时间，以此为基础制定工时消耗定额，作为衡量工人工作效率的标准。

在研究工人工作时间的同时，泰勒把工人在劳动中的操作过程分解为若干个操作步骤，去掉那些多余和无效的动作，制定出操作顺序最佳、付出体力最少、节省工作时间最多的操作方法，以期达到提高工作效率的目的。可见，运用该方法制定工时消耗定额是建立在先进合理的操作方法基础上的。

制定科学的工时定额、实行标准的操作方法、采用先进的工具和设备，再加上有差别的计件工资制，就构成了"泰勒制"的主要内容。

泰勒制给资本主义企业管理带来了根本的变革。因而，在资本主义管理史上，泰勒被尊为"科学管理之父"。

在企业管理中采用实行定额管理的方法来促进劳动生产率的提高，正是泰勒制中科学的、有价值的内容，我们应该用来为社会主义市场经济建设服务。定额虽然是管理科学发展初期的产物，但它在企业管理中占有重要地位。因为定额提供的各项数据，始终是实现科学管理的必要条件。所以，定额是企业科学管理的基础。

二、定额的基本概念

（一）定额的概念

所谓"定"就是规定；"额"就是额度或限额，是进行生产经营活动时，在人力、物力、财力消耗方面所应遵守或达到的数量标准。从广义理解，定额就是规定的额度或限额，即标准或尺度。也是处理特定事物的数量界限。

在现代社会经济生活中，定额几乎是无处不在。就生产领域来说，工时定额、原材料消耗定额、原材料和成品半成品储备定额、流动资金定额等，都是企业管理的重要基础。在工程建设领域也存在多种定额，它是工程造价计价的重要依据。更为重要的是，在市场经济条件下，从市场价格机制角度，该如何看待现行工程建设定额在工程价格形成中的作用。因此，在研究工程造价的计价依据和计价方式时，有必要首先对工程建设定额的基本原理有一个基本认识。

（二）建设工程定额的概念

建设工程定额是指在正常的施工条件和合理劳动组织、合理使用材料及机械的条件下，完成单位合格产品所必须消耗资源的数量标准。

建设工程定额是工程造价的计价依据。反映社会生产力投入和产出关系的定额，在建设管理中不可缺少。尽管建设管理科学在不断发展，但是仍然离不开建设工程定额。

定额的概念适用于建设工程的各种定额。定额概念中的“正常施工条件”，是界定研究对象的前提条件。一般在定额子目中，仅规定了完成单位合格产品所必须消耗人工、材料、机械台班的数量标准，而定额的总说明、册说明、章说明中，则对定额编制的依据、定额子目包括的内容和未包括的内容、正常施工条件和特殊条件下，数量标准的调整系数等均作了说明和规定，所以了解正常施工条件，是学习使用定额的基础。

定额概念中“合理劳动组织、合理使用材料和机械”的含义，是指按定额规定的劳动组织、施工应符合国家现行的施工及验收规范、规程、标准，施工条件完善，材料符合质量标准，运距在规定的范围内，施工机械设备符合质量规定的要求，运输、运行正常等。

定额概念中“单位合格产品”的单位是指定额子目中的单位。合格产品的含义是施工生产提供的产品，必须符合国家或行业现行施工及验收规范和质量评定标准的要求。

定额概念中“资源”是指施工中人工、材料、机械、资金这些生产要素。

所以，定额不仅规定了建设工程投入产出的数量标准，而且还规定了具体工作内容、质量标准和安全要求。考察个别生产过程中的投入产出关系不能形成定额，只有大量科学分析、考察建设工程中投入和产出关系，并取其平均先进水平或社会平均水平，才能确定某一研究对象的投入和产出的数量标准，从而制定定额。

三、定额的分类

建筑工程定额的种类很多，根据内容、用途和使用范围的不同，可有以下几种分类方式。

（一）按定额反映的生产要素内容分类

进行物质资料生产所必须具备的三要素是：劳动者、劳动对象和劳动手段。劳动者是指生产工人，劳动对象是指建筑材料和各种半成品等，劳动手段是指生产机具和设备。为了适应建筑施工活动的需要，定额可按这三个要素编制，即劳动消耗定额、材料消耗定额、机械消耗定额。

1. 劳动消耗定额

简称劳动定额，也称为人工定额，它规定了在一定的技术装备和劳动组织条件下，某工种某等级的工人或工人小组，生产单位合格产品所需消耗的劳动时间，或是在单位工作时间内生产合格产品的数量标准。前者称为时间定额，后者称为产量定额。

2. 材料消耗定额

是指规定在正常施工条件、节约和合理使用材料条件下，生产单位合格产品所必须消耗的一定品种规格的原材料、半成品、构配件的数量标准。

3. 机械消耗定额

我国机械消耗定额是以一台机械一个工作班为计量单位，所以又称为机械台班使用定额。它规定了在正常施工条件下，利用某种施工机械，生产单位合格产品所必须消耗的机械工作时间，或者在单位时间内施工机械完成合格产品的数量标准。

（二）按定额的编制程序和用途分类

可以把工程建设定额分为施工定额、预算定额、概算定额、概算指标、投资估算指标等五种。

1. 施工定额

施工定额是以同一性质的施工过程——工序，作为研究对象，表示生产产品数量与时间消耗综合关系编制的定额。施工定额是施工企业（建筑安装企业）在组织生产和加强管理时在企业内部使用的一种定额，属于企业定额的性质。它是工程建设定额中的基础性定额，同时也是编制预算定额的基础。施工定额本身由劳动定额、材料消耗定额和机械台班使用定额三个相对独立的部分组成。

2. 预算定额

预算定额是以建筑物或构筑物各个分部分项工程为对象编制的定额。其内容包括劳动定额、材料消耗定额、机械台班使用定额三个基本部分，并列有工程费用，是一种计价的定额。从编制程序上看，预算定额是以施工定额为基础综合扩大编制的，同时它也是编制概算定额的基础。随着经济发展，在一些地区出现了综合预算定额的形式，它实际上是预算定额的一种，只是在编制方法上更加扩大、综合、简化。

3. 概算定额

概算定额是以扩大的分部分项工程或单位扩大结构构件为对象，表示完成合格的该工程项目所需消耗的人工、材料和机械台班的数量标准，同时它也列有工程费用，也是一种计价性定额。一般是在预算定额的基础上通过综合扩大编制而成，同时也是编制概算指标的基础。

4. 概算指标

概算指标是概算定额的扩大与合并，它是以整个建筑物和构筑物为对象，以平方米、立方米、座等为计量单位编制的。概算指标的内容包括劳动、机械台班、材料定额三个基本部分，同时还列出了各结构分部的工程项目特征及单位建筑工程（以面积或体积计）的造价，是一种计价定额。例如每1000m^2房屋或构筑物、每1000m管道或道路、每座小型独立构筑物所需要的劳动力、材料和机械台班的数量等。为了增加概算指标的适用性，也以房屋或构筑物的扩大的分部工程或结构构件为对象编制，称为扩大结构定额。

由于各种工程类别建筑物的建设定额所需要的劳动力、材料和机械台班数量不一样，概算指标通常按工业建筑和民用建筑分别编制。工业建筑中又按各工业部门类别、企业大小、车间结构编制，民用建筑按照用途性质、建筑层高、结构类别编制。

概算指标的设定和初步设计的深度相适应。一般是在概算定额和预算定额的基础上编制的，比概算定额更加综合扩大。它是设计单位编制工程概算或建设单位编制年度任务计划、施工准备期间编制材料和机械设备供应计划的依据，也可供国家编制年度建设计划参考。

5. 投资估算指标

它是在项目建议书和可行性研究阶段编制投资估算、计算投资需要量时使用的一种定额。它非常概略，往往以独立的单项工程或完整的工程项目为计算对象，编制内容是所有项目费用之和。它的概略程度与可行性研究相适应。投资估算指标往往根据历史的预、决算资料和价格变动等资料编制，但其编制基础仍然离不开预算定额、概算定额。

（三）按照投资的费用性质分类

可以把工程建设定额分为建筑工程定额、设备安装工程定额、建筑安装工程费用定额、工器具定额以及工程建设其他费用定额等。

1. 建筑工程定额

建筑工程定额是建筑工程的施工定额、预算定额、概算定额和概算指标的统称。建筑工程，一般理解为房屋和构筑物工程。广义上它也被理解为除房屋和构筑物外还包含其他各类工程，如道路、铁路、桥梁、隧道、运河、堤坝、港口、电站、机场等工程。在我国统计年鉴中对固定资产投资构成的划分，就是根据这种理解设计的。广义的建筑工程概念几乎等同于土木工程的概念。从这一概念出发，建筑工程在整个工程建设中占有非常重要的地位。根据统计资料，在我国的固定资产投资中，建筑工程和安装工程的投资占60%左右。因此，建筑工程定额在整个工程建设定额中是一种非常重要的定额。在定额管理中占有突出的地位。

2. 设备安装工程定额

设备安装工程定额是设备安装工程的施工定额、预算定额、概算定额和概算指标的统称。设备安装工程是对需要安装的设备进行定位、组合、校正、调试等工作的工程。在工业项目中，机械设备安装和电气设备安装工程占有重要的地位。因为生产设备大多要安装后才能运转，不需要安装的设备很少；在非生产性的建设项目中，由于社会生活和城市设施的日益现代化，设备安装工程量也在不断增加，所以设备安装工程定额也是工程建设定额中的重要部分。

建筑工程定额和设备安装工程定额是两种不同类型的定额。一般都要分别编制，各自独立。但是建筑工程和设备安装工程是单项工程的两个有机组成部分，在施工中有时间连续性、也有作业的搭接和交叉，需要统一安排，相互协调，在这个意义上通常把建筑和安装工程作为一个施工过程来看待，即建筑安装工程。所以在通用定额中有时把建筑工程定额和安装工程定额合二为一，称为建筑安装工程定额。建筑安装工程定额属于直接工程费定额，仅仅包括施工过程中人工、材料、机械消耗定额。

3. 建筑安装工程费用定额

建筑安装工程费用定额是建筑安装工程造价的重要计价依据，一般是以某个或多个自变量为计算基础，确定专项费用计算标准的经济文件。

4. 工、器具购置费定额

工、器具定额是为新建或扩建项目投产运转首次配置的工具、器具数量标准。工具和器具，是指按照有关规定不够固定资产标准而起劳动手段作用的工具、器具和生产用家具，如翻砂用模型、工具箱、计量器、容器、仪器等。

5. 工程建设其他费用定额

工程建设其他费用定额是独立于建筑安装工程、设备和工器具购置之外的其他费用开支的标准。工程建设的其他费用的发生和整个项目的建设密切相关。它一般要占项目总投资的10%左右。其他费用定额是按各项独立费用分别制定的，以便合理控制这些费用的开支。

（四）按照专业性质分类

工程建设定额分为全国通用定额、行业通用定额和专业专用定额三种。全国通用定额是指在部门间和地区间都可以使用的定额；行业通用定额是指具有专业特点在行业部门内可以通用的定额；专业专用定额是特殊专业的定额，只能在制定的范围内使用。

（五）按编制单位和管理权限分类

工程建设定额可以分为全国统一定额、行业统一定额、地区统一定额、企业定额、补充定额五种。

1. 全国统一定额

全国统一定额是由国家建设行政主管部门，综合全国工程建设中技术和施工组织管理的情况编制，并在全国范围内执行的定额。

2. 行业统一定额

行业统一定额，是考虑到各行业部门专业工程技术特点，以及施工生产和管理水平编制的。一般只在本行业和相同专业性质的范围内使用。

3. 地区统一定额

地区统一定额包括省、自治区、直辖市定额。地区统一定额主要是考虑地区性特点和全国统一定额水平作适当调整和补充编制的。

4. 企业定额

企业定额是指由施工企业考虑本企业具体情况，参照国家、部门或地区定额的水平制定的定额。企业定额只在企业内部使用，是企业管理水平的一个标志。企业定额水平一般应高于国家现行定额，才能满足生产技术发展、企业管理和市场竞争的需要。

5. 补充定额

补充定额是指随着设计、施工技术的发展，现行定额不能满足需要的情况下，为了补充缺陷所编制的定额。补充定额只能在制定的范围内使用，可以作为以后修订定额的基础。

上述各种定额虽然适用于不同的情况和用途，但是它们是一个互相联系的、有机的整体，在实际工作中配合使用。

四、工程建设定额的特点

（一）科学性特点

工程建设定额的科学性包括两重含义：①工程建设定额和生产力发展水平相适应，反映出工程建设中生产消费的客观规律。②工程建设定额管理在理论、方法和手段上适应现代科学技术和信息社会发展的需要。

工程建设定额的科学性，首先表现在用科学的态度制定定额，尊重客观实际，力求定额水平合理；其次表现在制定定额的技术方法上，利用现代科学管理的成就，形成一套系统的、完整的、在实践中行之有效的方法；第三表现在定额制定和贯彻的一体化。制定是为了提供贯彻的依据，贯彻是为了实现管理的目标，也是对定额的信息反馈。

建筑安装工程定额的科学性主要表现在用科学的态度和方法，总结我国大量投入和产出的关系和资源消耗数量标准的客观规律，制定的定额符合国家有关标准、规范的规定，反映了一定时期我国生产力发展的水平，是在认真研究施工生产过程中的客观规律的基础上，通过长期的观察、测定、总结生产实践经验以及广泛搜集资料的基础上编制的。在编制过程中，必须对工作时间、现场布置、工具设备改革，以及生产技术与组织管理等各方面，进行科学的综合研究。因而，制定的定额客观地反映了施工生产企业的生产力水平，所以定额具有科学性。

（二）系统性特点

工程建设定额是相对独立的系统，它是由不同层次的多种定额等结合而成的一个有机的整体。它的结构复杂，有鲜明的层次，有明确的目标。

工程建设定额的系统性是由工程建设的特点决定的。按照系统论的观点，工程建设本身就是庞大的实体系统，工程建设定额是为这个实体系统服务的。因而工程建设本身的多种类、多层次就决定了以它为服务对象的工程建设定额的多种类、多层次。

（三）统一性特点

工程建设定额的统一性按照其影响力和执行范围来看，有全国统一定额，地区统一定额和行业统一定额等；按照定额的制定、颁布和贯彻使用来看，有统一的程序、统一的原则、统一的要求和统一的用途。

工程建设定额的统一性，主要是由国家对经济发展的有计划的宏观调控职能决定的。为了使国民经济按照既定的目标发展，就需要借助于某些标准、定额、参数等，对工程建设进行规划、组织、调节、控制。而这些标准、定额、参数必须在一定的范围内是一种统一的尺度，才能实现上述职能，才能利用它对项目的决策、设计方案、投标报价、成本控制进行比选和评价。全国统一定额，实行量价分离，规定建设施工的人工、材料、机械等消耗量标准，就是国家对消耗量标准的宏观管理，而对人工、材料、机械等单价，由工程造价管理机构依据市场价格的变化发布工程造价相关信息和指数，通过市场竞争形成工程造价，体现了定额等计价依据的宏观调控性。

（四）权威性特点

定额是由国家授权部门，根据当时的实际生产力水平制定并颁发的，具有很大的权威性，这种权威性在一些情况下具有经济法规性质。各地区、部门和相关单位，都必须严格遵守，未经许可，不得随意改变定额的内容和水平，以保证建设工程造价有统一的尺度。

但是，在市场经济条件下，定额在执行过程中允许企业根据招投标等具体情况进行调整，使其体现市场经济的特点。建筑安装工程定额既能起到国家宏观调控市场，又能起到让建筑市场充分发展的作用，就必须要有一个社会公认的，在使用过程中可以有根据地改变其水平的定额。这种具有权威性控制量的定额，各业主和工程承包商可以根据生产力水平状况进行适当调整。

具有权威性和灵活性的建筑安装工程定额是符合社会主义市场经济条件下建筑产品的生产规律。

定额的权威性是建立在采用先进科学的编制方法基础之上的，能正确反映本行业的生产力水平，符合社会主义市场经济的发展规律。

（五）稳定性与时效性

定额反映了一定时期社会生产力水平，是一定时期技术发展和管理水平的反映。当生产力水平发生变化，原定额已不适用时，授权部门应当根据新的情况制定出新的定额或修改、调整、补充原有的定额。但是，社会和市场的发展有其自身的规律，有一个从量变到质变的过程，而且定额的执行也有一个时间过程。所以，定额发布后，在一段时期内表现出相对稳定性。保持定额的稳定性是维护定额的权威性所必需的。如果某种定额处于经常修改变动之中，那么必然造成执行中的困难和混乱，使人们感到没有必要去认真对待它，很容易导致定额权威性的丧失。工程建设定额的不稳定也会给定额的编制工作带来极大的困难。

但是工程建设定额的稳定性是相对的。当生产力向前发展了，定额就会与已经发展了的生产力不相适应。这样，它原有的作用就会逐步减弱以至消失，需要重新编制或修订。在各种定额中，工程项目划分和工程量计算规则比较稳定，一般能保持几十年；人材机消耗定额，一般能相对稳定 5～10 年；材料单价、工程造价指数稳定时间较短。

（六）群众性

定额的群众性是指定额的制定和执行都必须有广泛的群众基础。因为定额水平的高低主要取决于建筑安装工人所创造的劳动生产力水平的高低；其次，工人直接参加定额的测定工作，有利于制定出容易掌握和推广的定额；最后，定额的执行要依靠广大职工的生产实践活动方能完成，也只有得到群众的支持和协助，定额才会定得合理，并能为群众所接受。

五、定额编制方法

（一）技术测定法

技术测定法是一种科学的调查研究方法。它是通过对施工过程的具体活动进行实地观察，详细记录工人和施工机械的工作时间消耗，测定完成产品的数量和有关影响因素，将记录结果进行分析研究，整理出可靠的数据资料，为编制定额提供可靠数据的一种方法。

常用的技术测定方法包括测时法、写实记录法、工作日写实法。

（二）经验估计法

经验估计法是根据定额员、技术员、生产管理人员和老工人的实际工作经验，对生产某一产品或某项工作所需的人工、材料、机械台班数量进行分析、讨论和估算后，确定定额消耗量的一种方法。

（三）统计计算法

统计计算法是一种用过去统计资料编制定额的一种方法。

（四）比较类推法

比较类推法也叫典型定额法。比较类推法是在相同类型的项目中，选择有代表性的典型项目，用技术测定法编制出定额，然后根据这些定额用比较类推的方法编制其他相关定额的一种方法。

第二节 施 工 定 额

一、施工定额的概念

施工定额是指在全国统一定额指导下，以同一性质的施工过程为测算对象，规定建筑安装工人或班组，在正常施工条件下完成单位合格产品所需消耗人工、材料、机械台班的数量标准。

施工定额是施工企业内部直接用于组织与管理施工的一种技术定额，是指规定在工作过程或综合工作过程中所生产合格单位产品必须消耗的活劳动与物化劳动的数量标准。

施工定额是地区专业主管部门和企业的有关职能机构根据专业施工的特点规定出来并按照一定程序颁发执行的。它反映了制定和颁发施工定额的机构和企业对工人劳动成果的要求，它也是衡量建筑安装企业劳动生产率水平和管理水平的标准。

二、施工定额的组成和作用

（一）施工定额的组成

施工定额由劳动消耗定额、机械消耗（台班使用）定额和材料消耗定额所组成。

施工定额中的人材机消耗量标准，应根据各地区（企业）的技术和管理水平，结合工程质量标准、安全操作规程等技术规范要求，采用平均先进水平编制。施工定额的项目划分较细，是建筑工程定额中的基础定额，也是预算定额的编制基础，但施工定额测算的对象是施工过程，而预算定额的测算对象是分部分项工程。预算定额比施工定额更综合扩大，这两者不能混淆。

（二）施工定额的作用

施工定额是企业内部直接用于组织与管理施工中控制工料机消耗的一种定额，在施工过程中，施工定额是施工企业的生产定额，是企业管理工作的基础。在施工企业管理中有如下方面的主要作用：

1. 施工定额是编制施工预算，进行“两算”对比，加强企业成本管理的依据

施工预算是指按照施工图纸和说明书计算的工程量，根据施工组织设计的施工方法，采用施工定额并结合施工现场实际情况编制的，拟完成某一单位合格产品所需要的人工、材料、机械消耗数量和生产成本的经济文件。没有施工定额，施工预算无法进行编制，就无法进行“两算”（施工图预算和施工预算）对比，企业管理就缺乏基础。

2. 施工定额是组织施工的依据

施工定额是施工企业下达施工任务单、劳动力安排、材料供应和限额领料、机械调度的依据；是编制施工组织设计，制订施工作业计划和人工、材料、机械台班需用量计划的依据；是施工队向工人班组签发施工任务书和限额领料单的依据。

3. 施工定额是计算劳动报酬和按劳分配的依据

目前，施工企业内部推行多种形式的经济承包责任制，是计算承包指标和考核劳动成果、发放劳动报酬和奖励的依据；是实行计件、定额包工包料、考核工效的依据；是班组开展劳动竞赛、班组核算的依据。

4. 施工定额能促进技术进步和降低工程成本

施工定额的编制采用平均先进水平，所谓平均先进水平，是指在正常条件下，多数施工班组或生产者经过努力可以达到，少数班组或生产者可以接近，个别班组或生产者可以超过的水平。一般来说，它低于先进水平，略高于平均水平。这种水平使先进的班组或工人感到有一定压力，能鼓励他们进一步提高技术水平；大多数处于中间水平的班组或工人感到定额水平可望也可及，能增强他们达到定额甚至超过定额的信心。平均先进水平不迁就少数后进者，而是使他们产生努力工作的责任感，认识到必须花较大的精力去改善施工条件，改进技术操作方法，才能缩短差距，尽快达到定额水平。所以，平均先进水平是一种鼓励先进、勉励中间、鞭策后进的定额水平。只有贯彻这样的定额水平，才能达到不断提高劳动生产率，进而提高企业经济效益的目的。

因此施工定额不仅可以计划、控制、降低工程成本，而且可以促进基层学习，采用新技术、新工艺、新材料和新设备，提高劳动生产率，达到快、好、省地完成施工任务的目的。

5. 施工定额是编制预算定额的基础

预算定额是在施工定额的基础通过综合和扩大编制而成的。由于新技术、新结构、新工艺等的采用，在预算定额或单位估价表中缺项时，要补充或测定新的预算定额及单位估价表都是以施工定额为基础来制定的。

三、劳动消耗定额

（一）劳动消耗定额的概念

劳动消耗定额简称劳动定额，也称为人工定额，就是规定在一定的技术装备和劳动组织条件下，生产单位产品所需劳动时间消耗量的标准，或规定单位时间内应完成的合格产品或

工作任务的数量标准。

（二）劳动消耗定额的表现形式

生产单位产品的劳动消耗量可用劳动时间来表示，同样在单位时间内劳动消耗量也可以用生产的产品数量表示，因此，劳动定额有两种基本的表现形式。前者称为时间定额，后者称为产量定额。为了便于综合和核算，劳动定额大多采用工作时间消耗量来计算劳动消耗的数量，所以劳动定额主要表现形式是时间定额，但同时也表现为产量定额。

1. 时间定额

时间定额是指在一定的技术装备和劳动组织条件下，规定完成合格的单位产品所需消耗工作时间的数量标准。一般用工时或工日为计量单位。计算公式如下

$$时间定额=\frac{消耗的总工日数}{产品数量}$$

2. 产量定额

产量定额是指在一定的技术装备和劳动组织条件下，规定劳动者在单位时间（工日）内，应完成合格产品的数量标准，由于产品多种多样，产量定额的计量单位也就无法统一，一般有米、平方米、立方米、千克、吨、块、套、组、台等。计算公式如下

$$产量定额=\frac{产品数量}{消耗的总工日数}$$

时间定额和产量定额是同一劳动定额的不同表现形式，它们都表示同一劳动定额，但各有其用途。

时间定额因为单位统一，便于综合，计算劳动量比较方便；而产量定额具有形象化的特点，使工人的奋斗目标直观明确，便于分配工作任务。

3. 时间定额与产量定额的关系

时间定额和产量定额都表示的是同一劳动定额，时间定额与产量定额互为倒数。它们之间的关系可用下式来表示，即

$$时间定额=\frac{1}{产量定额}$$

或

$$产量定额=\frac{1}{时间定额}$$

即当时间定额减少时，产量定额就会增加；反之，当时间定额增加时，产量定额就会减少。然而其增加和减少时比例是不同的。

【例 2-1】 某劳动定额规定，不锈钢法兰电弧安装每副 DN80～DN100 的时间定额为 0.71 工日。求产量定额。

解 $产量定额=\frac{1}{时间定额}=\frac{1}{0.71}副/工日=1.41副/工日$

同理，已知产量定额，也可求得时间定额。

（三）工人工作时间的分类及定额消耗时间（工日）的确定

1. 工作时间的分类

研究施工中的工作时间，最主要的目的是确定施工的时间定额和产量定额，研究施工中工作时间的前提，是对工作时间按其消耗性质进行分类，以便研究工时消耗的数量及其

特点。

工作时间，指的是工作班的延续时间，国家现行制度规定为8h工作制，即日工作时间为8h。工人在工作班内消耗的工作时间按其消耗的性质，可以分为两大类：必须消耗的时间和损失时间。

（1）必须消耗的时间是工人在正常施工条件下，为完成一定产品（工作任务）所消耗的时间。它是制定定额的主要根据。

建筑安装工人的工作时间的分类，如图2-1所示。

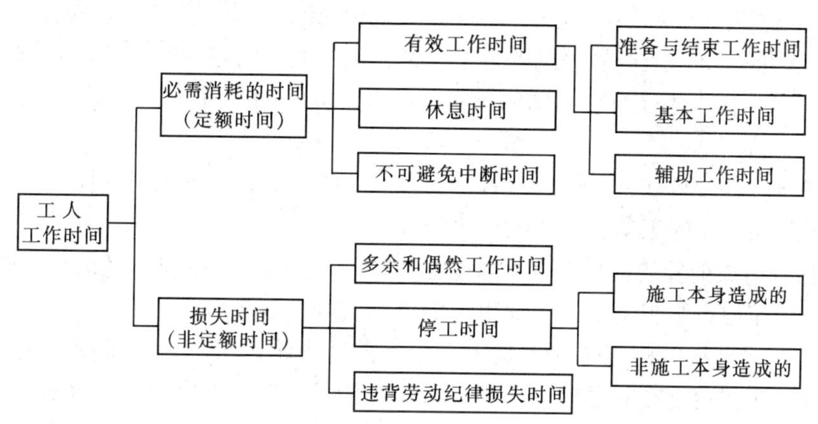

图2-1 建筑安装工人的工作时间的分类

从图中可以看出，必需消耗的工作时间里，包括有效工作时间、休息和不可避免中断时间的消耗。

1）有效工作时间是指从生产效果来看与产品生产直接有关的时间消耗。其中包括准备与结束工作时间、辅助工作时间、基本工作时间的消耗。

a. 准备与结束工作时间是执行任务前或任务完成后所消耗的工作时间。又可以把这项时间消耗分为班内的准备与结束工作时间和任务的准备与结束工作时间。前者主要包括每天班前领取工具设备、机械开动前观察和试车以及交接班的时间。后者主要包括接受工程任务单、研究施工详图、进行技术交底、竣工验收所消耗的时间。准备和结束工作时间的长短与所担负的工作量大小无关，但往往和工作内容有关。

b. 辅助工作时间是为保证基本工作能顺利完成所消耗的时间。在辅助工作时间里，不能使产品的形状大小、性质或位置发生变化。例如工具的矫正和小修、机械的调整、施工过程中机械上油等消耗的时间。

c. 基本工作时间是工人完成能生产一定产品的施工工艺过程所消耗的时间。通过这些工艺过程可以使材料改变外形，可以改变材料的结构与性质，也可以改变产品外部及表面的性质，基本工作时间所包括的内容依工作性质各不相同。基本工作时间的长短和工作量大小成正比例。

2）休息时间是工人在工作过程中为恢复体力所必需的短暂休息和生理需要的时间消耗。这种时间是为了保证工人精力充沛地进行工作，所以在定额时间中必须进行计算。休息时间的长短和劳动条件有关，劳动越繁重、越紧张、劳动条件越差，则需要休息的时间越长。

3）不可避免的中断所消耗的时间是指由于施工工艺特点引起的工作中断所必需的时间。与施工过程工艺特点有关的工作中断时间，应包括在定额时间内，但应尽量缩短此项时间消耗，例如起重机在吊预制构件时，安装工等待的时间。而与工艺特点无关的工作中断所占用时间，是由于劳动组织不合理引起的，属于损失时间，不能计入定额时间。

（2）损失时间，是和产品生产无关，而和施工组织和技术上的缺点有关，与工人在施工过程的个人过失或某些偶然因素有关的时间消耗。

损失时间包括有多余和偶然工作、停工和违背劳动纪律三种情况所引起的工时损失。

1）多余工作，就是工人进行了任务以外的工作而又不能增加产品数量的工作，包括返工造成的时间损失，如重砌质量不合格的墙体。多余工作的工时损失，一般都是由于工程技术人员和工人的差错而引起的，因此，不应计入定额时间中。偶然工作也是工人在任务外进行的工作，但能够获得一定产品，例如电工在铺设电线时，需临时在墙壁上凿洞的时间，抹灰工不得不补上砌墙时遗留的墙洞的时间等。在定额时间中，需适当考虑偶然工作时间的影响。

2）停工时间是工作班内停止工作造成的工时损失。停工时间按其性质可分为：施工本身造成的停工时间和非施工本身造成的停工时间两种。

a. 施工本身造成的停工时间，是由于施工组织不善、材料供应不及时、工作面准备工作做得不好、工作地点组织不良等情况引起的停工时间。

b. 非施工本身造成的停工时间，是由于气候条件影响、水源和电源中断引起的停工时间。前一种情况在拟定定额时不应该计算，后一种情况定额中则应给予合理的考虑。

3）违背劳动纪律损失的时间是指在工作时间内迟到、早退、擅离工作岗位、聊天等造成的工作时间损失。此类时间在定额中不予考虑。

2. 人工定额消耗时间（工日）的确定

时间定额和产量定额是人工定额的两种表现形式。拟定出时间定额，也就可以计算出产量定额。

（1）拟定基本工作时间。基本工作时间在必需消耗的工作时间中占的比重最大。其做法是，首先确定工作过程每一组成部分的工时消耗，然后再综合出工作过程的工时消耗。

（2）拟定辅助工作时间和准备与结束工作时间。辅助工作和准备与结束工作时间的确定方法与基本工作时间相同。如果在计时观察时不能取得足够的资料，也可采用工时规范或经验数据来确定，以占工作日的百分比表示此项工时消耗的时间定额。

（3）拟定不可避免的中断时间。在确定不可避免中断时间的定额时，必须注意由工艺特点所引起的不可避免中断才可列入工作过程的时间定额，一般以占工作日的百分比表示此项工时消耗的时间定额。

（4）拟定休息时间。休息时间应根据工作班作息制度、经验资料、计时观察资料，以及对工作的疲劳程度作全面分析来确定。

（5）拟定定额时间。确定的基本工作时间、辅助工作时间、准备与结束工作时间、不可避免中断时间和休息时间之和，就是劳动定额的时间定额。根据时间定额可计算出产量定额，时间定额和产量定额互为倒数。

多余和偶然工作时间、停工时间、违背劳动纪律损失时间，一般不计入定额时间。

人工消耗定额的制定，主要采用工程量计时分析法，即对工人工作时间分类的各部分时间消耗进行实测，分析整理后，制定人工消耗定额。

【例 2 - 2】 已知砌砖基本工作时间为 390min，准备与结束时间为 19.5min，休息时间为11.7min，不可避免的中断时间为7.8min，损失时间为78min，共砌砖1000块。并已知520块/m^3。试确定砌砖的时间定额和产量定额。

解 1. 求定额时间

定额时间＝（390＋19.5＋11.7＋7.8）/（8×60）工日≈0.89工日

2. 计算1000块砖的体积

$$1000/520 \approx 1.92m^3$$

3. 求时间定额

$$时间定额=\frac{消耗总工日数}{产品数量}=\frac{0.89}{1.92}工日/m^3 \approx 0.46工日/m^3$$

4. 求产量定额

$$产量定额=\frac{1}{时间定额}=\frac{1}{0.46}m^3/工日 \approx 2.17m^3/工日$$

所以，砌砖的时间定额为0.46工日/m^3，产量定额为2.17m^3/工日。

四、机械消耗定额

（一）机械消耗定额的概念

机械消耗定额也称机械台班消耗定额，是指在正常施工条件和合理使用施工机械条件下，完成单位合格产品，所必需消耗的某种型号的施工机械台班的数量标准。

建筑施工中，有的施工活动（或工序）是由人工完成的，有的则是由机械完成的，还有的是由人工和机械共同完成的。由机械完成的或由人工和机械共同完成的产品，都需要消耗一定的机械工作时间。一台机械工作一个工作班（即8h）称为一个台班。

（二）机械消耗定额的表现形式

1. 机械时间定额

规定生产某一合格的单位产品所必需消耗的机械工作时间，叫机械时间定额。

2. 机械产量定额

规定某种机械在一个工作班内应完成合格产品的数量标准，叫机械产量定额。

3. 机械时间定额与机械产量定额的关系

从上述概念可以看出，机械时间定额与机械产量定额是互为倒数关系。

$$机械时间定额=\frac{1}{机械产量定额}$$

或

$$机械产量定额=\frac{1}{机械时间定额}$$

【例2-3】 用一台20t平板拖车运输钢结构，由1名司机和5名起重工组成的人工小组共同完成。已知调车10km以内，运距5km，装载系数为0.55，台班车次为4.4次/台班。试计算：

1. 平板拖车台班运输量和运输10t钢结构的时间定额。

2. 吊车司机和起重工的人工时间定额。

解 1. 计算平板拖车的台班运输量

$$\begin{aligned}台班运输量&=台班车次\times额定装载量\times装载系数\\&=4.4\times20\times0.55=48.4\ (t)\end{aligned}$$

2. 计算运输10t钢结构的时间定额

$$机械时间定额=\frac{1}{机械产量定额}=\frac{1}{48.4/10}台班/10t=0.21台班/10t$$

3. 计算司机和起重工的人工时间定额

$$司机时间定额=1\times0.21工日/10t=0.21工日/10t$$

$$起重工的时间定额=5\times0.21工日/10t=1.05工日/10t$$

（三）机械工作时间的分类及定额消耗时间（台班）的确定

1. 机械工作时间的分类

机械工作时间的消耗，按其性质进行分类，机械工作时间也分为必需消耗的时间和损失时间两大类，如图 2-2 所示。

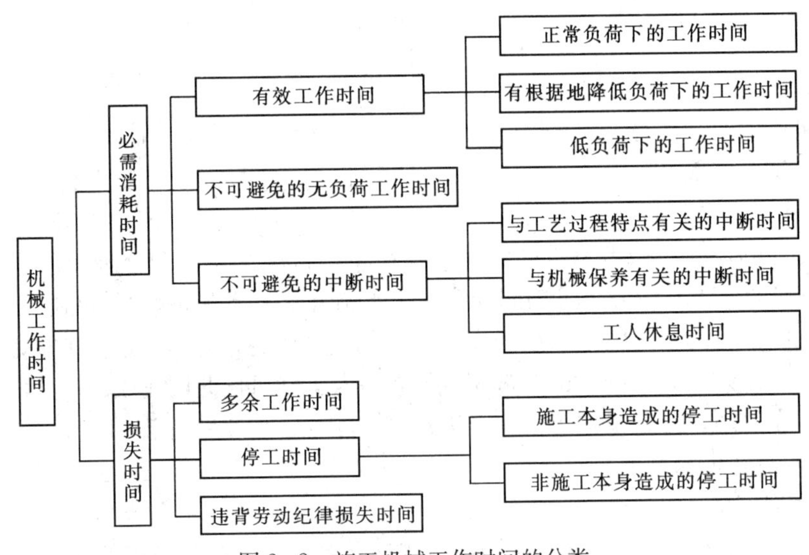

图 2-2　施工机械工作时间的分类

（1）必需消耗的时间即定额时间，包括有效工作时间、不可避免的无负荷工作时间和不可避免的中断时间。

1）有效工作的时间消耗中又包括正常负荷下、有根据地降低负荷下和低负荷下的工作时间。

a. 正常负荷下的工作时间，是指机械在机械技术说明书规定的载荷能力相符的情况下进行工作的时间。

b. 有根据地降低负荷下的工作时间，是在某些特殊情况下，由于技术上的原因，机器在低于其正常负荷下工作的时间。例如，汽车运输重量轻而体积大的货物时，不能充分利用汽车的载重吨位的工作时间。

c. 低负荷下的工作时间，是由于操作人员的原因，使施工机械低负荷的情况下工作的时间。例如，工人装车的砂石数量不足引起的汽车在降低负荷的情况下工作所延续的时间。此项工作时间不能作为计算时间定额的基础。

2）不可避免的无负荷工作时间，是由施工过程的特点和机械结构的特点造成的机械无负荷工作时间。例如，筑路机在工作区末端调头等，都属于此项工作时间的消耗。

3）不可避免的中断时间，是指由施工过程的技术操作和组织特性，而引起的机械工作中断时间。包括与工艺过程特点有关的中断时间、与机械使用保养有关的中断时间和工人休息有关的中断时间。

a. 与工艺过程的特点有关的不可避免中断工作时间有循环的和定期的两种。循环的不可避免中断，是在机械工作的每一个循环中重复一次，如汽车装货和卸货时的停车。定期的不可避免中断，是经过一定时期重复一次，比如当把灰浆泵由一个工作地点转移到另一工作地点时的工作中断。

b. 与机械使用保养有关的不可避免中断时间，是指由于操作人员进行准备工作、结束工作、保养机械等辅助工作，所引起的机械中断工作时间。

c. 工人休息引起的不可避免中断时间，是指在不可能利用机械不可避免的停转机会，并且组织轮班又不方便的时候，为保证操作工人必需的休息所引起的机械中断工作时间。

（2）损失时间即非定额时间，包括多余工作、停工和违背劳动纪律损失时间。

1）机械多余工作时间，是机械进行任务内和工艺过程内未包括的工作而延续的时间。如工人没有及时供料而使机械空运转的时间。

2）机械的停工时间，按其性质也可分为施工本身造成和非施工本身造成的停工。这两项停工中延续的时间，均为机械的停工时间。

a. 施工本身造成的停工时间，是由于施工组织得不好而引起的停工现象，如由于未及时供给机械燃料而引起的停工。

b. 非施工本身造成的停工时间，是由于气候条件所引起的停工现象，如暴雨时压路机的停工。

3）违反劳动纪律引起的机械的时间损失，是指操作人员迟到、早退或擅离工作岗位等原因引起的机械停工时间。

2. 机械定额消耗时间（台班）的确定

（1）确定正常的施工条件。确定机械工作正常条件，主要是确定工作地点的合理组织和合理的工人编制。

工作地点的合理组织，就是对施工地点的机械和材料的放置位置、工人从事操作的场所进行合理安排的平面和空间布置，以节省工作时间和减轻劳动强度。

拟定合理的工人编制，就是根据施工机械的正常生产率和工人正常的劳动工效，合理确定操纵机械的工人和直接参加机械化施工过程的工人的编制人数。

（2）确定机械 1h 纯工作正常生产率。确定机械正常生产率时，必须首先确定出机械纯工作 1h 的正常生产效率。

机械纯工作时间，就是指机械的必需消耗时间。机械 1h 纯工作正常生产率，就是在正常施工组织条件下，具有必需的知识和技能的技术工人操纵机械 1h 的生产率。

（3）确定施工机械的正常利用系数。施工机械的正常利用系数，是指机械在工作班内对工作时间的利用率。

确定机械正常利用系数，要计算工作班正常状况下准备与结束工作，机械启动、机械维护等工作所必需消耗的时间，以及机械有效工作的开始与结束时间。从而进一步计算出机械在工作班内的纯工作时间和机械正常利用系数。机械正常利用系数的计算公式如下

$$\begin{matrix}\text{机械正常}\\\text{利用系数}\end{matrix}=\frac{\text{机械在一个工作班内纯工作时间}}{\text{一个工作班延续时间（8h）}}$$

（4）计算施工机械台班定额。其计算公式为

$$\text{施工机械台班产量定额}=\text{机械 1h 纯工作正常生产率}\times\text{工作班纯工作时间}$$

或
$$\text{施工机械台班产量定额}=\text{机械 1h 纯工作正常生产率}\times\text{一个工作班延续时间}\times\text{机械正常利用系数}$$

$$\text{机械时间定额}=\frac{1}{\text{机械产量定额}}$$

【例 2-4】 已知用塔式起重机吊运混凝土。测定塔节需时 50s，运行需时 60s，卸料需时 40s，返回需时 30s，中断 20s，每次装混凝土 0.50m^3，机械利用系数 0.85。求该塔式起重机的时间定额和产量定额。

解 1. 计算一次循环时间 $50+60+40+30+20=200s$

2. 计算每小时循环次数 $60\times60/200$ 次/h＝18 次/h

3. 求塔式起重机产量定额 $18\times0.50\times8\times0.85=61.20m^3$/台班

4. 求塔式起重机时间定额 1/61.20 台班/m^3＝0.02 台班/m^3

五、材料消耗定额

（一）材料消耗定额的概念

工程建设中，所用材料品种繁多，耗用量大。在建筑安装工程中，材料费用占工程造价的 60%～70%。材料消耗量的多少，是节约还是浪费，对产品价格及工程成本都有着直接影响，因此，合理使用材料，降低材料消耗，对于降低工程成本具有重要意义。

材料消耗定额是指规定在正常施工条件、合理使用材料条件下，生产单位合格产品所必须消耗的一定品种和规格的原材料、半成品、构配件的数量标准。

（二）材料消耗量的组成

工程建设中使用的材料有一次性使用材料和周转性使用材料两种类型。一次性使用材料，如水泥、钢材、砂、碎石等材料，使用时直接被消耗而转入产品组成部分之中。而周转性使用的材料，是指施工中必须使用，但不是一次性被全部消耗掉的材料。如脚手架、挡土板、模板等，它们可以多次使用，是逐渐被消耗掉的材料。

一次性使用材料的总耗量，由以下两部分组成：

（1）净用量。是指直接用到工程上、构成工程实体的材料消耗量。

（2）损耗量。是指不可避免的合理损耗量，包括材料从现场仓库领出到完成合格产品过程中的施工操作损耗量、场内运输损耗量、加工制作损耗量和场内堆放损耗量。计入材料消耗定额内的损耗量，应当是在正常条件下，采用合理施工方法时所形成的不可避免的合理损耗量。

材料净耗量与材料不可避免损耗量之和构成材料必需消耗量。其计算公式为

$$\text{材料消耗量}=\text{材料净用量}+\text{材料损耗量}$$

材料不可避免损耗量与材料必需消耗量之比，称为材料损耗率。其计算公式为

$$\text{材料损耗率}=\frac{\text{材料损耗量}}{\text{材料消耗量}}\times100\%$$

由于材料的损耗量毕竟是少数，在实际计算中，常把材料损耗量与材料净耗量之比作为损耗率，则上式又可表示为

$$\text{材料损耗率}=\frac{\text{材料损耗量}}{\text{材料净用量}}\times100\%$$

材料消耗量=材料净用量×（1+材料损耗率）

（三）材料消耗量的确定方法

1. 一次性使用材料消耗量的确定方法

确定材料净用量定额和材料损耗定额的计算数据是通过现场技术测定、实验室试验、现场统计和理论计算等方法获得的。

（1）利用现场技术测定法，主要是编制材料损耗定额，也可以提供编制材料净用量定额的参考数据。其优点是能通过现场观察、测定，取得产品产量和材料消耗的情况，为编制材料定额提供技术根据。

（2）利用实验室试验法，主要是编制材料净用量定额。通过试验，能够对材料的结构、化学成分和物理性能以及按强度等级控制的混凝土、砂浆配比作出科学的结论，给编制材料消耗定额提供依据。

（3）采用现场统计法，是通过对现场进料、用料的大量统计资料进行分析计算，获得材料消耗的数据。这种方法由于不能分清材料消耗的性质，只能作为确定材料净用量定额的参考。

上述三种方法的选择必须符合国家有关标准规范，即材料的产品标准，计量要使用标准容器和称量设备，质量符合施工验收规范要求，以保证获得可靠的定额编制依据。

（4）理论计算法，是运用一定的数学公式计算材料消耗定额。例如，砌体工程中砖（或砌块）和砂浆净用量一般都采用以下公式计算。

1）计算每立方米砌体中砖（砌块）的净用量

$$砖（砌块）数=\frac{墙厚砖数\times 2}{墙厚\times（砖长+灰缝）\times（砖厚+灰缝）}$$

2）计算每立方米砖墙砂浆的净用量

$$砂浆（m^3）=1m^3砌体-砖数的体积$$

砖（砌块）和砂浆的损耗量是根据现场观察资料计算的，并以损耗率表现出来。净用量和损耗量相加，即等于材料的消耗总量。

2. 周转性使用的材料消耗量的确定方法

施工中使用周转性材料，是在工程施工中多次周转使用而逐渐消耗的工具性材料，在周转使用过程中不断补充，多次反复地使用。如钢脚手架、木脚手架、模板、挡土板、支撑、活动支架等材料。

在编制材料消耗定额时，应按多次使用、分次摊销的办法进行计算或确定。为了使周转性材料的周转次数确定接近合理，应根据工程类型和使用条件，采用各种测定手段进行实地观察，结合有关的原始记录、经验数据加以综合取定。纳入定额的周转性材料消耗量指标按摊销量计算，即

$$摊销量=周转使用量-回收量$$

$$周转使用量=\frac{一次使用量\times[1+（周转次数-1）\times 补损率]}{周转次数}$$

$$回收量=\frac{一次使用量\times（1-补损率）\times 回收折价率}{周转次数}$$

$$一次使用量=构件单位模板接触面积的模板净用量\times（1+损耗率）$$

式中：摊销量为按周转次数分摊到每一定额计量单位模板面积中的周转材料数量；周转使用量为在考虑了使用次数和每周转一次后的补充损耗数量后，每周转一次的平均使用量；一次使用量为在不重复使用条件下，完成定额计量单位产品需要的模板数量；周转次数为在补损条件下周转材料可以重复使用的次数。

第三节 预 算 定 额

一、预算定额的概念

预算定额是以工程基本构造要素，即分项工程和结构构件为研究对象。规定完成单位合格产品，需要消耗的人工、材料、机械台班的数量标准，是计算建筑安装工程产品价格的基础。

预算定额是由国家主管机关或被授权单位组织编制并颁发的一种法令性指标，也是工程建设中一项重要的技术经济文件，在执行中具有很大的权威性。它的各项指标反映了在完成规定计量单位符合设计标准和施工及验收规范要求的分项工程消耗的活劳动和物化劳动的数量限度。这种限度最终决定着单项工程和单位工程的成本和造价。

从管理权限和执行范围分，预算定额可分为全国统一定额、行业统一定额和地区统一定额。全国统一定额由国务院建设行政主管部门组织制定发布；行业统一定额由国务院行业主管部门制定发布；地区统一定额由省、自治区、直辖市建设行政主管部门制定发布。

按专业性质分，预算定额有建筑工程预算定额和安装工程预算定额两大类。建筑工程预算定额按适用对象又分建筑工程预算定额，市政工程预算定额，铁路工程预算定额，公路工程预算定额，房屋修缮工程预算定额，矿山井巷工程预算定额等；安装工程预算定额按适用对象又分电气设备安装工程预算定额，机械设备安装工程预算定额，热力设备安装工程预算定额，工业管道安装工程预算定额，给排水、采暖、燃气工程预算定额，自动化控制及仪表安装工程预算定额等。

二、预算定额的作用

预算定额是确定单位分项工程或结构构件价格的基础，因此，它体现着国家、建设单位和施工企业之间的一种经济关系。建设单位按预算定额为拟建工程提供必要的资金供应，施工企业则在预算定额的范围内，通过建筑施工活动，按质、按量、按期地完成工程任务。预算定额在我国建筑安装工程中具有以下的重要作用：

1. 预算定额是编制施工图预算及确定和控制建筑安装工程造价的依据

施工图预算是施工图设计文件之一，是控制和确定建筑安装工程造价的必要手段。编制施工图预算，除设计文件决定的建设工程功能、规模、尺寸和文字说明是计算分部分项工程量和结构构件数量的依据外，预算定额是确定一定计量单位分项工程（或结构构件）人工、材料、机械消耗量的依据，也是计算分项工程（或结构构件）单价的基础。所以，预算定额对建筑安装工程直接工程费影响很大。依据预算定额编制施工图预算，对确定建筑安装工程费用会起到很好的作用。

2. 预算定额是对设计方案进行技术经济分析和比较的依据

设计方案的确定在设计工作中居于中心地位。设计方案的选择要满足功能要求、符合设计规范，既要技术先进又要经济合理。根据预算定额对方案进行技术经济分析和比较，是选择经济合理设计方案的重要方法。对设计方案进行比较，主要是通过定额对不同方案所需人工、材料和机械台班消耗量，材料重量、材料资源等进行比较。这种比较可以判明不同方案对工程造价的影响，从而选择经济合理的设计方案。

对于新结构、新材料的应用和推广，也需要借助于预算定额进行技术经济分析和比较，从技术与经济的结合上考虑普遍采用的可能性和效益。

3. 预算定额是编制施工组织设计的依据

施工组织设计的重要任务之一，是确定施工中所需人力、物力的供求量，并作出最佳安排。施工单位在缺乏本企业的施工定额的情况下，根据预算定额，亦能比较精确地计算出施工中各项资源的需要量，为有计划地组织材料采购和预制件加工、劳动力和施工机械的调配提供可靠的计算依据。

4. 预算定额是工程结算的依据

按照进度支付工程款，需要根据预算定额将已完分项工程造价算出，单位工程验收后，再按竣工工程量、预算定额和施工合同规定进行结算，以保证建设单位资金的合理使用和施工单位的经济收入。

5. 预算定额是施工企业进行经济活动分析的依据

实行经济核算的根本目的，是用经济的方法促使企业在保证质量和工期的条件下，用少的劳动消耗取得好的经济效果。在目前，预算定额仍决定着施工企业的效益，企业必须以预算定额作为评价施工企业工作的重要标准。施工企业可根据预算定额，对施工中的人工、材料、机械的消耗情况进行具体的分析，以便找出低工效、高消耗的薄弱环节及其原因，为实现经济效益的增长由粗放型向集约型转变提供对比数据，促进企业提高在市场上的竞争能力。

6. 预算定额是编制标底和投标报价的基础

在我国加入WTO以后，为了与国际工程承包管理的惯例接轨，随着工程量清单计价的推行，预算定额的指令性作用将日益削弱，而对施工企业按照工程个别成本报价的指导性作用仍然存在，因此，预算定额作为编制标底的依据和施工企业投标报价的基础性的作用仍将存在，这是由于它本身的科学性和权威性决定的。

7. 预算定额是编制概算定额和概算指标的基础

概算定额和概算指标是在预算定额基础上经综合扩大编制的，需要利用预算定额作为编制依据，这样做不但可以节约编制工作中大量的人力、物力和时间，收到事半功倍的效果，还可以使概算定额和概算指标在水平上与预算定额一致，以避免造成同一工程项目在不同阶段造价管理中的不一致。

三、预算定额与施工定额的区别与联系

1. 预算定额与施工定额的联系

预算定额以施工定额为基础进行编制，都规定了完成单位合格产品所需人工、材料、机械台班消耗的数量标准。

2. 预算定额与施工定额的区别

（1）研究对象不同。预算定额以分部分项工程为研究对象，施工定额以施工过程为研究对象，前者在后者基础上编制，在研究对象上进行了科学的综合扩大。

（2）编制水平不同。预算定额采用社会平均水平编制，施工定额采用平均先进水平编

制。人工消耗量方面，预算定额一般比施工定额低10%～15%。

（3）编制程序不同。预算定额是在施工定额的基础上编制而成的。

（4）所起作用不同。施工定额为非计价定额，是施工企业内部作为管理使用的一种工具。而预算定额是一种计价定额，是确定建筑安装工程价格的依据。

四、预算定额的编制

（一）预算定额的编制原则

为保证预算定额的质量，充分发挥预算定额的作用，使之在实际使用中简便、合理、有效，在编制中应遵循以下原则：

1. 按社会平均水平的原则确定预算定额

预算定额是确定和控制建筑安装工程造价的主要依据，因此它必须遵照价值规律的客观要求，按生产过程中所消耗的社会必要劳动时间确定定额水平。即在正常施工条件下，以平均的劳动强度、平均的劳动熟练程度、平均的技术装备来确定完成每一项单位分项工程或结构构件所需的劳动消耗，作为确定预算定额水平的重要原则。预算定额的水平是以施工定额水平为基础，二者有着密切的联系。但是，预算定额绝对不是简单地套用施工定额的水平。预算定额是社会平均水平，施工定额是企业平均先进水平，两者相比预算定额水平要相对低一些。

2. 简明适用原则

编制预算定额贯彻简明适用原则是对预算定额的可操作性和便于使用而言的。为此，编制预算定额对于那些主要的、常用的、价值量大的项目划分宜细，次要的不常用的、价值量相对较小的项目可以放粗一些。

要注意补充那些因采用新技术、新结构、新材料和先进经验而出现的新的定额项目。项目不全，缺漏项多，就使建筑安装工程价格缺少充足的、可靠的依据。即补充的定额一般因受资料所限，且费时费力，可靠性较差，容易引起争执。同时要注意合理确定预算定额的计量单位，简化工程量的计算，尽可能避免同一种材料用不同的计量单位，以及尽量少留活口，减少换算工作量。

3. 坚持统一性和差别性相结合的原则

所谓统一性，就是从培养全国统一市场规范计价行为出发，计价定额的制定规划和组织实施由国务院建设行政主管部门归口，并负责全国统一定额的制定或修订，颁发有关工程造价管理的规章制度办法等。这样就有利于通过定额和工程造价的管理实现建筑安装工程的宏观调控。通过编制全国统一定额，使建筑安装工程具有一个统一的计价依据，也使考核设计和施工的经济效果具有一个统一的尺度。

所谓差别性，就是在统一性基础上，各部门和省、自治区、直辖市主管部门可以在自己的管辖范围内，根据本部门和本地区的具体情况，制定部门和地区性定额、补充性制度和管理办法，以适应我国幅员辽阔，地区、部门间发展不平衡和差异大的实际情况。

（二）预算定额的编制依据

（1）现行的全国统一基础定额、劳动定额、施工机械台班消耗定额和材料消耗定额。

（2）现行的设计规范、施工验收规范、质量评定标准和安全操作规程。

（3）通用的标准图集、典型设计图纸和有代表性的设计图纸或图集。

（4）已推广的新技术、新结构、新材料、新工艺和先进施工经验的资料。

（5）有关的科学实验、技术鉴定、可靠的统计资料和经验数据。

（6）现行的预算定额基础资料、人工工资标准、材料预算价格和机械台班预算价格。

（三）预算定额的编制步骤

预算定额的编制，大致可以分为准备工作、收集资料、编制定额、报批和修改稿整理五个阶段。各阶段工作相互有交叉，有些工作还有多次反复。

1. 准备工作阶段

（1）拟定编制方案。

（2）调抽人员，根据专业需要划分编制小组和综合组。

2. 收集资料阶段

（1）普遍收集资料。在已确定的范围内，采用表格化收集定额编制基础资料，以统计资料为主，注明所需要资料内容、填表要求和时间范围，便于资料整理，并具有广泛性。

（2）专题座谈会。邀请建设单位、设计单位、施工单位及其他有关单位的有经验的专业人士开座谈会，就以往定额存在的问题提出意见和建议，以便在编制定额时改进。

（3）收集现行规定、规范和政策法规资料。

（4）收集定额管理部门积累的资料。主要包括：日常定额解释资料，补充定额资料，新结构、新工艺、新材料、新机械、新技术用于工程实践的资料。

（5）专项查定及实验。主要指混凝土配合比和砌筑砂浆实验等资料。除收集实验试配资料外，还应收集一定数量的现场实际配合比资料。

3. 定额编制阶段

（1）确定编制细则。主要包括：统一编制表格及编制方法；统一计算口径、计量单位和小数点位数的要求；有关统一性规定，名称统一，用字统一，专业用语统一，符号代码统一；简化字要规范，文字要简练明确。

（2）确定定额的项目划分和工程量计算规则。

（3）定额人工、材料、机械台班耗用量的计算、复核和测算。

4. 定额报批阶段

（1）审核定稿。

（2）预算定额水平测算。新定额编制成稿，必须与原定额进行对比测算，分析水平升降原因。一般新编定额的水平应该不低于历史上已经达到过的水平，并略有提高。定额水平的测算方法一般有以下两种：

a. 按工程类别比重测算。在定额执行范围内，选择有代表性的各类工程，分别以新旧定额对比测算，并按测算的年限以工程所占比例加权以考察宏观影响。

b. 单项工程比较测算法。以典型工程分别用新旧定额对比测算，以考查定额水平升降及其原因，见下式

$$\text{定额测算水平}(\pm\%)=\frac{\text{原定额测算值}-\text{新定额测算值}}{\text{原定额测算值}}\times 100\%$$

式中：正号表示新定额造价比原定额造价的水平降低，亦即新定额消耗量比原定额消耗量的水平降低，因此新定额比原定额水平提高了；负号表示与之相反。

5. 修改定稿、整理资料阶段

（1）印发征求意见。定额编制初稿完成后，需要征求各有关方面的意见，组织讨论，在

统一意见的基础上整理分类，制定修改方案。

（2）修改整理报批。按修改方案的决定，将初稿按照定额的顺序进行修改，并经审核无误后形成报批稿，经批准后交付印刷。

（3）撰写编制说明。为顺利地贯彻执行定额，需要撰写新定额编制说明。其内容包括：项目、子目数量，人工、材料、机械的内容范围，资料的依据和综合取定情况，定额中允许换算和不允许换算规定的计算资料，人工、材料、机械单价的计算和资料，施工方法、工艺的选择及材料运距的考虑，各种材料损耗率的取定资料，调整系数的使用，其他应该说明的事项与计算数据、资料。

（4）立档、成卷。定额编制资料是贯彻执行定额中需查对资料的唯一依据，也为修编定额提供历史资料数据，应作为技术档案永久保存。

（四）预算定额的编制方法

1. 确定定额项目名称及工作内容

预算定额项目的划分是以施工定额为基础，进一步综合确定预算定额项目名称、工作内容和施工方法，同时还要使施工定额和预算定额两者之间协调一致，并可以比较，以减轻预算定额的编制工作量。在划分定额项目的同时，应将各个工程项目的工作内容范围予以确定。主要按以下两个方面考虑：

（1）项目划分是否合理。应做到项目齐全、粗细适度、步距大小适当、简明适用。

（2）工作内容是否全面。根据施工定额确定的施工方法和综合后的施工方法确定工作内容。

2. 确定施工方法

不同的施工方法，会直接影响预算定额中的人工、材料、机械台班的消耗指标，在编制预算定额时，必须以本地区的施工（生产）技术组织条件，施工验收规范、安全操作规程，以及已经成熟和推广的新工艺、新结构、新材料和新的操作方法等为依据，合理确定施工方法，使其正确反映当前社会生产力的水平。

3. 确定定额项目计量单位

预算定额和施工定额计量单位往往不同。施工定额的计量单位一般按工序或工作过程确定；而预算定额的计量单位，主要是根据分部分项工程的形体和结构构件特征及其变化规律来确定。预算定额的计量单位具有综合的性质，所选择的计量单位要根据工程量计算规则规定，并确切反映定额项目所包含的工作内容，要能确切反映各个分项工程产品的形态特征与实物数量，并便于使用和计算。

预算定额的计量单位按公制或自然计量单位确定。一般依据以下建筑结构构件形体的特点确定：

（1）凡建筑结构构件的断面有一定形状和大小，但是长度不定时，长度可按延长米、公里为计量单位。如踢脚线、楼梯栏杆、木装饰条、管道线路安装等。

（2）凡建筑结构构件的厚度有一定规格，但是长度和宽度不定时，可按面积以平方米为计量单位。如地面、楼面、屋面、墙面和天棚面抹灰等。

（3）凡建筑结构构件的长度、厚（高）度和宽度都变化时，可按体积以立方米为计量单位。如土方、砖石工程、钢筋混凝土构件等。

（4）钢结构由于重量与价格差异很大，形状又不固定，采用重量以吨为计量单位。

(5) 凡建筑结构没有一定规格，而其构造又较复杂时，可按个、台、座、组为计量单位。如卫生洁具安装、铸铁水斗等。

预算定额中各项人工、机械和材料的计量单位选择，相对比较固定。人工和机械按“工日”、“台班”计量（国外多按“小时”、“台时”计量）；各种材料的计量单位应与产品计量单位一致。

预算定额中的小数位数的取定，主要决定于定额的计算单位和精确度的要求。一般按以下要求取定：

人工以工日为单位，取2位小数；

机械以台班为单位，取2位小数。

主要材料及半成品：

木材以立方米为单位，取3位小数；

钢材及钢筋以吨为单位，取3位小数；

水泥以千克为单位，取整数；

标准砖以千块为单位，取2位小数；

砂浆、混凝土和玛　脂等半成品以立方米为单位，取2位小数。

4. 计算工程量

计算工程量的目的，是为了分别计算典型设计图纸所包括的施工过程的工程量，以便在编制预算定额时，有可能利用施工定额或人工、机械和材料消耗指标确定预算定额所含工序的消耗量。

预算定额是一种综合定额，它包括了完成某一分项工程的全部工作内容。如砖墙定额中，其综合的内容有：调运、铺砂浆，运砖，砌窗台虎头砖、腰线、门窗套、砖过梁、附墙烟囱、壁橱及安放木砖、铁件等。因此，在确定定额项目中各种消耗量指标时，首先应根据编制方案中所选定的若干份典型工程图纸，计算出单位工程中各种墙体及上述综合内容所占的比重，然后利用这些数据，结合定额资料，综合确定人工和材料消耗净用量。

5. 编制预算定额项目表

预算定额册的组成内容，在不同时期、不同专业和不同地区，其基本内容上虽不完全相同，但其变化不大。主要包括：总说明、建筑面积计算规则、分部工程说明、分项工程表头说明、定额项目表、分章附录和总附录。有些预算定额册为方便使用，一般把工程量计算规则编入册内。但工程量计算规则并不是预算定额册必备的内容。

定额项目表的核心部分和主要内容，包括定额编号、计量单位、项目名称、工作（程）内容、预算单价、工料消耗量及相应的费用、机械费等。定额项目表是指将计算确定出的各项目的消耗量指标填入已设计好的预算定额项目空白表中。

在预算定额表格的人工消耗部分，应列出工种名称、用工数量及平均工资等级和工资标准。用工数量很少的工种合并为“其他用工”。

在预算定额表格的材料消耗部分，应包括主要材料和次要材料的数量。主要材料应综合列出不同规格的主要材料名称，计量单位以实物量表示；次要材料属于用量少、价值不大的材料，预算定额中合并列入“其他材料费”，其计量单位以金额“元”表示。

在预算定额表格的机械台班消耗部分，应综合考虑，是由第一类费用、第二类费用和其他费用三部分组成。

特别注意在定额项目中列有根据取定的工资标准及材料价格等分别计算出的人工、材料、施工机械的费用及其汇总的基价，这是单位估价表部分，并不是预算定额必需的组成部分。

6. 编写定额说明

包括总说明、分部工程说明和分节说明。

（1）总说明。在总说明中，主要阐述预算定额的用途，编制原则、依据、用途、适用范围、定额中已考虑的因素和未考虑的因素、使用中应注意的事项和有关问题的说明。

（2）分部工程说明。分部工程说明是定额册的重要组成部分，主要阐述本分部工程所包括的主要项目，编制中有关问题的说明，定额应用时的具体规定和处理方法等。

（3）分节说明。分节说明是对本节所包含的工程内容及使用的有关说明。

上述文字说明是预算定额正确使用的重要依据和原则，应用前必须仔细阅读，不然就会造成错套、漏套及重套定额。

五、预算定额消耗量指标的确定

（一）人工工日消耗量指标的确定

人工的工日数可以有两种方法选择：①以施工定额的劳动定额为基础确定；②采用计时观察法测定。

1. 以劳动定额为基础计算人工工日数的方法

（1）基本用工。指完成单位合格产品所必须消耗的技术工种用工，亦指完成该分项工程的主要用工。按技术工种相应劳动定额工时定额计算，以不同工种列出定额工日。如墙体砌筑工程中，包括调运及铺砂浆、运砖、砌砖的用工，砌附墙烟囱、砖平碹、垃圾道、门窗洞口等需增加的用工。基本用工的计算公式为

基本用工＝∑（综合取定的工程量×劳动定额）

例如，实际工程中的砖基础，有1砖厚、1砖半厚、2砖厚等之分，用工各不相同，在预算定额中由于不区分厚度，需要按照统计的比例加权平均，得出用工。

按劳动定额规定应增加计算的用工量。例如，砖基础埋深超过1.5m，超过部分要增加用工，预算定额中应按一定比例给予增加。

由于预算定额是以施工定额子目综合扩大的，包括的工作内容较多，施工的效果视具体部位而不一样，需要另外增加用工列入基本用工内。

（2）其他用工。包括辅助用工、超运距用工、人工幅度差。

1）辅助用工，指技术工种劳动定额内不包括，而在预算定额内又必须考虑的用工。如筛砂子、淋石灰膏等用工；又如机械土方工程配合用工、电焊着火用工等。其计算公式为

辅助用工＝∑（材料加工数量×相应的加工材料劳动定额）

2）超运距用工，指预算定额中材料及半成品的平均水平运距超过劳动定额基本用工中规定的水平运距部分所需增加的用工量，其计算公式为

超运距＝预算定额取定运距－劳动定额已包括的运距

超运距用工＝∑（超运距材料数量×劳动定额）

3）人工幅度差，主要是指预算定额和劳动定额由于定额水平不同而引起的水平差，即是指在劳动定额作业时间之外，而在预算定额中应考虑的在正常施工条件下所发生的各种工时损失。内容如下：

a. 各工种间的工序搭接及交叉作业互相配合所发生的停歇用工；

b. 施工机械在单位工程之间转移及临时水电线路移动所造成的停工；

c. 质量检查和隐蔽工程验收工作的影响；

d. 班组操作地点转移用工；

e. 工序交接时对前一工序不可避免的修整用工；

f. 施工中不可避免的其他零星用工。

国家规定，预算定额的人工幅度差系数为10%～15%。人工幅度差计算公式如下

人工幅度差=（基本用工+辅助用工+超运距用工）×人工幅度差系数

2. 以现场测定资料为基础计算人工工日数的方法

遇劳动定额缺项的需要进行测定项目，可采用现场工作日写实等测时方法测定和计算定额的人工耗用量。

3. 人工工日消耗量指标的计算

根据选定的若干份典型工程图纸，经工程量计算后，再计算各项人工消耗量。

现以某省综合取定的一砖内墙工程量为例，计算每 $10m^3$ 定额计量单位墙体的人工消耗量。已知：综合取定的单面清水墙占20%，双面清水墙占20%，混水墙占60%，其中每 $10m^3$ 墙体中所含附墙烟囱孔3.4m，弧形及圆形碹0.6m，垃圾道0.8m，预留抗震柱孔3m，墙顶找平层 $0.625m^2$，壁橱0.5个，吊柜0.6个。

人工消耗指标计算如下：

（1）基本用工（按某省建筑工程劳动定额计算）。

单面清水墙　　1.23×10×20%=2.46工日

双面清水墙　　1.23×10×20%=2.46工日

混水墙　　1.09×10×60%=6.54工日

附墙烟囱孔　　0.05×3.4=0.17工日

弧形及圆形碹　　0.03×0.6=0.018工日

垃圾道　　0.06×0.8=0.048工日

抗震柱孔　　0.05×3=0.15工日

墙顶抹找平层　　0.08×0.625=0.05工日

壁橱　　0.3×0.5=0.15工日

吊柜　　0.15×0.6=0.09工日

基本用功=2.46+2.46+6.54+0.17+0.018+0.048+0.15+0.05+0.15+0.09=12.136工日

式中：1.23、1.09、0.05、0.03、0.06、0.08、0.3、0.15为完成相应单位合格产品所需消耗的用工。

（2）基本用工平均工资等级系数和平均工资等级的确定。

技术等级是指国家按照劳动者的技术水平、操作熟练程度和工作责任大小等因素所划分的技术级别。基本用工工资等级是由劳动小组的平均等级确定的。也就是说，是根据劳动定额中该工程项目的劳动小组的组成成员数量、技工和普工的技术等级的规定确定的。

由于单位分项工程是由若干不同技术等级的工人共同完成的，因此，就要计算出完成该分项工程小组成员的平均技术等级。技术（工资）等级系数见表2-1所示。劳动小组成员

平均工资等级系数的计算方法为

$$\text{劳动小组成员平均工资等级系数}=\frac{\sum(\text{各技术等级工人数量}\times\text{相应等级工资系数})}{\text{劳动小组总成员数}}$$

表 2-1 建筑安装工人技术（工资）等级系数表

工 种	工资等级系数	工 资 等 级							
		1	2	3	4	5	6	7	8
建筑	系 数	1.000	1.187	1.409	1.672	1.985	2.360	2.800	—
安装	系 数	1.000	1.178	1.388	1.634	1.926	2.269	2.637	3.150

下面举例说明技、普工平均技术（工资）等级系数及平均技术（工资）等级计算过程。

某省建筑工程劳动定额规定，砌砖小组的成员如下：技工 10 人，其中七级工 1 人，六级工 1 人，五级工 3 人，四级工 2 人，三级工 2 人，二级工 1 人；普工 12 人，其中五级工 2 人，四级工 2 人，三级工 6 人，二级工 2 人。

则技工平均技术等级系数为

$$\frac{2.800\times1+2.360\times1+1.985\times3+1.672\times2+1.409\times2+1.187\times1}{1+1+3+2+2+1}=1.846$$

普工平均技术等级系数为

$$\frac{1.985\times2+1.672\times2+1.409\times6+1.187\times2}{2+2+6+2}=1.512$$

求出了技术等级系数，便可用插入法求出平均技术等级。

技工平均技术等级为

$$4+\frac{1.846-1.672}{1.985-1.672}=4+\frac{0.74}{0.313}=4.56$$

普工平均技术等级为 $3+\frac{1.512-1.409}{1.672-1.409}=3+\frac{0.103}{0.263}=3.39$

砌砖小组成员平均技术等级系数为 $\frac{1.846\times10+1.512\times12}{22}=\frac{36.604}{22}=1.664$

砌砖小组成员平均技术等级为 $3+\frac{1.664-1.409}{1.672-1.409}=3+\frac{0.255}{0.263}=3.97$

（3）超运距用工。

$10m^3$ 一砖内墙砌砖工程材料超运距计算如下

砂子 80－50＝30m　　石灰膏 150－100＝50m

标准砖 170－50＝120m　　砂 浆 180－50＝130m

按某省劳动定额计算超运距用工如下：

砂 子 $2.43m^3\times0.0453$ 工日/m^3＝0.110 工日

石灰膏 $0.19m^3\times0.128$ 工日/m^3＝0.024 工日

标准砖 $10m^3\times0.139$ 工日/m^3＝1.390 工日

砂 浆 $10m^3\times$（0.0409＋0.00816）工日/m^3＝0.491 工日

超运距用工＝0.110＋0.024＋1.390＋0.491＝2.015 工日

式中：2.43、0.19 为 $10m^3$ 砌体中砂子、石灰膏的用量。

（4）超运距用工平均技术等级的计算。某省劳动定额规定，超运距用工的平均技术等级按砌砖工程的普工小组平均技术等级取定，即平均技术等级为 3.39 级（平均技术等级系数 1.512）。

（5）辅助用工。

$10m^3$ 一砖内墙辅助用工计算如下：

筛砂子　$2.43m^3 \times 0.208$ 工日/m^3 $= 0.505$ 工日

淋石灰膏　$0.19m^3 \times 0.128$ 工日/m^3 $= 0.024$ 工日

辅助用工 $= 0.505 + 0.024 = 0.529$ 工日

（6）辅助用工平均技术等级计算。某省劳动定额规定，材料加工小组成员为四级工 4 人，三级工 5 人，二级工 1 人。则平均技术等级系数为

$$\frac{1.672 \times 4 + 1.409 \times 5 + 1.187}{10} = 1.492$$

平均技术等级为

$$3 + \frac{1.492 - 1.409}{1.672 - 1.409} = 3 + \frac{0.083}{0.253} = 3.32$$

（7）人工幅度差。

$10m^3$ 一砖内墙人工幅度差为

$$(12.136 + 2.015 + 0.529) \times 10\% = 14.68 \times 0.1 = 1.468 \text{ 工日}$$

人工幅度差的平均工资等级系数按基本用工、材料超运距用工和辅助用工的平均技术等级取定。人工幅度差的平均工资等级系数等于工程项目的平均工资等级系数。工程项目的平均工资等级系数采用加权平均法计算，等于各种用工的工日数与其相应的工资等级系数之积相加除以各种用工量之和。则有

$$\text{工程项目平均工资等级系数} = \frac{1.664 \times 12.136 + 1.512 \times 2.015 + 1.492 \times 0.529}{14.68}$$

$$= \frac{20.194 + 3.047 + 0.789}{14.68} = 1.637$$

（8）每 $10m^3$ 一砖内墙预算定额用工计算

$$12.136 + 2.015 + 0.529 + 1.468 = 16.148 \text{ 工日}$$

则预算定额用工的平均技术等级为

$$3 + \frac{1.637 - 1.409}{1.672 - 1.409} = 3 + \frac{0.228}{0.263} = 3.87$$

（二）材料消耗量指标的确定

预算定额的材料消耗量指标是由材料的净用量和损耗量所构成。其中损耗量由施工操作损耗、场内运输（从现场内材料堆放点或加工点到施工操作地点）损耗、加工制作损耗和场内管理损耗（操作地点的堆放及材料堆放地点的管理）所组成。

1. 按用途预算定额材料划分为以下四种

（1）主要材料：指直接构成工程实体的材料，其中也包括成品、半成品的材料。

（2）辅助材料：是构成工程实体除主要材料外的其他材料。如垫木钉子、铅丝等。

（3）周转性材料：指脚手架、模板等多次周转使用的工具性材料，而又不构成工程实体的摊销性材料。

（4）其他材料：指用量较少，难以计量的零星用料。如，棉砂、编号用的油漆等。

2. 材料消耗量计算方法

（1）按规范要求计算。凡有标准规格的材料，按规范要求计算定额计量单位耗用量，如砖、防水卷材、块料面层等。

（2）按设计图纸计算。凡设计图纸有标注尺寸及下料要求的按设计图纸尺寸计算材料净用量，如，门窗制作用材料，方、板料等。

（3）用换算法计算。各种胶结、涂料等材料的配合比用料，可以根据要求条件换算，得出材料用量。

（4）用测定法计算。包括试验室试验法和现场观察法。各种强度等级的混凝土及砌筑砂浆按配合比要求耗用原材料的数量，需按规范要求试配，经过试压合格以后，并经必要的调整得出水泥、砂子、石子、水的用量。对新材料、新结构不能用其他方法计算定额耗用量时，需用现场测定方法来确定。根据不同条件可以采用写实记录法和观察法得出定额的消耗量。

材料损耗量，指在正常施工条件下不可避免的材料损耗，如现场内材料运输损耗及施工操作过程中的损耗等。其关系式如下

$$\text{材料消耗量}=\text{材料净用量}+\text{损耗量}$$

其他材料的确定，一般按工艺测算并在定额项目材料计算表内列出名称、数量，并依编制期价格以其他材料占主要材料的比率计算，列在定额材料栏之下，定额内可不列材料名称及消耗量。

3. 材料消耗量计算实例

（1）主要材料净用量的确定。应结合分项工程的构造作法，综合取定的工程量及有关资料进行计算。

以一砖墙分项工程为例。经测定计算，每 $10m^3$ 一砖墙体中梁头、板头体积为 $0.28m^3$，预留孔洞体积 $0.063m^3$，突出墙面砌体 $0.0629m^3$，砖过梁为 $0.4m^3$，则每 $10m^3$ 一砖墙体的砖及砂浆净用量计算如下

$$\text{标准砖}=\frac{\text{墙厚砖数}\times 2}{\text{墙厚}\times(\text{砖长}+\text{灰缝})\times(\text{砖厚}+\text{灰缝})}\times(10-0.28-0.063+0.0629)$$

$$=\frac{1\times 2}{0.24\times(0.24+0.01)\times(0.053+0.01)}\times(10-0.28-0.063+0.0629)$$

$$=529.1\times(10-0.28)=5143\text{块}$$

$$\text{砂浆}=(1m^3-1m^3\text{砌体中砖数的体积})\times\text{砌体体积}$$

$$=(1-529.1\times 0.24\times 0.115\times 0.053)\times(10-0.28)=2.197m^3$$

在砂浆中有主体砂浆和附加砂浆之分。附加砂浆是指砌钢筋砖过梁、砖碹部位所用强度等级较高的砂浆。除了附加砂浆之外，其余便是砌墙用的主体砂浆。因此，已知每 $10m^3$ 墙体中，砖过梁为 $0.4m^3$，即占墙体的4%，则

附加砂浆为　$2.197\times 4\%=0.088m^3$

主体砂浆为　$2.197\times 96\%=2.109m^3$

（2）定额消耗量的确定。

计算 $10m^3$ 一砖墙中，砖和砂浆的定额消耗量（砖和砂浆的损耗率均为1%）。

红（青）砖　　5143×（1+1%）=5195块/10m^3砌体

主体砂浆　　2.109×（1+1%）=2.130m^3/10m^3砌体

附加砂浆　　0.088×（1+1%）=0.089m^3/10m^3砌体

（3）其他材料的确定。预算定额中对于用量少、价值又不大的次要材料，估算其用量后，合并成“其他材料费”，以“元”为单位列入预算定额。一般按工艺测算并在定额项目材料计算表内列出名称、数量，并依编制期价格以占主要材料的比率计算，列在定额材料栏之下，定额内不列材料名称及消耗量。

（4）周转性材料消耗量的确定。周转性材料是指在施工过程中多次周转使用的工具性材料。如，混凝土工程中的模板，脚手架，挖土方工程用的挡土板等。周转性材料的消耗量是用多次使用分次摊销的办法计算，因此，周转性材料消耗量指标均为多次使用并已扣除回收折价的一次摊销数的数量。其计算方法前面已经介绍过。

（三）机械台班消耗量的确定

机械台班消耗量又称机械台班使用量，它是指在合理使用机械和合理施工组织条件下，完成单位合格产品所必须消耗的机械台班数量的标准。预算定额中的机械台班消耗量指标，一般是按全国统一劳动定额中的机械台班产量，并考虑一定的机械幅度差进行计算的。

1. 机械幅度差

是指全国统一劳动定额规定范围内没有包括而实际中有必须增加的机械台班消耗量。其主要内容包括：

（1）施工中机械转移工作面及配套机械相互影响所损失的时间；

（2）在正常施工情况下，机械施工中不可避免的工序间歇；

（3）工程开工和结尾工作量不饱满所损失的时间；

（4）检查工程质量影响机械操作的时间；

（5）因临时水电线路在施工过程中移动而发生的不可避免的机械操作间歇时间；

（6）冬季施工期内发动机械的时间；

（7）不同厂牌机械的工效差、临时维修、小修、停水停电等引起的机械间歇时间；

（8）配合机械施工的人工在人工幅度差范围以内的工作间歇影响机械的操作时间。

大型机械幅度差系数为：土方机械25%，打桩机械33%，吊装机械30%。砂浆、混凝土搅拌机由于按小组配用，以小组产量计算机械台班产量，不另增加机械幅度差。其他分部工程中如钢筋、木材、水磨石加工等各项专用机械的幅度差为10%。

2. 机械台班消耗量指标的确定方法

一种是根据施工定额确定机械台班消耗量的计算。这种方法是指施工定额或劳动定额中机械台班产量加机械幅度差计算预算定额的机械台班消耗量。其计算式为

$$\frac{\text{预算定额}}{\text{机械耗用台班}}=\frac{\text{施工定额}}{\text{机械耗用台班}}\times(1+\text{机械幅度差系数})$$

另一种是以现场测定资料为基础确定机械台班消耗量。如遇施工定额或劳动定额缺项者，则需依单位时间完成的产量测定。

3. 预算定额中的机械台班消耗量指标的确定方法

预算定额中的机械台班消耗量是以“台班”为单位计算的。一台机械工作8h为一个

"台班"。大型机械和分部工程的专用机械，其台班消耗量的计算方法和机械幅度差是不相同的。

（1）大型机械施工的土方、打桩、构件吊装、运输等项目。大型机械台班消耗量是按劳动定额中规定的各分项工程的机械台班产量计算，再加上机械幅度差确定。即

$$\text{大型机械台班消耗量}=\frac{1}{\text{机械台班产量定额}}\times\text{工序工程量}（1+\text{机械幅度差系数}）$$

在定额中编列机械的种类、型号和台班用量。机械幅度差一般是20%～40%。

（2）按操作小组配用机械台班消耗量指标。对于按操作小组配用的机械，如，垂直运输用的塔吊、卷扬机，以及砂浆搅拌机、混凝土搅拌机，这种中小型机械，以综合取定的小组产量计算台班消耗量，不考虑机械幅度差。

$$\begin{aligned}\text{机械台班消耗量指标}&=\frac{\text{分项定额的计算单位值}}{\text{小组总产量}}\\&=\frac{\text{分项定额的计算单位值}}{\text{小组总人数}\times\sum(\text{分项计算的取定比重}\times\text{劳动定额综合每工产量数})}\end{aligned}$$

【例2-5】 假设一台塔吊配合一砖工小组砌筑一砖外墙，综合取定的双面清水墙占20%，单面清水墙占40%，混水墙占40%，砖工小组有22人组成，计算每$10m^3$一砖外墙砌体所需塔吊台班指标。

解 查劳动定额综合（塔吊）产量定额分别为$1.01m^3$/工日，$1.04m^3$/工日，$1.19m^3$/工日。因此

小组总产量$=22\times(0.2\times1.01+0.4\times1.04+0.4\times1.19)=22\times1.094=24.07m^3$

塔吊台班消耗量$=10/24.07=0.42$台班/$10m^3$砌体

【例2-6】 一砖外墙每$10m^3$砌体砂浆$2.29m^3$，砂浆搅拌机台班产量为$8m^3$，计算每$10m^3$一砖外墙砌体所需砂浆搅拌机的台班消耗量。

解 砂浆搅拌机台班消耗量$=2.29/8=0.29$台班/$10m^3$砌体

（3）分部工程的打夯、钢筋加工、木作、水磨石加工等各种专用机械。这些专用机械台班消耗指标，直接列其值于预算定额中的，也有以机械费表示，不列台班数量。其计算公式为

$$\text{台班产量}=\text{机械配备人数}\times\text{每工产量}$$

$$\text{台班消耗量}=\frac{\text{计算单位值}}{\text{台班产量}}\times（1+\text{机械幅度差系数}）$$

【例2-7】 用水磨石机械施工配备2人，查劳动定额可知产量定额为$4.76m^2$/工日，考虑机械幅度差为10%，计算每$100m^2$水磨石机械台班用量。

解 台班产量$=2\times4.76m^2$/工日$=9.52m^2$/工日

$$\begin{aligned}\text{台班消耗量}&=\frac{100}{9.52}\times(1+10\%)\\&=11.55\text{ 台班}/100m^2\text{ 水磨石}\end{aligned}$$

六、预算定额人工、材料、机械台班单价的组成

（一）人工单价的组成

1. 人工单价的组成内容

人工单价是指一个建筑安装生产工人和附属生产单位工人，一个工作日在预算中应计入

的各项费用，见表2-2。

表2-2 人工单价组成内容

计时工资或计件工资	—
奖金	节约奖、劳动竞赛奖等
补贴津贴	特殊地区施工津贴
	流动施工津贴
	高温（寒）作业临时津贴
	高空津贴
加班加点工资	法定节假日工作的加班工资和法定日工作时间外延时工作的加点工资
特殊情况下支付的工资	根据国家法律、法规和政策规定，因病、工伤、产假、计划生育假、婚丧假、事假、探亲假、定期休假、停工学习、执行国家或社会义务等原因按计时工资标准或计时工资标准的一定比例支付的工资

2. 影响人工单价的因素

影响建筑安装工人人工单价的因素很多，归纳起来有以下四个方面：

（1）社会平均工资水平。建筑安装工人人工单价必然和社会平均工资水平趋同。社会平均工资水平取决于经济发展水平。由于我国改革开放以来经济迅速增长，社会平均工资也有大幅增长，从而使人工单价大幅提高。

（2）生活消费指数。生活消费指数的提高会影响人工单价的提高，以减少生活水平的下降，或维持原来的生活水平。生活消费指数的变动决定于物价的变动，尤其决定于生活消费品物价的变动。

（3）劳动力市场供需变化。劳动力市场如果需求大于供给，人工单价就会提高；供给大于需求，市场竞争激烈，人工单价就会下降。

（4）政府推行的社会保障和福利政策也会影响人工单价的变动。

（二）材料预算价格的组成

材料费是指施工过程中耗费的原材料、辅助材料、构配件、零件、半成品或成品、工程设备的费用。

1. 材料预算价格组成

（1）材料原价：是指材料、工程设备的出厂价格或商家供应价格。

（2）材料运杂费：是指材料、工程设备自来源地运至工地仓库或指定堆放地点所发生的全部费用。

（3）运输损耗费：是指材料在运输装卸过程中不可避免的损耗所引起的费用。

（4）采购及保管费：是指为组织采购、供应和保管材料过程中所需要的各项费用。

包括采购费、仓储费、工地保管费、仓储损耗。

工程设备是指构成或计划构成永久工程一部分的机电设备、金属结构设备、仪器装置及其他类似的设备和装置。

2. 影响材料预算价格的因素

（1）市场供需变化。材料原价是材料预算价格中最基本的组成部分。市场供大于求，价格就会下降；反之，价格就会上升。从而也就会影响材料预算价格的涨落。

（2）材料生产成本的变动直接影响材料预算价格的波动。

（3）流通环节的多少和材料供应体制也会影响材料预算价格。

（4）运输距离和运输方法的改变会影响材料运输费用的增减，从而也会影响材料预算价格。

（5）国际市场行情会对进口材料价格产生影响。

（三）机械台班预算单价的组成

机械费是指施工作业所发生的施工机械、仪器仪表使用费或其租赁费。

1. 施工机械使用费

以施工机械台班耗用量乘以施工机械台班单价表示，施工机械台班单价应由下列七项费用组成：

（1）折旧费：指施工机械在规定的使用年限内，陆续收回其原值的费用。

（2）大修理费：指施工机械按规定的大修理间隔台班进行必要的大修理，以恢复其正常功能所需的费用。

（3）经常修理费：指施工机械除大修理以外的各级保养和临时故障排除所需的费用。包括为保障机械正常运转所需替换设备与随机配备工具附具的摊销和维护费用，机械运转中日常保养所需润滑与擦拭的材料费用及机械停滞期间的维护和保养费用等。

（4）安拆费及场外运费：安拆费指施工机械（大型机械除外）在现场进行安装与拆卸所需的人工、材料、机械和试运转费用以及机械辅助设施的折旧、搭设、拆除等费用；场外运费指施工机械整体或分体自停放地点运至施工现场或由一施工地点运至另一施工地点的运输、装卸、辅助材料及架线等费用。

（5）人工费：指机上司机（司炉）和其他操作人员的人工费。

（6）燃料动力费：指施工机械在运转作业中所消耗的各种燃料及水、电等。

（7）税费：指施工机械按照国家规定应缴纳的车船使用税、保险费及年检费等。

2. 仪器仪表使用费

仪器仪表使用费是指工程施工所需使用的仪器仪表的摊销及维修费用。

3. 影响机械台班预算单价变动的原因

（1）施工机械的价格是影响机械台班单价的重要因素。

（2）机械使用年限不仅影响折旧费提取，也影响到大修理费和经常修理费的开支。

（3）机械的供求关系、使用效率、管理水平直接影响机械台班单价。

（4）政府增收税费的规定等。

七、预算定额的应用

（一）直接套用

当设计要求与定额项目的内容相一致时，可直接套用定额的预算基价及工料机消耗量，计算该分项工程的直接工程费以及工料机需用量。

现以某地区××年建筑工程预算定额为例，说明预算定额的具体使用方法（以后各例均同）。

【例 2-8】 某招待所现浇 C10 毛石混凝土带型基础 15.23m^3，试计算完成该分项工程的预算价格及主要材料消耗量。

解 1. 确定定额编号

由表 2-3 查出该项目的定额编号为 1E0001［混凝土（半．特．碎 60）C10］

表 2-3　　现浇混凝土工料机消耗量定额表

工作内容：包括冲洗石子、运砂、石、水泥，搅拌混凝土、水平运输、浇捣、养护等全部操作过程。

单位：$10m^3$

定额编号					1E0001	1E0045	1E0134	1E0140
项目			单位	单价	带型基础（$10m^3$） 毛石混凝土（$10m^3$）	框架薄壁柱（$10m^3$）	楼梯（$10m^3$） 直形	直（弧）形楼梯（$10m^3$） 每增减厚度 10mm
					C10	C30	C20	C20
基价			元		1162.55	2007.62	421.59	20.71
其中	人工费		元		150.66	395.46	95.22	4.68
其中	材料费		元		919.89	1555.83	304.91	15.14
其中	机械费		元		92.00	56.33	21.46	0.89
材料	6B0028	混凝土（半．特．碎 60）C10	m^3	99.78	8.63	…	…	…
材料	6B0081	混凝土（低．特．碎 20）C20	m^3	124.33	…	…	2.39	0.12
材料	6B0030	混凝土（半．特．碎 60）C20	m^3	119.08	…	…	…	…
材料	6B0082	混凝土（低．特．碎 20）C30	m^3	151.41	…	10.15	…	…
材料	0070027	毛石	m^3	15.00	2.72	…	…	…
材料	0001025	水泥 32.5 级	kg		(2554.48)	…	…	…
材料	0001026	水泥 42.5 级	kg		…	(5125.75)	(896.25)	(45.00)
材料	0070009	碎石 5—20	t		…	(13.98)	(3.29)	(0.17)
材料	0070040	碎石 5—60	t		(12.48)	…	…	…
材料	0070001	特细砂	t		(4.57)	(3.56)	(1.14)	(0.06)
材料	0830001	水	m^3	1.60	9.70	11.28	3.45	0.14
材料	0990005	其他材料费	元	1.00	2.46	0.97	2.25	…
机械	0991001	机上人工	工日		(1.24)	(0.79)	(0.30)	(0.01)
机械	0810005	柴油	kg		(3.98)	…	…	…

2. 计算该分项工程预算价格

分项工程预算价格＝预算基价×工程量

1162.55（元/10m³）×1.523（10m³）＝1770.56元

3. 计算主要材料消耗量

材料消耗量＝定额的消耗量×工程量

水泥 42.5 级	2554.48×1.523＝3890.47kg
特细砂	4.57×1.523＝6.96t
碎石 5—60	12.48×1.523＝19.01t
毛石	2.72×1.523＝4.14m³

预算定额直接套用的方法步骤归纳如下：

（1）根据施工图纸设计的分项工程项目内容，从定额册中查出该项目的定额编号。

（2）当根据施工图纸设计的分项工程项目内容与定额规定的内容相一致，或虽然不一致，但定额规定不允许调整或换算时，即可直接套用定额的人工费、材料费、机械费和主要材料消耗量，计算该分项工程的预算价格。但是，在套用定额前，必须注意分项工程的名称、规格、计量单位与定额相一致。

（3）将定额编号、人工费、材料费、机械费、主要材料消耗量等分别填入预算表的相应栏内。

（二）换算套用

1. 预算定额的换算

（1）定额换算的原因。当施工图纸的设计要求与定额项目的内容不相一致时，为了能计算出设计要求项目的人、材、机费及工料机消耗量，必须对定额项目与设计要求之间的差异进行调整。这种使定额项目的内容适应设计要求的差异调整是产生定额换算的原因。

（2）定额换算的依据。预算定额具有经济法规性，定额水平（即各种消耗量指标）不得随意改变。为了保持预算定额的水平不改变，在文字说明部分规定了若干条定额换算的条件，因此，在定额换算时必须执行这些规定才能避免人为改变定额水平的不合理现象。从定额水平保持不变的角度来解释，定额换算实际上是预算定额的进一步扩展与延伸。

（3）预算定额换算的内容。定额换算涉及人工费和材料费及机械费的换算，特别是材料费及材料消耗量的换算占定额换算相当大的比重，因此必须按定额的有关规定进行，不得随意调整。人工费的换算主要是由用工量的增减而引起，材料费的换算则是由材料耗用量的改变（或不同构造做法）及材料代换而引起的。

（4）预算定额换算的一般规定。常用的定额换算规定有以下几个方面：

1）混凝土及砂浆的强度等级在设计要求与定额不同时，按表 2-4 中半成品配合比进行换算；

2）楼地楞定额是按中距和断面，以及每 100m² 木地板的楞木的体积计算的，如设计规定与定额不同时，楞木材积可以换算，其他不变；

3）定额中木地板是按一定厚度的毛料计算，如设计规定与定额不同时，可按比例换算，其他不变；

4）定额分部说明中的各种系数及工料增减换算。

(5) 预算定额换算的几种类型。

1) 砂浆的换算;

2) 混凝土的换算;

3) 木材材积的换算;

4) 系数换算;

5) 其他换算。

2. 预算定额的换算方法

(1) 混凝土的换算(混凝土强度等级和石子品种的换算)。

1) 混凝土强度等级的换算。这类换算的特点是,混凝土的用量不发生变化,只换算强度等级或石子品种。其换算公式为

换算价格=原定额价格+定额混凝土用量×(换入混凝土单价-换出混凝土单价)

【例 2-9】 某工程框架薄壁柱,设计要求为C35(采用砾石)钢筋混凝土现浇,试确定框架薄壁柱的预算基价并计算工料消耗量。

表 2-4　　混凝土及砂浆配合比表　　单位:m³

定额编号					6B0082	6B0083	6B0119	6B0079	6B0089
项目			单位	单价	低塑性混凝土(特细砂)				
					粒径 5—20				粒径 5—40
					碎石		砾石	碎石	碎石
					C30	C35	C35	C15	C20
基价			元		151.41	163.41	167.89	112.68	122.33
其中	材料费		元		151.41	163.41	167.89	112.68	122.33
材料	0010003	水泥 42.5 级	kg	0.23	505.00			319.00	364.00
	0010004	水泥 52.5 级	kg	0.27		472.00	452.00		
	0070009	碎石 5—20	t	20.00	1.377	1.377		1.377	
	0070015	砾石 5—20	t	25.00			1.561		
	0070010	碎石 5—40	t	20.00					1.397
	0070001	特细砂	t	22.00	0.351	0.383	0.310	0.535	0.485
	0830001	水	m³		(0.23)	(0.23)	(0.19)	(0.23)	(0.22)

解 1. 确定换算定额编号

由表 2-3 查出该项目的定额编号为 1E0045 [混凝土(低.特.砾 20) C30],有预算基价2007.62元/10m³ 混凝土定额用量 10.15m³/(10m³)。

2. 确定换入、换出混凝土的基价(低塑性混凝土.特细砂.砾石 5—20)

查表 2-4 得

换出 6B0082　C30 混凝土预算基价　151.41 元/m³(42.5 级水泥)

换入 6B0119　C35 混凝土预算基价　167.89 元/m³(52.5 级水泥)

3. 计算换算预算基价

$1E0045_{换}$=原定额价格+定额混凝土用量×(换入混凝土单价-换出混凝土单价)

=2007.62+10.15×(167.89-151.41)

=2174.89元/10m³

4. 换算后工料消耗量分析

人工费　　395.46 元

机械费　　56.33 元

水泥 52.5 级　　452.00×10.15＝4587.80kg

特细砂　　0.310×10.15＝3.15t

碎石 5—20　　1.561×10.15＝15.84t

从表 2-4 中可以看出 $1m^3$ 混凝土用水量发生变化，即

水的消耗量为　11.28＋10.15×（0.19－0.23）＝$10.87m^3$/（$10m^3$ 混凝土）

水的价差为　1.60×10.15×（0.19－0.23）＝－0.65 元/（$10m^3$ 混凝土）

$1E0045_{换}$＝2174.89 元/（$10m^3$ 混凝土）－0.65 元/（$10m^3$ 混凝土）＝2174.24 元/（$10m^3$ 混凝土）

由于水引起的量差和价差不大，在实际换算中人们往往忽视水的变化，而直接按上述公式进行计算。因此以后关于定额换算的例题中，如遇用水发生变化也不再计算。

2）换算小结：

a. 选择换算定额编号及其预算基价，确定混凝土品种及其骨料粒径，水泥强度等级；

b. 根据确定的混凝土品种（塑性混凝土还是低流动性混凝土、石子粒径、混凝土强度等级），从表 2-4 中查换出换入混凝土的基价；

c. 计算换算后的预算价格；

d. 确定换入混凝土品种需考虑下列因素：①是塑性混凝土还是低流动性混凝土；②根据规范要求确定混凝土中石子的最大粒径；③根据设计要求，确定采用砾石、碎石及混凝土的强度等级。

（2）运距的换算。当设计运距与定额运距不同时，根据定额规定通过增减运距进行换算。换算价格的计算公式为

$$换算价格＝基本运距价格\pm增减运距定额部分价格$$

【例 2-10】　某工程人工运土方 $100m^3$，运距 190m，试计算其人工费。

解　1. 确定换算定额编号

由表 2-5 查得该工程定额编号为 1A0037、1A0038。

1A0037 基本运距 20m 内定额的预算基价为　432.30 元/($100m^3$)；

1A0038 运距在 200m 内每增加 20m 的定额预算基价为　99.00 元/($100m^3$)；

表 2-5　**人工土石方费用表**

工作内容包括：人工运土方、淤泥。其中淤泥包括装、运、卸土、淤泥及平整。

单位：$100m^3$

定额编号				1A0037	1A0038
项　目		单　位	单　价	人工运土方	
				运距 20m 内	200m 内每增加 20m
基　价		元		432.30	99.00
其中	人工费	元		432.30	99.00

2. 计算人工费

人工运土方 $100m^3$。

运距190m，其人工费为

190m运距包含多少个1A0038项目的20m的个数为 (190－20) /20=8.5 (取9)

1A0037+1A0038=432.30+99.00×9=1 323.30元/ ($100m^3$)

(3) 厚度的换算。当设计厚度与定额厚度不同时，根据定额规定通过增减厚度进行换算。其计算公式为

换算价格=基本厚度价格±增减厚度定额部分价格

【例2-11】 某家属住宅楼工程现浇直形楼梯，设计要求为C20混凝土 (低.特.碎20)，折算厚度为220mm，试计算该分项工程的预算价格及定额单位工料消耗量。

解 根据本分部规定：弧形楼梯的折算厚度为160mm；直形楼梯的折算厚度为200mm。实际设计折算厚度不同时，应按每增减10mm厚度的工、料项目进行调整。

1. 确定换算定额编号

由表2-3查出该项目的定额编号为1E0134、1E0140 [混凝土 (低.特.碎20) C20]。

2. C20厚220mm的现浇直形楼梯预算基价和C20用量

预算基价为 421.59+20.71× (220－200) /10=463.01元/ ($10m^2$)

混凝土用量为 2.39+0.12× (220－200) /10=2.63m^3

3. 换算后工料消耗量分析

人工费 95.22+4.68× (220－200) /10=104.58元

机械费 21.46+0.89× (220－200) /10=23.24元

水泥42.5级 896.25+45.00× (220－200) /10=986.25kg

特细砂 1.14+0.06× (220－200) /10=1.26t

碎石5－20 3.29+0.17× (220－200) /10=3.63t

水 3.45+0.14× (220－200) /10=3.73m^3

其他材料费 2.25元

机上人工 0.3+0.01× (220－200) /10=0.32工日

(4) 材料比例的换算。其换算的原理与混凝土强度等级的换算类似，用量不发生变化，只换算其材料变化部分，其换算公式仍为

换算价格=原定额价格+定额混凝土用量× (换入混凝土单价－换出混凝土单价)

【例2-12】 某设计要求屋面垫层为1∶1∶10的水泥石灰炉渣，试计算10m^3该分项工程的预算价格及定额单位工料消耗量。

解 1. 确定换算定额编号

由表2-6查出该项目的定额编号为1H0018，其中水泥石灰炉渣比例为1∶1∶8，用量为10.10m^3/10m^3，预算基价为834.82元/10m^3。

2. 确定换入、换出混凝土的基价

查表2-7得：

换出6B0462比例为1∶1∶8 58.28元/m^3

换入6B0463比例为1∶1∶10 51.26元/m^3

3. 计算换算后的预算基价

$1H0018_{换}$=原定额价格+定额混凝土用量× (换入混凝土单价－换出混凝土单价)

=834.82+10.10× (51.26－58.28) =763.92元/ ($10m^3$)

表 2-6　　楼地面垫层工料机消耗量定额表　　单位：10m^3

定额编号					1H0017	1H0018	1H0019
项目			单位	单价	炉渣		
					干铺	水泥石灰	石灰
基价			元		224.24	834.82	602.92
其中	人工费		元		68.94	238.14	238.14
	材料费		元		155.30	596.68	364.78
	机械费		元		…	…	…
材料	6B0463	水泥石灰炉渣 1∶1∶8	m^3	58.28	…	10.10	
	6B0454	石灰炉渣 1∶3	m^3	35.32	…	…	10.10
	0080011	炉渣	m^3	12.75	12.18	…	…
	0001025	水泥 32.5 级	kg		…	(1 777.6)	…
	0080002	生石灰	kg		…	(888.80)	(2 222.00)
	0080013	炉渣	t		…	(9.62)	(8.97)
	0830001	水	m^3	1.60	…	5.03	5.03

表 2-7　　混凝土及砂浆配合比表　　单位：m^3

定额编号				6B0462	6B0463	6B0464
项目		单位	单价	水泥石灰炉渣垫层		
				粒径 5—20		
				1∶1∶8	1∶1∶10	1∶1∶12
基价		元		58.28	51.26	46.42
其中	材料费	元		58.28	51.26	46.42
材料	水泥 32.5 级	kg	0.2	176.000	146.000	125.000
	生石灰	kg	0.10	88.000	73.000	63.000
	炉渣	t	15.00	0.952	0.984	1.008
	水	m^3		(0.30)	(0.30)	(0.30)

4. 换算后工料消耗量分析

人工费　238.14 元

机械费　0.00 元

水泥 32.5 级　146.00×10.10=1474.60kg

生石灰　73.00×10.10=737.30kg

炉渣　0.984×10.10=9.94t

水　5.03m^3

（5）截面的换算。预算定额中的构件截面，是根据不同设计标准，通过综合加权平均计算确定的。如设计截面与定额截面不相符合，应按预算定额的有关规定进行换算。其换算后材料的消耗量公式为

$$换算后的消耗量=\frac{设计截面（厚度）}{定额截面（厚度）}\times 定额消耗量$$

如基价项目中所注明的木材面或厚度均为毛截面，设计图纸注明的截面或厚度为净料时，应增加刨光损耗。定额规定：板、枋材一面刨光增加3mm，两面刨光增加5mm，原木每立方米体积增加0.05m³。

【例2-13】 试计算墙面木盖板面变形缝（断面250mm×30mm）的预算价格。

解 1. 确定换算定额编号

查表2-8确定换算定额编号为1I0071。

2. 确定换算材料的消耗量

锯材消耗量为

$$换算后的锯材消耗量=\frac{设计截面（厚度）}{定额截面（厚度）}\times 定额消耗量$$

$$=\frac{(250+5)\times(30+3)}{200\times 25}\times 0.500$$

$$=0.842m^3/(100m)$$

表2-8　　**变形缝（填缝）工料机消耗量定额表**　　单位：100m

定额编号					1I0071	…	1G109
项目			单位	单价	木盖面板（100m）	…	屋面板振作（100m²）
					（断面200mm×25mm）	…	平口15mm厚（一面刨光）
基价			元		547.34	…	1761.33
其中	人工费		元		103.32	…	46.26
	材料费		元		444.02	…	1623.50
	机械费		元		…	…	91.57
材料	0100001	锯材	m³	850	0.500	…	
	0100002	一等锯材（干）	m³	850	…	…	1.910
	0810015	防腐油	kg	3.18	5.43	…	…
	0990005	其他材料费	元		1.75	…	…

3. 计算换算后的预算基价

人工费+材料费+机械费=103.32+（0.842×850+5.43×3.18+1.75）+0

=103.32+（715.70+17.27+1.75）

=103.32+734.72=838.04元/（100m）

（6）砂浆的换算。砌筑砂浆换算与混凝土构件的换算相类似，其换算公式为

换算价格=原定额价格+定额砂浆用量×（换入砂浆单价-换出砂浆单价）

【例2-14】 某工程空花墙，设计要求标准砖240mm×115mm×53mm，M2.5混合砂浆砌筑，试计算该分项工程的预算价格。

解 1. 确定换算定额编号

查表2-9确定该项目的换算定额编号为1D0030，其中M5.0混合砂浆砌筑用量为1.18m³/10m³；预算基价为1087.30元/10m³。

2. 确定换入、换出砂浆的基价

查表 2-10 得：

换出 6B0350M5.0 混合砂浆砌筑　80.78 元/m^3

换入 6B0349M2.5 混合砂浆砌筑　73.26 元/m^3

3. 计算换算后的预算基价

$1D0030_{换}$ = 原定额价格 + 定额砂浆用量 ×（换入砂浆单价 − 换出砂浆单价）

= 1 087.30 + 1.18 ×（73.26 − 80.78）= 1078.43元/（10m^3）

表 2-9　弧形砖墙、砖围墙、砌块墙工料机消耗量定额表　单位：10m^3

定额编号					1D0029	1D0030	1D0031
项目			单位	单价	砖围墙	空花墙	空心砌块
					M5.0 混合砂浆		
基价			元		1478.35	1087.30	890.48
其中	人工费		元		366.66	337.68	220.86
	材料费		元		1093.97	740.76	663.42
	机械费		元		17.72	8.86	6.20
材料	0050001	标准砖 240mm×115mm×53mm		160.00	5.75	4.02	0.28
	0040005	空心砌块	千块	60.00	…	…	9.00
	6B0350	混合砂浆 M5.0	m^3	80.78	2.11	1.18	0.95
	0001025	水泥 32.5 级	kg		(491.63)	(274.9)	(221.35)
	0070001	特细砂	t		(2.42)	(1.35)	(1.09)
	0080003	石膏	m^3		(0.27)	(0.15)	(0.12)
	0830001	水	m^3	1.60	2.21	1.40	1.18
机械	0991001	机上人工	工日		(0.50)	(0.25)	(0.17)

表 2-10　混凝土及砂浆配合比表　单位：m^3

定额编号				6B0349	6B0350	6B0351
项目		单位	单价	混合砂浆（特细砂）		
				M2.5	M5.0	M7.5
基价		元		73.26	80.78	94.11
其中	材料费	元		73.26	80.78	94.11
材料	水泥 32.5 级	kg	0.2	182.000	233.000	315.000
	特细砂	t	22.00	1.150	1.146	1.169
	石灰膏	m^3	70.09	0.165	0.128	0.077
	水	m^3		(0.50)	(0.50)	(0.50)

（7）系数的换算。系数换算是按定额说明中规定的系数乘以相应定额的基价（或定额工、料之一部分）后，得到一个新单价的换算。

【例 2-15】　某工程挖土方，施工组织设计规定为机械开挖，在机械不能施工的死角有湿土 121m³，需人工开挖，试计算完成该分项工程的预算价格。

解 根据土石方分部说明，得知人工挖湿土时，按相应定额项目乘以系数 1.18 计算；机械不能施工的土石方，按相应人工挖土方定额乘以系数 1.5。

1. 确定换算定额编号及基价

定额编号为 1A0001，其中定额基价为 699.60 元/（100m³）。

2. 计算换算基价

$$1A0001_{换}=699.6\times1.18\times1.5=1238.29元/100m^3$$

3. 计算完成该分项工程的预算价格

$$1238.29\times1.21=1498.33元$$

（8）其他换算。是指上述几种换算类型不能包括的定额换算。由于此类定额换算的内容较多、较杂，故仅举例说明其换算过程。

【例 2-16】 某工程墙基防潮层，设计要求用 1∶2 水泥砂浆加 8%防水粉施工（一层作法），试计算该分项工程的预算价格。

解 1. 确定换算定额编号

查表 2-11 确定换算定额编号为 1I0058，其中定额基价为 585.76 元/100m²。

表 2-11 **屋面防潮层工料机消耗量定额表** 单位：100m²

定额编号					1I0058	1I0059
项目			单位	单价	防水砂浆	
					一层做法	五层做法
基价			元		585.76	695.81
其中	人工费		元		183.06	332.46
	材料费		元		387.63	351.39
	机械费		元		15.07	11.96
材料	0800024	防水粉	kg	1.17	55.00	4.02
	6B0356	水泥砂浆 1∶2	m³	155.01	2.04	1.01
	6B0451	素水泥浆	m³		…	0.61
	0001025	水泥 32.5 级	kg	307.80	(1295.40)	(1580.14)
	0070001	特细砂	t		(0.26)	(1.29)
	0830001	水	m³	1.60	0.61	0.62
	0990005	其他材料费	元		6.08	6.08
机械	0991001	机上人工	工日		(0.42)	(0.34)

2. 计算换入、换出防水粉的用量

换出量 55.00kg/100m²

换入量 1295.4×8%＝103.63kg/100m²

3. 计算换算基价（防水粉单价为 1.17 元/kg）

$$1I0058_{换}=585.76+1.17\times(103.63-55.00)=642.66元/100m^2$$

虽然其他换算没有固定的公式，但换算的思路仍然是在原定额价格的基础上加上换入部分的费用，再减去换出部分的费用。

（三）预算定额应用中的其他问题

1. 预应力钢筋的人工时效

预算定额中一般未考虑预应力钢筋的人工时效，如设计要求人工时效，则应单独调整人工时效费。比如某地区定额规定："预应力钢筋如设计要求人工时效处理时，每吨预应力钢筋按 60 元计算人工时效费。"

2. 建筑物的垂直运输和超高人工、机械降效费

定额规定："本基价表是按建筑物檐口高度 20m 以内编制的（除已注明高度的项目），檐口超过 20m 时，其超高人工、机械降效费应按'建筑物超高人工、机械降效'项目计算。"

建筑物檐口高度是指"脚手架"以设计室外地坪标高至建筑物檐口标高为准。不包括突出建筑物屋顶的电梯间、楼梯间等的高度。构筑物的高度，是指设计室外地坪至构筑物顶面的高度。

建筑物的垂直运输和建筑物超高人工、机械降效费，按"建筑面积计算规则"确定的建筑面积计算，同一建筑物檐高不同时，不分结构（除单层工业厂房外）、用途分别套用不同檐高项目计算。构筑物的垂直运输以座计算。

【例 2-17】 某建筑物为 18 层，每层建筑面积为 $601m^2$，屋顶上楼梯间 $30m^2$，电梯机房 $27m^2$，水箱间 $18m^2$，试计算该工程的超高人工、机械降效费。

解 1. 檐口高度估算

$$18层\times3m/层=54m$$

2. 确定换算定额编号

查表 2-12 确定该工程的换算定额编号为 1L0032，其中预算单价为1398.65元/$100m^2$。

表 2-12 **建筑物超高人工、机械降效** 单位：$100m^2$

定额编号					1L0029	1L0031	1L0032	1L0033
项目			单位	单价	檐口高度			
					30m内	50m内	60m内	70m内
基价			元		343.69	1013.15	1398.65	1806.76
其中	人工费		元		269.82	729.00	1079.82	1446.66
	材料费		元		…	…	…	…
	机械费		元		73.87	284.15	318.83	360.10
机械	0991001	机上人工	工日		(1.31)	(2.59)	(2.88)	(3.31)

3. 计算建筑面积

$$601m^2/层\times18层+(30+27+18)m^2=10893m^2$$

4. 计算超高人工、机械降效费

$$超高人工、机械降效费=10893m^2\times1398.65元/100m^2=152354.94元$$

第四节 概 算 定 额

一、概算定额的概念

概算定额以扩大的分部分项工程或单位扩大结构构件为对象，以预算定额为基础，根据

通用设计或标准图等资料，计算和确定完成合格的该工程项目所需消耗的人工、材料和机械台班的数量标准，所以概算定额又称作扩大结构定额。

概算定额的项目划分粗细与扩大初步设计的深度相适应，一般是在预算定额的基础上综合扩大而成的，每一综合分项概算定额都包含了数项预算定额。

概算定额是预算定额的综合与扩大。它将预算定额中有联系的若干个分项工程项目综合为一个概算定额项目。如砖基础概算定额项目，就是以砖基础为主，综合了平整场地、挖地槽、铺设垫层、砌砖基础、铺设防潮层、回填土及运土等预算定额中分项工程项目。又如砖墙定额，就是以砖墙为主，综合了砌砖、钢筋混凝土过梁制作、运输、安装，勒脚，内外墙面抹灰，内墙面刷白等预算定额的分项工程项目。

建筑安装工程概算定额基价表又称扩大单位估价表，是确定概算定额单位产品所需全部人工费、材料费、机械台班费之和的文件，是概算定额在各地区以价格表现的具体形式。

二、概算定额的作用

自1957年我国开始在全国试行统一的《建筑工程扩大结构定额》之后，各省、市、自治区根据本地区的特点，相继编制了本地区的概算定额。为了适应建筑业的改革，原国家计委、建设银行总行在计标［1985］352号文件中指出，概算定额和概算指标由省、市、自治区在预算定额基础上组织编写，分别由主管部门审批，报国家计划委员会备案。概算定额主要作用如下：

(1) 初步设计阶段编制概算、扩大初步设计阶段编制修正概算的主要依据；

(2) 对设计项目进行技术经济分析比较的基础资料之一；

(3) 建设工程主要材料计划编制的依据；

(4) 编制概算指标的依据。

三、概算定额的编制原则和编制依据

(一) 概算定额的编制原则

概算定额应该贯彻社会平均水平和简明适用的原则。由于概算定额和预算定额都是工程计价的依据，所以应符合价值规律和反映现阶段大多数企业的设计、生产及施工管理水平。但在概预算定额水平之间应保留必要的幅度差，一般概算定额加权平均水平比综合预算定额增加造价2.06%，并在概算定额的编制过程中严格控制。概算定额的内容和深度是以预算定额为基础的综合和扩大。在合并中不得遗漏或增减项目，以保证其严密性和正确性。概算定额务必达到简化、准确和适用。

(二) 概算定额的编制依据

由于概算定额与预算定额的使用范围不同，编制依据也略有不同。其编制依据一般有以下几种：

(1) 现行的设计规范和建筑工程预算定额；

(2) 具有代表性的标准设计图纸和其他设计资料；

(3) 现行的人工工资标准、材料预算价格、机械台班预算价格及其他的价格资料。

四、概算定额与预算定额的区别与联系

(一) 概算定额与预算定额的相同之处

(1) 两者都是以建（构）筑物各个结构部分和分部分项工程为单位表示的，内容都包括人工、材料、机械台班使用量定额三个基本部分，并列有基价，同时它也列有工程费用，是

一种计价性定额。概算定额表达的主要内容、主要方式及基本使用方法都与预算定额相似。

（2）概算定额基价的编制依据与预算定额基价相同。全国统一概算定额基价，是按北京地区的工资标准、材料预算价格和机械台班单价计算基价；地区统一定额和通用性强的全国统一概算定额，以省会所在地的工资标准、材料预算价格和机械台班单价计算基价。在定额表中一般应列出基价所依据的单价，并在附录中列出材料预算价格取定表。

（二）概算定额与预算定额的不同之处

（1）在于项目划分和综合扩大程度上的差异。由于概算定额综合了若干分项工程的预算定额，因此使概算工程项目划分、工程量计算和设计概算书的编制都比编制施工图预算简化了许多。

（2）概算定额来源于预算定额。概算定额主要用于编制设计概算，同时可以编制概算指标。而预算定额主要用于编制施工图预算。

五、概算定额的应用

按专业特点和地区特点编制的概算定额手册，内容基本上是由文字说明、定额项目表和附录三个部分组成。

（一）概算定额的内容与形式

1. 文字说明部分

文字说明部分有总说明和分部工程说明。在总说明中，主要阐述概算定额的编制依据、使用范围、包括的内容及作用、应遵守的规则及建筑面积计算规则等。分部工程说明主要阐述本分部工程包括的综合工作内容及分部分项工程的工程量计算规则等。

2. 定额项目表

（1）定额项目的划分。概算定额项目一般按以下两种方法划分：

1）按工程结构划分。一般是按土石方、基础、墙、梁板柱、门窗、楼地面、屋面、装饰、构筑物等工程结构划分。

2）按工程部位（分部）划分。一般是按基础、墙体、梁柱、楼地面、屋盖、其他工程部位等划分，如基础工程中包括了砖、石、混凝土基础等项目。

（2）定额项目表。定额项目表是概算定额手册的主要内容，由若干分节定额组成。各节定额有工程内容、定额表及附注说明组成。定额表中列有定额编号，计量单位，概算价格，人工、材料、机械台班消耗量指标，综合了预算定额的若干项目与数量。

（二）概算定额应用规则

（1）符合概算定额规定的应用范围；

（2）工程内容、计量单位及综合程度应与概算定额一致；

（3）必要的调整和换算应严格按定额的文字说明和附录进行；

（4）避免重复计算和漏项；

（5）参考预算定额的应用规则。

第五节 企 业 定 额

一、企业定额编制的意义

我国加入 WTO 以后，工程造价管理改革日渐加速。随着《中华人民共和国招标投标法》的颁布与实施，建设工程承发包主要通过招投标方式来实现。为了适应我国建筑市场发展的要求和国际市场竞争的需要，我国将推行工程量清单计价模式。工程量清单计价模式与我国传统的定额计价模式不同，将主要采用综合单价计价，不再需要像以往那样进行套定额、调整材料价差、计算独立费等工作，更适合招投标工作。工程量清单计价模式要求承包商根据市场行情、项目状况和自身实力报价，有利于引导承包商编制企业定额，进行项目成本核算，提高其管理水平和竞争能力。

企业定额是指由施工企业考虑本企业具体情况，参照国家、部门或地区定额的水平制定的定额。企业定额只在企业内部使用，是企业素质的一个标志。企业定额水平一般应高于国家现行定额水平，才能满足生产技术发展、企业管理和市场竞争的需要。

企业定额在不同的历史时期有着不同的概念。在计划经济时期，"企业定额"也称"临时定额"，是国家统一定额或地方定额中缺项定额的补充，它仅限于企业内部临时使用，而不是一级管理层次。在市场经济条件下，"企业定额"有着新的概念，它是参与市场竞争，自主报价的依据。《建筑工程施工发包与承包计价管理办法》（中华人民共和国建设部令第107号）第七条第二款规定："投标报价应当依据企业定额和市场价格信息，并按照国务院和省、自治区、直辖市人民政府建设行政主管部门发布的工程造价计价办法进行编制"。

所谓企业定额，是指建筑安装企业根据本企业的技术水平和管理水平，编制完成单位合格产品所必需的人工、材料和施工机械台班的消耗量，以及其他生产经营要素消耗的数量标准。企业定额反映企业的施工生产与生产消费之间的数量关系，是施工企业生产力水平的体现，每个企业均应拥有反映自己企业能力的企业定额。企业的技术和管理水平不同，企业定额的定额水平也就不同。因此，企业定额是施工企业进行施工管理和投标报价的基础和依据，从一定意义上讲，企业定额是企业的商业秘密，是企业参与市场竞争的核心竞争能力的具体表现。

目前大部分施工企业是以国家或行业制定的预算定额作为进行施工管理、工料分析和计算施工成本的依据。随着市场化改革的不断深入和发展，施工企业可以参照预算定额和基础定额，逐步建立起反映企业自身施工管理水平和技术装备程度的企业定额。

作为企业定额，必须具备以下特点：

（1）其各项平均消耗要比社会平均水平低，体现其先进性；

（2）可以表现本企业在某些方面的技术优势；

（3）可以表现本企业局部或全面管理方面的优势；

（4）所有匹配的单价都是动态的，具有市场性；

（5）与施工方案能全面接轨。

二、企业定额的作用

企业定额是建筑安装企业管理工作的基础，也是工程建设定额体系中的基础，施工定额是建筑安装企业内部管理的定额，属于企业定额的性质，所以企业定额的作用与施工定额的作用是相同的。其作用主要表现在以下几个方面：

（一）企业定额是企业计划管理的依据

企业定额在企业计划管理方面的作用，表现在它既是企业编制施工组织设计的依据，也是企业编制施工作业计划的依据。

施工组织设计是指导拟建工程进行施工准备和施工生产的技术经济文件，其基本任务是根据招标文件及合同协议的规定，确定出经济合理的施工方案，在人力和物力、时间和空间、技术和组织上对拟建工程作出最佳的安排。施工作业计划则是根据企业的施工计划、拟建工程的施工组织设计和现场实际情况编制的。这些计划的编制必须依据企业定额，因为施工组织设计其中包括三部分内容，即资源需用量、使用这些资源的最佳时间安排和平面规划。施工中实物工程量和资源需要量的计算均要以企业定额的分项和计量单位为依据。施工作业计划是施工单位计划管理的中心环节，编制时也要用企业定额进行劳动力、施工机械和运输力量的平衡；计算材料、构件等分期需用量和供应时间；计算实物工程量和安排施工形象进度。

（二）企业定额是组织和指挥施工生产的有效工具

企业组织和指挥施工班组进行施工，是按照作业计划通过下达施工任务单和限额领料单来实现的。

施工任务单，既是下达施工任务的技术文件，也是班、组经济核算的原始凭证。它列出了应完成的施工任务，也记录着班组实际完成任务的情况，并且进行班组工人的工资结算。施工任务单上的工程计量单位、产量定额和计件单位，均需取自施工的劳动定额，工资结算也要根据劳动定额的完成情况计算。

限额领料单是施工队随任务单同时签发的领取材料的凭证，这一凭证是根据施工任务和施工的材料定额填写的。其中领料的数量，是班组为完成规定的工程任务消耗材料的最高限额，这一限额也是评价班组完成任务情况的一项重要指标。

（三）企业定额是计算工人劳动报酬的根据

企业定额是衡量工人劳动数量和质量，提供出成果和效益的标准，所以，企业定额应是计算工人工资的基础依据。这样才能做到完成定额好，工资报酬就多，达不到定额，工资报酬就会减少，真正实现多劳多得，少劳少得的社会主义分配原则。这对于打破企业内部分配方面的大锅饭是很有现实意义的。

（四）企业定额是企业激励工人的条件

激励在实现企业管理目标中占有重要位置。所谓激励，就是采取某些措施激发和鼓励员工在工作中的积极性和创造性。但激励只有在满足人们某种需要的情形下才能起到作用，完成和超额完成定额，不仅能获取更多的工资报酬，而且也能满足自尊，得到他人（社会）的认可，并且能进一步发挥个人潜力来体现自我价值。如果没有企业定额这种标准尺度就缺少必要的手段，激励人们去争取更多的工资报酬。

（五）企业定额有利于推广先进技术

企业定额水平中包含着某些已成熟的先进的施工技术和经验，工人要达到和超过定额，就必须掌握和运用这些先进技术，如果工人要想大幅度超过定额，他就必须有创造性的劳动和超常规的发挥。第一，在工作中，改进工具、技术和操作方法，注意节约原材料，避免浪费。第二，企业定额中往往明确要求采用某些较先进的施工工具和施工方法，所以贯彻企业定额也就意味着推广先进技术。第三，企业为了推行企业定额，往往要组织技术培训，以帮助工人能达到和超过定额。技术培训和技术表演等方式也都可以大大普及先进技术和先进操作方法。

（六）企业定额是编制施工预算和加强企业成本管理的基础

施工预算是施工单位用以确定单位工程上人工、机械、材料需要量的计划文件。施工预算以企业定额（或施工定额）为编制基础，既要反映设计图纸的要求，也要考虑在现有条件下可能采取的节约人工、材料和降低成本的各项具体措施。这就能够有效地控制施工中人力、物力消耗，节约成本开支。

施工中人工、机械和材料的费用，是构成工程成本中直接费用的主要内容，对间接费用的开支也有着很大的影响。严格执行施工定额不仅可以起到控制成本、降低费用开支的作用，同时为企业加强班组核算和增加盈利创造了良好的条件。

（七）企业定额是施工企业进行工程投标、编制工程投标报价的基础和主要依据

作为企业定额，它反映本企业施工生产的技术水平和管理水平，在确定工程投标报价时，首先是依据企业定额计算出施工企业拟完成投标工程需要发生的计划成本。在掌握工程成本的基础上，再根据所处的环境和条件，确定在该工程上拟获得的利润、预计的工程风险费用和其他应考虑的因素，从而确定投标报价。因此，企业定额是施工企业计算投标报价的根基。

特别是在推行的工程量清单报价中，施工企业根据本企业的企业定额进行的投标报价最能反映企业实际施工生产的技术水平和管理水平，体现出本企业在某些方面的技术优势，使本企业在竞争的激烈市场中占据有利的位置，立于不败之地。

由此可见，企业定额在建筑安装企业管理的各个环节中都是不可缺少的，企业定额管理是企业的基础性工作，具有重要作用。

三、企业定额编制的原则

（一）平均先进性原则

平均先进是就定额的水平而言。定额水平，是指规定消耗在单位产品上的劳动、机械和材料数量的多少。也可以说，它是按照一定施工程序和工艺条件下规定的施工生产中活劳动和物化劳动的消耗水平。所谓平均先进水平，就是在正常的施工条件下，大多数施工队组和大多数生产者经过努力能够达到和超过的水平。

企业定额应以企业平均先进水平为基准制定企业定额。使多数单位和员工经过努力，能够达到或超过企业平均先进水平，其各项平均消耗要比社会平均水平低，以保持企业定额的先进性和可行性。

（二）简明适用性原则

简明适用是就企业定额的内容和形式而言，要方便于定额的贯彻和执行。制定企业定额的目的就在于适用于企业内部管理，具有可操作性。

定额的简明性和适用性，是既有联系，又有区别的两个方面。编制企业定额时应全面加以贯彻。当二者发生矛盾时，定额的简明性应服从适应性的要求。

贯彻定额的简明适用性原则，关键是要做到定额项目设置完全，项目划分粗细适当。还应正确选择产品和材料的计量单位，适当利用系数，并辅以必要的说明和附注。总之，贯彻简明适用性原则，要努力使施工定额达到项目齐全、粗细恰当、步距合理的效果。

（三）以专家为主编制定额的原则

编制企业定额，要以专家为主，这是实践经验的总结。企业定额的编制要求有一支经验丰富、技术与管理知识全面、有一定政策水平的稳定的专家队伍，同时也要注意必须走群众

路线，尤其是在现场测试和组织新定额试点时，这一点非常重要。

（四）独立自主的原则

企业独立自主地制定定额，主要是自主地确定定额水平，自主地划分定额项目，自主地根据需要增加新的定额项目。但是，企业定额毕竟是一定时期企业生产力水平的反映，它不可能也不应该割断历史。因此，企业定额应是对原有国家、部门和地区性施工定额的继承和发展。

（五）时效性原则

企业定额是一定时期内技术发展和管理水平的反映，所以在一段时期内表现出稳定的状态。这种稳定性又是相对的，它还有显著的时效性。如果当企业定额不再适应市场竞争和成本监控的需要时，它就要重新编制和修订，否则就会挫伤群众的积极性，甚至产生负效应。

（六）保密原则

企业定额的指标体系及标准要严格保密。建筑市场强手林立，竞争激烈。就企业现行的定额水平，工程项目在投标中如被竞争对手获取，会使本企业陷入十分被动的境地，给企业带来不可估量的损失。所以，企业要有自我保护意识和相应的加密措施。

四、企业定额的编制方法

编制企业定额最关键的工作是确定人工、材料和机械台班的消耗量，计算分项工程单价或综合单价。

人工消耗量的确定，首先是根据企业环境，拟定正常的施工作业条件，分别计算测定基本用工和其他用工的工日数，进而拟定施工作业的定额时间。

材料消耗量的确定是通过企业历史数据的统计分析、理论计算、实验室试验、实地考察等方法计算确定包括周转材料在内的净用量和损耗量，从而拟定材料消耗的定额指标。

机械台班消耗量的确定，同样需要按照企业的环境，拟定机械工作的正常施工条件，确定机械工作效率和利用系数，据此拟定施工机械作业的定额台班与机械作业相关的工人小组的定额时间。

思考与练习题

1. 什么是定额？什么是建设工程定额？
2. 定额按编制程序和用途分类有哪些？它们之间有何相互关系？
3. 工程建设定额的特点有哪些？
4. 什么是施工定额？简述其组成和作用。
5. 什么是劳动消耗定额？其表现形式有哪些？
6. 什么是工序？什么是施工过程？
7. 已知某现浇混凝土工程，共浇筑混凝土 2.5m^3，其基本工作时间为 300min，准备与结束时间 17.5min，休息时间 11.2min，不可避免的中断时间 8.8min，损失时间 85min。求浇筑混凝土的时间定额和产量定额。
8. 已知用塔吊式起重机吊运混凝土。测定塔节需 50s，运行需 80s，卸料需 40s，返回需 30s，中断 40s。每次装运混凝土 0.5m^3，机械利用系数 0.85。求塔式起重机的产量定额和时间定额。

9. 什么是建筑工程预算定额？其作用有哪些？它的编制原则是什么？

10. 编制预算定额的依据有哪些？简述其编制步骤。

11. 预算定额的计量单位有哪些？应该怎样确定？

12. 预算定额中的人工消耗量指标包括哪些用工？

13. 预算定额中的材料消耗指标包括哪些材料消耗用量？

14. 什么是材料预算价格？应如何确定？

15. 预算定额中的主要材料耗用量是如何确定的？什么是周转性材料？它是怎样计算的？

16. 建筑工程预算定额手册有哪些内容？

17. 结合本地区单位估价表，试计算 $120m^3$，M7.5 水泥砂浆砖基础的预算价值（基价）、人工费、机械费和各种主要材料用量。

18. ××办公楼室外 M5.0 水泥砂浆砌毛条石挡土墙 $120.5m^3$，试问该分项工程的预算价格、用工量、主要材料需用数量和机械台班使用费各是多少？

19. ××车间屋面做三毡四油卷材屋面（加粗砂，带女儿墙）$2450m^2$，试问该分项工程的预算价格、用工数量、主要材料需用数量和机械台班使用费各是多少？

20. 某办公室楼地面工程，设计要求用 C20 混凝土做地面垫层（垫层厚度 70mm，骨料为碎石，粒径在 20mm 以内）。请计算此项定额的换算价格。

21. M7.5 号混合砂浆砌砖外墙。每 $10m^3$ 的预算价格是多少？

22. 某单身宿舍现浇 C10 毛石混凝土带形基础 $9.29m^3$。试计算此分项工程的预算价格和主要材料消耗量。

23. 某工程制作单层玻璃窗，框断面为 $70cm^2$（毛料），使用三类木材，求此分项工程的预算价格。

24. 某单身宿舍的单层木窗刷调和漆两遍，室内的一面为浅蓝色，室外的一面为棕红色。试求该分项工程的预算单价。

第三章　建筑工程造价的确定

第一节　建设项目总投资的确定

一、建设项目总投资的构成

建设项目总投资含固定资产投资和流动资产投资两部分，建设项目总投资中的固定资产投资与建设项目的工程造价在量上相等。

工程造价是工程项目按照确定的建设内容、建设规模、建设标准、功能要求和使用要求等全部建成并验收合格交付使用所需的全部费用。

因此，工程造价基本构成中，包括用于购买工程项目所含各种设备的费用，用于建筑施工和安装施工所需支出的费用，用于委托工程勘察设计应支付的费用，用于购置土地所需的费用，也包括用于建设单位自身进行项目筹建和项目管理所花费费用等。

我国现行工程造价的构成主要划分为工程费用（包括设备及工、器具购置费用、安装工程费、建筑工程费用）、工程建设其他费用、预备费、建设期贷款利息、固定资产投资方向调节税（暂停征收）等几项。具体构成内容如图 3-1 所示。

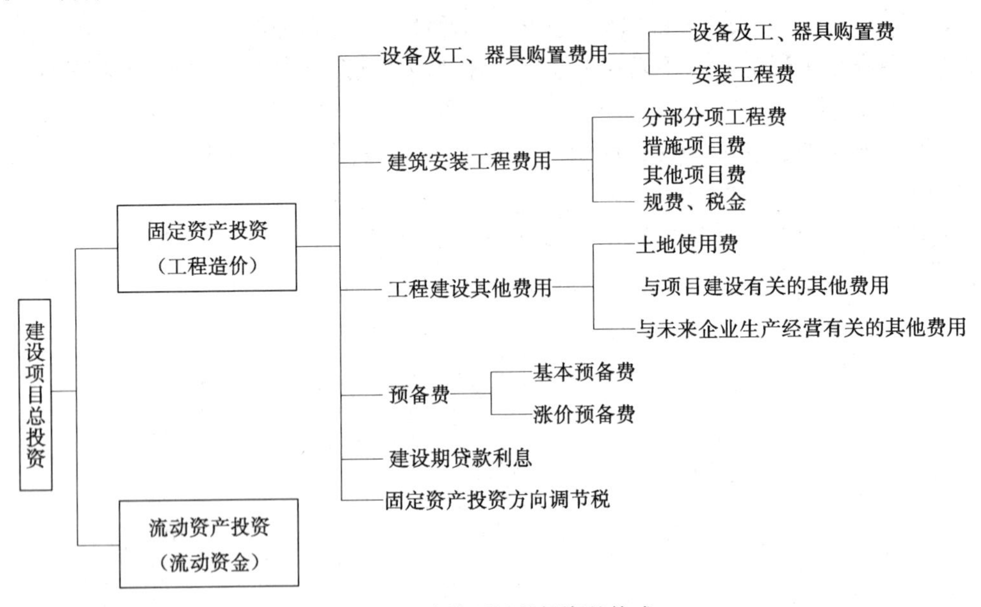

图 3-1　建设项目总投资的构成

二、工程费用

（一）设备及工、器具购置费用

设备及工、器具购置费用是由设备购置费和工具、器具及生产家具购置费组成的，它是固定资产投资中的积极投资部分。

设备购置费是指为购买建设项目所需的各种国产或进口设备、工具、器具的费用，是由设备原价和设备运杂费构成。

工具、器具及生产家具购置费是指新建或扩建项目初步设计规定的，保证初期正常生产必须购置的没有达到固定资产标准的设备、仪器、工卡模具、器具、生产家具和备品备件等的购置费用。

（二）工程建设其他费用

工程建设其他费用，是指从工程筹建起到工程竣工验收交付使用止的整个建设期间，除建筑安装工程费用和设备及工、器具购置费用以外的，为保证工程建设顺利完成和交付使用后能够正常发挥效用而发生的各项费用。

工程建设其他费用，按其内容大体可分为三类。第一类指土地使用费；第二类指与工程建设有关的其他费用；第三类指与未来企业生产经营有关的其他费用。

1. 土地使用费

任何一个建设项目都固定于一定地点与地面相连接，必须占用一定量的土地，也就必然要发生为获得建设用地而支付的费用，这就是土地使用费。

根据《中华人民共和国宪法》和《中华人民共和国土地管理法》规定，中华人民共和国实行土地的社会主义公有制，即劳动群众集体所有制和全民所有制。因此，现行土地分为集体土地和国有土地。

集体土地使用费包括：土地补偿费、安置补助费、地上附着物和青苗补偿费、耕地开垦费、耕地占用税、征地管理费、土地价格评估费、土地复垦费。

国有土地使用费包括：土地使用权出让、土地使用权出让金、土地使用权划拨、土地增值税、城镇土地使用税、契税、城镇基准地价评估费、城市房屋拆迁补偿安置费、房地产价格评估费。

2. 与工程建设有关的其他费用

根据项目的不同，与项目建设有关的其他费用的构成也不尽相同，一般包括的内容有：

建设管理费、可行性研究费、研究试验费、勘察设计费、环境影响评价费、劳动安全卫生评价费、场地准备及临时设施费、引进技术和引进设备其他费、工程保险费、防空工程易地建设费、城市基础设施配套费、城市消防设施配套费、高可靠性供电费等。

3. 与未来企业生产经营有关的其他费用

与未来企业生产经营有关的其他费用组成内容包括联合试运转费、生产准备费、办公和生活家具购置费三部分。

三、预备费、建设期贷款利息、投资方向调节税

除上述工程建设其他费用以外，在编制建设项目投资估算、设计总概算时，还应计算预备费、建设期贷款利息和固定资产投资方向调节税（暂停征收）。

第二节　建筑安装工程造价的确定

一、建筑安装工程造价的构成

建筑安装工程费是工程造价中最活跃的部分。建筑安装工程费约占项目总投资的50％～60％。建筑安装工程费或建筑安装工程产品价格是建筑安装工程价值的货币表现，它由建筑工程造价和安装工程造价两部分组成。

1. 建筑工程造价内容

(1) 各类房屋建筑工程和列入房屋建筑工程预算的供水、供暖、卫生、通风、煤气等设备费用及其装设、油饰工程的费用，列入建筑工程预算的各种管道、电力、电信和电缆导线敷设工程的费用。

(2) 设备基础、支柱、工作台、烟囱、水塔、水池、灰塔等建筑工程以及各种炉窑的砌筑工程和金属结构工程的费用。

(3) 为施工而进行的场地平整，工程和水文地质勘察，原有建筑物和障碍物的拆除以及施工临时用水、电、气、路和完工后的场地清理，环境绿化、美化等工作的费用。

(4) 矿井开凿、井巷延伸、露天矿剥离，石油、天然气钻井，修建铁路、公路、桥梁、水库、堤坝、灌渠及防洪等工程的费用。

2. 安装工程造价内容

(1) 生产、动力、起重、运输、传动和医疗、实验等各种需要安装的机械设备的装配费用，与设备相连的工作台、梯子、栏杆等设施的工程费用，附属于被安装设备的管线敷设工程费用，以及被安装设备的绝缘、防腐、保温、油漆等工作的材料费和安装费。

(2) 为测定安装工程质量，对单台设备进行单机试运转、对系统设备进行系统联动无负荷试运转工作的调试费。

建筑工程造价和安装工程造价的确定，国家都有相应的基础定额或预算定额，以及与之配套的工程量计算规则。在计算工程造价时，各类工程费用的确定，应执行有关定额的规定。

按住房和城乡建设部、财政部印发的《建筑安装工程费用项目组成》的通知［建标(2013) 44号］，建安工程费用组成，按费用构成要素划分为人工费、材料费、施工机具使用费、企业管理费、利润、规费和税金（见图3-2），按工程造价形成顺序划分为分部分项工程费、措施项目费、其他项目费、规费和税金（见图3-3）。

(一) 按费用构成要素划分

建筑安装工程费按照费用构成要素划分：由人工费、材料（包含工程设备，下同）费、施工机具使用费、企业管理费、利润、规费和税金组成。其中人工费、材料费、施工机具使用费、企业管理费和利润包含在分部分项工程费、措施项目费、其他项目费中。

1. 人工费

人工费是指按工资总额构成规定，支付给从事建筑安装工程施工的生产工人和附属生产单位工人的各项费用。内容包括：

(1) 计时工资或计件工资：是指按计时工资标准和工作时间或对已做工作按计件单价支付给个人的劳动报酬。

(2) 奖金：是指对超额劳动和增收节支支付给个人的劳动报酬，如节约奖、劳动竞赛奖等。

(3) 津贴补贴：是指为了补偿职工特殊或额外的劳动消耗和因其他特殊原因支付给个人的津贴，以及为了保证职工工资水平不受物价影响支付给个人的物价补贴。如流动施工津贴、特殊地区施工津贴、高温（寒）作业临时津贴、高空津贴等。

(4) 加班加点工资：是指按规定支付的在法定节假日工作的加班工资和在法定日工作时间外延时工作的加点工资。

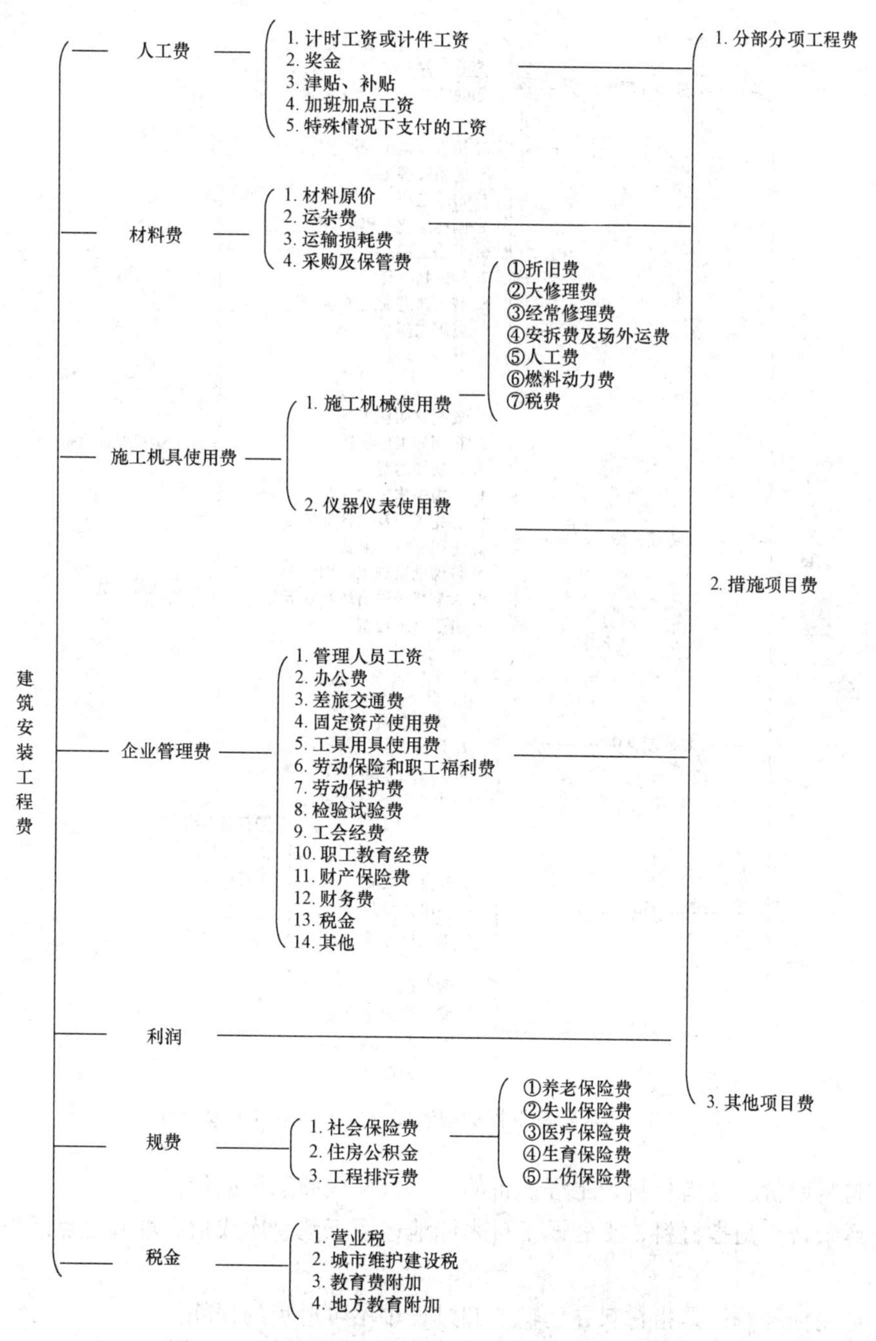

图 3-2　建筑安装工程费用构成（按构成要素划分）

（5）特殊情况下支付的工资：是指根据国家法律、法规和政策规定，因病、工伤、产假、计划生育假、婚丧假、事假、探亲假、定期休假、停工学习、执行国家或社会义务等原因按计时工资标准或计时工资标准的一定比例支付的工资。

2. 材料费

材料费是指施工过程中耗费的原材料、辅助材料、构配件、零件、半成品或成品、工程设备的费用。内容包括：

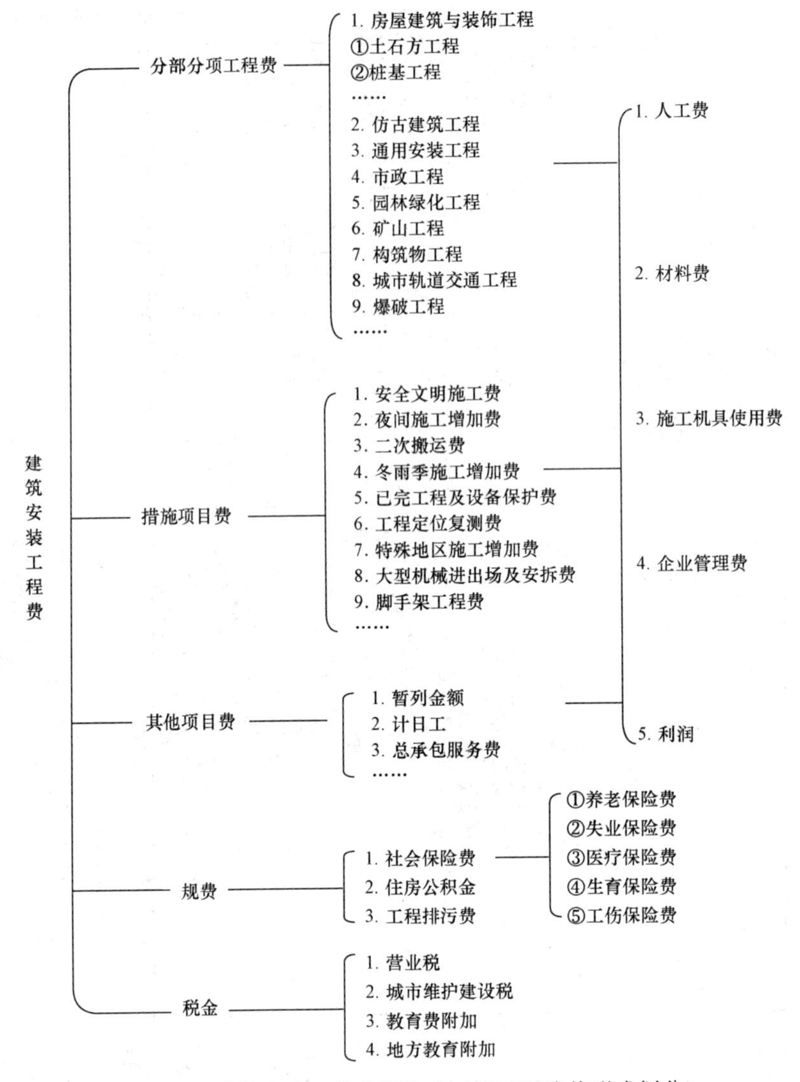

图 3-3 建筑安装工程费用构成（按工程造价形成划分）

（1）材料原价：是指材料、工程设备的出厂价格或商家供应价格。

（2）运杂费：是指材料、工程设备自来源地运至工地仓库或指定堆放地点所发生的全部费用。

（3）运输损耗费：是指材料在运输装卸过程中不可避免的损耗。

（4）采购及保管费：是指为组织采购、供应和保管材料、工程设备的过程中所需要的各项费用。包括采购费、仓储费、工地保管费、仓储损耗。

工程设备是指构成或计划构成永久工程一部分的机电设备、金属结构设备、仪器装置及其他类似的设备和装置。

3. 施工机具使用费

施工机具使用费是指施工作业所发生的施工机械、仪器仪表使用费或其租赁费。

（1）施工机械使用费：以施工机械台班耗用量乘以施工机械台班单价表示，施工机械台班单价应由下列七项费用组成：

1）折旧费：指施工机械在规定的使用年限内，陆续收回其原值的费用。

2）大修理费：指施工机械按规定的大修理间隔台班进行必要的大修理，以恢复其正常功能所需的费用。

3）经常修理费：指施工机械除大修理以外的各级保养和临时故障排除所需的费用。包括为保障机械正常运转所需替换设备与随机配备工具附具的摊销和维护费用，机械运转中日常保养所需润滑与擦拭的材料费用及机械停滞期间的维护和保养费用等。

4）安拆费及场外运费：安拆费指施工机械（大型机械除外）在现场进行安装与拆卸所需的人工、材料、机械和试运转费用，以及机械辅助设施的折旧、搭设、拆除等费用；场外运费指施工机械整体或分体自停放地点运至施工现场或由一施工地点运至另一施工地点的运输、装卸、辅助材料及架线等费用。

5）人工费：指机上司机（司炉）和其他操作人员的人工费。

6）燃料动力费：指施工机械在运转作业中所消耗的各种燃料及水、电等。

7）税费：指施工机械按照国家规定应缴纳的车船使用税、保险费及年检费等。

（2）仪器仪表使用费：是指工程施工所需使用的仪器仪表的摊销及维修费用。

4. 企业管理费

企业管理费是指建筑安装企业组织施工生产和经营管理所需的费用，内容包括：

（1）管理人员工资：是指按规定支付给管理人员的计时工资、奖金、津贴补贴、加班加点工资及特殊情况下支付的工资等。

（2）办公费：是指企业管理办公用的文具、纸张、账表、印刷、邮电、书报、办公软件、现场监控、会议、水电、烧水和集体取暖降温（包括现场临时宿舍取暖降温）等费用。

（3）差旅交通费：是指职工因公出差、调动工作的差旅费、住勤补助费，市内交通费和误餐补助费，职工探亲路费，劳动力招募费，职工退休、退职一次性路费，工伤人员就医路费，工地转移费，以及管理部门使用的交通工具的油料、燃料等费用。

（4）固定资产使用费：是指管理和试验部门及附属生产单位使用的属于固定资产的房屋、设备、仪器等的折旧、大修、维修或租赁费。

（5）工具用具使用费：是指企业施工生产和管理使用的不属于固定资产的工具、器具、家具、交通工具和检验、试验、测绘、消防用具等的购置、维修和摊销费。

（6）劳动保险和职工福利费：是指由企业支付的职工退职金、按规定支付给离休干部的经费，集体福利费、夏季防暑降温、冬季取暖补贴、上下班交通补贴等。

（7）劳动保护费：是企业按规定发放的劳动保护用品的支出。如工作服、手套、防暑降温饮料以及在有碍身体健康的环境中施工的保健费用等。

（8）检验试验费：是指施工企业按照有关标准规定，对建筑以及材料、构件和建筑安装物进行一般鉴定、检查所发生的费用，包括自设试验室进行试验所耗用的材料等费用。不包括新结构、新材料的试验费，对构件做破坏性试验及其他特殊要求检验试验的费用和建设单位委托检测机构进行检测的费用，对此类检测发生的费用，由建设单位在工程建设其他费用中列支。但对施工企业提供的具有合格证明的材料进行检测不合格的，该检测费用由施工企业支付。

（9）工会经费：是指企业按《中华人民共和国工会法》规定的全部职工工资总额比例计

提的工会经费。

（10）职工教育经费：是指按职工工资总额的规定比例计提，企业为职工进行专业技术和职业技能培训，专业技术人员继续教育，职工职业技能鉴定，职业资格认定以及根据需要对职工进行各类文化教育所发生的费用。

（11）财产保险费：是指施工管理用财产、车辆等的保险费用。

（12）财务费：是指企业为施工生产筹集资金或提供预付款担保、履约担保、职工工资支付担保等所发生的各种费用。

（13）税金：是指企业按规定缴纳的房产税、车船使用税、土地使用税、印花税等。

（14）其他：包括技术转让费、技术开发费、投标费、业务招待费、绿化费、广告费、公证费、法律顾问费、审计费、咨询费、保险费等。

5. 利润

利润是指施工企业完成所承包工程获得的盈利。

6. 规费

规费是指按国家法律、法规规定，由省级政府和省级有关权力部门规定必须缴纳或计取的费用，包括：

（1）社会保险费。

1）养老保险费：是指企业按照规定标准为职工缴纳的基本养老保险费。

2）失业保险费：是指企业按照规定标准为职工缴纳的失业保险费。

3）医疗保险费：是指企业按照规定标准为职工缴纳的基本医疗保险费。

4）生育保险费：是指企业按照规定标准为职工缴纳的生育保险费。

5）工伤保险费：是指企业按照规定标准为职工缴纳的工伤保险费。

（2）住房公积金：是指企业按规定标准为职工缴纳的住房公积金。

（3）工程排污费：是指按规定缴纳的施工现场工程排污费。

其他应列而未列入的规费，按实际发生计取。

7. 税金

税金是指国家税法规定的应计入建筑安装工程造价内的营业税、城市维护建设税、教育费附加以及地方教育附加。

（二）按工程造价形成划分

建筑安装工程费按照工程造价形成由分部分项工程费、措施项目费、其他项目费、规费、税金组成，分部分项工程费、措施项目费、其他项目费包含人工费、材料费、施工机具使用费、企业管理费和利润。

1. 分部分项工程费

分部分项工程费是指各专业工程的分部分项工程应予列支的各项费用。

（1）专业工程：是指按现行国家计量规范划分的房屋建筑与装饰工程、仿古建筑工程、通用安装工程、市政工程、园林绿化工程、矿山工程、构筑物工程、城市轨道交通工程、爆破工程等各类工程。

（2）分部分项工程：指按现行国家计量规范对各专业工程划分的项目。如房屋建筑与装饰工程划分的土石方工程、地基处理与桩基工程、砌筑工程、钢筋及钢筋混凝土工程等。

各类专业工程的分部分项工程划分见现行国家或行业计量规范。

2. 措施项目费

措施项目费是指为完成建设工程施工，发生于该工程施工前和施工过程中的技术、生活、安全、环境保护等方面的费用，内容包括：

（1）安全文明施工费。

1）环境保护费：是指施工现场为达到环保部门要求所需要的各项费用。

2）文明施工费：是指施工现场文明施工所需要的各项费用。

3）安全施工费：是指施工现场安全施工所需要的各项费用。

4）临时设施费：是指施工企业为进行建设工程施工所必须搭设的生活和生产用的临时建筑物、构筑物和其他临时设施费用。包括临时设施的搭设、维修、拆除、清理费或摊销费等。

（2）夜间施工增加费：是指因夜间施工所发生的夜班补助费、夜间施工降效、夜间施工照明设备摊销及照明用电等费用。

（3）二次搬运费：是指因施工场地条件限制而发生的材料、构配件、半成品等一次运输不能到达堆放地点，必须进行二次或多次搬运所发生的费用。

（4）冬雨季施工增加费：是指在冬季或雨季施工需增加的临时设施、防滑、排除雨雪、人工及施工机械效率降低等费用。

（5）已完工程及设备保护费：是指竣工验收前，对已完工程及设备采取的必要保护措施所发生的费用。

（6）工程定位复测费：是指工程施工过程中进行全部施工测量放线和复测工作的费用。

（7）特殊地区施工增加费：是指工程在沙漠或其边缘地区、高海拔、高寒、原始森林等特殊地区施工增加的费用。

（8）大型机械设备进出场及安拆费：是指机械整体或分体自停放场地运至施工现场或由一个施工地点运至另一个施工地点，所发生的机械进出场运输及转移费用及机械在施工现场进行安装、拆卸所需的人工费、材料费、机械费、试运转费和安装所需的辅助设施的费用。

（9）脚手架工程费：是指施工需要的各种脚手架搭、拆、运输费用以及脚手架购置费的摊销（或租赁）费用。

措施项目及其包含的内容详见各类专业工程的现行国家或行业计量规范。

3. 其他项目费

（1）暂列金额：是指建设单位在工程量清单中暂定并包括在工程合同价款中的一笔款项。用于施工合同签订时尚未确定或者不可预见的所需材料、工程设备、服务的采购，施工中可能发生的工程变更、合同约定调整因素出现时的工程价款调整，以及发生的索赔、现场签证确认等的费用。

（2）计日工：是指在施工过程中，施工企业完成建设单位提出的施工图纸以外的零星项目或工作所需的费用。

（3）总承包服务费：是指总承包人为配合、协调建设单位进行的专业工程发包，对建设单位自行采购的材料、工程设备等进行保管，以及施工现场管理、竣工资料汇总整理等服务所需的费用。

4. 规费

定义同前。

5. 税金

定义同前。

二、建筑安装工程费用计算方法

（一）各费用构成要素计算方法

1. 人工费

公式1：

$$人工费=\sum（工日消耗量\times日工资单价）$$

$$日工资单价=\frac{生产工人平均月工资（计时、计件）+平均月（奖金+津贴补贴+特殊情况下支付的工资）}{年平均每月法定工作日}$$

注：公式1主要适用于施工企业投标报价时自主确定人工费，也是工程造价管理机构编制计价定额确定定额人工单价或发布人工成本信息的参考依据。

公式2：

$$人工费=\sum（工程工日消耗量\times日工资单价）$$

日工资单价是指施工企业平均技术熟练程度的生产工人，在每工作日（国家法定工作时间内）按规定从事施工作业应得的日工资总额。

工程造价管理机构确定日工资单价，应通过市场调查，根据工程项目的技术要求，参考实物工程量人工单价综合分析确定，最低日工资单价不得低于工程所在地人力资源和社会保障部门所发布的最低工资标准的：普工1.3倍、一般技工2倍、高级技工3倍。

工程计价定额不可只列一个综合工日单价，应根据工程项目技术要求和工种差别适当划分多种日人工单价，确保各分部工程人工费的合理构成。

注：公式2适用于工程造价管理机构编制计价定额时确定定额人工费，是施工企业投标报价的参考依据。

2. 材料费

（1）材料费，即

$$材料费=\sum(材料消耗量\times材料单价)$$

材料单价={(材料原价+运杂费)×[1+运输损耗率(%)]}×[1+采购保管费率(%)]

（2）工程设备费，即

$$工程设备费=\sum(工程设备量\times工程设备单价)$$

工程设备单价=(设备原价+运杂费)×[1+采购保管费率(%)]

3. 施工机具使用费

（1）施工机械使用费，即

$$施工机械使用费=\sum(施工机械台班消耗量\times机械台班单价)$$

机械台班单价=台班折旧费+台班大修费+台班经常修理费+台班安拆费及场外运费+台班人工费+台班燃料动力费+台班车船税费

注：工程造价管理机构在确定计价定额中的施工机械使用费时，应根据《建筑施工机械台班费用计算规则》结合市场调查编制施工机械台班单价。施工企业可以参考工程造价管理机构发布的台班单价，自主确定施工机械使用费的报价，如租赁施工机械，公式为

$$施工机械使用费=\sum(施工机械台班消耗量\times机械台班租赁单价)$$

（2）仪器仪表使用费，即

$$仪器仪表使用费=工程使用的仪器仪表摊销费+维修费$$

4. 企业管理费费率

（1）以分部分项工程费为计算基础，即

$$企业管理费费率(\%)=\frac{生产工人年平均管理费}{年有效施工天数\times 人工单价}\times 人工费占分部分项工程费比例(\%)$$

（2）以人工费和机械费合计为计算基础，即

$$企业管理费费率（\%）=\frac{生产工人年平均管理费}{年有效施工天数\times（人工单价+每一工日机械使用费）}\times 100\%$$

（3）以人工费为计算基础，即

$$企业管理费费率（\%）=\frac{生产工人年平均管理费}{年有效施工天数\times 人工单价}\times 100\%$$

注：上述公式适用于施工企业投标报价时自主确定管理费，是工程造价管理机构编制计价定额确定企业管理费的参考依据。

工程造价管理机构在确定计价定额中企业管理费时，应以定额人工费或（定额人工费+定额机械费）作为计算基数，其费率根据历年工程造价积累的资料，辅以调查数据确定，列入分部分项工程和措施项目中。

5. 利润

（1）施工企业根据企业自身需求并结合建筑市场实际自主确定，列入报价中。

（2）工程造价管理机构在确定计价定额中利润时，应以定额人工费或（定额人工费+定额机械费）作为计算基数，其费率根据历年工程造价积累的资料，并结合建筑市场实际确定，以单位（单项）工程测算，利润在税前建筑安装工程费的比重可按不低于5%且不高于7%的费率计算。利润应列入分部分项工程和措施项目中。

6. 规费

（1）社会保险费和住房公积金。社会保险费和住房公积金应以定额人工费为计算基础，根据工程所在地省、自治区、直辖市或行业建设主管部门规定费率计算，即

$$社会保险费和住房公积金=\sum(工程定额人工费\times 社会保险费和住房公积金费率)$$

式中：社会保险费和住房公积金费率，可以每万元发承包价的生产工人人工费和管理人员工资含量与工程所在地规定的缴纳标准综合分析取定。

（2）工程排污费。工程排污费等其他应列而未列入的规费，应按工程所在地环境保护等部门规定的标准缴纳，按实计取列入。

7. 税金

税金计算公式为

$$税金=税前造价\times 综合税率（\%）$$

综合税率：

（1）纳税地点在市区的企业为

$$综合税率（\%）=\frac{1}{1-3\%-（3\%\times 7\%）-（3\%\times 3\%）-（3\%\times 2\%）}-1$$

（2）纳税地点在县城、镇的企业为

$$综合税率（\%）=\frac{1}{1-3\%-（3\%\times 5\%）-（3\%\times 3\%）-（3\%\times 2\%）}-1$$

(3) 纳税地点不在市区、县城、镇的企业为

$$综合税率(\%)=\frac{1}{1-3\%-(3\%\times1\%)-(3\%\times3\%)-(3\%\times2\%)}-1$$

(4) 实行营业税改增值税的，按纳税地点现行税率计算。

(二) 建筑安装工程费用(按工程造价计价程序划分)计算方法

1. 分部分项工程费

分部分项工程费=∑(分部分项工程量×综合单价)

式中：综合单价包括人工费、材料费、施工机具使用费、企业管理费和利润，以及一定范围的风险费用(下同)。

2. 措施项目费

(1) 国家计量规范规定应予计量的措施项目，其计算公式为

措施项目费=∑(措施项目工程量×综合单价)

(2) 国家计量规范规定不宜计量的措施项目计算方法如下：

1) 安全文明施工费，即

安全文明施工费=计算基数×安全文明施工费费率(%)

计算基数应为定额基价(定额分部分项工程费+定额中可以计量的措施项目费)、定额人工费或(定额人工费+定额机械费)，其费率由工程造价管理机构根据各专业工程的特点综合确定。

2) 夜间施工增加费，即

夜间施工增加费=计算基数×夜间施工增加费费率(%)

3) 二次搬运费，即

二次搬运费=计算基数×二次搬运费费率(%)

4) 冬雨季施工增加费，即

冬雨季施工增加费=计算基数×冬雨季施工增加费费率(%)

5) 已完工程及设备保护费，即

已完工程及设备保护费=计算基数×已完工程及设备保护费费率(%)

上述2)~5)项措施项目的计费基数应为定额人工费或(定额人工费+定额机械费)，其费率由工程造价管理机构根据各专业工程特点和调查资料综合分析后确定。

3. 其他项目费

(1) 暂列金额由建设单位根据工程特点，按有关计价规定估算，施工过程中由建设单位掌握使用、扣除合同价款调整后如有余额，归建设单位。

(2) 计日工由建设单位和施工企业按施工过程中的签证计价。

(3) 总承包服务费由建设单位在招标控制价中根据总包服务范围和有关计价规定编制，施工企业投标时自主报价，施工过程中按签约合同价执行。

4. 规费和税金

建设单位和施工企业均应按照省、自治区、直辖市或行业建设主管部门发布标准计算规费和税金，不得作为竞争性费用。

(三) 建筑安装工程计价程序

见表3-1~表3-3。

表 3-1　建设单位工程招标控制价计价程序

工程名称：　　标段：

序号	内　容	计算方法	金额（元）
1	分部分项工程费	按计价规定计算	
1.1			
1.2			
1.3			
1.4			
1.5			
2	措施项目费	按计价规定计算	
2.1	其中：安全文明施工费	按规定标准计算	
3	其他项目费		
3.1	其中：暂列金额	按计价规定估算	
3.2	其中：专业工程暂估价	按计价规定估算	
3.3	其中：计日工	按计价规定估算	
3.4	其中：总承包服务费	按计价规定估算	
4	规费	按规定标准计算	
5	税金（扣除不列入计税范围的工程设备金额）	（1+2+3+4）×规定税率	
招标控制价合计=1+2+3+4+5			

表 3-2　施工企业工程投标报价计价程序

工程名称：　　标段：

序号	内　容	计算方法	金额（元）
1	分部分项工程费	自主报价	
1.1			
1.2			
1.3			
1.4			
1.5			
2	措施项目费	自主报价	
2.1	其中：安全文明施工费	按规定标准计算	
3	其他项目费		
3.1	其中：暂列金额	按招标文件提供金额计列	
3.2	其中：专业工程暂估价	按招标文件提供金额计列	
3.3	其中：计日工	自主报价	
3.4	其中：总承包服务费	自主报价	
4	规费	按规定标准计算	
5	税金（扣除不列入计税范围的工程设备金额）	（1+2+3+4）×规定税率	
投标报价合计=1+2+3+4+5			

表 3-3 **竣工结算计价程序**

工程名称： 标段：

序号	汇总内容	计算方法	金额（元）
1	分部分项工程费	按合同约定计算	
1.1			
1.2			
1.3			
1.4			
1.5			
2	措施项目	按合同约定计算	
2.1	其中：安全文明施工费	按规定标准计算	
3	其他项目		
3.1	其中：专业工程结算价	按合同约定计算	
3.2	其中：计日工	按计日工签证计算	
3.3	其中：总承包服务费	按合同约定计算	
3.4	索赔与现场签证	按发承包双方确认数额计算	
4	规费	按规定标准计算	
5	税金（扣除不列入计税范围的工程设备金额）	（1＋2＋3＋4）×规定税率	
竣工结算总价合计＝1＋2＋3＋4＋5			

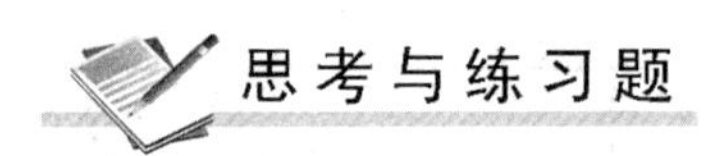

思考与练习题

1. 建设项目总造价包括哪几部分？各部分含义是什么？
2. 建筑安装工程费用按工程造价形成划分包括哪几部分？
3. 建筑安装工程费用按构成要素划分包括哪几部分？
4. 何谓措施费？包括哪些内容？
5. 其他项目费包括哪几部分？各部分含义是什么？

第四章　一般土建工程工程量计算

工程量是以自然计量单位（台、套、个等）或物理计量单位（立方米、平方米、米等）表示的各分项工程或结构构件的数量。正确计算工程量是准确编制施工图预算的基础，也是建设单位、施工企业和管理部门加强管理的重要依据。本章是依据《全国统一建筑工程预算工程量计算规则》及《全国统一建筑工程基础定额》（GJD—101—1995）编写的。

第一节　工程量计算方法

土建工程计算工程量时，一般采用两种方法：①工程量计算的一般方法；②统筹法。实际工作中，通常把这两种方法结合起来加以应用。

一、工程量计算的一般方法

一个建筑物或构筑物是由多个分部分项工程组成的，少则几十项，多则上百项。计算工程量时，为避免出现重复计算或漏算，必须按照一定的顺序进行。工程量计算的一般方法是指按施工的先后顺序，并结合定额中定额项目排列的次序，依次进行各分项工程工程量的计算。

【例 4-1】　欲计算某砖混结构房屋各分项工程的工程量，试确定其合理的计算顺序。

解　1. 确定各分部工程计算顺序

依据《全国统一建筑工程基础定额》（GJD—101—1995）土建部分中定额项目的排列顺序，各分部工程的计算顺序为：土石方工程、桩基础工程、脚手架工程、混凝土及钢筋混凝土工程、构件运输及安装工程等。

2. 确定各分项工程计算顺序

各分项工程计算顺序应按施工顺序进行。如土石方工程中，各分项工程的施工顺序为：平整场地、挖土方、原土夯实、回填土、土方运输，则其计算顺序也应如此。

二、运用统筹法计算工程量

（一）运用统筹法计算工程量的基本原理

利用一般方法计算工程量，可以有效避免重算、漏算，但难以充分利用各项目中数据间的内在联系，计算工作量较大。运用统筹法计算工程量，就是要分析各分项工程量在计算过程中，相互之间的固有规律及依赖关系，从全局出发，统筹安排计算顺序，以达到节约时间，提高功效的目的。

（二）基数

基数是指计算分项工程量时重复使用的数据。运用统筹法计算工程量，正是借助于基数的充分利用来实现的。它可以使有关数据重复使用而不重复计算，从而减少工作量、提高功效。

根据统筹法原理，经过对土建工程施工图预算中各分项工程量计算过程的分析，我们发现：各分项工程量的计算尽管各有特点，但都离不开"线"、"面"和"册"。归纳起来，包括"三线"、"一面"、"一册"。

1. 三线

（1）外墙外边线（$L_{外}$）。外墙外边线是指外墙的外侧与外侧之间的距离。其计算式如下

每段墙的外墙外边线＝外墙定位轴线长＋外墙定位轴线至外墙外侧的距离，如图4-1（a）所示，外墙定位轴线至外墙外侧距离为245mm，故有

$$L_{外A轴}=5.4\times2+0.245\times2=11.29\text{m}$$

$$L_{外①轴}=3.6\times2+0.245\times2=7.69\text{m}$$

$$L_{外}=(L_{外A轴}+L_{外①轴})\times2=(11.29+7.69)\times2=37.96\text{m}$$

（2）外墙中心线（$L_{中}$）。外墙中心线是指外墙中线至中线之间的距离。其计算式如下

每段墙的外墙中心线＝外墙定位轴线长＋外墙定位轴线至外墙中线的距离

墙中心线至墙内侧和外侧的距离相等。图4-1（b）显示了外墙中心线与外墙定位轴线之间的关系，故有

$$L_{中A轴}=5.4\times2+0.0625\times2=10.925\text{m}$$

$$L_{中①轴}=3.6\times2+0.0625\times2=7.325\text{m}$$

$$L_{中}=(L_{中A轴}+L_{中①轴})\times2=L_{外总}-4\times外墙墙厚$$

$$=(10.925+7.325)\times2=37.96-4\times0.365=36.5\text{m}$$

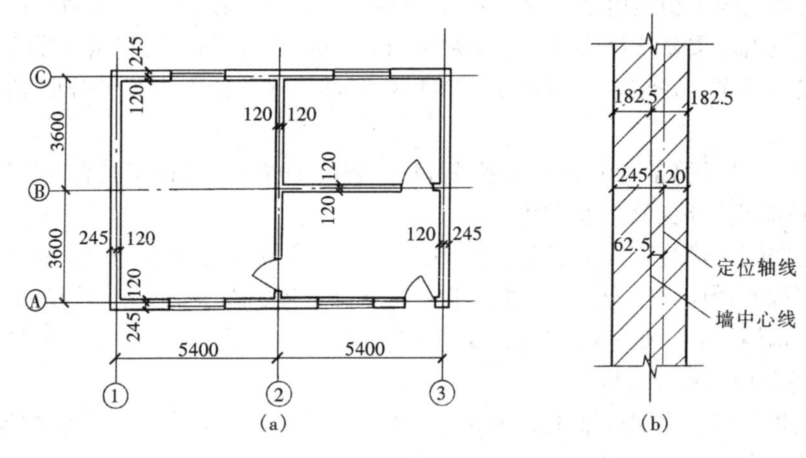

图4-1 基数计算示意图

（a）平面图；（b）定位轴线与墙中线示意图

（3）内墙净长线（$L_{内}$）。内墙净长线是指内墙与外墙（内墙）交点之间的连线距离。其计算式如下

每段墙的内墙净长线＝墙定位轴线长－墙定位轴线至所在墙体内侧的距离

由图4-1（a）可知，外墙定位轴线至外墙内侧及内墙定位轴线至内墙两侧的距离均为120mm，故有

$$L_{内B轴}=5.4-0.12\times2=5.16\text{m}$$

$$L_{内2轴}=3.6\times2-0.12\times2=6.96\text{m}$$

$$L_{内}=L_{内B轴}+L_{内2轴}=5.16+6.96=12.12\text{m}$$

2. 一面

“一面”是指建筑物的底层建筑面积（S_1）。详见本章第二节“建筑面积计算”。

3. 一册

对于有些不能用“线”和“面”计算而又经常用到的数据（如砖基础大放脚折加高度）和系数（如屋面常用坡度系数），就需事先汇编成册。当计算有关分项工程量时，即可查阅手册快速计算。

以上我们介绍了工程量计算的两种方法。可以看出，这两种方法各有其优缺点，在实际工作中，通常把这两种方法结合起来应用，即计算工程量时，首先计算基数，然后按照施工顺序利用基数计算各分项工程量。这样，既可以减少工作量，节约时间，又可以避免出现重算、漏算，为准确编制施工图预算打下良好的基础。

第二节　建筑面积计算

一、建筑面积概述

建筑面积是指建筑物外墙勒脚以上结构外围的水平面积（多层建筑按各层面积综合计算）。

建筑面积中包括有效面积和结构面积。有效面积是指建筑物各层平面中的净面积之和，如住宅建筑中的客厅、卧室、厨房等；结构面积是指建筑物各层平面中的墙、柱等结构所占面积之和。

建筑面积是一项重要的技术经济指标，也是有关分项工程量的计算依据。所以，正确计算工程量，有着十分重要的意义。

二、建筑面积计算规则

（一）计算建筑面积的规定

（1）建筑物的建筑面积，应按自然层外墙结构外围水平面积计算，结构层高在 2.20m 及以上者应计算全面积；结构层高在 2.20m 以下的，应计算 1/2 面积。

说明：1）自然层指按楼地面结构分层的楼层。

2）结构层高指楼面或地面结构层上表面至上部结构层上表面之间的垂直距离。

（2）建筑物内设有局部楼层时，对于局部楼层的二层及以上楼层，有围护结构（是指围合建筑空间的墙体、门、窗）的应按其围护结构外围水平面积计算，无围护结构的应按其结构底板水平面积计算。结构层高在 2.20m 及以上的，应计算全面积；结构层高在 2.20m 以下的，应计算 1/2 面积。如图 4-2、图 4-3 所示。

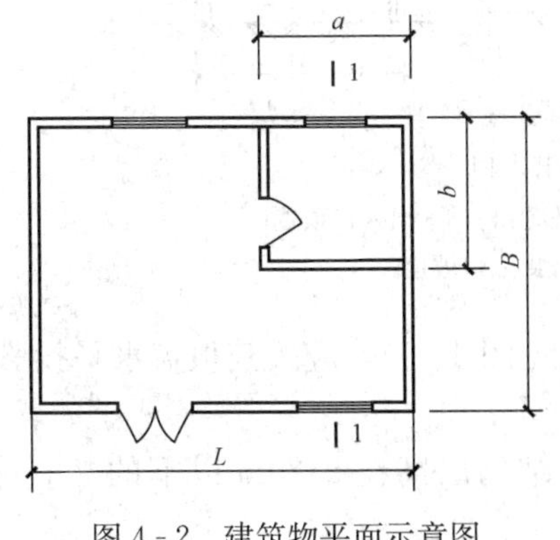

图 4-2　建筑物平面示意图

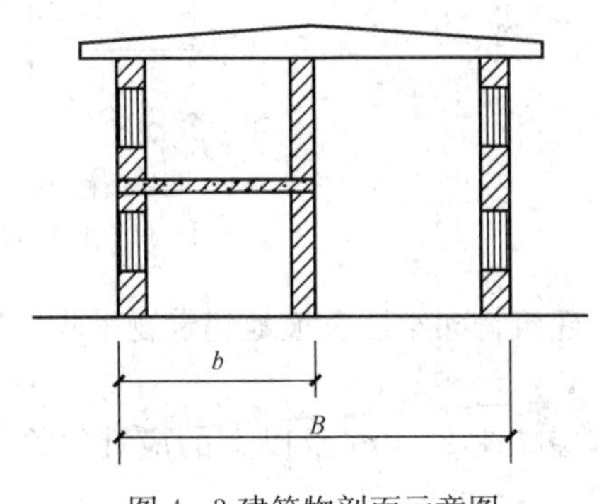

图 4-3 建筑物剖面示意图

其建筑面积可用下式表示

$$S = LB + ab$$

式中　S——部分带楼层的单层建筑物面积；

　　L——两端山墙勒脚以上结构外表面之间水平距离；

　　B——两纵墙勒脚以上结构外表面之间水平距离；

　a、b——楼层部分结构外表面之间水平距离。

(3) 形成建筑空间的坡屋顶，结构净高在 2.10m 及以上的部位应计算全面积；结构净高在 1.20～2.10m 以下的部位应计算 1/2 面积；结构净高在 1.20m 以下的部位不应计算建筑面积。

说明：结构净高指楼面或地面结构层上表面至上部结构层下表面之间的垂直距离。

(4) 场馆看台下的建筑空间，结构净高在 2.10m 及以上部位应计算全面积；结构净高在 1.20m 及以上至 2.10m 以下的部位应计算 1/2 面积；结构净高在 1.20m 以下的部位不应计算建筑面积。

室内单独设置的有围护设施的悬挑看台，应按看台结构底板水平投影面积计算建筑面积。有顶盖无围护结构的场馆看台应按其顶盖水平投影面积 1/2 计算面积。

说明：围护设施指为保障安全而设置的栏杆、栏板等围挡。

(5) 地下室、半地下室应按其结构外围水平面积计算。结构层高在 2.20m 及以上，应计算全面积；结构层高在 2.20m 以下的，应计算 1/2 面积。

说明：1) 地下室是指室内地平面低于室外地平面的高度超过室内净高的 1/2 的房间。

2) 半地下室是指室内地平面低于室外地平面的高度超过室内净高的 1/3，且不超过 1/2 的房间。

(6) 出入口外墙外侧坡道有顶盖的部位（见图 4-4），应按其外墙结构外围水平面积的 1/2 计算面积。

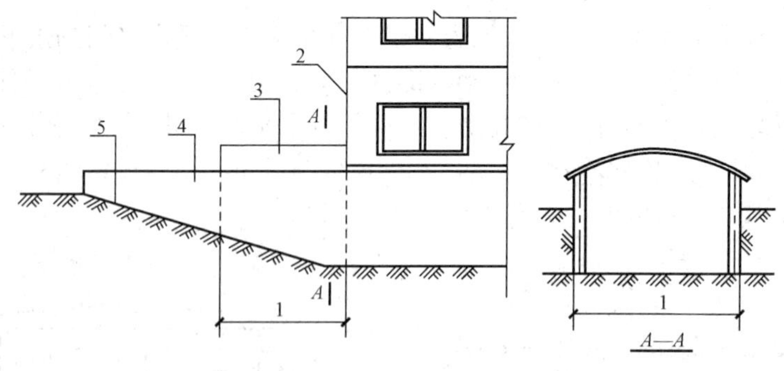

图 4-4　地下室出入口

1—计算 1/2 投影面积部位；2—主体建筑；3—出入口顶盖；
4—封闭出入口侧墙；5—出入口坡道

(7) 建筑物架空层及坡地建筑物吊脚架空层（见图 4-5），应按其顶盖水平投影计算建筑面积。

结构层高在 2.20m 及以上的应计算全面积；结构层高在 2.20m 以下的，应计算 1/2 面积。

(8) 建筑物的门厅、大厅按一层计算建筑面积。门厅、大厅内设置的走廊应按走廊结构底板水平投影面积计算建筑面积。结构层高在 2.20m 及以上的，应计算全面积；结构层高在 2.20m 以下的，应计算 1/2 面积。

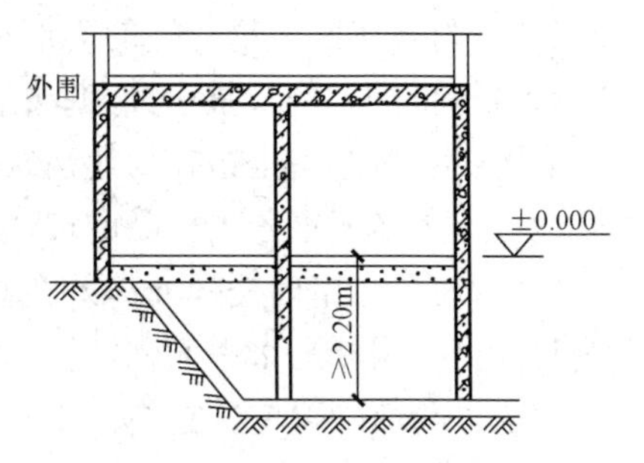

图 4-5　吊脚架空层示意图

【例 4-2】　某 3 层实验综合楼设有大厅带回廊，其平面和剖面示意图如图 4-6 所示。试计算其走廊建筑面积。

解　依据图 4-6（a）、（b）所示，计算如下

走廊部分建筑面积[30×12－(12－2.1×2)×(30－2.1×2)]×2＝317.52m^2

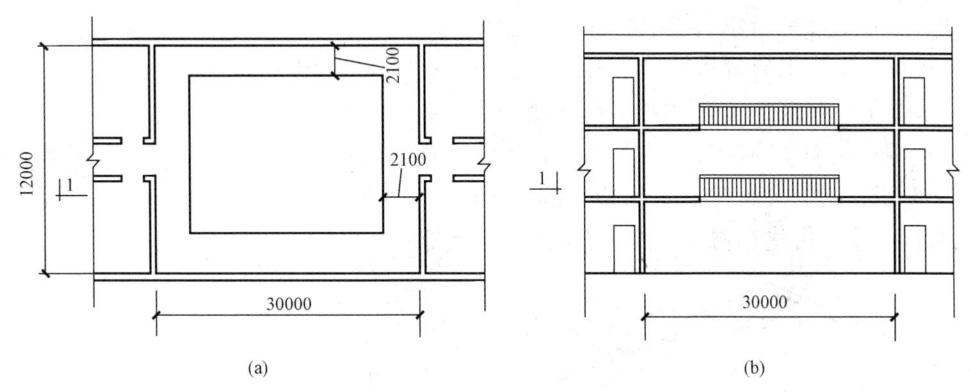

图 4-6　某实验楼大厅、走廊示意图
（a）平面图；（b）1—1 剖面图

（9）建筑物间的架空走廊，有顶盖和围护结构的，应按其围护结构外围水平面积计算全面积。无围护结构、有围护设施的，应按其结构底板水平投影面积计算 1/2 面积，如图 4-7、4-8 所示。

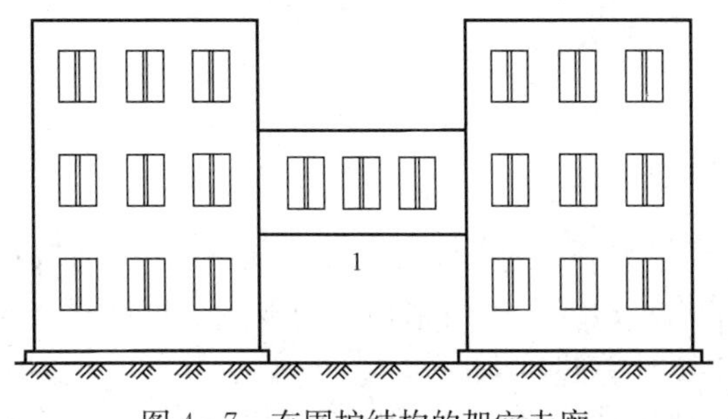

图 4-7　有围护结构的架空走廊
1—架空走廊

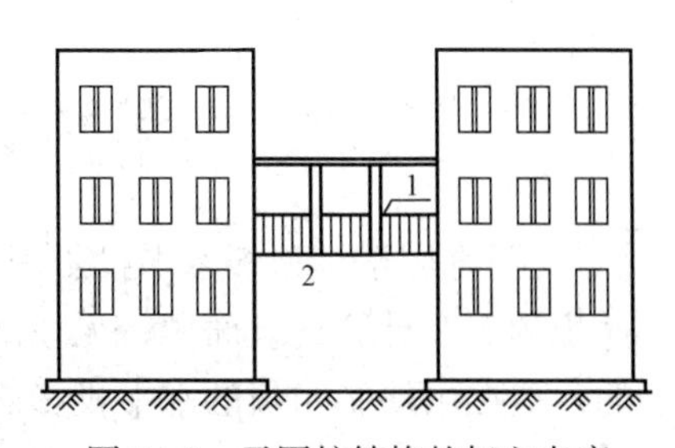

图 4-8　无围护结构的架空走廊
1—栏杆；2—架空走廊

（10）立体书库、立体仓库、立体车库，有围护结构的，应按其围护结构外围水平面积计算建筑面积；无围护结构、有围护设施的，应按其结构底板水平投影面积计算建筑面积。无结构层的应按一层计算，有结构层的应按其结构层面积分别计算。结构层高在 2.20m 及以上的，应计算全面积；结构层高在 2.20m 以下的，应计算 1/2 面积。

（11）有围护结构的舞台灯光控制室，应按其围护结构外围水平面积计算。结构层高在 2.20m 及以上的，应计算全面积；结构层高在 2.20m 以下的，应计算 1/2 面积。

（12）附属在建筑物外墙的落地橱窗，应按其围护结构外围水平面积计算。结构层高在2.20m及以上的，应计算全面积；结构层高在2.20m以下的，应计算1/2面积。

说明：落地橱窗是指在商业建筑临街面设置的下槛落地、可落在室外地坪也可落在室内首层地板，用来展览各种样品的玻璃窗。

（13）窗台与室内楼地面高差在0.45m以下且结构净高在2.10m及以上的凸（飘）窗，应按其围护结构外围水平面积计算1/2面积。

说明：凸窗（飘窗）是指凸出建筑物外墙面的窗户。

（14）有围护设施的室外走廊（挑廊），应按其结构底板水平投影面积的1/2计算，有围护设施（或柱）的檐廊，应按其围护设施（或柱）外围水平面积计算1/2面积。

说明：1）走廊是指建筑物中的水平交通空间。

2）挑廊是指挑出建筑物外墙的水平交通空间。

3）檐廊是指建筑物挑檐下的水平交通空间，如图4-9所示。

（15）门斗应按其围护结构外围水平面积计算建筑面积。结构层高在2.20m及以上的，应计算全面积；结构层高在2.20m以下的，应计算1/2面积。

说明：门斗是指建筑物入口处两道门之间的空间，如图4-10所示。

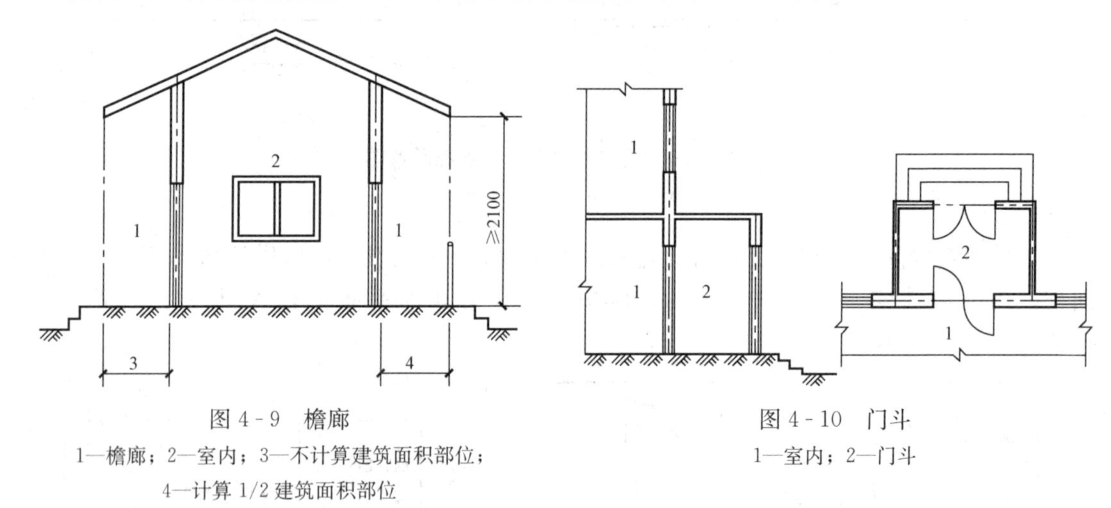

图4-9　檐廊

1—檐廊；2—室内；3—不计算建筑面积部位；4—计算1/2建筑面积部位

图4-10　门斗

1—室内；2—门斗

（16）门廊应按其顶板水平投影面积的1/2计算建筑面积；有柱雨篷应按其结构板水平投影面积的1/2计算建筑面积；无柱雨篷的结构外边线至外墙结构外边线的宽度在2.1m及以上的，应按雨篷结构板的水平投影面积的1/2计算建筑面积。

（17）设在建筑物顶部的有围护结构的楼梯间、水箱间、电梯机房等，结构层高在2.20m及以上的应计算全面积；结构层高在2.20m以下的，应计算1/2面积。

（18）围护结构不垂直于水平面的楼层，应按其底板面的外墙外围水平面积计算。结构净高在2.10m及以上的部位，应计算全面积；结构净高在1.20m及以上至2.10m以下的部位，应计算1/2面积；结构净高在1.20m以下的部位，不应计算建筑面积。

（19）建筑物的室内楼梯、电梯井、提物井、管道井、通风排气竖井、烟道，应并入建筑物的自然层计算建筑面积。

有顶盖的采光井（见图4-11）应按一层计算面积，结构净高在2.10m及以上的，应计算全面积，结构净高在2.10m以下的，应计算1/2面积。

（20）室外楼梯应并入所依附建筑物自然层，并应按其水平投影面积的1/2计算建筑面积。

（21）在主体结构内的阳台，应按其结构外围水平面积计算全面积；在主体结构外的阳台，应按其结构底板水平投影面积计算1/2面积。

（22）有顶盖无围护结构的车棚、货棚、站台、加油站、收费站等，应按其顶盖水平投影面积的1/2计算建筑面积。

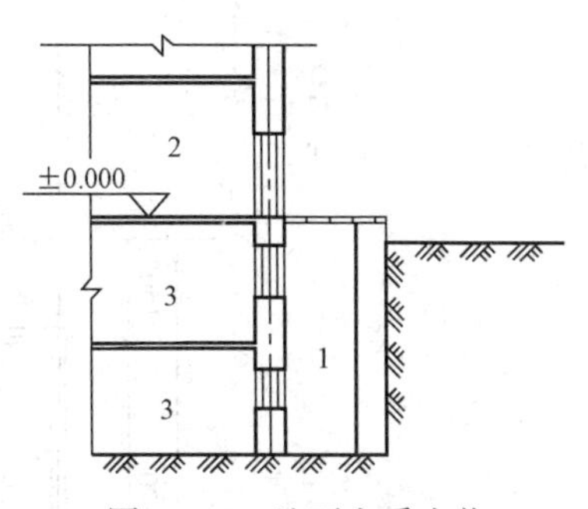

图4-11　地下室采光井
1—采光井；2—室内；3—地下室

（23）以幕墙作为围护结构的建筑物，应按幕墙外边线计算建筑面积。

（24）建筑物外墙外保温层，应按其保温材料的水平截面积计算，并计入自然层建筑面积。

（25）与室内相通的变形缝，应按其自然层合并在建筑物建筑面积内计算。对于高低联跨的建筑物，当高低跨内部连通时，其变形缝应计算在低跨面积内。

（26）对于建筑物内的设备层、管道层、避难层等有结构层的楼层，结构层高在2.20m及以上的，应计算全面积；结构层高在2.20m以下的，应计算1/2面积。

（二）下列项目不应计算面积

（1）与建筑物内不相连通的建筑部件。

（2）骑楼（建筑物底层沿街面后退且留出公共人行空间的建筑物）、过街楼（跨越道路上空并与两边建筑相连接的建筑物）底层的开放公共空间和建筑物通道。

（3）舞台及后台悬挂幕布和布景的天桥、挑台等。

（4）露台、露天游泳池、花架、屋顶的水箱及装饰性结构构件。

（5）建筑物内的操作平台、上料平台、安装箱和罐体的平台。

（6）勒脚、附墙柱、垛、台阶、墙面抹灰、装饰面、镶贴块料面层、装饰性幕墙、主体结构外的空调室外机搁板（箱）、构件、配件、挑出宽度在2.10m以下的无柱雨篷和顶盖高度达到或超过两个楼层的无柱雨篷。

（7）窗台与室内楼地面高差在0.45m以下且结构净高在2.10m以下的凸（飘）窗，窗台与室内楼地面高差在0.45m及以上的凸（飘）窗。

（8）室外爬梯、室外专用消防钢楼梯。

（9）无围护结构的观光电梯。

（10）建筑物以外的地下人防通道、独立烟囱、烟道、地沟、油（水）罐、气柜、水塔、储油（水）池、储仓、栈桥等构筑物。

三、综合实例

某住宅楼底层平面图如图4-12所示。已知内、外墙墙厚均为240mm，雨篷挑出墙外1.2m，阳台为非封闭，试计算住宅底层建筑面积。

解　1. 房屋建筑面积

房屋建筑面积按其外墙勒脚以上结构的外围水平面积计算，应为

房屋建筑面积＝（3＋3.6＋3.6＋0.12×2）×（4.8＋4.8＋0.12×2）＋（2.4＋0.12×2）

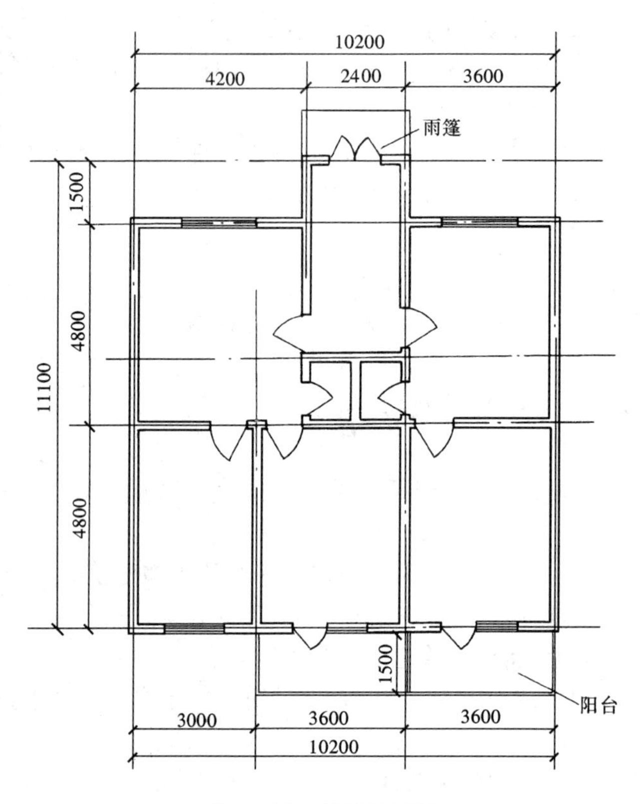

图 4-12　底层平面图

×（1.5－0.12＋0.12）＝102.73＋3.96＝106.69m²

2. 阳台建筑面积

阳台建筑面积按结构底板水平投影面积的一半计算，应为

$$阳台建筑面积=\frac{1}{2}\times(3.6+3.6)\times1.5=5.4\text{m}^2$$

3. 雨篷建筑面积

雨篷挑出墙外的宽度为 1.2m<2.1m，所以不计算建筑面积。

4. 住宅楼底层建筑面积

住宅楼底层建筑面积＝房屋建筑面积＋非封闭阳台建筑面积＝106.69＋5.4＝112.09m²

第三节　土石方工程

本节适用于人工作业和机械施工的土方、石方工程的项目，包括平整场地、挖沟槽、挖土方、回填土、运土和石方开挖、运输等内容。

一、资料准备

计算土石方工程量前，应确定以下资料：

（1）土壤类别。土壤类别共分四类，详见各地《建筑工程预算定额》中的划分情况；

（2）土方开挖的施工方法及运输距离；

(3) 岩石开凿、爆破方法、石碴清运方法及运输距离；

(4) 工作面大小；

(5) 其他有关资料。

二、人工土方

(一) 平整场地

平整场地是指建筑场地挖、填土方厚度在±30cm以内及找平，如图4-13 (a) 所示。其工程量按建筑物外墙外边线每边各加2m，以平方米计算。如图4-13 (b) 所示，其计算公式可表示为

$$\text{平整场地工程量}=(a+4)(b+4)=S_1+2\text{m}\times L_{\text{外}}+16\text{m}^2$$

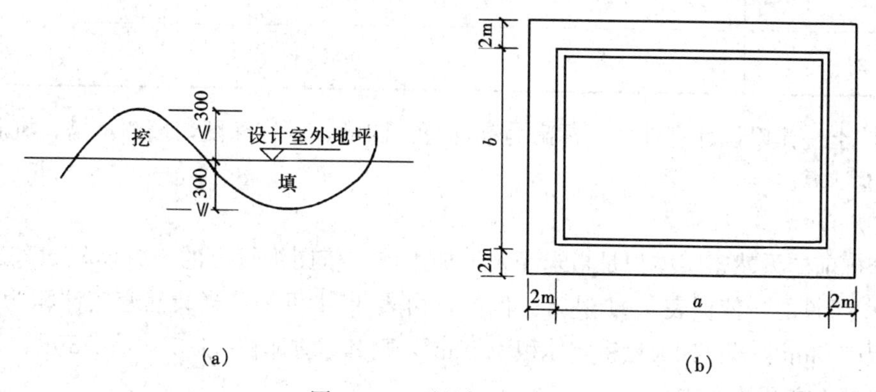

图4-13　平整场地示意图

(a) 平整场地剖面示意图；(b) 平整场地计算范围示意图

当挖（填）土方厚度大于30cm时，按挖（填）土方计算工程量。

需要指出的是，上述平整场地计算式仅适合于由矩形组成建筑物平面的建筑物，当出现其他形状或为环形房屋时，应按工程量计算规则计算平整场地工程量。

(二) 挖沟槽

凡图示槽底宽在3m以内，且沟槽长大于沟槽宽3倍以上的挖土为挖沟槽，如图4-14所示。其计算规则为：

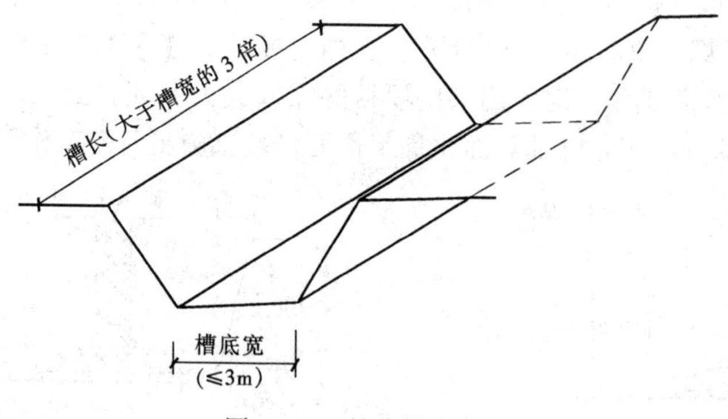

图4-14　挖沟槽示意图

(1) 土方体积，均以挖掘前的天然密实体积为准计算。如遇有必须以天然密实体积折算时，可按表 4-1 所列数值换算。

表 4-1 土方体积折算表

虚方体积	天然密实度体积	夯实后体积	松填体积
1.00	0.77	0.67	0.83
1.30	1.00	0.87	1.08
1.50	1.15	1.00	1.25
1.20	0.92	0.80	1.00

(2) 挖土一律以设计室外地坪标高为准计算。沟槽、基坑深度，按图示槽、坑底面至室外地坪深度计算。

1. 说明

1) 挖掘前的天然密实体积是指未经人工加工前，依图纸算出的土方体积。若必须以天然密实体积折算的，依据表 4-1 进行。例如，由表 4-1 可知：当天然密实体积为 $1m^3$ 时，虚方体积为 $1.3m^3$。若已知天然密实体积为 $10m^3$，则其虚方体积$=1.3\times10=13m^3$。

2) 沟槽土方开挖方式。

a. 不放坡不支挡土板（见图 4-15）。

b. 放坡开挖。在土方开挖时，当开挖深度超过一定深度（即放坡起点深度）时，为防止土方侧壁塌方，保证施工安全，土壁应做成有一定倾斜坡度（即放坡系数）的边坡（见图 4-16）。放坡起点及有关规定见表 4-2。表中放坡系数指放坡宽度 b 与挖土深度 H 的比值，用 K 表示，即

$$K=\tan\alpha=\frac{b}{H}$$

c. 支挡土板开挖。在需要放坡的土方开挖中，若因现场限制不能放坡，或因土质原因，放坡后工程量较大时，就需要用支护结构支撑土壁（见图 4-17）。挡土板宽度按图示沟槽底宽，单面加 10cm 计算，双面加 20cm 计算。支挡土板后不得再计算放坡。

3) 预留工作面。基础施工时，因某些项目的需求或为保证施工人员施工方便，挖土时要在垫层两侧增加部分面积，这部分面积称工作面。基础施工所需工作面按表 4-3 计算。

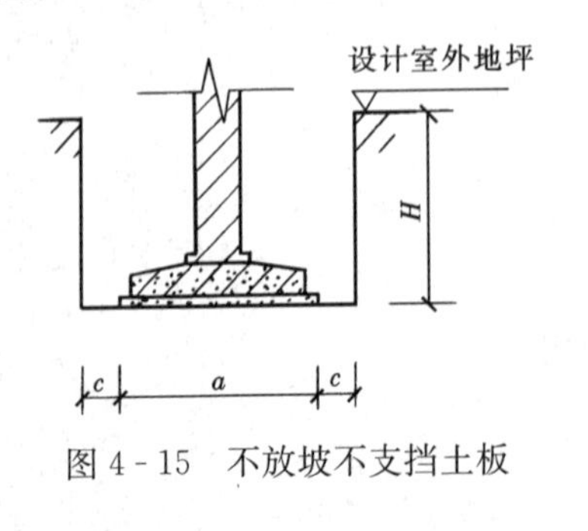

图 4-15 不放坡不支挡土板

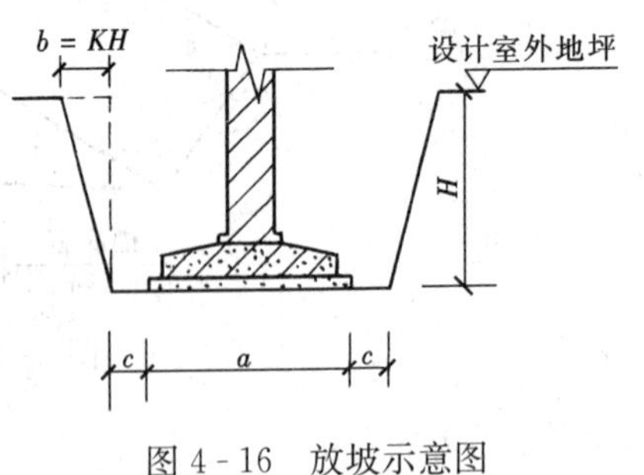

图 4-16 放坡示意图

表 4-2　**放坡起点及放坡系数表**

土壤类别	放坡起点	人工挖土	机械挖土	
			在坑内作业	在坑上作业
Ⅰ、Ⅱ类土	1.20	1∶0.5	1∶0.33	1∶0.75
Ⅲ类土	1.50	1∶0.33	1∶0.25	1∶0.67
Ⅳ类土	2.00	1∶0.25	1∶0.10	1∶0.33

注　1. 沟槽、基坑中土壤类别不同时，分别按其放坡起点、放坡系数、不同土壤厚度加权平均计算。
2. 计算放坡时，在交接处重复工程量（见图 4-18）不予扣除，原槽、坑作基础垫层时，放坡自垫层上表面开始计算。

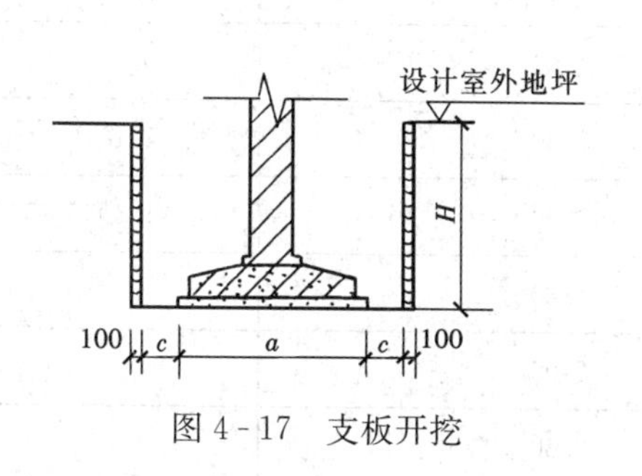

图 4-17　支板开挖

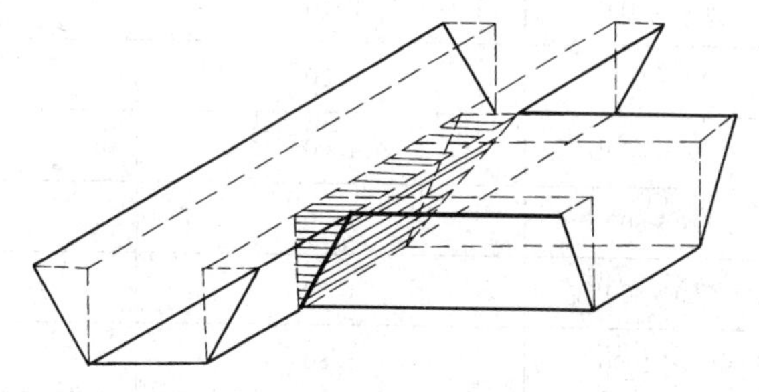
图 4-18　交接处重复工程量示意图

表 4-3　**基础施工所需工作面宽度计算表**　mm

基础材料	每边各增加工作面宽度	基础材料	每边各增加工作面宽度
砖基础	200	混凝土基础支模板	300
浆砌毛石、条石基础	150	基础垂直面做防水层	800（防水层面）
混凝土基础垫层支模板	300		

2. 计算方法

（1）不放坡不支挡土板（见图 4-15），即

$$挖沟槽工程量=(a+2c)HL$$

式中　L——沟槽长度。外墙按图示中心线长度（$L_中$）计算，内墙按图示基槽底面之间净长度计算，以下同。

（2）放坡（见图 4-16），即

$$挖沟槽工程量=(a+2c+KH)HL$$

（3）支板（见图 4-17），即

$$挖沟槽工程量=(a+2c+0.2\text{m})HL$$

（4）挖管道沟槽。挖管道沟槽工程量的计算方法与挖沟槽相同。沟槽宽度，设计有规定的，按设计规定尺寸计算；设计无规定的，按表 4-4 规定计算。

（三）挖基坑

凡图示基坑底面积在 20m^2 以内的挖土称为挖基坑，其计算规则与挖沟槽相同。计算公式如下：

（1）不放坡不支挡土板。此时所挖基坑是一长方体或圆柱体。

当为长方体时

$$挖基坑工程量=(a+2c)(b+2c)H$$

当为圆柱体时

$$挖基坑工程量=\pi r^2 H$$

表 4-4　　管道地沟沟底宽度计算表　　m

管径（mm）	铸铁管、钢管、石棉水泥管	混凝土、钢筋混凝土、预应力混凝土管	陶土管
50～70	0.60	0.80	0.70
100～200	0.70	0.90	0.80
250～350	0.80	1.00	0.90
400～450	1.00	1.30	1.10
500～600	1.30	1.50	1.40
700～800	1.60	1.80	
900～1000	1.80	2.00	
1100～1200	2.00	2.30	
1300～1400	2.20	2.60	

（2）放坡。此时所挖基坑是一棱台或圆台。

当为棱台时，如图 4-19 所示，即

$$挖基坑工程量=(a+2c+KH)(b+2c+KH)H+\frac{1}{3}K^2H^3$$

当为圆台时

$$挖基坑工程量=\frac{1}{3}\pi H(r^2+rR+R^2)$$

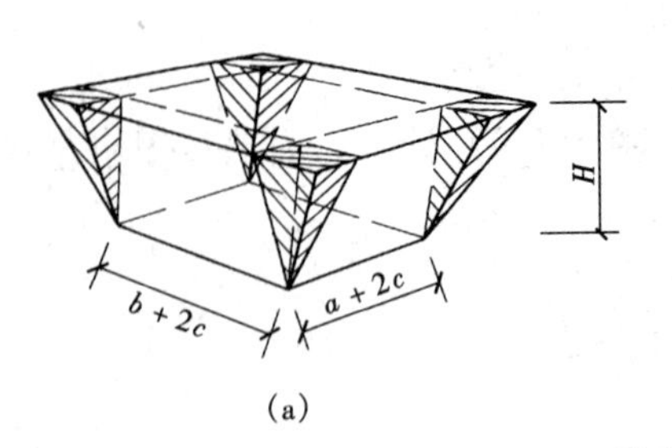

(a)

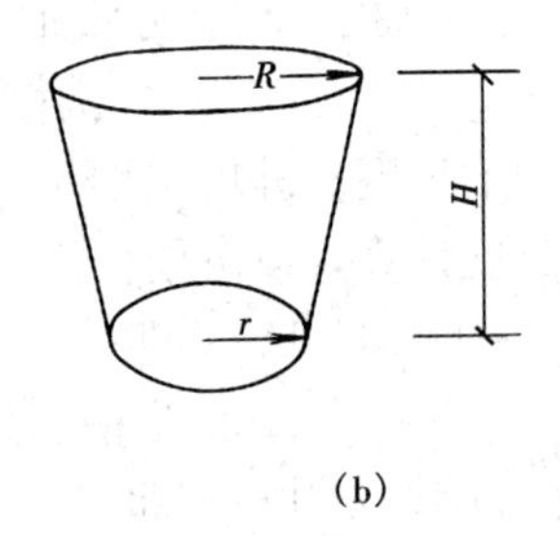

(b)

图 4-19　挖基坑示意图

(a) 棱台；(b) 圆台

式中 a——垫层长度；

b——垫层宽度；

c——工作面宽度；

H——挖土深度；

r——坑底半径；

R——坑上口半径。

【例 4-3】 已知某混凝土独立基础长度为 2.1m，宽度为 1.5m。设计室外标高为 −0.3m，垫层底部标高为 −1.9m，工作面 c＝300mm，坑内土质为Ⅲ类土。试计算人工挖土工程量。

解 1. 分析

(1) 由已知条件可知：槽底宽度为 1.5＋2×0.3＝2.1m＜3m，但槽长为 2.1＋2×0.3＝2.7m，不是槽宽的 3 倍，所以该挖土工程量应执行“挖基坑”定额项目。

(2) 挖土深度＝1.9－0.3＝1.6m＞1.5m（见表 4-2），所以需放坡开挖土方。由表 4-2 可知，放坡系数 K＝0.33。

2. 计算

$$\begin{aligned}\text{挖基坑工程量} &= (a+2c+KH)(b+2c+KH)H+\frac{1}{3}K^2H^3\\ &= (2.1+2\times0.3+0.33\times1.6)\times(1.5+2\times0.3+0.33\times1.6)\\ &\quad \times1.6+\frac{1}{3}\times0.33^2\times1.6^3\\ &= 3.228\times2.628\times1.6+0.149=13.72\text{m}^3\end{aligned}$$

（四）挖土方

凡图示沟槽底宽在 3m 以外，坑底面积在 20m² 以外，平整场地土方厚度在 30cm 以外的挖土，均按挖土方计算。其计算规则与挖沟槽相同，计算式与挖基坑相同。

（五）原土打夯

原土打夯是指在开挖后的土层进行夯击的施工过程。它包括碎土、平土、找平、洒水等工作内容，其工程量按图示尺寸以平方米计算。计算公式如下

原土打夯工程量＝基坑底面积＝基坑底长度×基坑底宽度

1）“图示尺寸”是指开挖后的基坑底面积。

2）人工挖沟槽、坑的工作内容中已包括基坑底夯实，所以当发生这两项施工内容时，原土打夯不再单独列出。

（六）回填土

回填土是指基础、垫层等隐蔽工程完工后，在 5m 以内的取土回填的施工过程。其计算规则为：

1）沟槽、基坑回填土体积以挖方体积减去设计室外地坪以下埋设物（包括基础垫层、基础等）体积计算。

2）房心回填土，按主墙之间的面积乘以回填土厚度计算。

3）管道的沟槽回填土体积按挖方体积减去管径所占体积计算。管径在 500mm 以下的不扣除管道所占体积；管径超过 500mm 以上时，按表 4-5 规定扣除管道所占体积。

1. 说明

1）回填土分夯填、松填。夯填是指土方回填后以夯实机具夯实；反之，为松填。

2）本项目中包括了 5m 以内取土的工作内容，当取土距离在 5m 以内时，不另计算取

土费用；当取土距离超过5m时，应单独计算取土费用。

表4-5 **管道扣除土方体积表**

管道名称	管道直径（mm）					
	501～600	601～800	801～1000	1101～1200	1201～1400	1401～1600
钢管	0.21	0.44	0.71			
铸铁管	0.24	0.49	0.77			
混凝土管	0.33	0.60	0.92	1.15	1.35	1.55

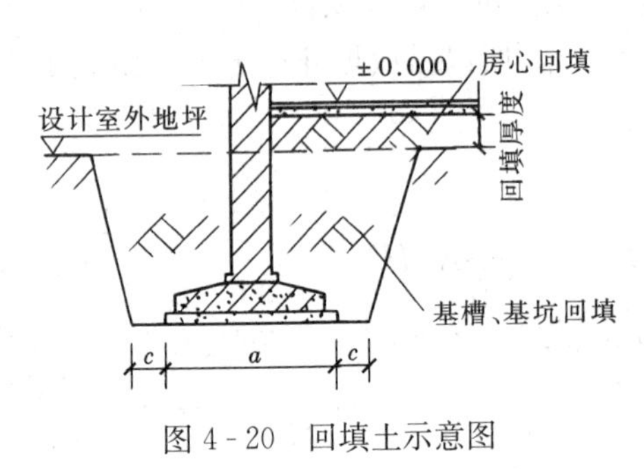

图4-20 回填土示意图

3）沟槽、基坑回填土是指室外地坪以下的回填；房心回填土是指室外地坪以上至室内地面垫层之间的回填，也称室内回填土，如图4-20所示。

4）主墙指墙厚大于120mm的墙体。“主墙之间的净面积”强调的含义是：当墙厚小于120mm时，其所占的面积不扣除。

5）若设计有地下室，沟槽、基坑回填土应在减去室外地坪以下的基础、垫层后，再减去室外地坪以下地下室所占体积，而此时则没有房心回填土了。

2. 计算方法

（1）沟槽、基坑回填上

沟槽、基坑回填土工程量＝挖土体积－室外地坪以下埋设的基础、垫层等所占的体积

（2）房心回填土

房心回填土工程量＝主墙之间的净面积×回填土厚度

＝（底层建筑面积－主墙所占面积）×回填土厚度

＝（$S_1-L_{中}$×外墙厚度$-L_{内}$×内墙厚度）×回填土厚度

式中 回填土厚度——设计室外地坪至室内地面垫层间的距离。

（七）运土

运土工程量按天然密实体积以立方米计算。

说明：

1）运土是按整个单位工程需土量考虑的。若所需的是3∶7灰土(或其他与土有关的材料)，则应算出3∶7灰土(或其他与土有关的材料)中土所占的体积,计入到运土工程量的计算中。

2）运土包括余土外运和取土回运。运土距离按单位工程施工中心至卸土场地中心距离计算。

其计算公式可表示为

余（取）土工程量＝挖土总体积－回填土总体积－其他需土体积

式中：回填土总体积及其他需土体积应为天然密实状态的体积。

当计算结果为正，表示余土外运体积；如为负，表示取土回运体积。

另外，在土方开挖后基础施工前，要进行地基钎探。此项费用可按当地建设行政主管部门颁发的有关规定执行。

三、机械土方

（一）平整场地

机械平整场地工程量的计算与人工平整场地相同。

（二）机械挖土方

机械挖土方计算规则为：

1）机械挖土方工程量按机械挖土方占90%、人工挖土方占10%计算，人工挖土方部分按相应定额项目人工乘以系数2。

2）机械上下行使的坡道土方，合并在土方工程量内计算。

说明：

1）机械挖土方工程量的计算与人工挖土方相同，但不分槽、坑，一律按挖土方以立方米计算。

2）若现场采用机械挖土，编制施工图预算时，应列项目为“机械挖土方”和“人工挖土方”两项。

3）因机械上下行使所需的坡道增加的土方量按各地有关规定计算，并并入挖土总体积中。

（三）原土碾压

原土碾压是指在自然土层上进行碾压。其工程量计算与人工原土打夯相同。

（四）填土碾压

填土碾压是指在已开挖的基坑内分层、分段回填。其工程量按图示填土厚度以立方米计算，计算公式如下

填土碾压工程量＝填土面积×填土厚度

说明：填土碾压按压实方计算工程量。

（五）运土

机械运土按天然密实体积以立方米计算，其运距按下列规定确定：

（1）推土机推土运距。推土机推土运距按挖方区重心至回填区重心之间的直线距离计算。

（2）铲运机运土运距。铲运机运土运距按挖方区重心至卸土区重心加转向距离45m计算。

（3）自卸汽车运土运距。自卸汽车运土运距按挖方区重心至填土区（或堆放地点）重心的最短距离计算。

当推土机推土、推碴，铲运机铲运土重车上坡时，如坡度大于5%，其运距按坡度区段斜长乘以表4-6所列系数计算；汽车、人力车重车上坡降效因素，已考虑在定额项目中，不另计算。

四、石方工程

（一）人工凿岩石

人工凿岩石按图示尺寸以立方米计算。计算公式如下

人工凿岩石工程量＝岩石体积

表 4-6 **重车上坡的运距系数**

坡度（%）	5～10	15 以内	20 以内	25 以内
系 数	1.75	2.0	2.25	2.50

（二）爆破岩石

爆破岩石按图示尺寸以立方米计算，沟槽、基坑深度和宽度的允许超挖量为：次坚石200mm；特坚石 150mm 超挖部分岩石体积并入岩石挖方量之内计算。计算公式如下

爆破岩石工程量＝岩石长度×（岩石宽度＋允许超挖量）×（岩石深度＋允许超挖量）

（三）运石

石方运输工程量的计算方法与土方运输相同。

五、综合实例

【例 4-4】 某建筑物基础平面及剖面如图 4-21 所示。已知设计室外地坪以下砖基础体积量为 $15.85m^3$，混凝土垫层体积为 $2.86m^3$，室内地面厚度为 180mm，工作面 $c=300mm$，土质为Ⅱ类土。要求挖出土方堆于现场，回填后余下的土外运。试对土石方工程相关项目进行列项，并计算各分项工程量。

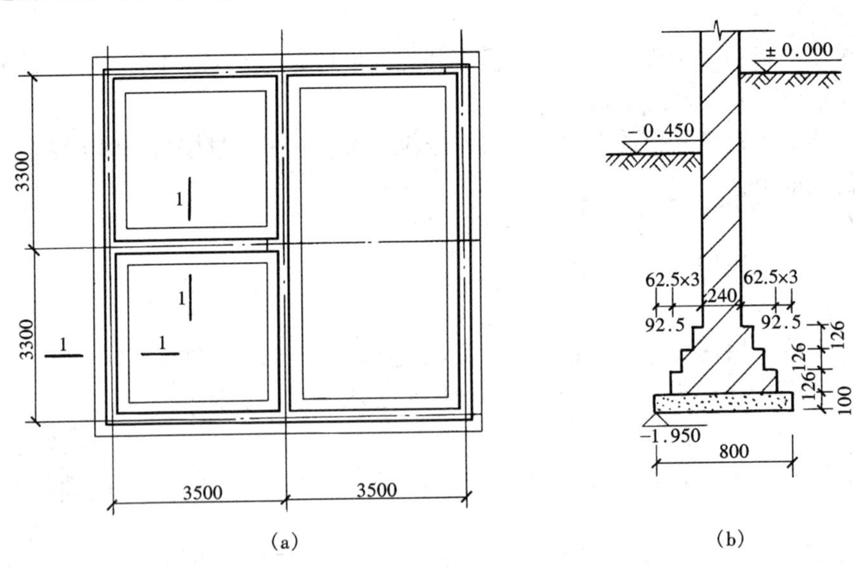

图 4-21 某建筑物基础平面及剖面图

(a) 平面图；(b) 基础 1—1 剖面图

解 1. 列项

本工程完成的与土石方工程相关的施工内容有：平整场地、挖土、原土夯实、回填土、运土。从图 4-21 可以看出，挖土的槽底宽度为（0.8+2×0.3）=1.4m<3m，槽长大于 3 槽宽，故挖土应执行挖地槽项目。由此，原土打夯项目不再单独列项。本分部工程应列的土石方工程定额项目为：平整场地、挖沟槽、基础回填土、房心回填土、运土。

2. 计算工程量

（1）基数计算

$$L_{外}=(3.5\times2+0.24+3.3\times2+0.24)\times2=28.16m$$

$L_{中}=(3.5\times2+3.3\times2)\times2=27.2\text{m}$

$L_{内}=3.3\times2-0.24+3.5-0.24=9.62\text{m}$

$S_1=(3.5\times2+0.24)\times(3.3\times2+0.24)=49.52\text{m}^2$

（2）平整场地

平整场地工程量$=S_1+2\text{m}\times L_{外}+16\text{m}^2=49.52+2\times28.16+16=121.84\text{m}^2$

（3）挖沟槽。如图 4－21（b）所示

挖沟槽深度$=1.95-0.45=1.5\text{m}>1.2\text{m}$

见表 4－2，故需放坡开挖沟槽，放坡系数$K=0.5$，由垫层下表面放坡，则有

外墙挖沟槽工程量$=(a+2c+KH)HL_{中}$

$=(0.8+2\times0.3+0.5\times1.5)\times1.5\times27.2$

$=2.15\times1.5\times27.2=87.72\text{m}^3$

内墙挖沟槽工程量$=(a+2c+KH)H\times$基底净长线

$=[(0.8+2\times0.3+0.5\times1.5)\times1.5]\times[3.3\times2-(0.4+0.3)\times2+3.5-(0.4+0.3)\times2]$

$=2.15\times1.5\times7.3=23.54\text{m}^3$

挖沟槽工程量＝外墙挖沟槽工程量＋内墙挖沟槽工程量$=87.72+23.54=111.26\text{m}^3$

（4）回填土

基础回填土工程量＝挖土体积－室外地坪以下埋设的基础、垫层的体积

$=111.26-15.85-2.86=92.55\text{m}^3$

房心回填土工程量＝主墙之间的净面积×回填土厚度

$=[(3.5-0.24)\times(3.3-0.24)\times2+(3.5-0.24)\times(3.3\times2-0.24)]\times(0.45-0.18)$

$=40.68\times0.27=10.98\text{m}^3$

或　房心回填土工程量$=(S_1-L_{中}\times$外墙厚度$-L_{内}\times$内墙厚度$)\times$回填土厚度

$=(49.52-27.2\times0.24-9.62\times0.24)\times(0.45-0.18)$

$=40.68\times0.27=10.98\text{m}^3$

回填土总体积＝基础回填土工程量＋房心回填土工程量$=92.55+10.98=103.53\text{m}^3$

（5）运土。由图 4－21 及已知条件可知

运土工程量＝挖土总体积－回填土总体积$=111.26-103.53\times1.15=-7.78\text{m}^3$

计算结果为负，表示有亏土，应由场外向场内运输。

第四节　桩基与地基处理工程

一、桩基础工程

桩基础是一种常见的基础形式，当荷载较大或不能在天然地基上做基础时，往往采用桩基础。桩基础由桩身和承台组成，其形式如图 4－22 所示。

（一）有关问题说明

1. 土壤级别

桩基础工程中土壤级别划为两级，即Ⅰ级土和Ⅱ级土，其划分方式详见各地预算定额。

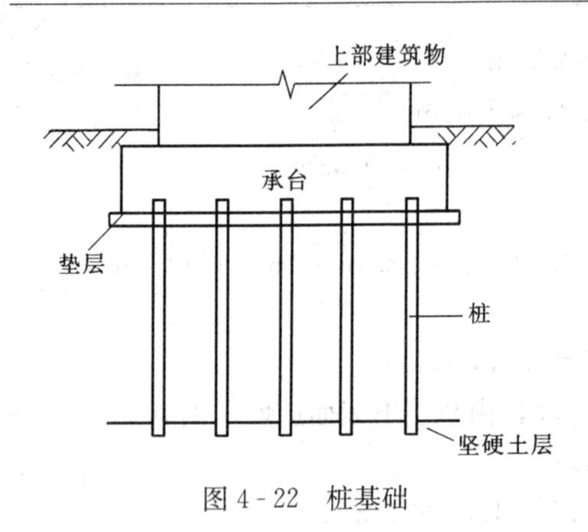

图 4-22 桩基础

2. 桩基础分类及施工顺序

(1) 预制桩基础。预制桩基础包括混凝土预制桩和钢桩。混凝土预制桩分实心桩（如方桩、板桩等）和管桩；钢桩分钢管桩和钢板桩。其中，混凝土预制桩的施工顺序为：桩的制作→运输→堆放→打（压）桩。

(2) 混凝土灌注桩基础（现浇桩基础）。灌注桩基础按施工方法分为泥浆护壁成孔灌注桩、沉管灌注桩、干作业成孔灌注桩、爆破灌注桩、人工挖孔灌注桩等，其施工顺序为：桩位成孔→安放钢筋笼→浇混凝土成桩。

（二）打预制钢筋混凝土桩

打桩是利用桩锤下落产生的冲击能量将桩沉入土中。其体积按设计桩长（包括桩尖，不扣除桩尖虚体积）乘以桩断面面积计算，管桩的空心体积应扣除。如果管桩的空心部分按设计要求灌注混凝土或灌注其他填充材料时，应另行计算。如图 4-23 所示，计算公式如下

$$预制混凝土方桩工程量 = abLN$$

$$预制混凝土管桩工程量 = \pi(R^2 - r^2)LN$$

$$预制混凝土板桩工程量 = btLN$$

式中 N——桩的根数。

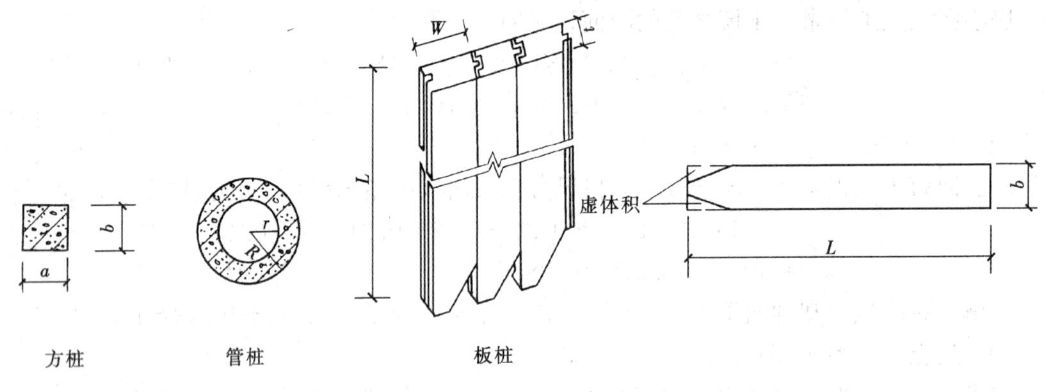

图 4-23 桩示意图

本节计算的是预制钢筋混凝土桩打桩的工程量，其制作及运输工程量应分别按本章第七节、第八节的有关规定计算。

（三）静力压桩

静力压桩是在软土地基上，利用静力压桩机械或液压压桩机，用无震动的静压力将预制桩压入土中。静力压桩工程量的计算与打预制混凝土桩相同。

（四）接桩

当工程需要桩基长超过 30m 时，可将桩分成几节（段）预制，然后在打桩过程中逐段接长，称之为接桩。接桩的方法一般有电焊接桩法和硫磺胶泥接桩两种。其中，电焊接桩按桩设计接头以个计算；硫磺胶泥接桩按桩断面面积以平方米计算。计算公式如下

电焊接桩工程量＝桩设计接头个数

硫磺胶泥接桩工程量＝桩断面面积×桩设计接头个数

（五）送桩

当桩顶面需要送入自然地坪以下时，受打桩机的影响，桩锤不能直接锤击到桩头，而必须用另一根桩置于原桩头上，将原桩打入土中。此过程称为送桩。送桩工程量按桩断面面积乘以送桩长度计算。计算公式如下

送桩工程量＝桩断面面积×送桩长度

式中：送桩长度按打桩架底至桩顶面高度或自桩顶面至自然地坪面另加 0.5m 计算，如图 4-24所示。

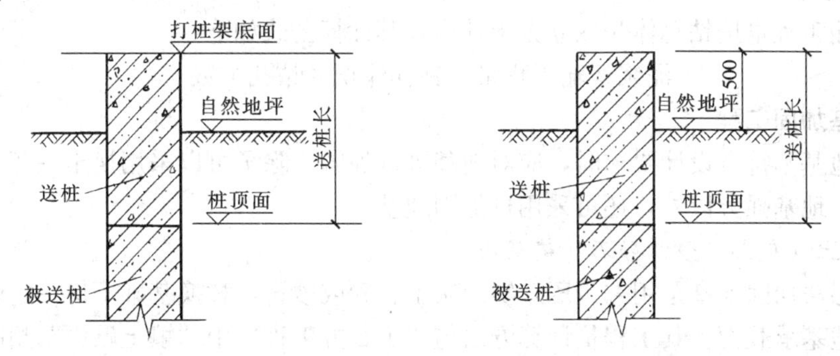

图 4-24　送桩长度示意图

（六）打拔钢板桩

打拔钢板桩按钢板桩重量以吨计算。

（七）灌注桩

1. 打孔灌注桩

打孔灌注桩是先将钢管打入地下，然后安放钢筋笼并现浇混凝土而成的桩，如沉管灌注桩。其计算规则为：

1）混凝土桩、砂桩、碎石桩、灰土挤密桩的体积，按设计规定桩长（包括桩尖，不扣除桩尖虚体积）乘以钢管管箍外径断面面积计算。其计算公式如下

打孔灌注桩工程量＝管箍外径断面面积×桩全长×桩根数

2）定额各种灌注的材料用量中，均已包括表 4-7 规定的充盈系数和材料损耗。实际施工与定额规定不同时，应按实际换算。换算后的充盈系数值按下式计算

$$换算后的充盈系数=\frac{实际灌注混凝土量}{按设计图计算混凝土量}$$

表 4-7　　充盈系数及材料损耗表

项目名称	充盈系数	损耗率（%）
打孔灌注混凝土桩	1.25	1.5
钻孔灌注混凝土桩	1.30	1.5
打孔灌注砂桩	1.30	3
打孔灌注砂石桩	1.30	3

注　1. 灌注砂石桩除上述充盈系数和损耗率外，还包括级配密实系数 1.334。

2. 充盈系数是指实际灌注材料体积与按设计桩身直径计算体积之比，实际施工与定额规定不同时，按实际换算。

2. 钻孔灌注桩

钻孔灌注桩是指先用钻孔机钻孔，然后放入钢筋笼并现浇混凝土而成的桩，有泥浆护壁成孔灌注桩、干作业成孔灌注桩。其工程量按设计桩长（包括桩尖，不扣除桩尖虚体积）增加0.25m乘以设计断面面积计算。计算公式如下

钻孔灌注桩工程量＝桩断面面积×（桩全长＋0.25m）×根数

3. 钢筋笼的制作

定额灌注桩项目预算价格中未包括钢筋笼的费用，钢筋笼制作费用应依照设计规定，按本章第七节混凝土及钢筋混凝土工程中相应项目以吨计算。

4. 泥浆运输

泥浆运输工程量按钻孔体积以立方米计算，其计算公式如下

泥浆运输工程量＝钻孔体积×钻孔个数

二、地基加固工程

当发现地基不符合设计要求时，应对地基进行加固。除了可以采用换土（灰土、砂、砂石）垫层法、地基强夯以外，还可采用桩加固地基。

（一）换土（灰土、砂、砂石）垫层法

换土垫层法加固地基是用夯（压）实的灰土、砂或砂石，替换基础下部一定厚度的软土层，以提高地基承载力。其工程量计算方法与“土石方工程”中“填土碾压”相同。

（二）地基强夯

地基强夯是利用起重机械将8～40t的夯锤提升到6～30m的高出后自由落下，以对土体强力夯实的加固方法，其工程量计算公式如下

地基强夯工程量＝强夯面积

（三）桩加固地基

本部分在《全国统一建筑工程基础定额》中未包括，发生该施工内容时，各地可按当地有关规定计算。在此，以《山西省建筑工程预算定额》为例，说明其工程量的计算方法。

1. 振动水冲桩

振动水冲桩是通过振冲器产生高频振动和水泵产生高压水流，在土体中振冲成孔，然后从地面向孔中逐段添加填料，从而在地基中形成一根大直径的密实桩体，称为振冲桩。其工程量按综合密实电流（50A）取定的桩成孔断面面积乘以设计桩长计算。计算公式如下

振动水冲桩工程量＝桩成孔断面面积×设计桩长

式中：桩成孔断面面积按表4-8规定计算。

表4-8 振动水冲桩成孔断面面积表

桩　　长	桩长8mm以内	桩长15mm以内
成孔直径（m）	0.88	0.80
断面面积（m^2）	0.68	0.56

2. 深层搅拌水泥桩

深层搅拌水泥桩是利用钻机的钻头在桩位搅拌后将固化剂（水泥、石灰）用灰浆泵输入到软土中，强行拌和后形成的水泥加固体。近年来，新兴起的深层搅拌水泥粉喷桩（简称粉喷桩）也属此类，它是以水泥干粉为固化剂的。深层搅拌水泥桩按（设计桩长＋设计超灌长

度）×设计断面面积以立方米计算。其中，设计超灌长度按设计尺寸计算，未注明的可按0.5m计算。

第五节　脚手架工程

本规则中的脚手架工程，按脚手架搭设用途的不同，分为外脚手架、里脚手架、满堂脚手架、悬空脚手架等项目。

一、资料准备

计算脚手架工程量之前，应了解以下内容：

1. 檐高

檐高是指设计室外地坪至檐口（或女儿墙上表面）的高度。

2. 脚手架的类型

脚手架主要有外脚手架、里脚手架、满堂脚手架、悬空脚手架等。

二、外脚手架

沿建筑物外墙面搭设的脚手架称外脚手架。它可用于砌筑和装饰工程，搭设形式有单排（一排立杆）和双排（两排立杆）之分。

1. 计算规则

1）砌筑用的外脚手架，按外墙外边线长度乘以外墙砌筑高度以平方米计算，突出墙外宽度在24cm以内的墙垛、附墙烟囱等不计算脚手架；宽度超过24cm以外的，按图示尺寸展开面积计算，并入外脚手架工程量之内。

2）现浇钢筋混凝土框架梁、墙，按设计室外地坪或楼板上表面至楼板底面之间的高度，乘以梁、墙净长以平方米计算，套用双排外脚手架。

3）独立柱按图示柱结构外围周长另加3.6m乘以柱高以平方米计算。

4）计算内、外墙脚手架时，均不扣除门窗洞口、空圈等所占面积。

2. 计算公式

1）砌筑用外脚手架

$$砌筑用外脚手架工程量=L_{外}\times 外墙砌筑高度+应增加面积$$

式中：外墙砌筑高度即为檐高；应增加面积是指突出墙外宽度大于24cm时的墙垛、附墙烟囱等增加的面积。

2）现浇钢筋混凝土框架梁（墙）脚手架

$$现浇钢筋混凝土框架梁（墙）工程量=脚手架高度\times 梁（墙）净长度$$

式中：脚手架高度为设计室外地坪或楼板上表面至楼板底面之间的高度。

3）独立柱脚手架

$$独立柱脚手架工程量=（柱周长+3.6m）\times 柱高$$

【例4-5】　某建筑物外墙外边线$L_{外}=100m$，设计室外地坪标高为$-0.45m$，女儿墙上表面标高为15.9m，试计算砌筑外墙所需的外脚手架工程量。

解　由已知条件可知

$$外墙砌筑高度=15.9+0.45=16.35m$$

故有

$$外脚手架工程量=L_{外}\times 外墙砌筑高度=100\times 16.35=1635m^2$$

三、里脚手架

沿室内墙面搭设的脚手架称里脚手架，其工程量按墙面垂直投影面积计算。

四、满堂脚手架

在施工作业面上满铺的脚手架称满堂脚手架，其工程量按室内净面积计算。

满堂脚手架的搭设高度在3.6～5.2m之间时，计算基本层；超过5.2m时，每增加1.2m按增加一层计算，不足0.6m的不计。计算公式表示如下

$$满堂脚手架增加层=\frac{室内净高度-5.2}{1.2}$$

【例4-6】 某单层房屋室内净高度为8.5m，净长度为15m，净宽度为10m，试计算满堂脚手架工程量及其增加层数。

解 满堂脚手架工程量=室内净面积=15×10=150m^2

$$满堂脚手架增加层=\frac{室内净高度-5.2}{1.2}=\frac{8.5-5.2}{1.2}=2.75层$$

因0.75层×1.2m/层=0.9m>0.6m，故满堂脚手架增加层应按3层计算。

五、悬空脚手架

悬空脚手架又称吊脚手架，它是利用吊索悬吊吊架或吊篮进行操作的一种脚手架，常用于砌筑工程和装饰工程。其工程量按搭设的水平投影面积以平方米计算。

六、电梯井架

电梯井架按单孔以座计算。

七、安全网

安全网计算规则如下：

（1）立挂式安全网按架网部分的实挂长度乘以实挂高度计算。

（2）挑出式安全网按挑出的水平投影面积计算。

第六节　砌　筑　工　程

砌筑工程划分为砌砖、砌块部分和砌石部分，包含了砖（石）基础、砖（石）墙、砌块墙、围墙、砖柱、砖过梁、零星砌体等定额项目。本节主要介绍砌砖、砌块部分。

一、资料准备

计算砌筑工程量之前，应了解如下内容：

1. 砌筑砂浆的种类及强度等级

因房屋中各墙体的位置及所承受的荷载大小不同，所以，设计时各墙体所采用的砌筑砂浆的种类及强度等级也有所不同。而不同的砌筑砂浆种类及强度等级对应不同的定额基价，因此，计算工程量时，应按不同的砌筑砂浆种类及强度等级分别计算砌体工程量。

2. 砌体所选用的材料

定额中，砌砖和砌块对应不同的定额项目，所以应区别砖和砌块分别计算砌体工程量。

二、基础和墙身的划分

基础和墙身（柱身）应按规定分界：

1. 基础和墙身使用同一种材料

基础和墙身使用同一种材料时，以设计室内地面为界（有地下室者，以地下室室内设计地面为界），以下为基础，以上为墙身（柱身），如图 4-25 所示。

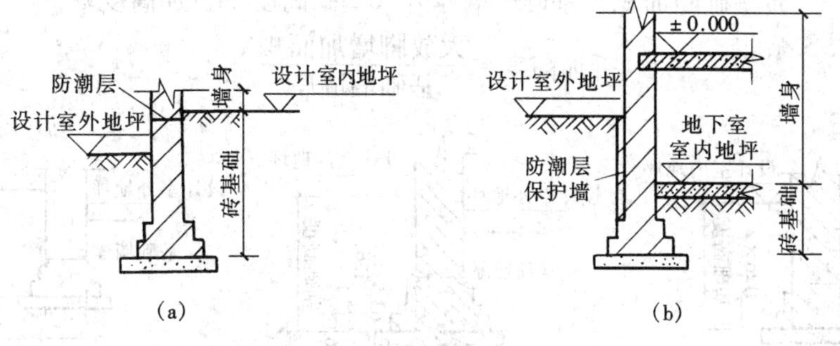

图 4-25　基础与墙身（柱身）的划分

(a) 同种材料无地下室时；(b) 同种材料有地下室时

2. 基础和墙身使用不同材料

1）当材料分界位于室内地面±300mm 以内时，以不同材料分界。

2）当材料分界位于室内地面±300mm 以外时，以设计室内地面分界。

3. 砖、石围墙

砖、石围墙以设计室外地坪为界，以下为基础，以上为墙身。

三、砖基础

砖基础工程量按体积以立方米计算。基础大放脚 T 形接头处的重叠部分以及嵌入基础的钢筋、铁件、管道、基础防潮层及单个面积在 0.3m² 以内孔洞所占体积不予扣除，但靠墙暖气沟的挑檐也不增加。附墙垛的宽出部分体积应并入基础工程量内计算，见图 4-26～图4-28。

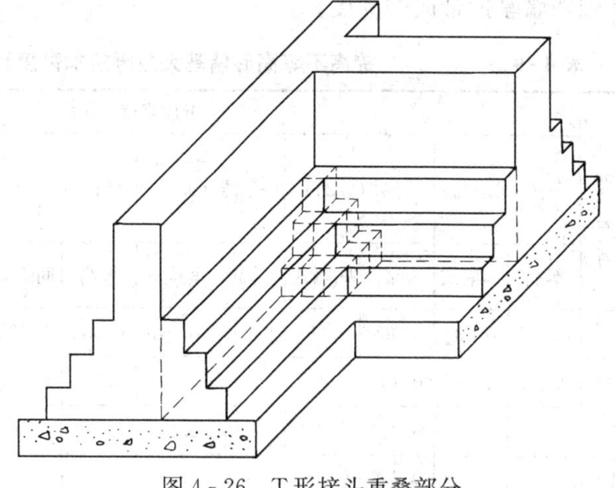

图 4-26　T 形接头重叠部分

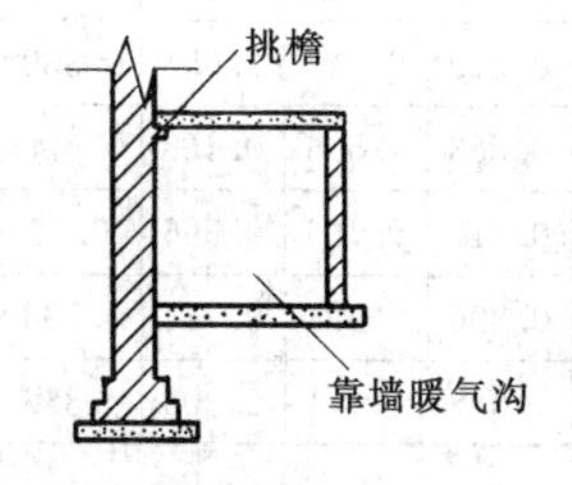

图 4-27　靠墙暖气沟示意图

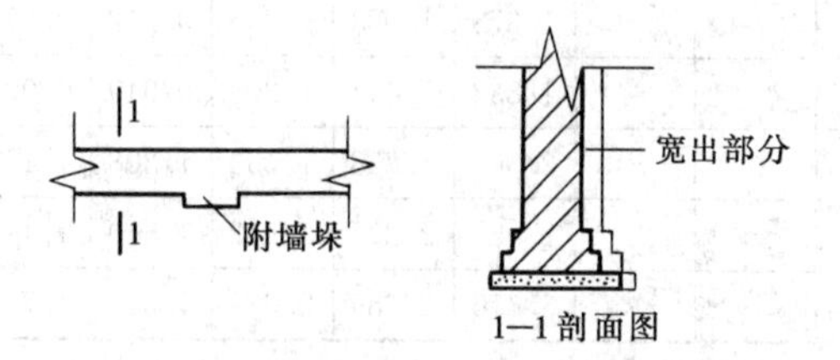

图 4-28　附墙垛基础宽出部分

其计算公式可表示为

条形砖基础工程量＝基础断面积×基础长度

式中：外墙墙基按外墙中心线长度计算；内墙墙基按内墙基净长度计算。

图 4－29 所示为砖基础的两种断面形式，其计算公式如下

$$砖基础断面积=基础墙墙厚\times基础高度+大放脚增加面积$$

或

$$砖基础断面积=基础墙墙厚\times(基础高度+折加高度)$$

$$折加高度=\frac{大放脚增加面积}{基础墙墙厚}$$

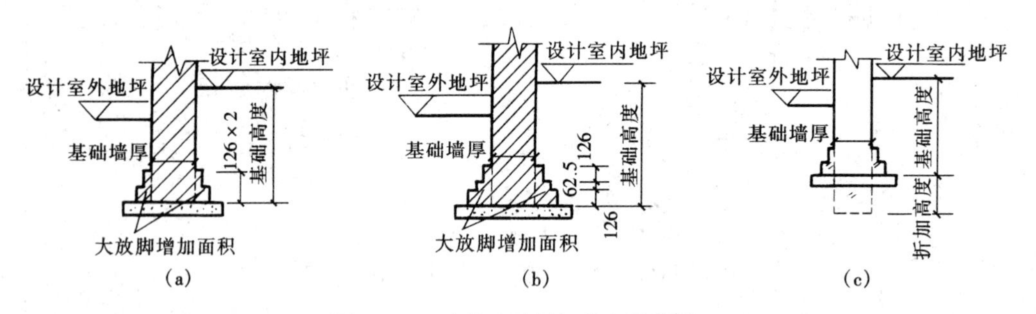

图 4－29　砖基础及折加高度示意图

（a）等高式大放脚；（b）间隔式大放脚；（c）折加高度示意图

式中：大放脚增加面积及折加高度可查表 4－9 获得；折加高度是指将大放脚面积按其相应基础墙墙厚折合成的高度。

表 4－9　　等高不等高砖墙基大放脚折加高度和大放脚增加断面积表

放脚层高	折加高度（m）												增加断面（m^2）	
	$\frac{1}{2}$砖（0.115）		1砖（0.24）		$1\frac{1}{2}$砖（0.365）		2砖（0.49）		$2\frac{1}{2}$砖（0.615）		3砖（0.74）			
	等高	间隔式	等高	间隔式	等高	间隔式	等高	间隔式	等高	间隔式	等高	间隔式	等高	间隔式
一	0.137	0.137	0.066	0.066	0.043	0.043	0.032	0.032	0.026	0.026	0.021	0.021	0.015 75	0.015 75
二	0.411	0.342	0.197	0.164	0.129	0.108	0.096	0.080	0.077	0.064	0.064	0.053	0.047 25	0.039 38
三			0.394	0.328	0.259	0.216	0.193	0.161	0.154	0.128	0.128	0.106	0.094 5	0.078 75
四			0.656	0.525	0.432	0.345	0.321	0.253	0.256	0.205	0.213	0.170	0.157 5	0.126
五			0.984	0.788	0.647	0.518	0.482	0.380	0.384	0.307	0.319	0.255	0.236 3	0.189
六			1.378	1.083	0.906	0.712	0.672	0.530	0.538	0.419	0.447	0.351	0.330 8	0.259 9
七			1.838	1.444	1.208	0.949	0.900	0.707	0.717	0.563	0.596	0.468	0.441	0.346 5
八			2.363	1.838	1.553	1.208	1.157	0.900	0.922	0.717	0.766	0.596	0.567	0.441 1
九			2.953	2.297	1.942	1.510	1.447	1.125	1.153	0.896	0.958	0.745	0.708 8	0.551 3
十			3.610	2.789	2.372	1.834	1.768	1.366	1.409	1.088	1.171	0.905	0.866 3	0.669 4

四、砖墙

砖墙工程量按体积以立方米计算，其应扣除或不扣除、不增加的体积按表 4－10 规定执行。

表 4-10　**砖墙工程量应扣除与不扣除、不增加的内容表**

应扣除内容	不扣除内容	不增加内容
(1) 门窗洞口、过人洞、空圈、每个面积在 0.3m² 以上孔洞、暖气包壁龛所占的体积 (2) 嵌入墙内的钢筋混凝土柱、梁(包括过梁、圈梁、挑梁)、内墙板头所占体积 (3) 砖平碹、平砌砖过梁所占体积	(1) 梁头、外墙板头、檩头、垫木、木楞头、沿椽木、木砖、门窗走头所占体积 (2) 单个面积在 0.3m² 以内的孔洞、砖墙内加固钢筋、铁件、木筋所占体积	突出墙面的窗台虎头砖、压顶线、山墙泛水、烟囱根、门窗套及三皮砖以内的腰线、挑檐等体积

说明：

(1) 门窗洞口面积及嵌入墙身的钢筋混凝土柱、梁的体积，不仅在墙体工程量的计算中要使用，而且在以后的有关工程量（如木门窗工程量、钢筋混凝土构造柱、梁等工程量）的计算中也要使用。为防止这些数据的重复计算，充分体现基数中“册”的作用，计算墙体工程量之前，应先计算出门窗洞口的面积及埋入墙体的柱、梁的体积。具体做法见本节综合实例及本书第五章。

(2) 梁头、板头是指梁、板在墙上的支撑部分。

(3) 突出墙面的窗台虎头砖、压顶线、山墙泛水如图 4-30 所示。

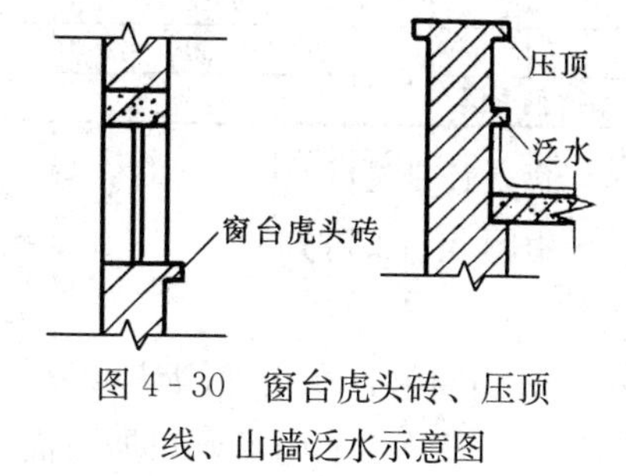

图 4-30　窗台虎头砖、压顶线、山墙泛水示意图

墙体工程量计算公式如下

墙体工程量=（墙体长度×墙体高度
　　－门窗洞口所占面积）×墙体厚度
　　－嵌入墙身的柱、梁所占体积

式中：墙体长度，外墙长度按外墙中心线计算，内墙长度按内墙净长线计算；女儿墙长按女儿墙中心线长度计算；墙体高度取值见表 4-11；墙体厚度，标准砖以 240mm×115mm×53mm 为准，其砌体计算厚度按表4-12计算；使用非标准砖时，应按砖实际规格和计算厚度计算。

表 4-11　**墙体高度计算规定**

墙体名称	屋面类型		墙体高度计算方法
外　墙	坡屋面	无檐口天棚	算至屋面板底
		有屋架室内外均有天棚	算至屋架下弦另加 200mm
		有屋架无天棚	算至屋架下弦另加 300mm
		出檐宽度≥600mm	按实砌高度计算
	平屋面		算至钢筋混凝土板底
内　墙	位于屋架下弦		算至屋架底
	无屋架		算至天棚底另加 100mm
	有楼隔层		算至板底
	有框架梁		算至梁底面
山　墙			按平均高度计算
女儿墙	砖压顶		外墙顶算至压顶上表面
	钢筋混凝土压顶		外墙顶算至压顶底

表 4-12　　标准砖砌体计算厚度表

砖数（厚度）	1/4	1/2	3/4	1	1.5	2	2.5	3
计算厚度（mm）	53	115	180	240	365	490	615	740

【例 4-7】 某单层建筑物平面如图 4-31 所示。已知层高 3.6m，内、外墙墙厚均为 240mm，所有墙身上均设置圈梁，且圈梁与现浇板顶平，板厚 100mm。门窗尺寸及墙体埋件体积分别见表 4-13、表 4-14。试计算内、外墙墙体工程量。

表 4-13　　门 窗 尺 寸 表

门窗名称	洞口尺寸（mm）	数　　量
C1	1000×1500	1
C2	1500×1500	3
M1	1000×2500	2

表 4-14　　墙 体 埋 件 体 积 表

构件名称	构件所在部位体积	
	外　　墙	内　　墙
构造柱	0.81	
过　梁	0.39	0.06
圈　梁	1.13	0.22

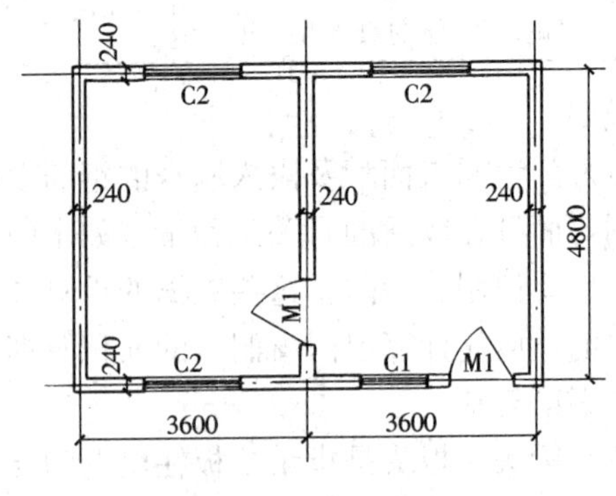

图 4-31　单层建筑平面图

解　1. 基数计算

由图 4-31 可知　　$L_{中}=(3.6\times2+4.8)\times2=24\text{m}$

$$L_{内}=4.8-0.24=4.56\text{m}$$

2. 门窗洞口所占面积计算

$$外墙上门窗洞口所占面积=1\times1.5+1.5\times1.5\times3+1\times2.5=10.75\text{m}^2$$

$$内墙上门窗洞口所占面积=1\times2.5=2.5\text{m}^2$$

3. 墙体工程量计算

墙体工程量=（墙体长度×墙体高度－门窗洞口所占面积）×墙体厚度－嵌入墙身的柱、梁所占体积

$$外墙墙体工程量=[24\times(3.6-0.1)-10.75]\times0.24-0.81-0.39-1.13=15.25\text{m}^3$$

$$内墙墙体工程量=[4.56\times(3.6-0.1)-2.5]\times0.24-0.06-0.22=2.95\text{m}^3$$

五、砌块墙

砌块墙按图示尺寸以立方米计算，其工程量计算方法与砖墙相同。

说明：

1）定额中的砌块墙包括小型空心砌块墙、硅酸盐砌块墙和加气混凝土砌块墙三种，出现其他砌块墙，如水泥焦渣空心砖墙时，可按相近定额项目套用。

2）设计规定砌块墙中需要镶嵌砖砌体部分（门窗洞口等处）已包括在定额内，不另计算。

六、框架间砌体

框架间砌体是指框架结构中填充在柱之间的墙体。其工程量分内、外墙以框架间净空面积乘以墙厚度计算。框架外表镶贴砖部分，亦并入框架间砌体工程量内计算。其计算公式如下

框架间砌体工程量＝框架间净空面积×墙厚度－嵌入墙之间的洞口、埋件所占体积
＝框架柱间净距×框架梁间净高×墙厚度
－嵌入墙之间的洞口、埋件所占体积

七、砖砌过梁

过梁的种类很多，目前常用的有钢筋混凝土过梁、砖过梁。其中，砖过梁又分为砖平碹和钢筋砖过梁两种。

（一）砖平碹

见图4-32，砖平碹平砌砖过梁按图示尺寸以立方米计算。如设计无规定时，砖平碹按门窗洞口宽度两端共加100mm乘以高度计算。计算公式如下

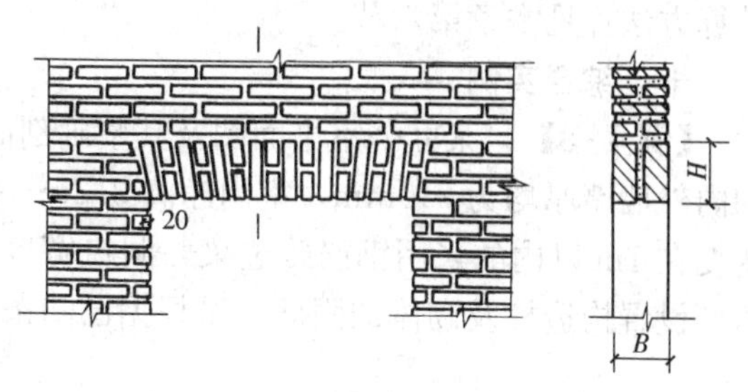

图4-32　砖平碹过梁

砖平碹工程量＝（门窗洞口宽度＋0.1m）×高度×墙厚度

式中：高度取值为 $\begin{cases}0.24\text{m，洞口宽度小于或等于 1.5m 时；}\\0.365\text{m，洞口宽度大于 1.5m 时。}\end{cases}$

（二）钢筋砖过梁（见图4-33）

钢筋砖过梁按门窗洞口宽度两端共加500mm，高度按440mm计算。计算公式如下

钢筋砖过梁工程量＝（门窗洞口宽度＋0.5m）×0.44m×墙厚度

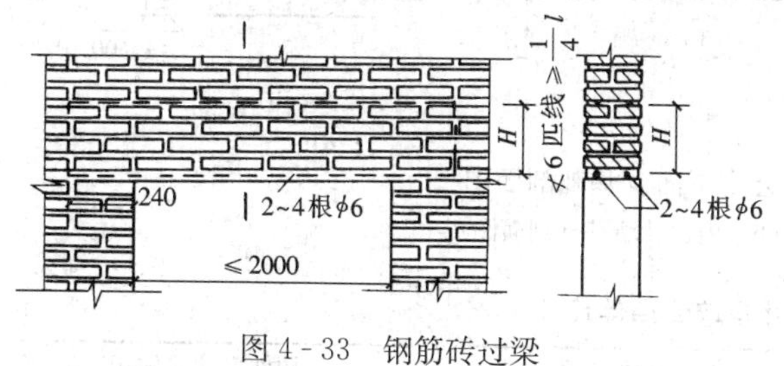

图4-33　钢筋砖过梁

八、其他砖砌体

（一）零星砌体

零星砌体按实砌体积以立方米计算。

零星砌体定额项目包括厕所蹲台、水槽腿、灯箱、垃圾箱、台阶挡墙或梯带、花台、花池、地垄墙、支撑地楞的砖墩、房上烟囱、屋面架空隔热层砖墩及毛石墙的门窗立边、窗台虎头砖等实砌砌体（见图4-34、图4-35）。

（二）砖砌台阶

砖砌台阶（不包括梯带）按水平投影面积以平方米计算。

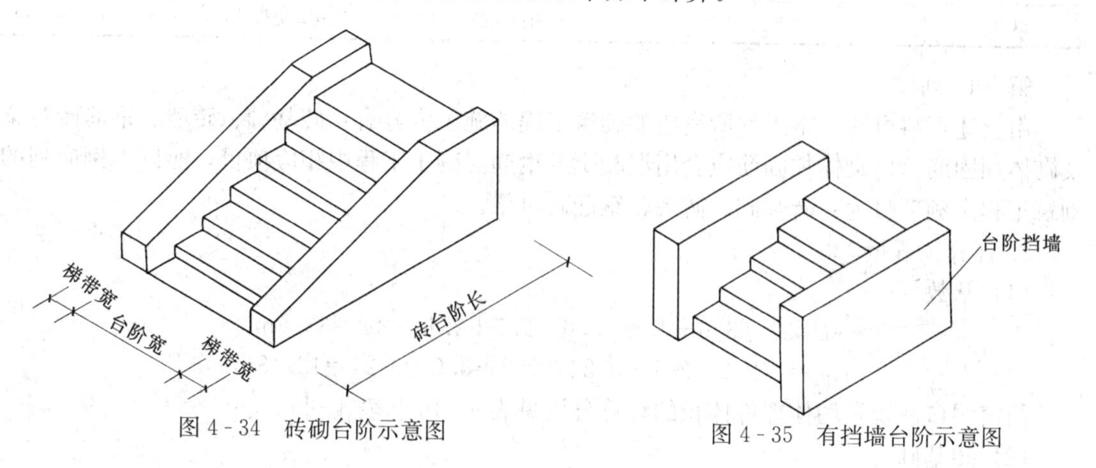

图4-34　砖砌台阶示意图

图4-35　有挡墙台阶示意图

砖砌台阶定额项目中未包含其梯带及挡墙，发生时，另列“零星项目”计算。

九、砌体加固钢筋

砌体加固钢筋应根据设计规定以吨计算，套用混凝土及钢筋混凝土工程中相应项目。其计算方法详见本章第六节。

十、综合实例

【例 4-8】 某办公室平面图及其基础剖面图如图 4-36 所示，有关尺寸见表 4-15。已知内外墙墙厚均为 240mm，室内净高 3.2m；内外墙上均设圈梁，洞口上部设置过梁（洞口宽度在 1m 以内的采用钢筋砖过梁，洞口宽度在 1m 以外的采用钢筋混凝土过梁），外墙转角处设置构造柱及砌体加固筋。试根据已知条件对砌筑工程列项，并计算各分项工程量。

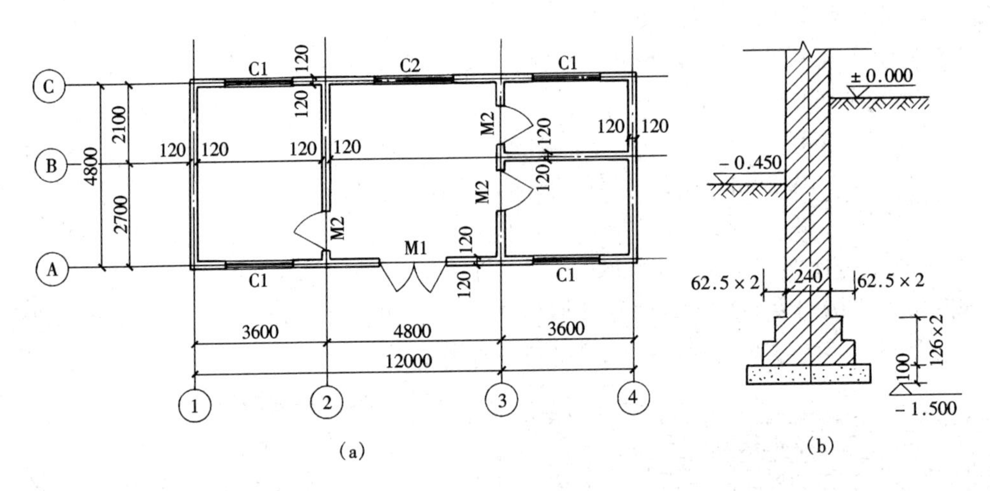

图 4-36 办公室平面及基础剖面图

（a）平面图；（b）内、外墙基础剖面图

表 4-15 门窗尺寸及墙体埋件尺寸

门窗名称	门窗尺寸（宽×高）（mm）	构件名称		构件尺寸或体积
M1	1800×2400	构造柱		0.18m³/根
M2	1000×2400	圈 梁	外 墙	$L_{中}$×0.24m×0.2m
C1	1800×1800		内 墙	$L_{内}$×0.24m×0.2m
C2	2100×1800	钢筋混凝土过梁		（洞口宽度+0.5m）×0.24m×0.18m

解 1. 列项

由上述资料可知，本工程所完成的砌筑工程的施工内容有：砖基础、砖墙、钢筋砖过梁及砌体加固筋。而砌体加固筋应套用混凝土及钢筋混凝土工程中相应项目，所以本例应列的砌筑工程定额项目为：砖基础、砖墙、钢筋砖过梁。

2. 计算工程量

（1）基数

$$L_{中}=（3.6+4.8+3.6+2.7+2.1）×2=33.6\text{m}$$

$$L_{内}=（2.7+2.1-0.24）×2+3.6-0.24=12.48\text{m}$$

门窗洞口面积及墙体埋件体积的计算分别见表 4-16 和表 4-17。

（2）砖基础

$$砖基础工程量=基础断面面积\times基础长度$$

由图 4-36（b）及表 4-9 可知

$$外墙基础工程量=[0.24\times(1.5-0.1)+0.04725]\times33.6=12.88m^3$$

$$内墙基础工程量=[0.24\times(1.5-0.1)+0.04725]\times12.48=4.78m^3$$

$$砖基础工程量=12.88+4.78=17.66m^3$$

表 4-16　门窗洞口面积计算表

门窗名称	洞口尺寸（mm）	洞口面积（m^2）	洞口所在部位（数量/面积）	
			外　墙	内　墙
M1	1800×2400	4.32	1/4.32	
M2	1000×2400	2.4		3/7.2
C1	1800×1800	3.24	4/12.96	
C2	2100×1800	3.78	1/3.78	
合　计			21.06	7.2

表 4-17　墙体埋件体积计算表

构件名称		构件体积（m^3）	构件所在部位（m^3）		备　注
			外　墙	内　墙	
构造柱		0.72	0.72		0.72=0.18×4
圈梁		2.21	1.61	0.60	1.61=33.6×0.24×0.2；0.6=12.48×0.24×0.2
过梁	M1	0.1	0.1		M1、C1、C2 的洞口尺寸大于 1m，设置钢筋混凝土过梁；M2 洞口尺寸为 1m，设置钢筋砖过梁 M1 过梁体积=（1.8+0.5）×0.24×0.18=0.1m^3 M2 过梁体积=（1+0.5）×0.44×0.24×3=0.48m^3 C1 过梁体积=（1.8+0.5）×0.24×0.18×4=0.4m^3 C2 过梁体积=（2.1+0.5）×0.24×0.18=0.11m^3
	M2	0.48		0.48	
	C1	0.4	0.4		
	C2	0.11	0.11		
过梁小计		1.08			
合　计			2.94	1.08	

（3）砖墙

$$砖墙工程量=(墙体长度\times墙体高度-门窗洞口所占面积)\times墙体厚度-嵌入墙身的柱、梁所占体积$$

$$外墙工程量=(33.6\times3.2-21.06)\times0.24-2.94=17.81m^3$$

$$内墙工程量=(12.48\times3.2-7.2)\times0.24-1.08=6.78m^3$$

（4）钢筋砖过梁。由表 4-17 可知

$$钢筋砖过梁工程量=0.48m^3$$

第七节　混凝土及钢筋混凝土工程

混凝土及钢筋混凝土构件的施工过程包括支模板、绑扎钢筋和浇筑混凝土三个主要工序，所以定额中的混凝土及钢筋混凝土工程将所有项目划分为模板、钢筋、混凝土三个部分，各部分又按现浇混凝土、预制混凝土和构筑物分为三个组成内容。

一、有关问题说明

混凝土及钢筋混凝土工程中包含的项目较多，计算其工程量之前，应了解以下内容：

1. 模板的种类

模板系统由模板和支撑两个部分组成。其中，模板是保证混凝土及钢筋混凝土构件按设计形状和尺寸成型的重要工具，常用的有：木模板、钢木组合模板、组合钢模板、滑升模板等。而支撑则是混凝土及钢筋混凝土构件在浇筑至养护期间所需的承载构件，有木支撑和钢支撑之分。

2. 钢筋混凝土构件的施工方法和混凝土的强度等级

1）了解各混凝土构件的施工方法是现浇还是预制，以便分别计算工程量。

2）由于建筑物各层的柱、梁、板、墙等构件所受的荷载大小不同，其设计的混凝土强度等级也不相同。所以计算柱、梁、板、墙等构件的工程量时，应按不同混凝土强度等级分别计算，以正确确定混凝土构件的预算价格。

3. 混凝土的保护层厚度

二、模板工程

（一）现浇混凝土构件模板

1. 基础

现浇混凝土及钢筋混凝土模板工程量，应区别模板的不同材质，按混凝土与模板的接触面积，以平方米计算。计算公式如下

基础模板工程量＝混凝土与模板的接触面积＝基础支模长度×支模高度

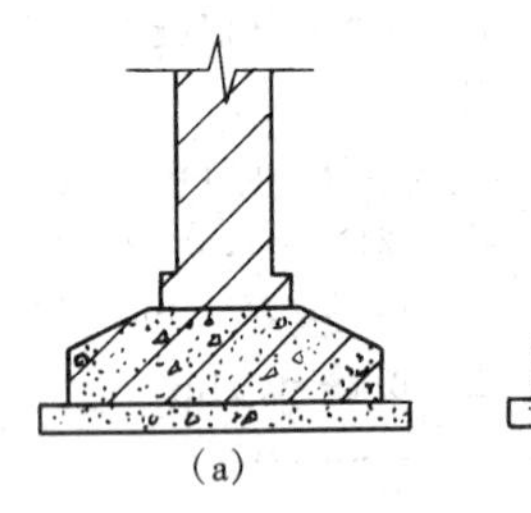

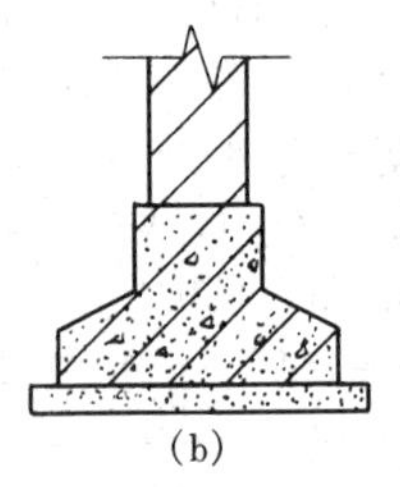

图 4－37　条形基础

（a）无梁式；（b）有梁式

说明：

（1）钢筋混凝土基础的种类较多，按构造形式不同分为条（带）形基础、独立基础、杯形基础、满堂基础及桩承台等。其中，条形基础又可分为无梁式（板式）和有梁式两种；满堂基础又可分为无梁式和有梁式两种（见图 4－37 和图 4－38）。

（2）当有梁式满堂基础设置的为暗梁时，应执行无梁式满堂基础项目。

（3）定额中未设箱形基础项目，箱形基础中的底板、顶板、隔板分别按以下规定执行：底板执行无梁式满堂基础项目，顶板执行钢筋混凝土平板项目，隔板执行钢筋混凝土墙项目。

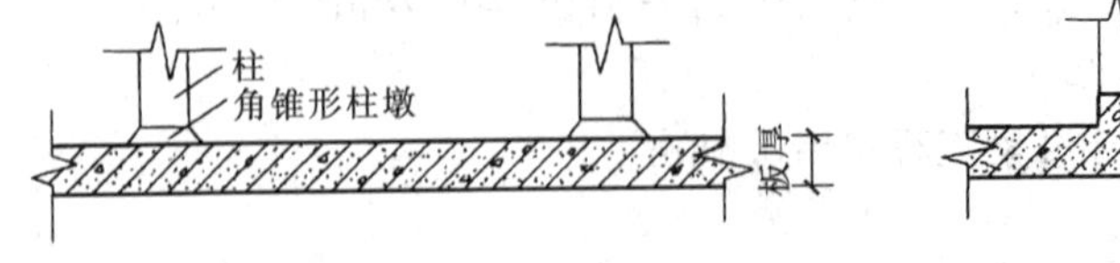

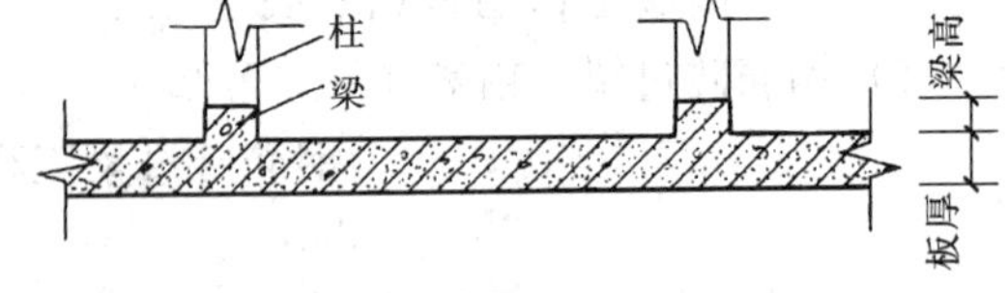

图 4－38　满堂基础

（a）无梁式满堂基础示意图；（b）有梁式满堂基础示意图

【例 4－9】　计算如图 4－39 所示的基础模板工程量。

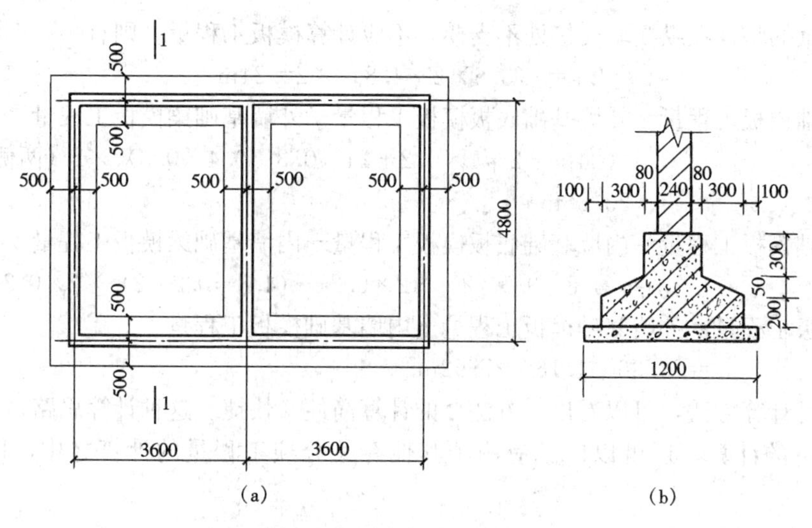

图 4 - 39　基础平面及剖面图

(a) 基础平面图；(b) 1—1 剖面图

解　1. 分析

(1) 由图 4 - 39 可以看出，本基础为有梁式条形基础，其支模位置在基础底板（厚 200mm）的两侧和梁（高 300mm）的两侧。所以，混凝土与模板的接触面积应计算的是：基础底板的两侧面积和梁两侧面积。

(2) 图 4 - 39 (a) 所示为基础平面图，也可以看作是基础底板的支模位置图。图中细线显示了支模的位置及长度。

2. 工程量计算

基础模板工程量＝基础支模长度×支模高度

方法 1：按图示长度计算模板工程量

外墙基础底板模板工程量

$$=(3.6\times2+0.5\times2)\times2\times0.2+(4.8+0.5\times2)\times2\times0.2+(3.6-0.5\times2)\times4\times0.2+(4.8-0.5\times2)\times2\times0.2=9.2\text{m}^2$$

外墙基础梁模板工程量

$$=(3.6\times2+0.2\times2)\times2\times0.3+(4.8+0.2\times2)\times2\times0.3+(3.6-0.2\times2)\times4\times0.3+(4.8-0.2\times2)\times2\times0.3=14.16\text{m}^2$$

内墙基础底板模板工程量＝$(4.8-0.5\times2)\times2\times0.2=1.52\text{m}^2$

内墙基础梁模板工程量＝$(4.8-0.2\times2)\times2\times0.3=2.64\text{m}^2$

基础模板工程量＝外墙下基础底板、梁模板工程量＋内墙下基础底板、梁模板工程量

$$=9.2+14.16+1.52+2.64=27.52\text{m}^2$$

方法 2：按 $L_{中}$ 和内墙下支模净长度计算模板工程量

从 $L_{中}$ 的含义可以知道，用 $L_{中}$ 计算外墙下模板工程量时，$L_{中}$ 相对于外墙外侧的模板长度偏短，相对于外墙内侧的模板长度偏长，而其偏长数值等于偏短数值，故计算较为简

便。但需注意的是，在纵横墙交接处不支模，不应计算模板工程量。则有

$$L_{中}=(3.6\times2+4.8)\times2=24\text{m}$$

外墙基础模板工程量＝外墙基础底板模板工程量＋外墙基础梁模板工程量

＝（24×0.2－1×0.2＋24×0.3－0.4×0.3）×2（两侧）

＝23.36m^2

内墙基础模板工程量＝内墙基础底板模板工程量＋内墙基础梁模板工程量

＝（4.8－0.5×2）×2×0.2＋（4.8－0.2×2）×2×0.3＝4.16m^2

基础模板工程量＝外墙基础模板工程量＋内墙基础模板工程量

＝23.36＋4.16＝27.52m^2

比较两种计算方法，可以看出：方法 2 的计算简便、快捷。这种计算思路，不仅仅局限于模板工程量的计算，还可以广泛应用于其他有关分项工程量的计算之中，以提高工作效率。

2. 柱、梁、板、墙

柱、梁、板、墙模板的计算规则为：

（1）按混凝土与模板接触面积计算。

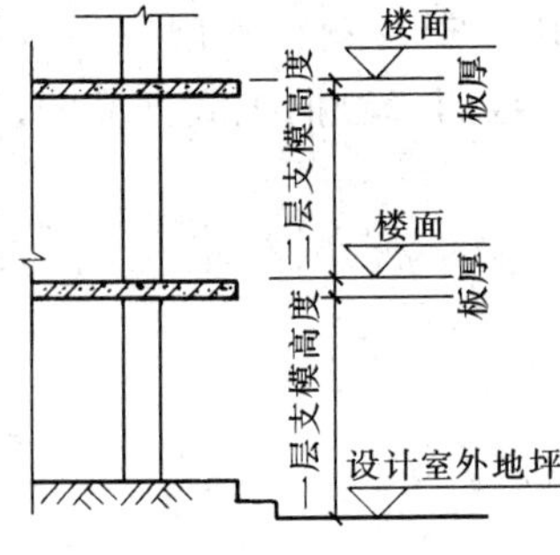

图 4 - 40　支模高度示意图

（2）现浇钢筋混凝土柱、梁、板、墙的支模高度（即室外地坪至板底或板面至板底之间的高度，如图4 - 40所示）以 3.6m 以内为准，超过 3.6m 以上部分，另按超过部分计算增加支撑工程量。

（3）现浇钢筋混凝土板、墙上单孔面积在 0.3m^2 以内的孔洞，不予扣除，洞侧壁模板面积也不增加；单孔面积在 0.3m^2 以外时，应予扣除，洞侧壁模板面积并入板、墙模板工程量内计算。

（4）现浇钢筋混凝土框架分别按柱、梁、板、墙有关规定计算。

（5）附墙柱并入墙内工程量内计算。

（6）柱与梁、柱与墙、梁与梁等连接的重叠部分以及伸入墙内的梁头、板头部分，均不计算模板面积。

（7）构造柱外露面均应按图示部分计算模板面积。构造柱与墙接触面不计算模板面积。

说明：

（1）当现浇钢筋混凝土柱、梁、板、墙的支模高度小于或等于 3.6m 时，直接列出相应项目，确定模板工程量及费用；当现浇钢筋混凝土柱、梁、板、墙的支模高度大于 3.6m 时，应在原项目基础上，另增加支撑工程量及其费用。现举例说明柱、梁的列项方法，墙、板的列项方法与此相同。

【例 4 - 10】　某二层框架结构办公楼，一层板顶标高为 3.0m，二层板顶标高为 7.5m，板厚 100mm，室内外高差 450mm，设计为矩形柱，用钢模板、钢支撑施工，试列出柱、梁的模板项目。

解　因一层柱、梁的支模高度＝设计室外地坪至板底高度＝3.0＋0.45－0.1＝3.35m＜3.6m，二层柱、梁的支模高度＝二层板面至板底高度＝7.5－3.0－0.1＝4.4m＞3.6m，而

4.4－3.6＝0.8m，不足1m，按1m计算，故本例应列项目见表4-18。

（2）设有钢筋混凝土构造柱的房屋，砖墙应砌成马牙槎。构造柱在墙中的设置位置有很多种，如在外墙转角处、T形接头处，位置不同，构造柱的外露面与墙的接触面就不同，计算其模板工程量时，应注意区分。

表4-18　柱、梁模板应列项目表

构件名称	项目名称	工程量计算范围
柱	矩形柱钢模板	一、二层柱的模板工程量
	柱钢支撑	二层柱高为0.8m的模板工程量
梁	梁钢模板	一、二层梁的模板工程量
	梁钢支撑	二层梁的模板工程量

【例4-11】 某工程在图4-41所示的位置上设置了构造柱。已知构造柱尺寸为240mm×240mm，柱支模高度为3.0m，墙厚度240mm。试计算构造柱模板工程量。

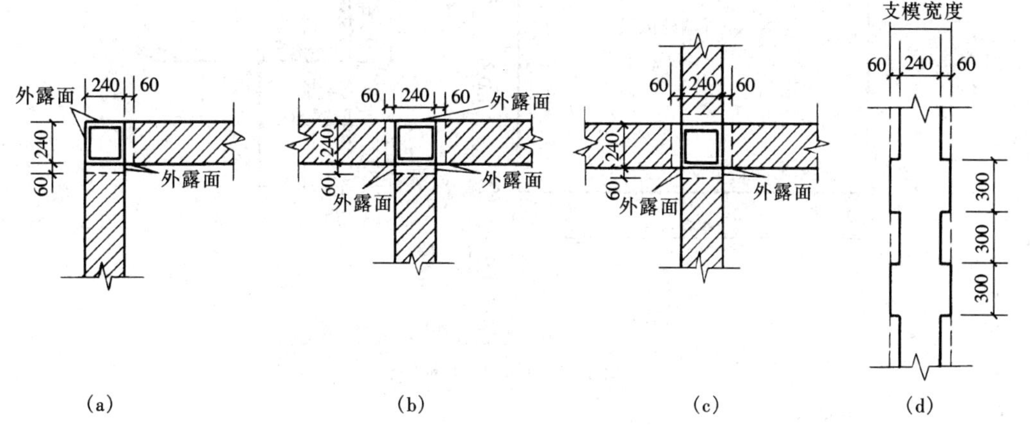

图4-41　构造柱设置示意图

（a）转角处；（b）T形接头处；（c）十字接头处；（d）支模宽度示意图

解　1. 转角处

构造柱模板工程量＝［（0.24＋0.06）×2＋0.06×2］×3.0＝2.16m²

2. T形接头处

构造柱模板工程量＝（0.24＋0.06×2＋0.06×2×2）×3.0＝1.80m²

3. 十字接头处

构造柱模板工程量＝0.06×2×4×3.0＝1.44m²

构造柱模板工程量＝各处构造柱模板工程量之和＝2.16＋1.8＋1.44＝5.4m²

3. 悬挑板（雨篷、阳台）

现浇钢筋混凝土悬挑板（雨篷、阳台）按图示外挑部分尺寸的水平投影面积计算。挑出墙外的牛腿梁及板边模板施工所需的消耗，已经综合考虑在定额内，不另计算，而未包含在投影范围内的雨篷梁，则应另列过梁项目计算。如图4-42所示，计算公式如下

悬挑板（雨篷、阳台）模板工程量＝$L \times B$

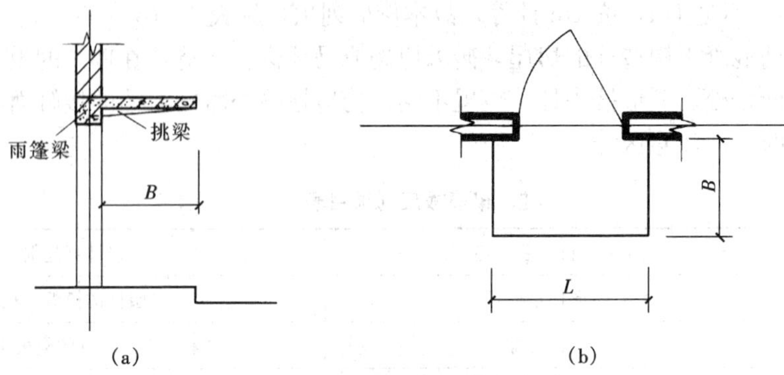

图 4-42 悬挑雨篷示意图

4. 挑檐

挑檐模板工程量按混凝土与模板的接触面积计算。

【例 4-12】 某屋面挑檐的平面及剖面图如图 4-43 所示。试计算挑檐模板工程量。

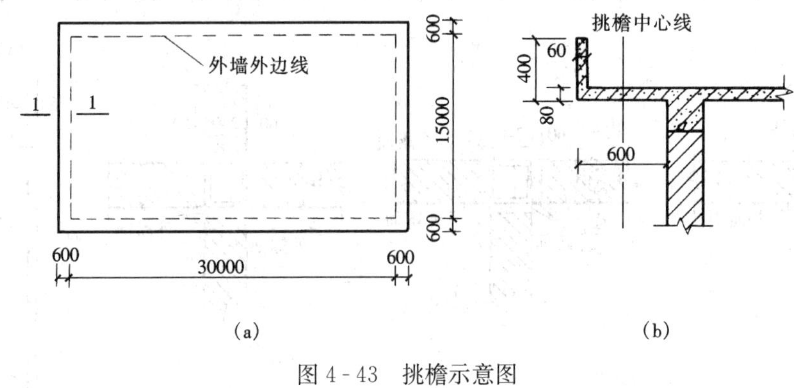

图 4-43 挑檐示意图

(a) 平面图；(b) 1—1 剖面图

解 1. 挑檐板底

挑檐板底模板工程量＝挑檐宽度×挑檐板底的中心线长

＝0.6×（30＋0.6＋15＋0.6）×2

＝0.6×92.4＝55.44m^2

2. 挑檐立板

挑檐立板外侧模板工程量＝挑檐立板外侧高度×挑檐立板外侧周长

＝0.4×（30＋0.6×2＋15＋0.6×2）×2

＝0.4×94.8＝37.92m^2

挑檐立板内侧模板工程量＝挑檐立板内侧高度×挑檐立板内侧周长

＝（0.4－0.08）×［30＋（0.6－0.06）×2＋15＋（0.6－0.06）×2］×2

＝0.32×94.32＝30.18m^2

挑檐模板工程量＝挑檐板底模板工程量＋挑檐立板模板工程量

＝55.44＋37.92＋30.18＝123.54m^2

5. 楼梯

现浇钢筋混凝土楼梯，以图示露明面尺寸的水平投影面积计算，不扣除宽度小于

500mm 的楼梯井所占面积。楼梯的踏步、踏步板、平台梁等侧面模板不另计算。

说明：

1）“以图示露明面尺寸的水平投影面积计算”所指的含义是嵌入墙内的部分已经综合在定额内，不另计算。

2）“水平投影面积”包括休息平台、平台梁、斜梁及连接楼梯与楼板的梁，如图 4-44 所示。在此范围内的构件，不再单独计算；此范围以外的，应另列项目单独计算。计算公式如下

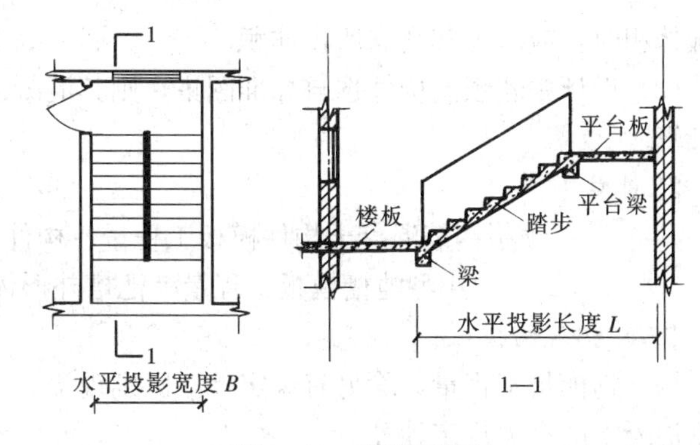

图 4-44　楼梯示意图

$$楼梯模板工程量 = \sum_{i=1}^{n} L_i \times B_i - 各层梯井所占面积(梯井宽 > 500mm 时)$$

当楼梯各层水平投影面积相等时

楼梯模板工程量＝$L \times B \times$楼梯层数－各层梯井所占面积（梯井宽＞500mm 时）

6. 台阶

混凝土台阶不包括梯带，按图示台阶尺寸的水平投影面积计算，台阶端头两侧不另计算模板面积。

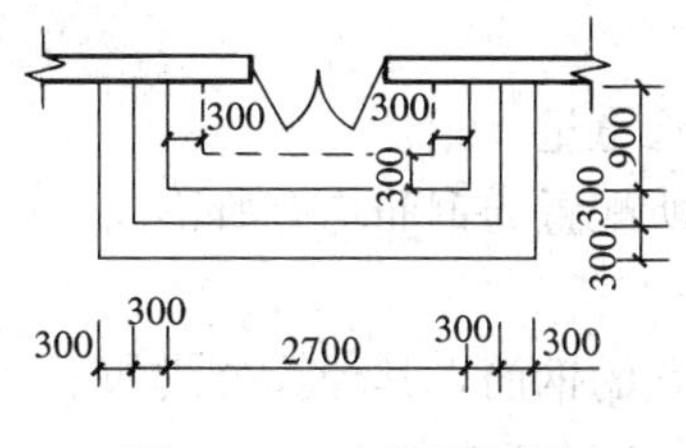

图 4-45　台阶平面图

说明：台阶是连接两个高低地面的交通踏步。一般情况下，台阶多与平台相连。计算模板工程量时，台阶与平台的分界线应以最上一层踏步外沿加 300mm 计算。

【例 4-13】　某台阶平面图如图 4-45 所示，试计算其模板工程量。

解　由图 4-45 可知，台阶与平台相连，则台阶应算至最上一层踏步外沿加 300mm，如图中虚线所示。故

$$
\begin{aligned}
台阶模板工程量 &= 台阶水平投影面积 \\
&= (2.7+0.3\times4)\times(0.9+0.3\times2)-(2.7-0.3\times2)\times(0.9-0.3) \\
&= 5.85-1.26=4.59\text{m}^2
\end{aligned}
$$

7. 小型池槽

定额中的小型池槽是指洗手池、污水池、盥洗槽等室内小型池槽，其模板工程量按构件外围体积计算，池槽内、外侧及底部的模板不应另计算。

（二）预制混凝土构件模板

预制混凝土构件模板的计算规则为：

（1）预制钢筋混凝土模板工程量，除另有规定外，均按混凝土实体体积以立方米计算。

（2）小型池槽按外形体积以立方米计算。

1. 说明

（1）定额中未包括预制构件的制作损耗，因而在预制构件的三道制作工序（模板、绑扎钢筋、浇注混凝土）的工程量计算中，均应计入制作损耗。其损耗率为 1.5%。

（2）实体体积是指实际的混凝土体积，其中不包含孔洞所占体积。例如，计算预应力空

心板体积时，应减去其孔洞所占体积。

（3）设计中若预制构件选自标准图集，则其混凝土实体体积可直接由标准图集查出，不需计算。

2. 计算方法

预制钢筋混凝土构件模板工程量＝构件实体体积×（1＋1.5％）

小型池槽模板工程量＝池槽外形体积×（1＋1.5％）

（三）构筑物模板

构筑物模板工程量，除另有规定外，区别现浇、预制和构件类别，分别按现浇混凝土和预制混凝土的有关规定计算。

三、钢筋及预埋铁件

（一）钢筋

钢筋工程区别现浇、预制构件，按钢筋的不同品种、规格，将其所有的定额项目划分为现浇构件钢筋、预制构件钢筋、预应力构件钢筋及箍筋。

1. 计算规则

（1）钢筋工程，应区别现浇、预制构件，按钢筋的不同品种和规格，分别按设计长度和单位重量，以吨计算。

（2）计算钢筋工程量时，设计已规定搭接长度的，按规定搭接长度计算；设计未规定搭接长度的，已包括在钢筋的损耗率之内，不另计算搭接长度。

2. 计算方法

钢筋工程量＝钢筋长度×钢筋每米长重量

（1）钢筋长度的计算。钢筋混凝土构件的种类较多，其所配置的钢筋均有所不同。以下分别介绍不同钢筋的长度计算方法。

纵向钢筋。纵向钢筋是指沿构件长度（或高度）方向设置的钢筋，其计算公式如下

纵向钢筋长度＝构件支座间净长度＋应增加钢筋长度

式中：应增加钢筋长度包括钢筋的锚固长度、钢筋弯钩长度、弯起钢筋增加长度及钢筋接头的搭接长度。

1）钢筋锚固长度的计算。为满足受力需要，埋入支座的钢筋必须具有足够的长度，此长度称为钢筋的锚固长度。锚固长度的大小，应按实际设计内容及表 4-19～表 4-21 的规定确定。

表 4-19 受拉钢筋基本锚固长度 l_{ab}、l_{abE}

钢筋种类	抗震等级	混凝土强度等级								
		C20	C25	C30	C35	C40	C45	C50	C55	≥C60
HPB300	一、二级（l_{abE}）	$45d$	$39d$	$35d$	$32d$	$29d$	$28d$	$26d$	$25d$	$24d$
	三级（l_{abE}）	$41d$	$36d$	$32d$	$29d$	$26d$	$25d$	$24d$	$23d$	$22d$
	四级（l_{abE}） 非抗震（l_{ab}）	$39d$	$34d$	$30d$	$28d$	$25d$	$24d$	$23d$	$22d$	$21d$

续表

钢筋种类	抗震等级	混凝土强度等级								
		C20	C25	C30	C35	C40	C45	C50	C55	≥C60
HRB335 HRBF335	一、二级（l_{abE}）	$44d$	$38d$	$33d$	$31d$	$29d$	$26d$	$25d$	$24d$	$24d$
	三级（l_{abE}）	$40d$	$35d$	$31d$	$28d$	$26d$	$24d$	$23d$	$22d$	$22d$
	四级（l_{abE}） 非抗震（l_{ab}）	$39d$	$34d$	$29d$	$28d$	$25d$	$24d$	$23d$	$22d$	$21d$
HRB400 HRBF400 RRB400	一、二级（l_{abE}）	—	$46d$	$40d$	$37d$	$33d$	$32d$	$31d$	$30d$	$29d$
	三级（l_{abE}）	—	$42d$	$37d$	$34d$	$30d$	$29d$	$28d$	$27d$	$26d$
	四级（l_{abE}） 非抗震（l_{ab}）	—	$40d$	$35d$	$32d$	$29d$	$28d$	$27d$	$26d$	$25d$
HRB500 HRBF500	一、二级（l_{abE}）	—	$55d$	$49d$	$45d$	$41d$	$39d$	$37d$	$36d$	$35d$
	三级（l_{abE}）	—	$50d$	$45d$	$41d$	$38d$	$36d$	$34d$	$33d$	$32d$
	四级（l_{abE}） 非抗震（l_{ab}）	—	$48d$	$43d$	$39d$	$36d$	$34d$	$32d$	$31d$	$30d$

注　1. HPB300级钢筋末端应做180°弯钩，弯后平直段长度不应小于$3d$，但做受压钢筋时可不做弯钩。

2. 当锚固钢筋的保护层厚度不大于$5d$时，锚固钢筋长度范围内应设置横向构造钢筋，其直径不应小于$d/4$（d为锚固钢筋的最大直径）；对梁、柱等构件间距不应大于$5d$，对板、墙等构件间距不应大于$10d$，且均不应大于100（d为锚固钢筋的最小直径）。

表4-20　　受拉钢筋锚固长度l_a、抗震锚固长度l_{aE}

非抗震	抗震	
$l_a=\zeta_a l_{ab}$	$l_{aE}=\zeta_{aE} l_a$	1. l_a不应小于200； 2. 锚固长度修正系数ζ_a按表4-21取用，当多于一项时，可按连乘计算，但不应小于0.6； 3. ζ_{aE}为抗震锚固长度修正系数，对一、二级抗震等级取1.15，对三级抗震等级取1.05，对四级抗震等级取1.00

表4-21　　受拉钢筋锚固长度修正系数ζ_a

锚固条件		ζ_a	
带肋钢筋的公称直径大于25		1.10	—
环氧树脂涂层带肋钢筋		1.25	
施工过程中易受扰动的钢筋		1.10	
锚固区保护层厚度	$3d$	0.80	注：中间时按内插值，d为锚固钢筋的直径
	$5d$	0.70	

2）钢筋弯钩长度计算。钢筋弯钩长度的确定与弯钩形式有关。常见的弯钩形式有三种：半圆弯钩、直弯钩、斜弯钩。当一级钢筋的末端做180°、90°、135°三种弯钩时，各弯钩长度如图4-46所示，有

$$180°\text{半圆弯钩每个长}=6.25d$$

$$90°\text{直弯钩每个长}=3.5d$$

$$135°\text{斜弯钩每个长}=4.9d$$

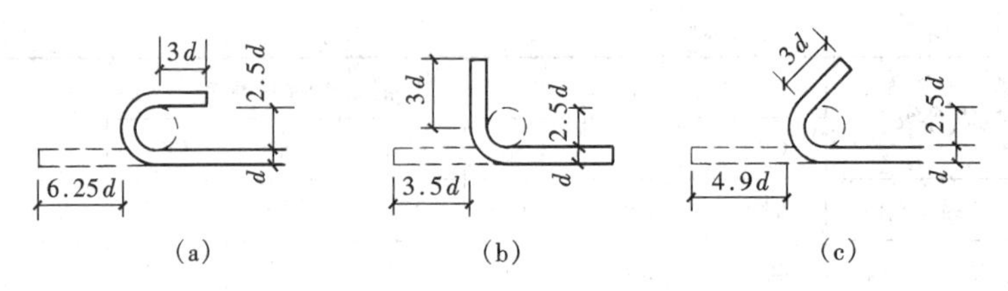

图 4-46 钢筋弯钩示意图

(a) 180°半圆弯钩；(b) 90°直弯钩；(c) 135°斜弯钩

3）钢筋接头及搭接长度的计算。钢筋按外形分有光面圆钢筋、螺纹钢筋、钢丝和钢绞线。其中，光面圆钢筋中 ϕ10mm 以内的钢筋为盘条；ϕ10mm 以外及螺纹钢筋为直条钢筋，长度为 6～12m。也就是说，当构件设计长度较长时，ϕ10mm 以内的圆钢筋，可以按设计要求长度下料，但 ϕ10mm 以外的圆钢筋及螺纹钢筋就需要接头了。钢筋的接头方式有：绑扎连接、焊接和机械连接。施工规范规定：受力钢筋的接头应优先采用焊接或机械连接。焊接的方法有闪光对焊、电弧焊、电渣压力焊等；机械连接的方法有钢筋套筒挤压连接、锥螺纹套筒连接。

计算钢筋工程量时，设计已规定（即图纸规定或规范规定）钢筋搭接长度的，按规定搭接长度计算（见表 4-22）；设计未规定钢筋搭接长度的，不另计算搭接长度。钢筋电渣压力焊接、套筒挤压等接头，以个计算。

表 4-22　纵向受拉钢筋绑扎搭接长度 l_{lE}、l_l

<table>
<tr><td colspan="2">抗震</td><td colspan="3">非抗震</td><td rowspan="5">1. 当直径不同的钢筋搭接时，l_l、l_{lE}按直径较小的钢筋计算；
2. 任何情况下不应小于 300mm；
3. 式中 ζ_l 为纵向受拉钢筋搭接长度修正系数。当纵向钢筋搭接接头面积百分率为表的中间值时，可按内插取值</td></tr>
<tr><td colspan="2">$l_{lE}=\zeta_l l_{aE}$</td><td colspan="3">$l_l=\zeta_l l_a$</td></tr>
<tr><td colspan="5">纵向受拉钢筋搭接长度修正系数 ζ_l</td></tr>
<tr><td colspan="2">纵向受拉钢筋绑扎搭接接头面积百分率（%）</td><td>≤25</td><td>50</td><td>100</td></tr>
<tr><td colspan="2">ζ_l</td><td>1.2</td><td>1.4</td><td>1.6</td></tr>
</table>

（2）箍筋。箍筋是钢筋混凝土构件中形成骨架，并与混凝土一起承担剪力的钢筋，在梁、柱构件中设置。其计算公式如下

$$箍筋长度＝单根箍筋长度×箍筋个数$$

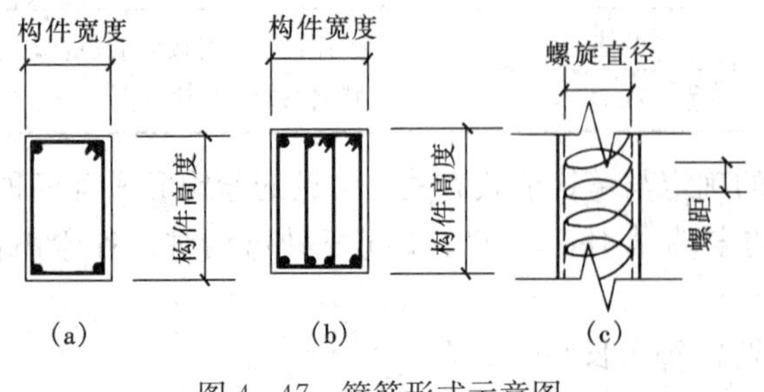

图 4-47 箍筋形式示意图

(a) 双肢箍；(b) 四肢箍；(c) 螺旋箍

1）单根箍筋长度计算。单根箍筋的长度，与箍筋的设置形式有关。箍筋常见的设置形式有双肢箍、四肢箍及螺旋箍，如图 4-47 所示。

a. 双肢箍。

双肢箍长度＝构件周长－8×混凝土保护层厚度＋箍筋弯钩增加长度

式中：混凝土保护层厚度应符合表 4-23 的规定。

表 4 - 23　混凝土保护层最小厚度　mm

环境类别		板、墙	梁、柱
一		15	20
二	a	20	25
	b	25	35
三	a	30	40
	b	40	50

注　1. 表中混凝土保护层厚度指最外层钢筋外边缘至混凝土表面的距离，适用于设计使用年限为 50 年的混凝土结构。
2. 构件中受力钢筋的保护层厚度不应小于钢筋的公称直径。
3. 设计使用年限为 100 年的混凝土结构，一类环境中，最外层钢筋的保护层厚度不应小于表中数值的 1.4 倍；二、三类环境中，应采取专门的有效措施（环境类别划分见表 4 - 24）。
4. 混凝土强度等级不大于 C25 时，表中保护层厚度数值应增加 5mm。
5. 基础底面钢筋的保护层厚度，有混凝土垫层时应从垫层顶面算起且不小于 40mm。

表 4 - 24　混凝土结构的环境类别

环境类别	条　件
一	室内干燥环境； 无侵蚀性净水浸没环境
二 a	室内潮湿环境； 非严寒和非寒冷地区的露天环境； 非严寒和非寒冷地区与无侵蚀性的水或土壤直接接触的环境； 严寒和寒冷地区的冰冻线以下与无侵蚀性的水或土壤直接接触的环境
二 b	干湿交替环境； 水位频繁变动环境； 严寒和寒冷地区的露天环境； 严寒和寒冷地区冰冻线以下与无侵蚀性的水或土壤直接接触的环境
三 a	严寒和寒冷地区冬季水位变动区环境； 受除冰盐影响环境； 海风环境
三 b	盐渍土环境； 受除冰盐作用环境； 海岸环境
四	海水环境
五	受人为或自然的侵蚀性物质影响的环境

注　1. 室内潮湿环境是指构件表面经常处于结露或湿润状态的环境。
2. 严寒和寒冷地区的划分应符合《民用建筑热工设计规范》GB 50176—1993 的有关规定。
3. 海岸环境和海风环境宜根据当地情况，考虑主导风向及结构所处迎风、背风部位等因素的影响，由调查研究和工程经验确定。
4. 受除冰盐影响环境是指受到除冰盐盐雾影响的环境；受除冰盐作用环境是指被除冰盐溶解溅射的环境以及使用除冰盐地区的洗车房、停车楼等建筑。
5. 暴露的环境是指混凝土结构表面所处的环境。

箍筋弯钩增加长度，按《混凝土结构工程施工质量验收规范》（CT B50204—2002）规定计算，见表 4-25。

表 4-25　　箍筋每个弯钩增加长度计算表

弯 钩 形 式		180°	90°	135°
弯钩增加值	一般结构	8.25d	5.5d	6.87d
	有抗震等要求结构	—	—	11.87d

实际工作中，为简化计算，箍筋长度也可按构件周长计算，既不加弯钩长度，也不减混凝土保护层厚度。

b. 四肢箍。四肢箍即两个双肢箍，其长度与构件纵向钢筋根数及其排列有关。如当纵向钢筋每侧为四根时，可按下式计算

$$\text{四肢箍长度}=\text{一个双肢箍长度}\times 2$$

$$=\{[(\text{构件宽度}-\text{两端保护层厚度})\times\frac{2}{3}+\text{构件高度}-\text{两端保护层厚度}]\times 2+\text{箍筋弯钩增加长度}\}\times 2$$

c. 螺旋箍。

$$\text{螺旋箍长度}=\sqrt{(\text{螺距})^2+(3.14\times\text{螺旋直径})^2}\times\text{螺旋圈数}$$

2）箍筋根数的计算。箍筋根数的多少与构件的长短及箍筋的间距有关。箍筋既可等间距设置，也可在局部范围内加密。无论采用何种设置方式，计算方法是一样的，其计算式可表示为

$$\text{箍筋根数}=\frac{\text{箍筋设置区域的长度}}{\text{箍筋设置间距}}+1$$

（3）钢筋每米长重量的计算。钢筋每米长的重量可直接从表 4-26 中查出，也可按下式计算

$$\text{钢筋每米长重量}=0.006165d^2$$

式中：d 为以 mm 为单位的钢筋直径。

表 4-26　　每 米 钢 筋 重 量 表

直径（mm）	断面积（cm²）	每米重量（kg）	直径（mm）	断面积（cm²）	每米重量（kg）
4	0.126	0.099	18	2.545	2.00
5	0.196	0.154	19	2.835	2.23
6	0.283	0.222	20	3.142	2.47
8	0.503	0.395	22	3.801	2.98
9	0.636	0.499	25	4.909	3.85
10	0.785	0.617	28	6.158	4.83
12	1.131	0.888	30	7.069	5.55
14	1.539	1.210	32	8.042	6.31
16	2.011	1.580			

【例 4-14】 板钢筋的计算。

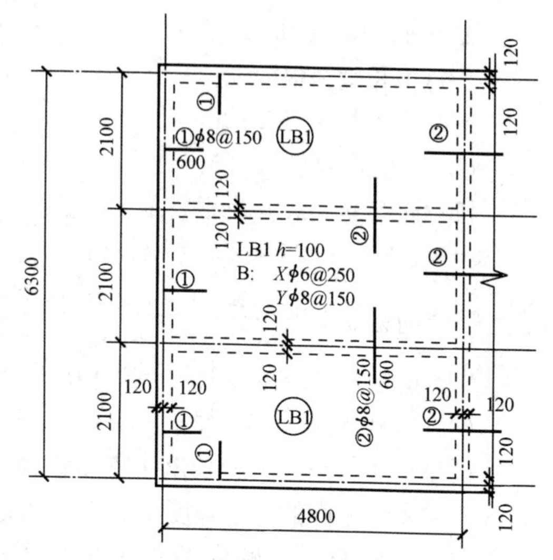

图 4-48　现浇钢筋混凝土板配筋图

某钢筋混凝土板配筋如图 4-48 所示。已知板混凝土强度等级为 C30，板厚 100mm，板内钢筋种类为 HPB300。板支撑在圈梁上，在室内干燥环境下使用。试计算板内钢筋工程量。

解　1. 计算钢筋长度

由表 4-23 可知，该板所需的混凝土保护层厚度为 15mm。由图 4-49 可以看出，当板的端部支座为圈梁时，其下部贯通纵筋在支座处的锚固长度应≥$5d$，且至少到圈梁中心线 120mm。

则

(1) X 方向钢筋（$\phi 6$ 按 $\phi 6.5$ 计）

X 方向钢筋每根长度

＝墙中心线长度＋两个弯钩增加长度

$=4.8-0.015+2\times 6.25\times 0.0065=4.88\text{m}$

X 方向钢筋根数

$$=\frac{\text{钢筋设置区域的长度}}{\text{钢筋设置间距}}+1$$

$$=\left(\frac{2.1-0.24-0.05\times 2}{0.25}+1\right)\times 3$$

$\approx (7+1)\times 3=24$ 根

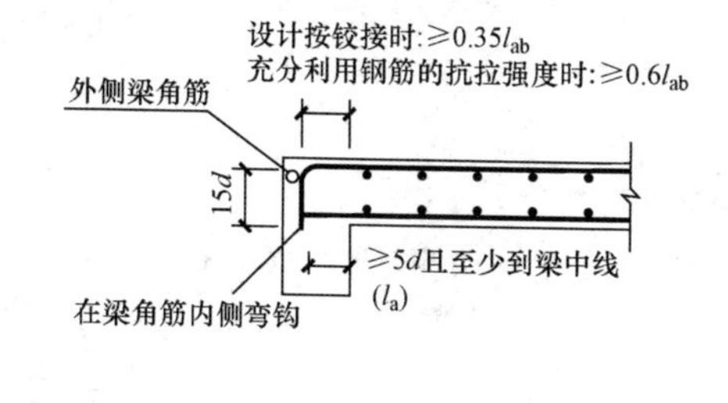

(a)

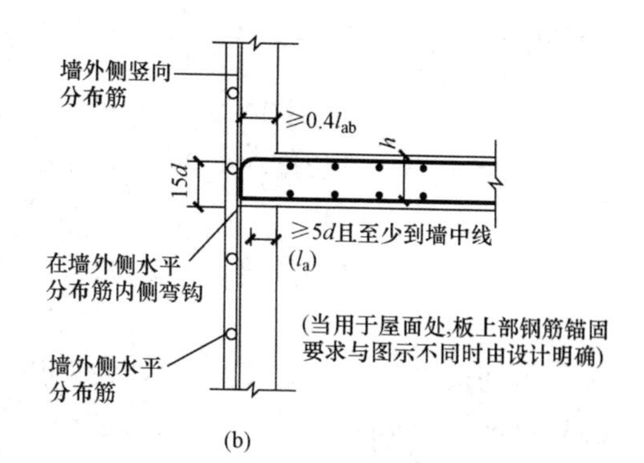

(b)

(c)

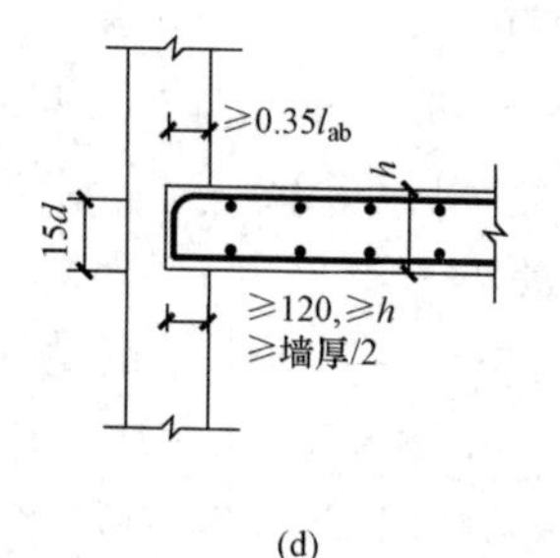

(d)

图 4-49　钢筋支座锚固示意图

(a) 端部支座为梁；(b) 端部支座为剪力墙；(c) 端部支座为砌体墙的圈梁；(d) 端部支座为砌体墙

X 方向钢筋（ϕ6.5）总长度

=每根长度×根数

=4.88×24=117.12m

（2）Y 方向钢筋（ϕ8）

Y 方向钢筋（ϕ8）每根长度

=6.3+2×6.25×0.008=6.40m

$$Y\text{ 方向钢筋根数}=\frac{4.8-0.24-0.05\times2}{0.15}+1\approx30+1=31\text{ 根}$$

Y 方向钢筋（ϕ8）总长度=6.40×31=198.40m

（3）①号钢筋（ϕ8）

①号钢筋（ϕ8）每根长度=支座锚固长度+伸出支座外长度+一个弯折长度支座锚固长度=伸入支座内的水平长度+15d。当设计为铰接时，由图 4-49（c）可知，板端部支座上部非贯通筋伸入支座内的水平长度要求≥0.35l_{ab}，且必须伸入圈梁外侧角筋内侧弯折 15d。

查表 4-19 可知 l_{ab}=30d=300mm，故 0.35l_{ab}=0.35×300=105mm，查表 4-23 可知，板保护层厚度为 15mm，圈梁外侧角筋（假设直径为 ϕ20）内侧水平长度=梁宽－保护层厚度－梁角筋直径=240－15－20=205mm。因 205mm＞105mm，故伸入支座内的水平长度取 205mm。

①号钢筋（ϕ10）每根长度=0.205+15×0.008+6.25×0.008+0.6－0.12+（0.1－0.015）=0.94m

$$\text{①号钢筋根数}=\left(\frac{2.1-0.24-0.075\times2}{0.15}+1\right)\times3+31\text{（同 }Y\text{ 方向钢筋）}\times2$$

$$\approx(11+1)\times3+31\times2=98\text{ 根}$$

①号钢筋（ϕ8）总长度=0.94×98=92.12m

（4）②号钢筋（ϕ8）

②号钢筋（ϕ8）每根长度=直段长度+两个弯折长度=0.6×2+（0.1－0.015）×2

=1.37m

②号钢筋根数=①号钢筋的根数=98 根

②号钢筋（ϕ8）总长度=1.37×98=134.26m

（5）钢筋长度汇总

ϕ8 钢筋总长度=198.40+92.12+134.26=424.78m

ϕ6.5 钢筋总长度=117.12m

2. 计算钢筋重量

钢筋重量=钢筋总长度×每米长重量

ϕ8 钢筋重量=424.78×0.395=167.79kg

ϕ6.5 钢筋重量=117.12×0.006 17×6.5^2=30.531kg

【例 4-15】 某框架结构房屋，抗震等级为二级，其框架梁的配筋如图 4-50 所示。已知梁混凝土的强度等级为 C30，柱的断面尺寸为 450mm×450mm，室内干燥环境使用，试计算梁内的钢筋工程量。

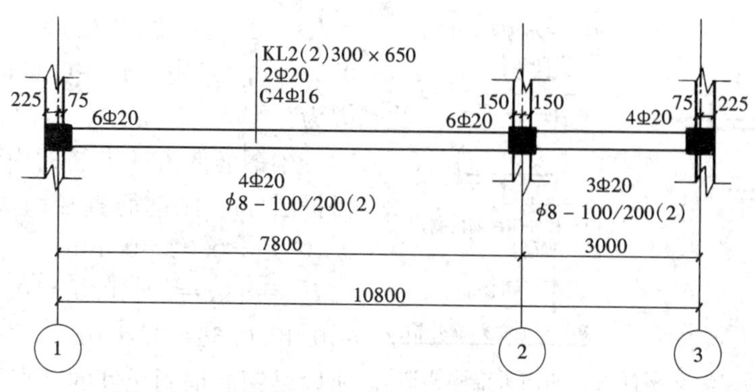

图 4－50　梁平面配筋图

解　1. 识图

图 4－50 所示是梁配筋的平法表示。它的含义是：

1）①、②轴线间的 KL2（2）300×650 表示 KL2 共有两跨，截面宽度为 300mm，截面高度为 650mm；2 Φ 20 表示梁的上部贯通筋为 2 根Φ 20；G4 Φ 16 表示按构造要求配置了 4 根Φ 16的腰筋；4 Φ 20 表示梁的下部贯通筋为 4 根Φ 20；ϕ8—100/200（2）表示箍筋直径为 ϕ8，加密区间距为 100mm，非加密区间距为 200mm，采用两肢箍。

2）①轴支座处的 6 Φ 20，表示支座处的负弯矩筋为 6 根Φ 20，其中两根为上部贯通筋；②轴及③轴支座处的 6 Φ 20 和 4 Φ 20 与①轴表示意思相同。

3）②、③轴线间的标注表示的含义与①、②轴线间的标注相同。

以上各位置钢筋的放置情况如图 4－51 所示。

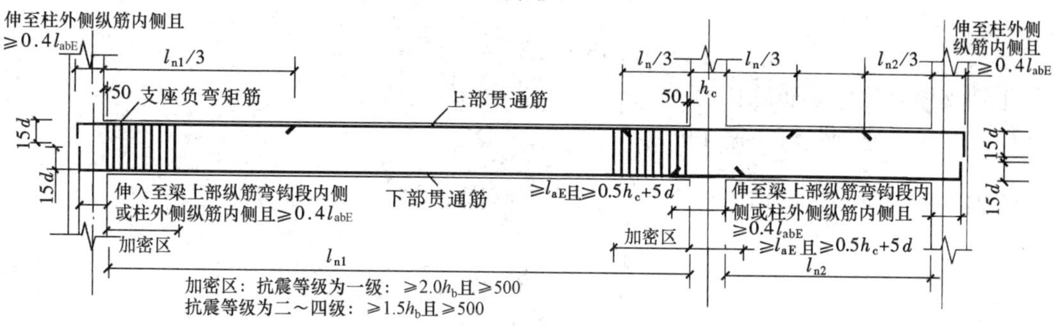

图 4－51　一、二级抗震等级楼层框架梁配筋示意图

注：1. l_n 表示相邻两跨的最大值。

2. h_b 指梁的高度。

2. 工程量计算

（1）上部贯通筋 2 Φ 20

每根上部贯通筋的长度＝各跨净长度＋中间支座的宽度＋两端支座的锚固长度（见表 4－19、表 4－20）

由图 4－51、图 4－52 可知，梁上部贯通筋伸入柱内锚固长度取决于锚固形式，即直锚、弯锚、锚板锚固，鉴于锚板锚固施工难度大，本工程采用直锚或弯锚。当柱宽 h_c 大于直锚长度时采用直锚，否则采用弯锚。一至四级抗震等级，直锚长度应大于或等于 l_{aE}且$\geqslant 0.5h_c+5d$，如图 4－52 所示；弯锚时，要求梁上部纵筋平直段要伸入柱纵筋的内侧且$\geqslant 0.4l_{abE}$。由表 4－19 及已知条件可知，本例 $h_c=0.45$m，$0.5h_c+5d=0.5\times0.45+5\times0.02=0.325$m

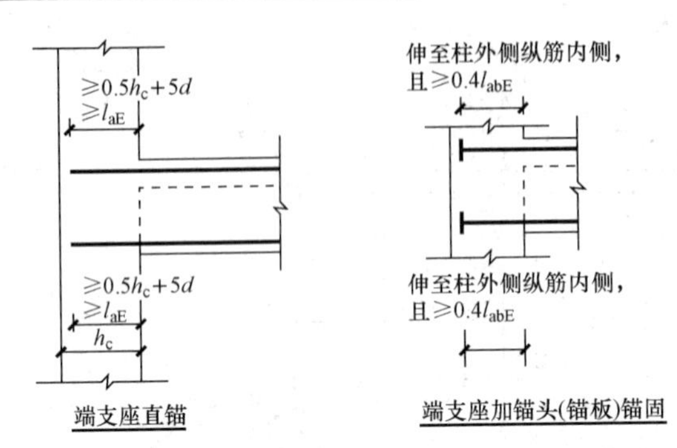

图 4-52 纵筋在端支座直锚、加锚头锚固构造

$<l_{aE}=\zeta_{aE}l_a=\zeta_{aE}\zeta_a l_{ab}=1.15\times1.10\times29\times0.02=0.734\text{m}>h_c=0.45\text{m}$，故采用弯锚。因为

梁钢筋伸入柱纵筋的内侧长度＝柱宽－保护层厚－柱钢筋直径＝0.45－（0.020＋0.008）－0.02＝0.40m

$l_{abE}=33d=33\times0.02=0.66\text{m}$，$0.4l_{abE}=0.4\times0.66=0.264\text{m}$

所以梁钢筋锚固长度的平直段取 0.40m。

每根上部贯通筋的长度＝两端柱间净长度＋两端弯锚长度

＝10.8－0.225×2＋（0.40＋15d）×2

＝10.35＋（0.40＋15×0.02）×2

＝10.35＋0.70×2＝11.75m

上部贯通筋总长＝每根上部贯通筋的长度×根数

＝11.75×2＝23.50m

（2）①轴支座处负弯矩筋 4Φ20

①轴支座处每根负弯矩筋长度$=\dfrac{l_{n1}}{3}$＋支座锚固长度

$=\dfrac{1}{3}\times$（7.8－0.225×2）＋（0.4＋15×0.02）

＝2.45＋0.70＝3.15m

①轴支座处负弯矩筋总长度＝3.15×4＝12.60m

（3）②轴支座处负弯矩筋 4Φ20

②轴支座处每根负弯矩筋长度$=\dfrac{l_n}{3}\times2$＋支座宽度

$=\dfrac{1}{3}\times$（7.8－0.225×2）×2＋0.225×2

＝4.9＋0.45＝5.35m

②轴支座处负弯矩筋总长度＝5.35×4＝21.40m

（4）③轴支座处负弯矩筋 2Φ20

因②、③轴间跨长 3m，其中②轴支座处负弯矩筋伸入第二跨连同支座长共为 0.225＋2.45＝2.675m，故②轴支座处 4Φ20 直接伸入③轴支座处。

③轴支座处每根负弯矩筋计算长度＝(3－2.675－0.225)＋(0.4＋15×0.02)

＝0.1＋0.7＝0.8m

③轴支座处负弯矩筋总长度＝0.8×2＝1.6m

（5）第一跨（①②轴线间）下部贯通筋 4Φ20

每根下部贯通筋的长度＝本跨净长度＋两端支座锚固长度

在②轴支座处的锚固长度应取 l_{aE} 和 $0.5h_c+15d$ 的最大值，因 $l_{aE}=0.759\text{m}$，$0.5h_c+15d=0.5\times0.225\times2+15\times0.02=0.525\text{m}$，故②轴支座处的锚固长度应取 0.734m。则有

每根下部贯通筋的长度＝（7.8－0.225×2）＋0.40＋15d＋0.734

＝（7.8－0.225×2）＋（0.40＋15×0.02）＋0.734

＝7.35＋0.70＋0.734＝8.784m

第一跨（①②轴线间）下部贯通筋总长度＝8.784×4＝35.14m

（6）第二跨（②③轴线间）下部贯通筋 3Φ20

每根下部贯通筋的长度＝（3－0.225×2）＋0.734＋（0.40＋15×0.02）

＝2.55＋0.734＋0.70＝3.98m

第二跨（②③轴线间）下部贯通筋总长度＝3.98×3＝11.94m

（7）箍筋 $\phi 8$。

1）第一跨

每根箍筋长度＝梁周长－8×混凝土保护层厚度＋两个弯钩长度（见表 4-25）

＝（0.3＋0.65）×2－8×0.020＋2×11.87×0.008

＝1.93m

由图 4-51 可知：箍筋加密区长度应大于或等于 $1.5h_b$ 且大于或等于 500mm，因 $1.5h_b$＝1.5×0.65＝0.975m＝975mm＞500mm，故第一跨箍筋加密区长度＝0.975m。

第一跨箍筋设置个数＝加密区个数＋非加密区个数

$$=\left(\frac{0.975-0.05}{0.1}+1\right)\times 2+\frac{7.8-0.225\times 2-0.975\times 2}{0.2}-1$$

≈（9＋1）×2＋（27－1）＝46 根

第一跨箍筋总长度＝1.93×46＝88.78m

2）第二跨

每根箍筋长度同第一跨，即 1.93m。

第二跨箍筋加密区长度同第一跨，即 0.975m。

第二跨箍筋设置个数$=\left(\frac{0.975-0.05}{0.1}+1\right)\times 2+\frac{3-0.225\times 2-0.975\times 2}{0.2}-1$

≈（9＋1）×2＋（3－1）＝22 根

第二跨箍筋总长度＝1.93×22＝42.46m

梁内箍筋总长度＝第一跨箍筋总长度＋第二跨箍筋总长度＝88.78＋42.46＝131.24m

（8）腰筋 4Φ16 及其拉筋。按构造要求，当梁高大于 450mm 时，在梁的两侧应沿高度配腰筋（见图 4-53），其间距小于或等于 200mm；当梁宽小于或等于 350mm 时，腰筋上拉筋直径为 6mm，间距为非加密区箍筋间距的两倍，即间距为 400mm，拉筋弯钩长度为 10d。

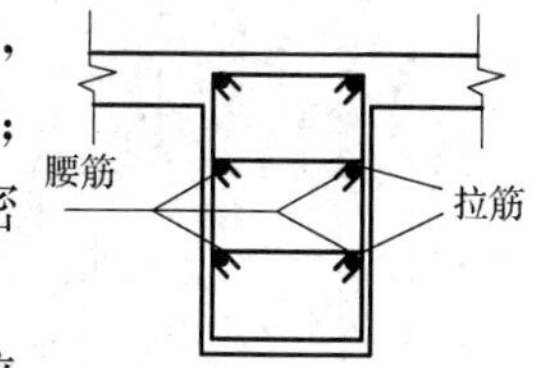

图 4-53　腰筋及拉筋设置示意图

目前，市场供应钢筋直径为 $\phi 6.5$，故本例以直径为 $\phi 6.5$ 说明拉筋的计算方法。

因梁腹板高为（650－100）mm＞450mm，故梁应沿梁高每侧设两根Φ16 的腰筋，即共设腰筋 4 根，其锚固长度取 15d。则有

腰筋长度＝每根腰筋长度×根数

＝［（10.8－0.225×2）＋2×15×0.016（两端锚固长度）］×4

＝10.83×4＝43.32m

拉筋长度＝每根拉筋长度×根数

$$=（梁宽-2×保护层厚度+2×弯钩长度）×\left(\frac{腰筋长度}{拉筋间距}+1\right)$$

$$×沿梁高每侧设置腰筋根数$$

$$=(0.3-2×0.02+2×10×0.0065)×\left(\frac{10.83}{0.4}+1\right)×2$$

$$=0.39×(27+1)×2=21.84\text{m}$$

（9）计算钢筋重量

钢筋重量=钢筋总长度×每米长钢筋重量

Φ20 钢筋重量=（23.5+12.6+21.4+1.6+35.14+11.94）×2.47

=106.18×2.47=262.26kg

Φ16 钢筋重量=43.32×1.58=68.45kg

ϕ8 钢筋重量=131.24×0.395=51.84kg

ϕ6.5 钢筋重量=21.84×0.26=5.68kg

【例 4-16】 砌体中拉结钢筋的计算。

解 1. 构造知识

砌体中设置拉结钢筋是加强房屋整体性的一项措施。以下三种情况需要设置：

1）砖墙的纵横交接处。

2）隔墙与墙（柱）不能同时砌筑且也不能留斜槎时，可留直槎，但必须是阳槎，并加设拉结钢筋。拉结钢筋的设置应不少于 2ϕ6，间距 500mm，伸入墙内不小于 500mm。

3）设有钢筋混凝土构造柱的抗震多层砖混结构房屋，应先绑扎钢筋，后砌砖墙。墙与柱沿高度每 500mm 设 2ϕ6 钢筋，每边伸入墙内不少于 1m，如图 4-54 所示。

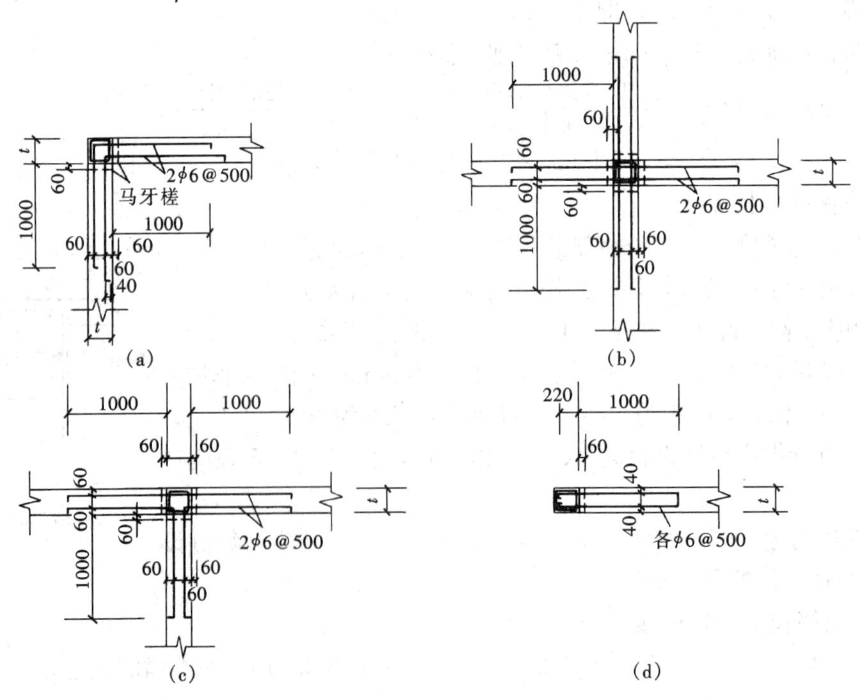

图 4-54 砌体中拉结钢筋示意图

2. 拉结钢筋的计算

拉结钢筋在各层圈梁之间设置。假设有一多层砖混结构房屋，其二层与三层圈梁之间的净距为3.0m，墙厚240mm，拉结钢筋直径为ϕ6.5，则如图4-54（a）所示，有

每道拉结钢筋的长度＝（1＋0.24－0.06＋0.04）×2×2（根）＝1.22×2×2＝4.88m

$$拉结钢筋设置道数=\frac{拉结钢筋设置区域的长度}{拉结钢筋间距}-1=\frac{3}{0.5}-1=5道$$

拉结钢筋总长度＝每道拉结钢筋的长度×拉结钢筋设置道数＝4.88×5＝24.4m

拉结钢筋重量＝拉结钢筋总长度×每米长重量＝24.4×0.26＝6.34kg

同理可以计算出其他位置拉结钢筋的工程量。

值得注意的是：实际施工中，受门、窗洞口及暖气槽等的影响，构造柱至洞口边的距离可能不足1m。此时，拉结钢筋的长度应按不同位置所伸入墙内长度的不同而分别计算。在无洞口处，拉结钢筋长度按伸入墙内1m计算；在有洞口处，若拉结钢筋伸入墙内长度不足1m，按构造柱至洞口边实际距离计算。

（二）预埋铁件

在混凝土或钢筋混凝土浇筑前预先埋设的金属零件叫预埋铁件，如预埋的钢板、型钢等，其工程量按设计图示尺寸以吨计算。计算公式如下

预埋铁件工程量＝图示铁件重量

其中

钢板重量＝钢板面积×钢板每平方米重量

型钢重量＝型钢长度×型钢每米重量

式中：钢板的每平方米重量及型钢的每米重量均可查表确定，详见本章第十四节。

【例4-17】 某封闭阳台栏板下设有预埋铁件M27。已知－6（钢板厚度）的钢板每平方米重量为47.1kg，试计算预埋铁件工程量。

解 查《98系列建筑标准设计图集》可知，M27的形状及尺寸如图4-55所示，则有

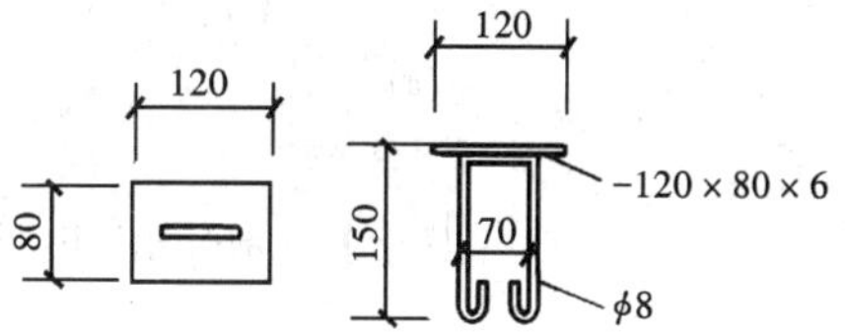

图4-55　M27示意图

－120×80×6钢板重量＝钢板面积×钢板每平方米重量＝0.12×0.08×47.1＝0.45kg

ϕ8钢筋重量＝钢筋长度×每米重量

＝［0.07＋（0.15－0.006＋6.25×0.008）×2］×0.395

＝0.458×0.395＝0.18kg

预埋铁件工程量＝图示铁件重量＝钢板重量＋钢筋重量＝0.45＋0.18＝0.63kg

四、混凝土工程

（一）现浇混凝土

现浇混凝土基础工程量按图示尺寸实体体积以立方米计算。不扣除构件内钢筋、预埋铁件所占体积，计算公式如下。

1. 条形基础

条形基础混凝工程量＝基础断面面积×基础长度

式中：基础长度的取值，外墙基础以外墙基中心线长度（当为不偏心基础时，外墙基中心线

长度即为 $L_{中}$）计算；内墙基础以基础间净长度计算。

【例 4-18】 图 4-39 所示为有梁式条形基础，计算其混凝土工程量。

解 1. 外墙基础混凝土工程量的计算

由图 4-39（b）可以看出，该基础的中心线与外墙中心线（也是定位轴线）重合，故外墙基的计算长度可取 $L_{中}$，则

$$外墙基础混凝土工程量=基础断面积\times L_{中}$$

$$=\left(0.4\times0.3+\frac{0.4+1}{2}\times0.15+1\times0.2\right)\times(3.6\times2+4.8)\times2$$

$$=0.425\times24=10.2\text{m}^3$$

2. 内墙基础混凝土工程量的计算

图 4-56 所示为图 4-39 的 1—1 剖面图。由图 4-56 可以看出，内墙基础的梁部分、梯形部分及底板部分与外墙基础的相应位置衔接，所以这三部分的计算长度也各不相同。为防止内、外墙基础工程量的重复计算，应按图 4-56 所示长度分别取值，即：梁部分取梁间净长度；梯形部分取斜坡中心线长度；底板部分取基底净长度，则有

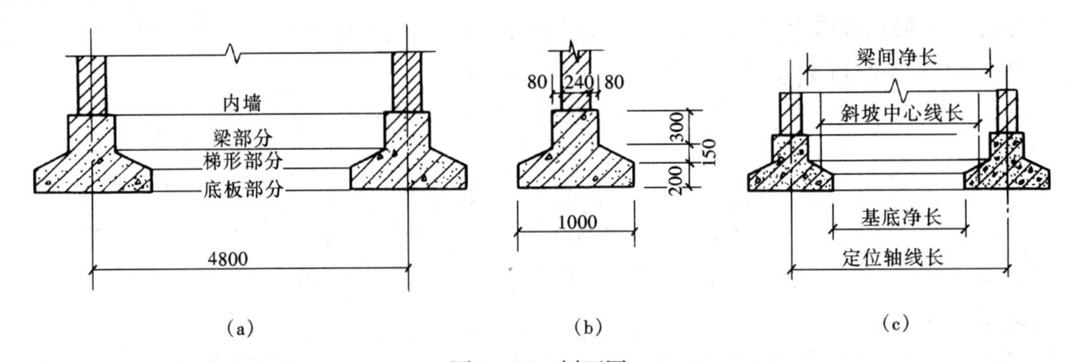

图 4-56 剖面图

(a) 1—1 剖面图；(b) 内墙基础剖面图；(c) 内墙基础计算长度取值

$$梁间净长度=4.8-0.2\times2=4.4\text{m}$$

$$斜坡中心线长度=4.8-\left(0.2+\frac{0.3}{2}\right)\times2=4.1\text{m}$$

$$基底净长度=4.8-0.5\times2=3.8\text{m}$$

$$墙基础混凝土工程量=\sum内墙基础各部分断面积\times相应计算长度$$

$$=0.4\times0.3\times4.4+\frac{0.4+1}{2}\times0.15\times4.1+1\times0.2\times3.8$$

$$=0.528+0.43+0.76=1.72\text{m}^3$$

2. 独立基础

如图 4-57 所示，即

$$独立基础混凝土工程量=ABh_2+\frac{h_1}{6}\left[AB+ab+(A+a)(B+b)\right]$$

3. 满堂基础

(1) 无梁式满堂基础。无梁式满堂基础形似倒置的楼板。有时为增大柱与基础的接触面，还会在基础底板上设计角锥形柱墩，如图 4-38（a）所示

无梁式满堂基础混凝土工程量＝基础底板体积＋柱墩体积

式中：柱墩体积的计算与角锥形独立基础相同。

（2）有梁式满堂基础。如图 4－38（b）所示

有梁式满堂基础混凝土工程量＝基础底板体积＋梁体积

4．桩承台

如图 4－22 所示，桩承台是将多个桩连接为一个整体，承担上部荷载的结构。其计算公式为

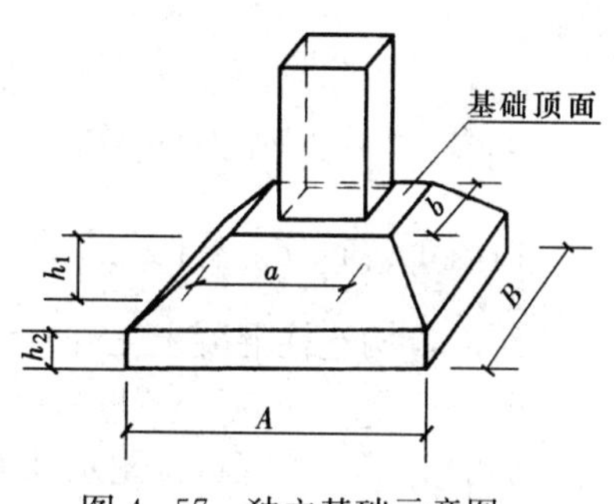

图 4－57　独立基础示意图

桩承台混凝土工程量＝桩承台长度×桩承台宽度×桩承台高度

说明：

（1）有梁式条形基础，其梁高与梁宽之比在 4∶1 以内的，按有梁式条（带）形基础计算；超过 4∶1 时，其底板按无梁式条形（板式）基础计算，梁部分按墙计算。

（2）箱式满堂基础应列项目为：底板执行无梁式满堂基础项目；隔板执行钢筋混凝土墙项目；顶板执行钢筋混凝土平板项目。

5．柱

柱混凝土工程量按图示断面尺寸乘以柱高度以立方米计算。构造柱与砖墙嵌接部分的体积，并入柱体积内计算。其计算公式如下

柱混凝土工程量＝柱断面面积×柱高度

式中：柱高度按表 4－27 规定计取。

表 4－27　　柱高度取值表

名　称	柱高度取值
有梁板的柱高	自柱基上表面（或楼板上表面）至上一层楼板上表面之间的高度
无梁板的柱高	自柱基上表面（或楼板上表面）至柱帽下表面之间的高度
框架柱高	自柱基上表面至柱顶之间的高度
构造柱高	全高，即自柱基上表面至柱顶面之间的高度

注　无梁板是指直接用柱帽来支撑的楼板。

【例 4－19】　已知某工程中构造柱的高度为 3.6m，试计算如图 4－41 所示位置的构造柱的混凝土工程量。

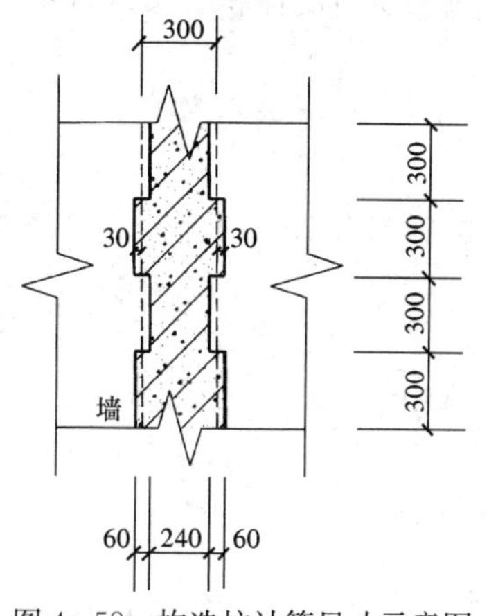

图 4－58　构造柱计算尺寸示意图

解　如图 4－58 所示：由于砖墙砌成了马牙槎，使构造柱的断面尺寸也随之变化。为简化工程量的计算，构造柱的断面尺寸取为马牙槎的中心线间的尺寸，如图 4－58 中所示的虚线位置，则有

构造柱断面面积＝原构造柱断面面积＋$\frac{1}{2}$×马牙槎断面面积×马牙槎个数

构造柱混凝土工程量＝构造柱断面面积×柱高度

图 4－41 中构造柱混凝土工程量为：

由图 4－41（a）有 $\left(0.24\times0.24+\frac{1}{2}\times0.06\times0.24\times2\right)\times$

3.6＝0.26m³

由图 4-41（b）有$\left(0.24\times0.24+\dfrac{1}{2}\times0.06\times0.24\times3\right)\times3.6=0.29\text{m}^3$

由图 4-41（c）有$\left(0.24\times0.24+\dfrac{1}{2}\times0.06\times0.24\times4\right)\times3.6=0.31\text{m}^3$

所以，构造柱混凝土工程量＝0.26＋0.29＋0.31＝0.86m³

6. 梁

梁的混凝土工程量按图示断面尺寸乘以梁长度以立方米计算，伸入墙内的梁头、梁垫体积并入梁体积内计算。计算公式如下

梁混凝土工程量＝梁断面面积×梁长度

式中：梁长度按表 4-28 确定。

说明：

1）“伸入墙内”中的“墙”指的是砖墙或砌块墙，而非钢筋混凝土墙。

2）当圈梁与过梁连接在一起时，应分别按圈梁、过梁计算工程量。

表 4-28　　梁长度取值表

名称		梁长度取值	备注
支撑在柱上的梁		柱间净距	
次梁支撑在主梁上		主梁间净距	
支撑墙上的梁	砖墙或砌块墙	梁的实际长度	
	混凝土墙	墙间净距	
圈梁	外墙	$L_{中}$	当圈梁与过梁连接时，圈梁按此长度算出的体积中应扣除过梁所占体积
	内墙	$L_{内}$	
过梁		图纸设计长度；图纸无规定时，取门窗洞口宽＋0.5m	

【例 4-20】 某房屋 $L_{中}=24\text{m}$，$L_{内}=4.56\text{m}$，共设 4 个洞口宽度为 1.5m 的窗户及两个洞口宽度为 1.0m 的门。已知圈梁与过梁连接在一起，断面尺寸为 240mm（宽）×300mm（高）。试计算圈梁、过梁的混凝土工程量。

解 因为圈梁与过梁连接在一起，所以圈梁体积中应减去过梁所占的体积。按统筹法原理，应先计算过梁体积。

1. 过梁

过梁混凝土工程量＝过梁断面面积×过梁长度

＝0.24×0.3×（1.5＋0.5）×4＋0.24×0.3×（1＋0.5）×2

＝0.576＋0.216＝0.79m³

2. 圈梁

圈梁混凝土工程量＝圈梁断面面积×圈梁长度－过梁所占体积

＝0.24×0.3×（$L_{中}+L_{内}$）－0.79

＝0.24×0.3×（24＋4.56）－0.79＝1.27m³

7. 板

板混凝土工程量按图示面积乘以板厚以立方米计算。伸入墙内的板头计入板体积内

计算。

说明：

（1）定额中现浇板划分为有梁板、无梁板、平板等项目。其中，平板是指无梁、无柱，四边直接支撑在承重墙上的板。

（2）由表4-27可知，柱计算高度已算至楼板上表面，所以板工程量中应扣除与柱重叠部分的体积。

（3）当现浇挑檐天沟与板（包括屋面板、楼板）连接时，以外墙为分界线；与圈梁（包括其他梁）连接时，以梁外边线为分界线。外墙外边线以外或梁以外为挑檐天沟（见图4-59）。

其计算公式可表示为：

（1）无梁板

无梁板混凝土工程量

＝板体积＋柱帽体积

当柱帽为圆形时

$$柱帽体积=\frac{\pi h_1}{3}(R^2+r^2+Rr)$$

式中　h_1——柱帽高度；

R，r——柱帽上口半径和下口半径。

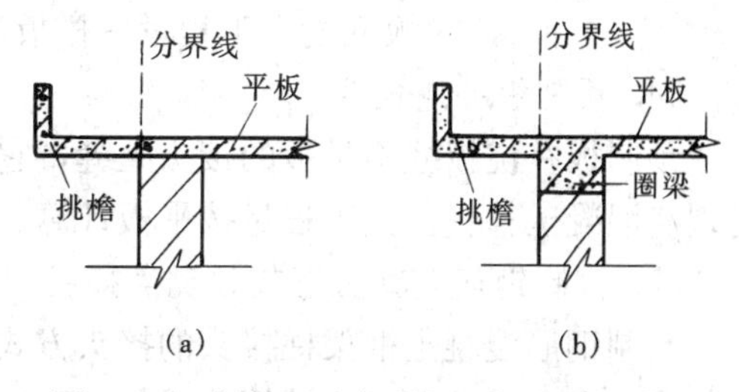

图4-59　挑檐天沟与板及圈梁分界示意图

（a）挑檐天沟与板连接；（b）挑檐天沟与圈梁连接

当柱帽为矩形时，柱帽体积计算与锥形独立基础相同。

（2）平板

$$平板混凝土工程量=板长度\times板宽度\times板厚度$$

式中：板的长度、宽度中应包含板头部分，即按实际尺寸计算。

8. 墙

墙混凝土工程量按图示中心线长度乘以墙高度及墙厚度以立方米计算，应扣除门窗洞口及0.3m² 以外孔洞的体积，墙垛及突出部分并入墙体积内计算。

说明：

1）“墙垛及突出部分并入墙体积内计算”是指突出墙面宽度在120mm以内时，并入墙体积内计算；当超出120mm时，按柱定额项目执行。

2）剪力墙中的暗柱、梁并入墙体积内计算。

9. 整体楼梯

整体楼梯包括休息平台、平台梁、斜梁及楼梯与楼板的连接梁，按水平投影面积计算，不扣除宽度小于500mm的楼梯井，伸入墙内部分不另增加，其混凝土工程量的计算与其模板工程量相同。

10. 阳台、雨篷（悬挑板）

阳台、雨篷（悬挑板）按伸出外墙的水平投影面积计算，伸出外墙的牛腿不另计算。带反挑檐的雨篷按展开面积并入雨篷内计算。其计算公式如下

阳台、雨篷（悬挑板）混凝土工程量＝阳台、雨篷伸出外墙的水平投影面积
＋雨篷反挑檐的展开面积

11. 挑檐

挑檐混凝土工程量按实体体积以立方米计算。

说明：计算挑檐混凝土工程量与其模板一样，要注意挑檐的底板、立板的计算长度不同，应分别考虑。

12. 台阶

台阶的混凝土工程量按台阶实体体积以立方米计算。台阶与平台的分界线与计算其模板工程量时相同。

13. 栏杆、栏板

栏杆按净长度以延长米计算，伸入墙内长度已综合在定额中；栏板以立方米计算，伸入墙内的栏板合并计算。其计算公式如下

栏杆混凝土工程量＝栏杆长度

栏板混凝土工程量＝栏板实际长度×栏板高度×栏板厚度

14. 预制板补浇板缝

预制板补浇板缝不是板的接头灌缝，它是指在室内布置完预制板后，还剩余一定宽度，需现浇混凝土补缝。其工程量按平板计算。

15. 预制钢筋混凝土框架柱现浇接头

预制钢筋混凝土框架柱接头的接头方式较多，其中现浇接头工程量按设计规定断面积乘以长度以立方米计算。其计算公式如下

预制钢筋混凝土框架柱现浇接头工程量＝接头断面面积×接头长度

（二）预制混凝土

1. 各类预制钢筋混凝土构件

各类预制钢筋混凝土构件的混凝土工程量按图示尺寸实体体积以立方米计算，不扣除构件内钢筋、铁件以及小于300mm×300mm以内孔洞的面积。混凝土工程量应包含制作、运输、安装损耗，其损耗率为1.5％。其计算公式如下

各类预制钢筋混凝土构件混凝土工程量＝构件实体体积×（1＋1.5％）

2. 桩

预制桩按桩全长（包括桩尖）乘以桩断面面积（空心桩应扣除孔洞体积）以立方米计算。其混凝土工程量应包含制作损耗，损耗率为2.0％，计算公式如下

预制桩的混凝土工程量＝桩断面面积×桩全长×（1＋2.0％）

3. 组合构件

混凝土与钢构件组合的构件（如组合屋架），混凝土部分按实体体积以立方米计算；钢构件部分按重量以吨计算，分别套用相应的定额项目。

4. 钢筋混凝土构件的接头灌缝

钢筋混凝土构件的接头灌缝工程量均按预制构件的实体体积以立方米计算。

说明：

1）构件的接头灌缝包括了构件坐浆、灌缝、堵板孔、塞梁板缝等，故其中任意一项不再单独列项。

2）柱与柱基灌缝，按首层柱体积计算；首层以上柱灌缝，按各层柱体积计算。

（三）构筑物

构筑物的混凝土工程量，除另有规定者外，均按图示尺寸扣除门窗洞口及0.3m^2以外孔洞所占体积，以实体体积计算。

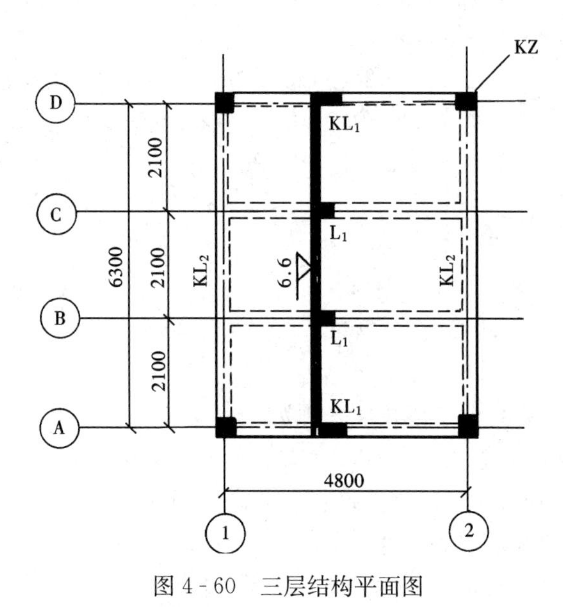

图 4-60　三层结构平面图

五、综合实例

【例 4-21】　某现浇框架结构房屋的三层结构平面如图 4-60 所示。已知二层板顶标高为 3.3m，三层板顶标高为 6.6m，板厚 100mm，构件断面尺寸见表 4-29。试对图中所示钢筋混凝土构件进行列项并计算其工程量。

表 4-29　　构 件 尺 寸 表

构件名称	构件尺寸（mm・mm）
KZ	400×400
KL_1	250×550（宽×高）
KL_2	300×600（宽×高）
L_1	250×500（宽×高）

解　1. 列项

由已知条件可知，本例设计的钢筋混凝土构件有框架柱（KZ）、框架梁（KL）、梁（L）及板，且支模高度＝6.6－3.3－0.1＝3.2m＜3.6m，故本例应列项目为：

模板工程，包括矩形柱（KZ），单梁（KL_1、KL_2、L_1），平板；

混凝土工程，包括矩形柱（KZ），单梁（KL_1、KL_2、L_1），平板。

2. 计算

（1）模板工程量

模板工程量＝混凝土与模板的接触面积

1）矩形柱

矩形柱模板工程量＝柱周长×柱高度－柱与梁交接处的面积

＝0.4×4×（6.6－3.3－0.1）×4（根）－［0.25×0.45×4（KL_1）＋0.3×0.5×4（KL_2）］＋0.4×2×0.1×4（柱外侧板厚部分）

＝20.48－（0.45＋0.6）＋0.32＝19.75m^2

2）单梁

单梁模板工程量＝梁支模展开宽度×梁支模长度×根数

KL_1 模板工程量＝（0.25＋0.55＋0.55－0.1）×（4.8－0.2×2）×2＝1.25×4.4×2＝11m^2

KL_2 模板工程量＝（0.3＋0.6＋0.6－0.1）×（6.3－0.2×2）×2－0.25×（0.5－0.1）×4（与 L_1 交接处）

＝1.4×5.9×2－0.4＝16.12m^2

L_1 模板工程量＝［0.25＋（0.5－0.1）×2］×（4.8＋0.2×2－0.3×2）×2

＝1.05×4.6×2＝9.66m^2

单梁模板工程量＝KL_1、KL_2、L_1 模板工程量之和＝11＋16.12＋9.66＝36.78m^2

3）板模板

板模板工程量＝板长度×板宽度－柱所占面积－梁所占面积

$= (4.8+0.2\times2)\times(6.3+0.2\times2)-0.4\times0.4\times4$

$-[0.25\times(4.8-0.2\times2)\times2\,(KL_1)+0.3\times(6.3-0.2\times2)$

$\times2\,(KL_2)+0.25\times(4.8+0.2\times2-0.3\times2)\times2\,(L_1)]$

$=34.84-0.64-(2.2+3.54+2.3)=26.16m^2$

（2）混凝土

混凝土工程量＝构件实体体积

1）矩形柱

矩形柱混凝土工程量＝柱断面面积×柱高度×柱根数＝$0.4\times0.4\times3.3\times4=2.11m^3$

2）单梁

混凝土工程量＝梁宽度×梁高度×梁长度×根数

KL_1 混凝土工程量＝$0.25\times(0.55-0.1)\times(4.8-0.2\times2)\times2=0.99m^3$

KL_2 混凝土工程量＝$0.3\times(0.6-0.1)\times(6.3-0.2\times2)\times2=1.77m^3$

L_1 混凝土工程量＝$0.25\times(0.5-0.1)\times(4.8+0.2\times2-0.3\times2)\times2=0.92m^3$

单梁混凝土工程量＝KL_1、KL_2、L_1 混凝土工程量之和＝$0.99+1.77+0.92=3.68m^3$

3）板

板混凝土工程量＝板长度×板宽度×板厚度－柱所占体积

$=(6.3+0.2\times2)\times(4.8+0.2\times2)\times0.1-0.4\times0.4\times0.1\times4$

$=3.484-0.064=3.42m^3$

第八节　构件运输及安装工程

构件运输及安装工程包括混凝土构件的运输、安装，金属结构构件的运输、安装及木门窗的运输。

一、构件运输工程

构件运输工程定额适用于由构件堆放场地或构件加工厂运至施工现场的运输。

（一）资料准备

计算构件的运输工程量之前，应了解以下内容：

1. 构件的分类

由于房屋功能的不同，房屋内构件的种类非常繁多。为编制施工图预算的方便，构件的运输定额将所有构件，按其形状、体型及起吊的灵活程度，进行了分类，见表 4 - 30、表 4 - 31。构件的运输费，则需按其所属类别确定。

表 4 - 30　　预制混凝土构件分类

类　别	项　　　目
1	4m 以内的空心板、实心板
2	6m 以内的桩、屋面板、工业楼板、进深梁、基础梁、吊车梁、楼梯休息板、楼梯段、阳台板
3	6m 以上至 14m 梁、板、柱、桩，各类屋架、桁架、托架（14m 以上另行处理）
4	天窗架、挡风架、侧板、端壁板、天窗上下档、门框及单件体积在 $0.1m^3$ 以内小构件
5	装配式内、外墙板、大楼板、厕所板
6	隔墙板（高层用）

表 4-31　**金属结构构件分类**

类别	项目
1	钢柱、屋架、托架梁、防风桁架
2	吊车梁、制动梁、型钢檩条、钢支撑、上下档、钢拉杆栏杆、盖板、垃圾出灰门、倒灰门、箅子、爬梯、零星构件平台、操作台、走道休息台、扶梯、钢吊车梯台、烟囱紧固箍
3	墙架、挡风架、天窗架、组合檩条、轻型屋架、滚动支架、悬挂支架、管道支架

2. 构件的运输距离

(二) 运输工程量的计算

1. 预制混凝土构件

预制混凝土构件计算规则为：

(1) 预制混凝土构件运输工程量按构件图示尺寸以实体体积计算。

(2) 预制混凝土构件运输及安装损耗率按表 4-32 的规定计算后，并入构件工程量内。

其中，预制混凝土屋架、桁架、托架及长度在 9m 以上的梁、板、柱不计算损耗率。其计算公式如下

预制混凝土构件运输工程量＝混凝土构件实体体积×（1＋1.3%）

表 4-32　**预制钢筋混凝土构件制作、运输、安装损耗率**　%

名称	制作废品率	运输堆放损耗	安装（打桩）损耗
各类预制构件	0.2	0.8	0.5
预制钢筋混凝土桩	0.1	0.4	1.5

说明：

1) 运输工程定额未考虑构件由现场堆放地运至安装地点的费用，发生时另计。

2) 预制混凝土构件运输的最大运距取 50km 以内，超过时另行补充。

3) 加气混凝土板（块）、硅酸盐块的运输，每立方米折合钢筋混凝土构件体积 $0.4m^3$，按一类构件运输计算。

2. 金属结构构件

金属结构构件按构件设计图示尺寸以吨计算，所需的螺栓、电焊条等重量不另计算。其最大运距取 20km，超过时另行补充。

3. 木门窗

木门窗运输工程量按外框面积以平方米计算。

说明：

1) “外框面积”不是洞口面积，而是框的外围面积，其尺寸可从木门窗标准图集中查出。

2) 木门窗的最大运距取 20km，超过时另行补充。

二、构件安装工程

(一) 资料准备

计算构件安装工程量，应了解构件的安装机械及安装高度等资料。

(二) 工程量的计算

1. 钢筋混凝土构件

预制钢筋混凝土构件安装工程量按图示尺寸以实体体积计算，其安装损耗（见表4-32）并入构件工程量内。其计算公式如下

预制钢筋混凝土构件安装工程量＝混凝土构件实体体积×（1＋0.5％）

2. 金属结构构件

金属结构构件安装工程量的计算方法与其运输工程量相同。具体计算见本章第十四节。

三、综合实例

【例4-22】 某工程设计采用YKB30-9-Ⅳ的预应力空心板共100块。已知预应力空心板由构件加工厂生产，运至施工现场的距离为3km。试对预应力空心板从生产到现场施工完毕整个过程所发生的施工内容进行列项，并计算相应工程量。

解 1. 列项

根据预应力空心板从生产到现场施工完毕整个过程所发生的施工内及定额中定额项目的划分情况，本例应列项目有：预应力空心板的模板、混凝土，预应力钢筋、非预应力钢筋及预应力空心板的运输、安装、接头灌缝。

2. 计算

查预应力空心板的标准图集可知：YKB30-9-Ⅳ的预应力空心板实体体积为0.186m^3/块；预应力钢筋用量为5.285kg/块；非预应力钢筋用量为0.454kg/块。

(1) 模板

预应力空心板的模板工程量＝构件实体体积×（1＋1.5％）

＝0.186×100×（1＋1.5％）＝18.88m^3

(2) 混凝土

预应力空心板的混凝土工程量＝预应力空心板的模板工程量＝18.88m^3

(3) 钢筋

预制构件钢筋工程量＝图纸重量×（1＋1.5％）

预应力钢筋工程量＝5.285×100×（1＋1.5％）＝536.43kg

非预应力钢筋工程量＝0.454×100×（1＋1.5％）＝40.08kg

(4) 运输

预应力空心板的运输工程量＝构件实体体积×（1＋1.3％）

＝0.186×100×（1＋1.3％）＝18.84m^3

(5) 安装

预应力空心板的安装工程量＝构件实体体积×（1＋0.5％）

＝0.186×100×（1＋0.5％）＝18.69m^3

(6) 接头灌缝

预应力空心板的接头灌缝工程量＝构件实体体积＝0.186×100＝18.6m^3

第九节 门窗及木结构工程

门窗及木结构工程包括门窗工程和木结构两个部分。其中，门窗工程包括了各种门窗的

制作和安装。

一、门窗工程

（一）木门窗

1. 木门窗

木门窗中各类门窗的制作、安装工程量均按门窗洞口面积计算。

说明：

1）定额中编制的常用普通木门窗有：镶板门、胶合板门、半截玻璃门、自由门等，如图 4-61 所示。

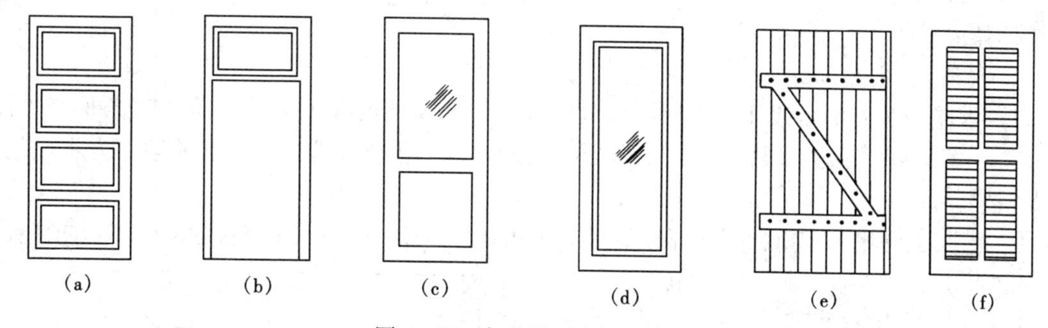

图 4-61　各种类型木门示意图

(a) 镶板门；(b) 夹板门；(c) 半截玻璃门；(d) 全玻璃门；(e) 拼板门；(f) 百叶门

2）定额中已包括了玻璃的费用，但未包括安装门窗所需的小五金材料费及门窗由加工厂运至施工现场的运输费，发生时另行计算。

3）普通窗上部带有半圆形窗时，其工程量应分别按普通窗和半圆形窗计算。其分界线以普通窗和半圆形窗之间的横框上面的裁口线（即半圆窗扇的下帽头线）为界，如图 4-62所示。

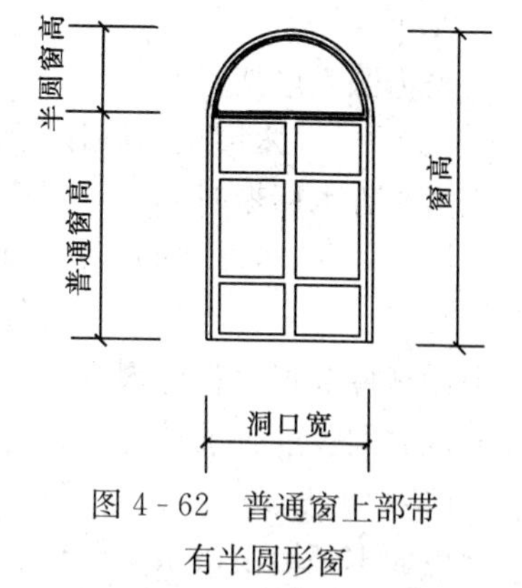

图 4-62　普通窗上部带有半圆形窗

4）定额中门窗的预算价格都是按一定框料断面面积、扇料断面面积确定的。若设计与定额不符时，应注意换算。

2. 门窗扇、框包镀锌铁皮

门窗扇包镀锌铁皮，按门窗洞口面积以平方米计算；门窗框包镀锌铁皮、钉橡皮条、钉毛毡按图示洞口尺寸以门窗洞口面积以延长米计算。

（二）铝合金门窗

铝合金门窗的制作、安装，铝合金门窗、不锈钢门窗、彩板组角钢门窗、塑料门窗、钢门窗的安装均按设计洞口面积计算。

说明：

1）定额中已包括了玻璃的费用，但未包括安装门窗所需的小五金的材料费及门窗有加工厂运至施工现场的运输费，发生时另行计算。

2）定额中未列出不锈钢门窗、彩板组角钢门窗、塑料门窗、钢门窗的制作项目，发生时，以门窗洞口面积计算工程量，按市场价格确定其费用。若市场价格中已包含了这些门窗的制作、运输、安装的全部费用，则不再执行定额中有关项目。

（三）卷闸门

卷闸门安装按洞口高度增加 600mm 乘以门实际宽度以平方米计算。电动装置安装以套计算，小门安装以个计算。计算式如下

卷闸门安装工程量＝（门洞口高度＋0.6m）×门实际宽度

二、木结构

木结构工程中包含的定额项目有木屋架、屋面木基层、木楼梯、木柱、木梁及其他。

（一）木屋架

木屋架的制作、安装均按设计断面竣工木料以立方米计算，其后备长度及配制损耗均不另外计算。

1. 说明

1）木屋顶是由木屋架和木基层两部分组成的。木屋架的典型结构形式为三角形（见图 4－63），由上弦、下弦、斜杆和竖杆（腹杆）组成。常用的木屋架有圆木屋架、方木屋架、钢木屋架。

2）屋架的马尾、折角和正交部分半屋架（见图 4－64），应并入相连接屋架的体积内计算。

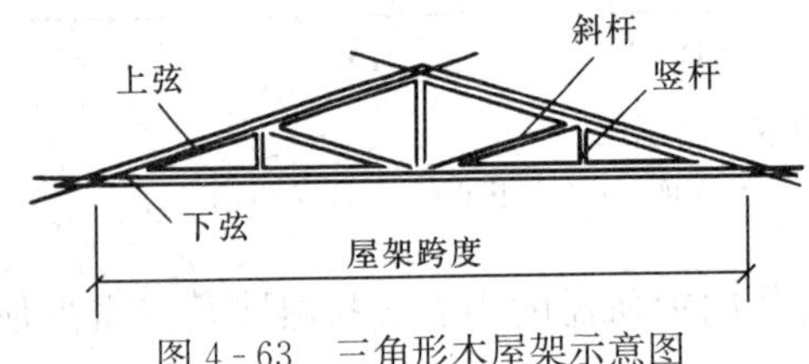

图 4－63 三角形木屋架示意图

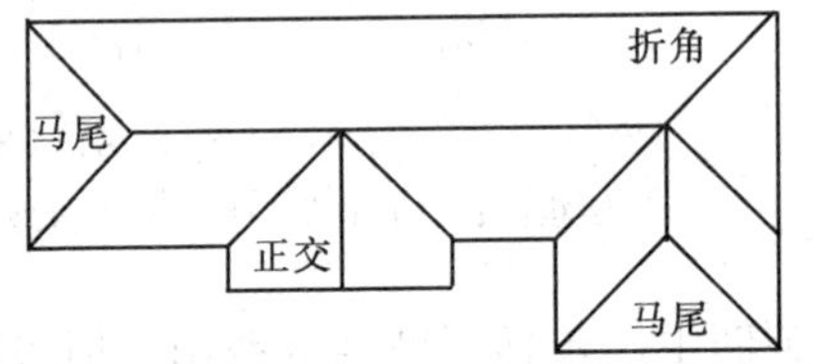

图 4－64 屋架的马尾、折角和正交示意图

2. 计算方法

当为圆木屋架时

木屋架的制作工程量＝安装工程量＝杆件单根材积×杆件根数

当为方木屋架时

木屋架的制作工程量＝安装工程量＝杆件长度×杆件断面面积

杆件长度＝屋架跨度×杆件长度系数

式中：杆件单根材积可根据杆件长度及杆件尾径查表得出；屋架跨度以屋架上下弦杆的中心线交点之间长度为准计算；杆件长度系数可查表得出。

（二）木基层

屋面木基层由檩条、椽子、屋面板、挂瓦条组成，如图 4－65 所示。其工程量按屋面斜面积计算。

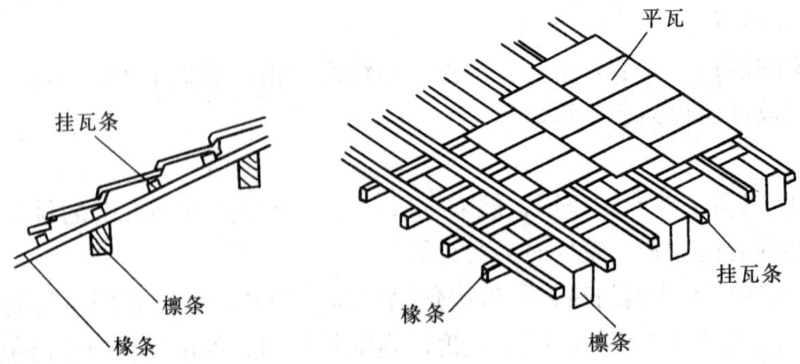

图 4－65 屋面木基层组成示意图

（三）门窗贴脸

沿门窗框周围加设的一层装饰性木板叫门窗套，为遮盖门窗套与墙面之间的缝口而装钉的木板盖缝条叫贴脸。其工程量按图示尺寸以延长米计算。

三、综合实例

【例 4-23】 某单层房屋设计用铝合金门窗，其尺寸见表 4-33，试对门窗工程进行列项并计算工程量。

表 4-33　门窗洞口尺寸表

门窗名称	樘　数	洞口尺寸（宽×高）(mm)	形　式
有亮铝合金窗 C1	3	1800×1800	推拉、双扇
有亮铝合金窗 C2	1	1500×1800	推拉、双扇
无亮铝合金门 M	2	1000×2400	平开

解　根据已知条件，本例应列项目及其工程量计算见表 4-34：

表 4-34　门窗工程列项及工程量计算表

项目名称	单　位	工　量	计算式
有亮双扇铝合金推拉窗的制作	m^2	12.42	1.8×1.8×3+1.5×1.8×1
有亮双扇铝合金推拉窗的安装	m^2	12.42	
无亮单扇铝合金门的制作	m^2	4.8	1×2.4×2
无亮单扇铝合金门的安装	m^2	4.8	
铝合金窗的五金配件	樘	4	3+1
铝合金门的五金配件	樘	2	2

第十节　楼地面工程

楼地面是建筑物底层地面和楼层楼面的总称，其基本构造层次为垫层、找平层和面层。楼地面工程定额中，常见的定额项目有垫层、找平层、面层及室外散水、台阶等。

一、资料准备

楼地面工程在计算工程量之前，应首先了解的是一项工程中楼面、地面的工程做法及定额项目的划分情况，并据此确定该工程的应列项目。这样，才能在计算各分项工程量时，不出现重算、漏算项目，保证预算编制工作的顺利进行。

二、垫层

垫层是承重地面或基础的荷载，并将其传递给下面土层的构造层。按使用材料的不同，常用的垫层有灰土、素土、混凝土、炉渣等。其工程量按面积乘以设计厚度以立方米计算。地面垫层面积按主墙间净空面积计算，应扣除凸出地面的构筑物、设备基础、室内铁道、地沟等所占体积，不扣除柱、垛、间壁墙、附墙烟囱及面积在 $0.3m^2$ 以内孔洞所占体积；基础垫层按面积乘以垫层宽度计算。其计算公式如下

地面垫层工程量＝主墙间净空面积×垫层厚度－应扣除的体积

＝（$S_1-L_{中}$×外墙墙厚$-L_{内}$×内墙墙厚）×垫层厚度－应扣除的体积

基础垫层工程量＝垫层长度×垫层宽度×垫层厚度

式中：应扣除的体积指凸出地面的构筑物、设备基础、室内铁道、地沟等所占体积；垫层长度取值为，当为条形基础时，外墙下垫层以 $L_{中}$、内墙下垫层以垫层间净长度计算，当为独立基础或满堂基础时，按图纸设计长度计算。

三、整体面层、找平层

整体面层即现浇面层，指大面积整体浇筑而成的楼地面面层。整体面层、找平层均按主墙间净空面积以平方米计算。应扣除凸出地面的构筑物、设备基础、室内管道、地沟等所占面积，不扣除柱、垛、间壁墙、附墙烟囱及面积在 $0.3m^2$ 以内孔洞所占面积，但门洞、空圈、暖气包槽、壁龛的开口部分亦不增加。其计算公式如下

$$整体面层、找平层工程量=主墙间净空面积-地面凸出部分所占面积$$

由计算规则可知，整体面层、找平层工程量即是垫层面积。编制施工图预算时，为减少计算的工作量，其合理的计算顺序应为：先计算整体面层、找平层工程量，再利用此数据计算地面垫层工程量。

四、块料面层

块料面层指用预制块料铺设而成的楼地面面层。其工程量按图示尺寸实铺面积以平方米计算，门洞、空圈、暖气包槽和壁龛的开口部分的工程量并入相应的面层内计算。

说明：

1）实铺面积指实际铺设的面积，铺多少，算多少。

2）当铺设的块料规格与设计不同时，可以按下式调整块料及砂浆用量。

a. 勾缝的块料及砂浆用量

$$块料用量=\frac{100m^2}{（块料长度+灰缝）\times（块料宽度+灰缝）}\times（1+损耗率）$$

$$砂浆用量=（100m^2-块料净用量\times每个块料面积）\times灰缝厚度\times（1+损耗率）$$

b. 密缝的块料及砂浆用量（假设灰缝=0，不计灰缝砂浆）

$$块料用量=\frac{100m^2}{块料长度\times块料宽度}\times（1+损耗率）$$

【例 4-24】 计算图 4-66 所示房屋的花岗岩地面面层工程量。

解 如图 4-66 所示

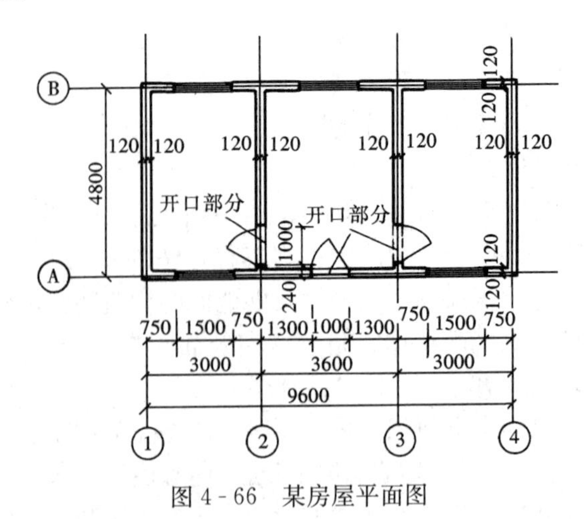

图 4-66 某房屋平面图

花岗岩地面面层工程量＝实铺面积

＝主墙间净空面积＋门洞等开口部分面积

＝［（3－0.24）×（4.8－0.24）×2＋（3.6－0.24）×（4.8－0.24）］＋1×0.24×3（个）

＝40.49＋0.72＝41.21m²

五、楼梯

楼梯面层（包括踏步、平台以及小于500mm宽的楼梯井）按水平投影面积计算，其计算与楼梯的模板、混凝土工程量相同。

六、踢脚板

踢脚板是为保护墙面清洁而设的一种构造处理。常用的踢脚板有水泥砂浆踢脚板、水磨石踢脚板及木踢脚板等，其工程量按延长米计算，洞口、空圈长度不予扣除，洞口、空圈、垛、附墙烟囱等侧壁长度亦不增加。其计算公式如下

踢脚板工程量＝内墙面净长度

踢脚板设计高度一般为100～150mm。定额中是按150mm编制的，设计不同时，可进行换算。

【例4-25】　计算图4-66所示房屋的水泥砂浆踢脚板工程量。

解　踢脚板工程量＝内墙面净长度

＝（3－0.24＋4.8－0.24）×2×2＋（3.6－0.24＋4.8－0.24）×2

＝29.28＋15.84＝45.12m

七、台阶、防滑坡道

（一）台阶

台阶面层（包括踏步及最上一层踏步外沿300mm）按水平投影面积计算。其计算方法与混凝土台阶的模板及混凝土工程量相同，与台阶相连的平台部分按地面相应项目执行。

【例4-26】　某工程室外台阶的工程做法如图4-67所示，试就此做法进行列项。

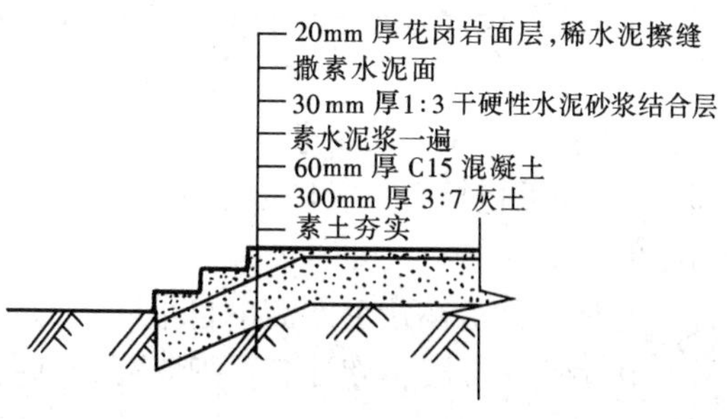

图4-67　台阶剖面图

解　由台阶面层工程量计算规则可知：最上一层踏步外沿300mm以内为台阶，以外为平台，故本例应针对台阶和平台分别列项。所列项目见表4-35。

表4-35　　台阶、平台应列项目表

工程做法	定额项目名称（计量单位）	
	台阶部分	平台部分
①20mm厚花岗岩面层，稀水泥擦缝 ②撒素水泥面 ③30mm厚1∶3干硬性水泥砂浆结合层 ④素水泥浆一道	花岗岩台阶（m²）	花岗岩地面（m²）

续表

工 程 做 法	定额项目名称（计量单位）	
	台阶部分	平台部分
60mm厚C15混凝土	混凝土台阶（m^2）	混凝土垫层（m^3）
300mm厚3∶7灰土	3∶7灰土垫层（m^3）	
素土夯实	基层	

注 混凝土台阶的模板项目在混凝土及钢筋混凝土工程中列出。

（二）防滑坡道

防滑坡道按图示尺寸以平方米计算。其计算公式如下

防滑坡道工程量＝坡道水平投影面积

八、散水、明沟

（一）散水

散水按图示尺寸以平方米计算。

说明：散水设置的目的是迅速排除勒脚附近的从屋檐下滴的雨水，防止雨水渗入地基，引起建筑物下沉。其宽度在1m左右，常用工程做法及对应定额项目见表4-36。

表4-36 散水常用工程做法及对应定额项目表

工 程 做 法	定额项目名称	计量单位
①50mm厚C15混凝土上撒1∶1水泥砂子，压实赶光	混凝土散水	m^2
②150mm厚3∶7灰土	3∶7灰土垫层	m^3
③素土夯实向外坡4%	基层	

注 混凝土散水施工所需的模板费用已包括在混凝土散水定额项目中，不另计算。

（二）明沟

明沟按图示尺寸以延长米计算。其计算公式如下

明沟工程量＝明沟中心线长

九、栏杆、扶手、防滑条

栏杆、扶手包括弯头长度以延长米计算。

说明：

1）栏杆已包括在扶手定额项目中，不另计算。

2）扶手应按实际长度计算，即既要计算斜长部分，也要计算最后一跑楼梯连接的安全栏杆扶手。

【例4-27】 已知某四层住宅楼有六跑楼梯，采用不锈钢管扶手、型钢栏杆。已知每跑楼梯高1.5m，每跑楼梯扶手的水平投影长度为3.1m，扶手转弯处为0.3m，最后一跑楼梯连接的安全栏杆扶手的水平长度为1.25m，计算该扶手工程量。

解 不锈钢管扶手工程量＝扶手斜长度＋扶手转弯长度＋安全扶手长度

$$=\sqrt{1.5^2+3.1^2}\times 6+0.3\times 5+1.25$$

$$=20.66+1.5+1.25=23.41\text{m}$$

十、综合实例

【例4-28】 某水磨石地面的工程做法如下：

①20mm 厚 1∶2.5 水磨石地面磨光打蜡；

②素水泥浆结合层一道；

③20mm 厚 1∶3 水泥砂浆找平后干卧玻璃分格条；

④60mm 厚 C15 混凝土；

⑤150mm 厚 3∶7 灰土；

⑥素土夯实。

试就此做法列项。

解 1. 分析

由表 4-37 的工作内容及表中 8—30 项目的材料构成可知：做法①～③所需的人工费、材料费、机械费都包含在项目“水磨石楼地面”中；做法④和做法⑤是垫层，其定额项目单独列出。

表 4-37 **整体面层机工料消耗定额表**

工作内容包括清理基层，调运砂浆、(白) 水泥石子浆，刷素水泥浆，打底嵌条，抹面找平；磨光、补砂眼，理光，上草酸打蜡，擦光，条色，养护等。

100m²

定额编号				8—29	8—30	…	8—33	…
项目		单位	单价	水磨石楼地面			水磨石每增减 5mm	
				无嵌条 15mm	嵌条 15mm		普通水泥	
预算价格		元		2582.35	2837.93		226.17	
其中	人工费	元		1162.96	1363.46		51.19	
	材料费	元		1169.98	1225.06		170.74	
	机械费	元		249.41	249.41		4.24	
人工	综合工日	工日	23.7	49.07	57.53	…	2.16	…
材料	水泥砂浆 1∶3	m³	140.81	2.02	2.02			
	水泥白石子浆 1∶2.5	m³	334.78	1.73	1.73		0.51	
	……							
	其他材料费	元		47.60	47.60			
机械	砂浆搅拌机 200L	台班	47.13	0.34	0.34		0.09	
	平面磨石机	台班	21.65	10.78	10.78			

2. 列项

本例应列项目见表 4-38。

表 4-38 **应列项目表**

工程做法	定额项目名称	备注
①20mm 厚 1∶2.5 水磨石地面磨光打蜡	水磨石地面	楼地面工程
②素水泥浆结合层一道		
③20mm 厚 1∶3 水泥砂浆找平后干卧玻璃分格条		
④60mm 厚 C15 混凝土	混凝土垫层	楼地面工程
⑤150mm 厚 3∶7 灰土	3∶7 灰土垫层	楼地面工程
⑥素土夯实	基层	

【例 4-29】　某房屋平面如图 4-68 所示。已知内、外墙墙厚均为 240mm，要求计算：①60mm厚 C15 混凝土地面垫层工程量；②20mm 厚水泥砂浆面层工程量；③水泥砂浆踢脚线工程量；④水泥砂浆防滑坡道及台阶工程量；⑤散水面层工程量。

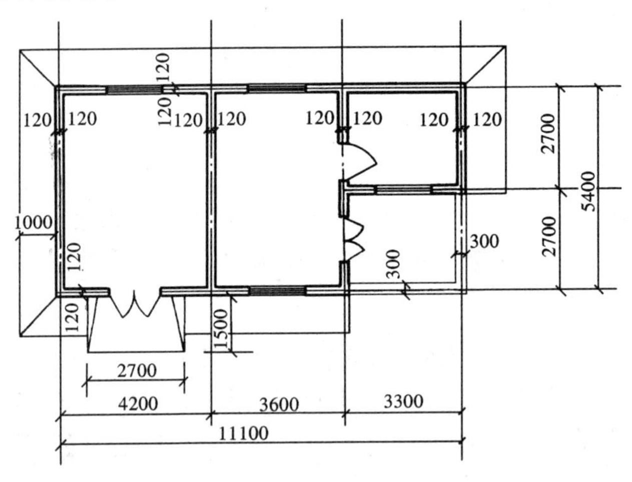

图 4-68　某房屋平面图

解　因垫层工程量＝整体面层工程量×垫层厚度，故应先计算整体面层工程量。

1. 20mm 厚水泥砂浆面层

20mm 厚水泥砂浆面层工程量中包括两部分：一部分是地面面层，另一部分是与台阶相连的平台部分的面层。

地面面层工程量＝主墙间净空面积

＝(4.2－0.24＋3.6－0.24)×(5.4－0.24)

＋(3.3－0.24)×(2.7－0.24)

＝37.77＋7.53＝45.30m^2

平台面层工程量＝（3.3－0.6）×（2.7－0.6）＝5.67m^2

水泥砂浆面层工程量＝地面面层工程＋平台面层工程量＝45.30＋5.67＝50.97m^2

2. 60mm 厚 C15 混凝土地面垫层

地面垫层工程量＝主墙间净空面积×垫层厚度＝45.30×0.06＝2.72m^3

3. 水泥砂浆踢脚线

踢脚线工程量＝内墙面净长

＝(4.2－0.24＋5.4－0.24)×2＋(3.6－0.24＋5.4－0.24)

×2＋(3.3－0.24＋2.7－0.24)×2

＝18.24＋17.04＋11.04＝46.32m

4. 水泥砂浆防滑坡道及台阶

防滑坡道工程量＝坡道水平投影面积＝2.7×1.5＝4.05m^2

台阶面层工程量＝台阶水平投影面积

＝3.3×2.7－(3.3－0.6)×(2.7－0.6)＝8.91－5.67＝3.24m^2

5. 散水面层

散水中心线长＝(4.2＋3.6＋3.3＋0.24＋0.5×2)＋(2.7＋2.7＋0.24＋0.5×2)

$+(4.2+3.6+0.12+0.5+0.12)+(2.7+0.12+0.5+0.12)$

$=12.34+6.64+8.54+3.44=30.96\text{m}$

散水面层工程量＝散水中心线长×散水宽度－坡道所占面积

$=30.96\times1-2.7\times1=28.26\text{m}^2$

第十一节　屋面及防水工程

屋面及防水工程包括屋面工程、防水工程及变形缝项目三个部分。

一、屋面工程

屋面工程是指屋面板以上的构造层。按形式不同，屋面可分为坡屋面、平屋面和曲屋面三种类型。其中，平屋面的基本构造层次有：保温层、找坡层、找平层、防水层。保温层执行本章第十二节相应项目；找平层及找坡层执行本章第十节相应项目。

定额中，屋面工程包含的定额项目有：瓦屋面、卷材屋面、涂膜屋面及屋面排水。

（一）资料准备

计算屋面工程量之前，首先要了解清楚屋面工程做法、定额项目的划分情况及屋面防水材料及施工方法等。

（二）瓦屋面、金属压型板

瓦屋面、金属压型板（包括挑檐部分）均按图示尺寸的水平投影面积乘以屋面坡度系数以平方米计算。不扣除房上烟囱、风帽底座、风道、屋面小气窗、斜沟等所占面积，屋面小气窗的出檐部分亦不增加。

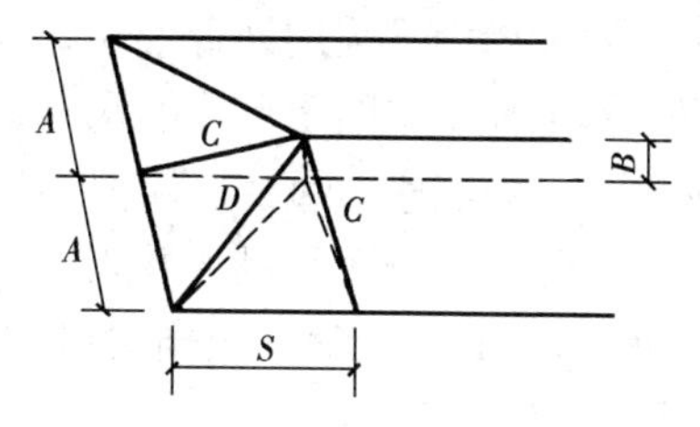

图 4-69　屋面坡度示意图

说明：

1）规则中所说的屋面坡度系数指表 4-39 中的屋面延尺系数，也即屋面斜面积与水平投影面积的比值。见表 4-39（参见图 4-69）。

表 4-39　　屋面坡度系数表

坡度 B（A=1）	坡度 B/2A	坡度角度 α	延尺系数 C（A=1）	隅延尺系数 D（A=1）
1	1/2	45°	1.4142	1.7321
0.75		36°52′	1.2500	1.6008
0.70		35°	1.2207	1.5779
0.666	1/3	33°40′	1.2015	1.5620
0.65		33°01′	1.1926	1.5564
0.60		30°58′	1.1662	1.5362
0.577		30°	1.1547	1.5270
0.55		28°49′	1.1413	1.5170
0.50	1/4	26°34′	1.1180	1.5000
0.45		24°14′	1.0966	1.4839
0.40	1/5	21°48′	1.0770	1.4697

续表

坡度 B（A=1）	坡度 $B/2A$	坡度角度 α	延尺系数 C （A=1）	隅延尺系数 D （A=1）
0.35		19°17′	1.0594	1.4569
0.30		16°42′	1.0440	1.4457
0.25		14°02′	1.0308	1.4362
0.20	1/10	11°19′	1.0198	1.4283
0.15		8°32′	1.0112	1.4221
0.125		7°8′	1.0078	1.4191
0.100	1/20	5°42′	1.0050	1.4177
0.083		4°45′	1.0035	1.4166
0.066	1/30	3°49′	1.0022	1.4157

2）不论是四坡排水屋面还是两坡排水屋面，均按此屋面坡度系数计算。

（三）卷材屋面

卷材屋面是采用沥青油毡、高分子卷材、高聚物卷材等柔性防水材料所做的屋面防水层。其工程量按图示尺寸的水平投影面积乘以规定的坡度系数以平方米计算。但不扣除房上烟囱、风帽底座、风道、屋面小气窗、斜沟等所占面积，屋面的女儿墙、伸缩缝和天窗等处的弯起部分，按图示尺寸并入屋面工程量计算。如图纸无规定时，女儿墙、伸缩缝的弯起部分可按250mm计算，天窗弯起部分可按500mm计算。

说明：

1）计算卷材屋面工程量时，其附加层、接缝、收头、找平层的嵌缝、冷底子油已计入定额内，不另计算。

2）卷材屋面有坡屋面和平屋面之分。

其计算公式可表示为

卷材坡屋面工程量＝屋面水平投影面积×屋面坡度系数＋应增加面积

卷材平屋面工程量＝屋面面积＋应增加面积

式中：应增加部分面积的计算与屋面排水方式有关。

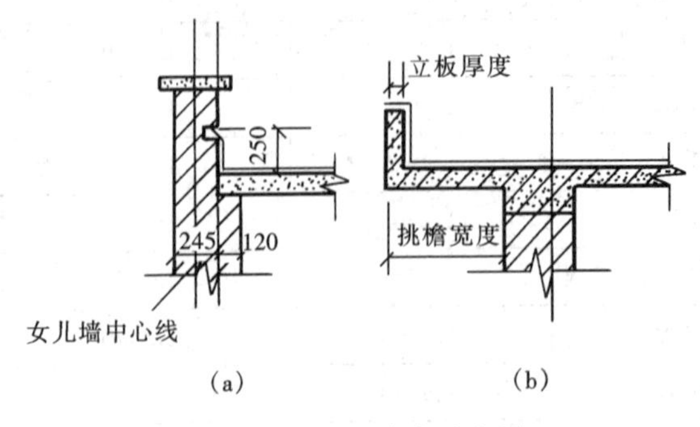

图4-70 卷材防水示意图

（a）女儿墙弯起部分示意图；（b）挑檐示意图

有女儿墙无挑檐时，如图4-70（a）所示，其计算公式为

卷材平屋面工程量＝顶层建筑面积－女儿墙所占面积＋女儿墙弯起部分面积

无女儿墙有挑檐时，如图4-70（b）所示，其计算公式为

卷材平屋面工程量＝顶层建筑面积＋挑檐部分增加面积

【例4-30】 已知图4-70中的$L_{外1}$＝40000mn，$L_{外2}$＝20000mm，女儿墙厚

240mm，外墙厚365mm，屋面排水坡度2%。试计算其卷材平屋面工程量。

解　由图4-70（b）可知

卷材平屋面工程量＝顶层建筑面积－女儿墙所占面积＋女儿墙弯起部分面积

$$=40\times20-0.24\times[(40+20)\times2-8\times0.12]+0.25\times[(40+20)\times2-8\times0.24]$$

$$=800-28.57+29.52=800.95\text{m}^2$$

（四）涂膜屋面

涂膜屋面是在屋面基层上涂刷防水涂料，经一定时间固化后，形成具有防水效果的整体涂膜。如屋面满涂塑料油膏、聚氨酯涂膜等，其工程量计算方法与卷材屋面相同。涂膜屋面中的油膏嵌缝、玻璃布盖缝、屋面分格缝的工程量，以延长米计算。

（五）屋面排水

屋面排水方式按使用材料的不同，划分为铁皮排水、铸铁排水、玻璃钢排水、PVC系列排水等。

1. 铁皮排水

铁皮排水按图示尺寸以展开面积计算。如图纸无注明尺寸时，可按表4-40计算。咬口和搭接等已计入定额项目中，不另计算。其计算公式如下

铁皮排水工程量＝各排水零件的铁皮展开面积之和

其中　水落管的铁皮展开面积＝水落管长度×每米长所需铁皮面积

下水口、水斗的铁皮展开面积＝下水口、水斗的个数×每个所需铁皮面积

式中：水落管长度由设计室外地坪算至水斗下口。

表4-40　铁皮排水单体零件折算表

名称		单位	水落管（m）	檐沟（m）	水斗（个）	漏斗（个）	下水口（个）		
铁皮排水	水落管、檐沟、水斗、漏斗下水口	m^2	0.32	0.30	0.40	0.16	0.45		
名称		单位	天沟（m）	斜沟天窗窗台泛水（m）	天窗侧面泛水（m）	烟囱泛水（m）	通气管泛水（m）	滴水檐头泛水（m）	滴水（m）
铁皮排水	天沟、斜沟、天窗窗台泛水、天窗侧面泛水、烟囱泛水、通气管泛水、滴水檐头泛水、滴水	m^2	1.30	0.50	0.70	0.80	0.22	0.24	0.11

注　铁皮排水系统中包括的构件有下水口、水斗、水落管等，如图4-71所示。

1）下水口也称落水口，是将屋面搜集的雨、雪水引至水斗和雨水管的零件，有直筒式和弯头式；水斗是汇集和调节雨、雪水至水落管的零件；水落管也称雨水管、落水管，是将雨、雪水排至地面或地下排水系统的竖管。

2）铁皮排水系统中各零件工程量合并计算，不需单独列项。

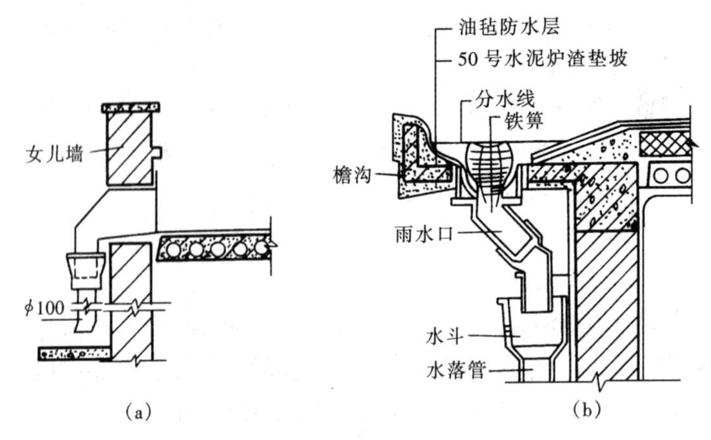

图 4-71 屋面排水系统图
（a）女儿墙屋面排水；（b）挑檐屋面排水

2. 铸铁、玻璃钢排水

铸铁、玻璃钢水落管应区别不同直径按图示尺寸以延长米计算，下水口、水斗、弯头、短管以个计算。

说明：铸铁、玻璃钢排水工程量的计算不同于铁皮排水，其各个组成零件按相应项目分别计算工程量。

3. PVC 排水

PVC 排水是一种较常采用的排水系统。目前，各地已结合各地特点，按一定的计算方法将其纳入到定额中。例如，现行《山西省建筑工程预算定额》就包含了 PVC 排水的定额项目，其工程量的计算方法与铸铁排水相同。

二、防水工程

定额中的防水工程适用于屋面以外的各部位的防水，包括楼地面、墙基、墙身、构筑物、水池、水塔、室内厕所、浴室及建筑物±0.00 以下的防水、防潮工程等。各部位的防水卷材的附加层、接缝、收头、冷底子油等的人工、材料均已计入定额内，不另计算。

（一）建筑物地面防水、防潮层

建筑物地面防水、防潮层按主墙间净空面积计算，扣除凸出地面的构筑物、设备基础等所占的面积，不扣除柱、垛、间壁墙、烟囱及 0.3m^2 以内孔洞所占面积。与墙面连接处高度在 500mm 以内者按展开面积计算，并入平面工程量内，超过 500mm 时，按立面防水层计算。

说明：

定额中的防水、防潮层分为平面、立面两个项目，计算平面工程量时，要包括立面上卷高度小于或等于 500mm 时的立面面积。当上卷高度大于 500mm 时，其立面部分工程量全部按立面项目计算。计算公式可表示为

建筑物平面防水、防潮层工程量＝主墙间净空面积＋立面上卷部分面积

（上卷高度≤500mm）

（二）建筑物墙基防水、防潮层

建筑物墙基防水、防潮层，外墙长度按外墙中心线、内墙长度按内墙净长线乘以宽度以平方米计算。

（三）构筑物及建筑物地下室防水层

构筑物及建筑物地下室防水层，按实铺面积计算，但不扣除 $0.3m^2$ 以内的孔洞面积。平面与立面交接处的防水层，其上卷高度超过 500mm 时，按立面防水层计算。

说明：

建筑物地下室防水层包括地下室地面防水和墙身防水。其中，地面防水及墙身防水的上卷高度小于或等于 500mm 时，应执行平面项目；墙身防水的上卷高度大于 500mm 时，应全部执行立面项目。

其计算公式可表示为

构筑物及建筑物地下室平面防水层工程量

＝实铺面积＋上卷部分面积（上卷高度≤500mm）

构筑物及建筑物地下室立面防水层工程量＝实铺面积＝实铺长度×实铺高度

式中：实铺长度取值为，当为地下室外墙外侧防水时，按 $L_{外}$ 计算；当为地下室外墙内侧防水时，按墙身内侧净长度计算。

三、变形缝

变形缝是指根据设计需要，在相应结构处设置缝隙，以防止由于温度变化、地基不均匀沉降以及地震等因素的影响，导致建筑物破坏。变形缝包括伸缩缝、沉降缝及防震缝。变形缝按延长米计算工程量。

说明：

定额中变形缝分填缝和盖缝两个部分，各部分按施工位置的不同，又分平面和立面项目。计算工程量时，要注意将各部位工程量全部计算在内。例如某三层房屋设置伸缩缝，计算平面盖缝工程量时，要计算一、二、三层的地面及天棚盖缝工程量。

【例 4-31】 某屋面伸缩缝内填沥青麻丝，外盖镀锌铁皮，平面形状如图 4-72 所示。试计算屋面伸缩缝工程量。

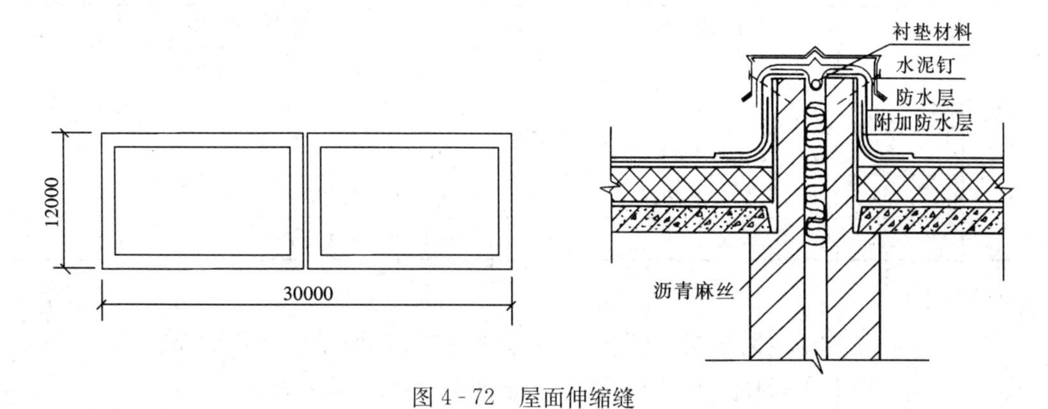

图 4-72　屋面伸缩缝

解　如图 4-72 所示，有

屋面伸缩缝填缝工程量＝12m

屋面伸缩缝盖缝工程量＝12m

四、综合实例

【例 4-32】 某工程地下室平面及其墙身防水构造如图 4-73 所示。试计算地下室墙身防水层工程量。

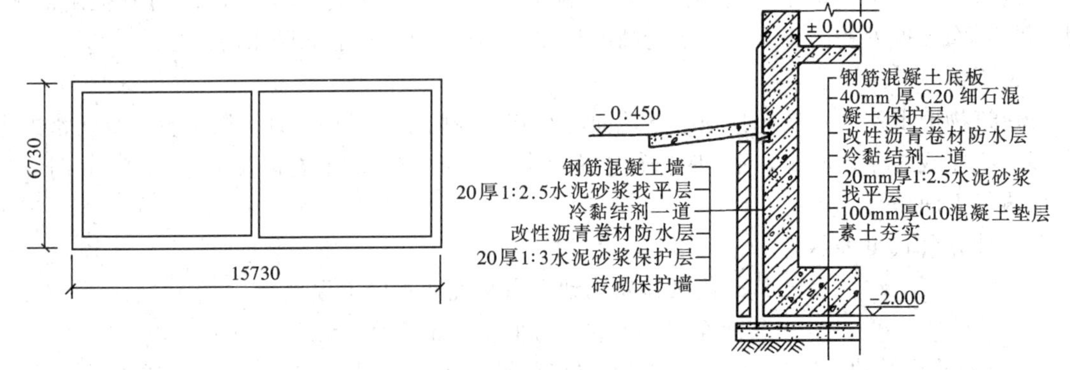

图 4-73 地下室平面及墙身防水示意图

解 1. 列项

由图 4-71 所给工程做法可知，应列项目见表 4-41。

表 4-41 **应 列 项 目 表**

工 程 做 法		定额项目名称	计量单位
墙 身	钢筋混凝土墙	基 层	
	20mm 厚 1∶2.5 水泥砂浆找平层	水泥砂浆找平层	m^2
	冷黏结剂一道	改性沥青卷材防水层（立面）	m^2
	改性沥青卷材防水层		
	20mm 厚 1∶3 水泥砂浆保护层	水泥砂浆找平层	m^2
	20mm 厚 M5 水泥砂浆砌砖保护墙	1/2 贴砌砖墙	m^3
底 板	钢筋混凝土底板	钢筋混凝土满堂基础	m^3
	40mm 厚 C20 细石混凝土保护层	细石混凝土找平层	m^2
	改性沥青卷材防水层	改性沥青卷材防水层（平面）	m^2
	冷黏结剂一道		
	20mm 厚 1∶2.5 水泥砂浆找平层	水泥砂浆找平层	m^2
	C10 混凝土垫层 100mm 厚	C10 混凝土垫层	m^3
	素土夯实	原土碾压（或填料碾压）	m^2（m^3）

2. 计算

地下室地面防水层工程量＝实铺面积＝15.73×6.73＝105.86m^2

地下室墙身防水层工程量＝实铺面积＝$L_{外}$×实铺高度

＝（15.73＋6.73）×2×（2－0.45）

＝44.92×1.55＝69.63m^2

第十二节 防腐、保温、隔热工程

防腐、保温、隔热工程分为耐酸、防腐和保温、隔热两个部分。

一、耐酸、防腐工程

耐酸、防腐工程适用于对房屋有特殊要求的工程，其定额项目划分为整体面层、隔离层、块料面层、耐酸、防腐涂料等。

防腐工程项目应区分不同防腐材料种类及厚度，按设计实铺面积以平方米计算。应扣除凸出地面的构筑物、设备基础等所占面积，砖垛等突出墙面部分按展开面积并入墙面防腐工程量之内。

说明：

(1) 整体面层、隔离层适用于平面、立面的耐酸、防腐工程，包括沟、坑、槽。

(2) 块料面层以平面砌为准。砌立面者，按平面砌相应项目人工乘以系数 1.38，踢脚板人工乘以系数 1.56，其他不变。

(3) 平面砌筑双层耐酸块料时，按单层面积乘以系数 2 计算。

(4) 防腐卷材接缝、附加层、收头等人工材料，已计入在定额中，不再另行计算。

二、保温、隔热工程

保温层是指为使室内温度不至散失太快，而在各基层上（楼板、墙身等）设置的起保温作用的构造层；隔热层是指减少地面、墙体或层面导热性的构造层。定额中保温、隔热工程适用于中温、低温及恒温的工业厂（库）房隔热工程以及一般保温工程，其定额项目划分为屋面、天棚、墙体、楼地面及柱。

（一）屋面

屋面保温层工程量，按保温材料的体积计算，即屋面斜面积乘以保温材料平均厚度。不扣除房上烟囱、风帽底座、风道屋面小窗等所占体积，屋面铺细砂工程量按屋面面积计算。不同保温材料品种应分别计算其工程量。保温隔热层的厚度按隔热材料（不包括胶结材料）净厚度计算。

【例 4-33】 某工程屋顶平面及剖面如图 4-74 所示，其屋面工程做法如下：

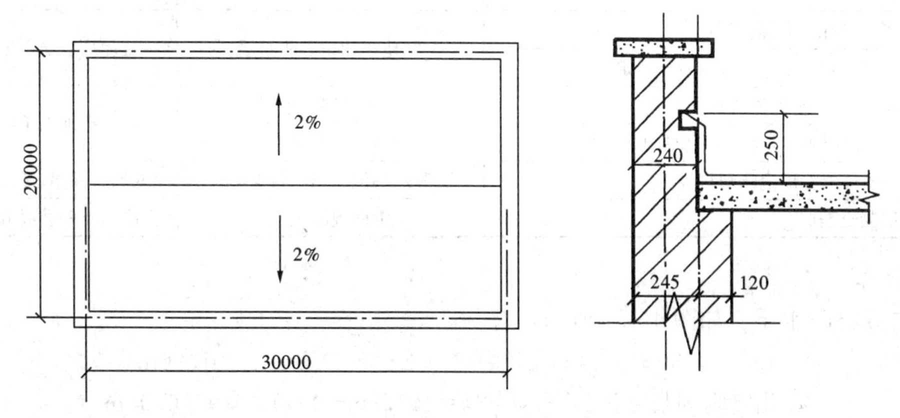

图 4-74　屋顶平面及剖面图

① 玛　脂粘结绿豆砂保护层；

② 冷底子油一道，二毡三油防水层一道；

③ 20mm 厚 1∶3 水泥砂浆找平层；

④ 1∶6 水泥焦渣找 2%坡，最薄处 30mm 厚；

⑤ 60mm 厚聚苯乙烯泡沫塑料板；

⑥ 钢筋混凝土基层。

试对此做法列项，并计算各分项工程量。

解 1. 列项

由表 4-42 中的工作内容及表中项目 9—15 的材料构成可知：做法①、②的人工费、材料费、机械费均已保护在项目 9—15 中；做法③、④、⑤、⑥需按相应项目单独列项。本例应列项目见表 4-43。

表 4-42 **卷 材 屋 面**

工作内容包括熬制沥青玛 脂、配制冷底子油、刷冷底子油、贴附加层、铺贴卷材收头。

$100m^2$

定额编号			9—13	9—14	9—15
项目		单位	石油沥青玛 脂卷材屋面		
			一毡二油	二毡三油	二毡三油一砂
人工	综合工日	工日	3.21	5.12	6.26
材料	石油沥青玛 脂	m^3	0.46	0.61	0.69
	石油沥青油毡 350#	m^2	124.17	237.94	237.94
	冷底子油 30∶70	kg	48.96	48.96	48.96
	木柴	kg	205.70	245.40	301.18
	粒砂	m^3	—	—	0.52
	铁钉	kg	0.28	0.28	0.28
	钢筋 ϕ10 以内	kg	5.22	5.22	5.22

表 4-43 **应 列 项 目 表**

工程做法	定额项目名称	备注
①玛 脂黏结绿豆砂保护层	二毡三油一砂防水层	屋面及防水工程
②冷底子油一道，二毡三油防水层一道		
③20mm 厚 1∶3 水泥砂浆找平层	水泥砂浆找平层	楼地面工程
④1∶6 水泥焦渣找 2%坡，最薄处 30mm 厚	1∶6 水泥焦渣垫层	
⑤60mm 厚聚苯乙烯泡沫塑料板	聚苯乙烯泡沫塑料板保温层	防腐、保温、隔热工程
⑥钢筋混凝土基层	钢筋混凝土板	混凝土及钢筋混凝土工程

2. 计算

(1) 卷材防水层。如图 4-74 所示，有

$$L_{外}=(30+0.245\times2+20+0.245\times2)\times2=101.96m$$

$$女儿墙内周长=L_{外}-8\times0.24=101.96-8\times0.24=100.04m$$

$$女儿墙中心线长=L_{外}-8\times0.12=101.96-8\times0.12=101m$$

卷材防水层工程量＝顶层建筑面积－女儿墙所占面积＋女儿墙弯起部分面积

$$=(30+0.245\times2)\times(20+0.245\times2)-101\times0.24+100.04\times0.25$$

$$=624.74-24.24+25.01=625.51m^2$$

(2) 水泥砂浆找平层

水泥砂浆找平层工程量＝卷材防水层工程量＝$625.51m^2$

（3）水泥焦渣找坡层。如图4-74所示，找坡层铺至女儿墙内侧，且1∶6水泥焦渣找2%坡，故计算其工程量时，应按平均厚度（见图4-75）计算，则有

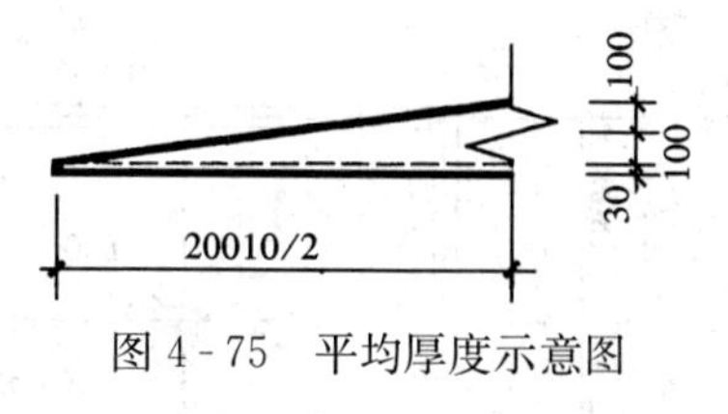

图4-75　平均厚度示意图

找坡层长度=30+0.005×2=30.01m

找坡层宽度=20+0.005×2=20.01m

$$找坡层平均厚度=0.03+\left(\frac{20.01}{2}\times 2\%\right)\times\frac{1}{2}=0.13m$$

水泥焦渣找坡层工程量=找坡层长度×找坡层宽度×找坡层平均厚度

$=30.01\times20.01\times0.13=78.07m^3$

（4）聚苯乙烯泡沫塑料板保温层

聚苯乙烯泡沫塑料板保温层工程量=保温层面积×厚度

$=30.01\times20.01\times0.06=36.03m^3$

（二）地面保温隔热层

地面保温隔热层按围护结构墙体间净面积乘以设计厚度以立方米计算，不扣除柱、垛所占的体积；架空隔热层按实铺面积计算，执行各地相应项目。其计算公式为

地面保温隔热层工程量=（墙间净面积+门洞等开口部分面积）×保温层厚度

地面架空隔热层工程量=实铺面积

若架空板是钢筋混凝土板，其钢筋工程量按混凝土及钢筋混凝土工程的有关规定计算。

（三）天棚保温隔热层

天棚保温隔热层工程量，按保温材料的体积计算，即天棚面积乘以保温材料的厚度。不同保温材料品种应分别计算。柱帽保温隔热层按图示保温隔热层体积并入天棚保温隔热层工程量内。架空隔热层工程量的计算与地面有关规定相同。

天棚保温隔热层项目中已包含了龙骨的人工费、材料费、机械费，故龙骨不另计算。

（四）墙体保温隔热层

墙体保温隔热层，外墙按隔热层中心线长度、内墙按隔热层净长度乘以图示尺寸高度及厚度以立方米计算。应扣除冷藏门洞口和管道穿墙洞口所占体积，门洞口侧壁周围的隔热部分，按图示隔热层尺寸以立方米计算，并入墙面的保温隔热层工程量内。其计算公式如下

墙体保温隔热层工程量=保温隔热层长度×高度×厚度-门窗洞口所占体积

+门窗洞口侧壁增加面积

说明：外墙隔热层的中心线及内墙隔热层的净长度不是$L_{中}$及$L_{内}$，计算时应考虑隔热层厚度对隔热层长度所带来的影响。

（五）柱保温隔热层

柱包隔热层，按图示柱的隔热层中心线的展开长度乘以图示尺寸高度及厚度以立方米计算。

（六）池槽保温隔热层

池槽保温隔热层按图示池槽保温隔热层的长度、宽度及其厚度以立方米计算。其中池壁按墙面计算，池底按地面计算。

三、综合实例

【例4-34】　某冷库室内设软木保温层，厚度100mm，层高3.2m，板厚100mm，如

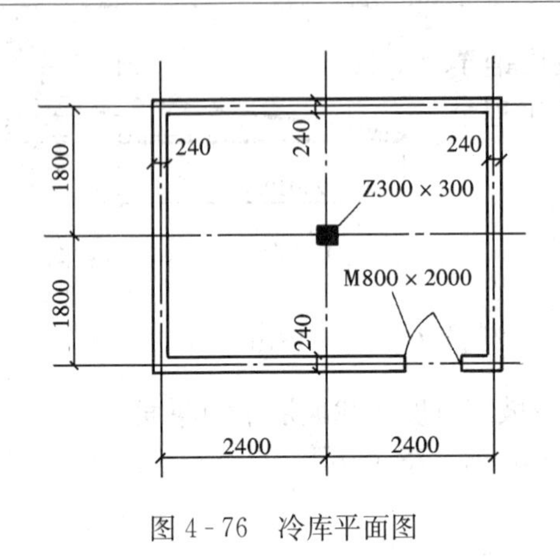

图 4-76 冷库平面图

图4-76所示。试对其保温层列项并计算工程量。

解 1. 列项

根据定额中项目的划分情况，本例应列项目为：天棚（带木龙骨）保温层、墙面保温层、地面保温层、柱面保温层。

2. 计算

(1) 天棚（带木龙骨）保温层。如图 4-76 所示，本例未设柱帽，则有

天棚(带木龙骨)保温层工程量

＝天棚面积×保温隔热层厚度

＝(4.8－0.24)×(3.6－0.24)×0.1

＝15.32×0.1＝1.53m³

(2) 墙面保温层

外墙保温层中心线长度＝（4.8－0.24－0.05×2＋3.6－0.24－0.05×2）×2＝15.44m

墙面保温层工程量＝保温层长度×高度×厚度一门窗洞口所占体积＋门窗洞口侧壁增加

＝15.44×(3.2－0.1×2)×0.1－0.8×2×0.1＋[(2－0.1)×2＋0.8]×0.12×0.1

＝4.63－0.16＋0.055＝4.53m³

(3) 地面保温层

地面保温层工程量＝（墙间净面积＋门洞等开口部分面积）×保温层厚度

＝［（4.8－0.24）×（3.6－0.24）＋0.8×0.24］×0.1＝1.55m³

(4) 柱面保温层

柱面保温层工程量＝柱保温层中心线周长×高度×厚度

＝（0.3＋0.05×2）×4×（3.2－0.1×2）×0.1

＝1.6×3×0.1＝0.48m³

第十三节 装 饰 工 程

装饰工程是指为增加房屋建筑的美观、耐用和舒适，而对房屋进行修饰、打扮、点缀的工程。装饰工程定额分为墙、柱面装饰，天棚装饰及油漆、涂料、裱糊三大部分。

一、资料准备

计算装饰工程量之前，应了解图纸各部位工程做法，以确定计算工程量时，分部分项工程项目划分问题。

二、墙、柱面装饰

定额中墙、柱面装饰包含墙、柱面的一般抹灰、装饰抹灰、镶贴块料面层、墙柱面装饰及其他。所有项目中均包含 3.6m 以下的简易脚手架的搭设、拆除，发生时不另计算。

(一) 墙、柱面的一般抹灰

一般抹灰是指用石灰砂浆、混合砂浆、水泥砂浆、其他砂浆及麻刀灰浆、纸筋灰浆等为主要材料的抹灰。按抹灰遍数不同，一般抹灰分为普通抹灰（两遍）、中级抹灰（三遍）和

高级抹灰（四遍）三个档次。计算工程量时，应按不同档次分别计算，套用相应定额项目。

【例 4-35】　某钢筋混凝土内墙面抹灰做法如下：

①刷（喷）内墙涂料；

②5mm 厚 1∶2.5 水泥砂浆压实赶光；

③13mm 厚 1∶3 水泥砂浆打底；

④刷混凝土界面处理剂一道。

试就此做法列项。

解　由表 4-44 的工作内容及 11—26 项目中的材料构成可知：做法②～④的人工费、材料费及机械费均包含在 11—26 项目中。其中 1∶3 水泥砂浆抹 12mm 厚，1∶2.5 水泥砂浆抹 8mm 厚，与设计有所不同，可按有关规定调整。做法①未包含在此，需单独列项。本例应列项目见表 4-45。

表 4-44　　**水泥砂浆机工料消耗定额表**

工作内容：1. 清理、修补、湿润基层表面、堵墙眼、调运砂浆、清扫落地灰。

2. 分层抹灰找平、刷浆、洒水湿润、罩面压光（包括门窗洞口侧壁及护角线抹灰）。

$100m^2$

定 额 编 号			11—25	11—26	11—27	11—28
项 目		单 位	墙面、墙裙抹水泥砂浆			
			14+6mm	12+8mm	24+6mm	14+6mm
			砖墙	混凝土墙	毛石墙	钢板网墙
人 工	综合工日	工 日	14.49	15.64	18.69	17.08
材 料	水泥砂浆 1∶3	m^3	1.62	1.39	2.77	1.62
	水泥砂浆 1∶2.5	m^3	0.69	0.92	0.69	0.69
	素水泥浆	m^3	—	0.11	—	0.11
	107 胶	kg	—	2.48	—	2.48
	水	m^3	0.70	0.70	0.83	0.70
	松厚板	m^3	0.005	0.005	0.005	0.005
机 械	灰浆搅拌机 200L	台班	0.39	0.39	0.58	0.39

1. 内墙面抹灰

内墙面抹灰面积应扣除门窗洞口和空圈所占面积，不扣除踢脚板、挂镜线、$0.3m^2$ 以内的孔洞和墙身与构件交接处面积，洞口侧壁和顶面也不增加。内墙裙抹灰面积按内墙净长乘以高度计算，应扣除门窗洞口和空圈所占面积，门窗洞口和空圈的侧壁面积不另增加，墙垛、附墙烟囱面积并入墙裙抹灰面积内计算。其计算公式如下

内墙面抹灰工程量＝内墙面面积－门窗洞口和空圈所占面积＋墙垛、附墙烟囱侧壁面积

内墙裙抹灰工程量＝内墙面净长度×内墙裙抹灰高度－门窗洞口和空圈所占面积＋墙垛、附墙烟囱侧壁面积

式中：内墙面净长度取主墙间图示净长度；内墙面抹灰高度按表 4-46 规定计算。

表 4-45 应列项目表

工 程 做 法	定额项目名称
①刷（喷）内墙涂料	刷内墙涂料
②5mm 厚 1∶2.5 水泥砂浆压实赶光	混凝土墙面抹水泥砂浆
③13mm 厚 1∶3 水泥砂浆打底	
④刷混凝土界面处理剂一道	

表 4-46 内墙面抹灰高度取值表

类 型	抹灰高度取值
无墙裙	室内地面或楼面取至天棚底面
有墙裙	墙裙顶面取至天棚底面
钉板天棚	室内地面、楼面或墙裙顶面取至天棚底面另加 100mm

说明：

1）挂镜线是指为保持室内整洁、美观，钉在墙面四周上部用于悬挂图幅和镜框等用的小木条。

2）“墙身与构件交接处面积”是指墙与构件交接时的接触面积。

3）内墙裙是指为保护墙身，对易受碰撞或受潮的墙面进行处理的部分，其高度为 1.5m 左右。定额中墙面、墙裙执行同一项目，若设计墙面、墙裙抹灰类别相同，则工程量可合并计算；反之，则工程量应分别计算。

4）圆弧形、锯齿形、不规则墙面抹灰、镶贴块料、饰面，套定额应按相应项目乘以系数 1.5 计算。

2. 外墙面抹灰

外墙抹灰面积，按外墙面的垂直投影面积以平方米计算。应扣除门窗洞口、外墙裙和大于 0.3m^2 孔洞所占面积，洞口侧壁面积不另增加。附墙垛、梁、柱侧面抹灰面积并入外墙面抹灰工程量内计算。栏板、栏杆、窗台线、门窗套、扶手、压顶、挑檐遮阳板、突出墙外的腰线等，另按相应规定计算。外墙裙抹灰面积，按其长度乘高度计算，扣除门窗洞口和大于 0.3m^2 孔洞所占面积，门窗洞口及孔洞的侧壁面积不另增加。其计算公式如下

外墙面抹灰工程量＝外墙垂直投影面积－门窗洞口及 0.3m^2 以上孔洞所占面积
＋墙垛侧壁面积

外墙裙抹灰工程量＝$L_{外}$×外墙裙高度－门窗洞口及 0.3m^2 以上孔洞所占面积
＋墙垛侧壁面积

式中：外墙抹灰高度按表 4-47 规定计算。

表 4-47 外墙抹灰高度取值表

类 型			外墙抹灰高度取值
平屋面	有挑檐	无墙裙	设计室外地坪取至挑檐板底
		有墙裙	勒脚顶取至挑檐板底
	有女儿墙	无墙裙	设计室外地坪取至女儿墙压顶底
		有墙裙	勒脚顶取至女儿墙压顶底

3. 墙面勾缝

墙面勾缝按垂直投影面积计算，应扣除墙裙和墙面抹灰的面积，不扣除门窗洞口、门窗套、腰线等零星抹灰所占面积，附墙柱和门窗洞口侧面的勾缝面积亦不增加。独立柱、房上烟囱勾缝，按图示尺寸以平方米计算。其计算公式如下

墙面勾缝工程量＝$L_{外}$×墙高度－墙裙面积－墙面抹灰面积

勾缝有原浆勾缝和加浆勾缝之分。原浆勾缝是指边砌墙边用砌筑砂浆勾缝，其费用已包

含在墙体砌筑中，不另计算；加浆勾缝是在砌完墙后，用抹灰砂浆勾缝，缝的形状有凹缝、平缝、凸缝，其费用未包含在墙体砌筑中，工程量应另行计算。

4. 独立柱抹灰

独立柱的一般抹灰按结构断面周长乘以柱的高度以平方米计算。

5. 栏板、栏杆抹灰

栏板、栏杆（包括立柱、扶手、压顶等）按立面垂直投影面积乘以系数2.2以平方米计算。

说明：

1）立柱指当栏板、栏杆较长时，为了使栏板、栏杆间的连接更加稳固而设的竖向构造柱；扶手是在栏板、栏杆顶面为人们提供依扶之用的构件；压顶是在墙、板的顶面，为加固其整体稳定性而设置的封顶构件。

2）“按立面垂直投影面积乘以系数2.2”的方法计算出的工程量中包括了栏板、栏杆以及立柱、扶手（或压顶）的所有面的抹灰工程量。

3）立面垂直投影面积指栏板、栏杆的外立面垂直投影面积。

6. 窗台线、门窗套、挑檐、腰线、遮阳板抹灰

窗台线、门窗套、挑檐、腰线、遮阳板等展开宽度在300mm以内者，按装饰线以延长米计算，如展开宽度超过300mm以上者，按图示尺寸以展开面积计算，套零星抹灰定额项目。

说明：

1）门窗套指门窗洞口四周凸出墙面的装饰线。它可用砖挑出墙面60mm×60mm砌成，然后进行抹灰，也可用水泥砂浆做成60mm×60mm的装饰线条。但未凸出墙面的侧边抹灰不是门窗套。

2）腰线指凸出外墙面的横直线条。一般常与窗台线连成一体。

3）展开宽度指各抹灰面的宽度之和；展开面积指各抹灰面的面积之和。

4）窗台线、门窗套、挑檐、腰线、遮阳板的列项方法为：

当展开宽度≤300mm时，以延长米为计量单位，执行装饰线定额项目；

当展开宽度＞300mm时，以平方米为计量单位，执行零星抹灰定额项目。

7. 阳台底面抹灰

阳台底面抹灰按水平投影面积以平方米计算，并入相应天棚抹灰面积内。阳台如带悬臂梁者，其工程量乘以系数1.30。

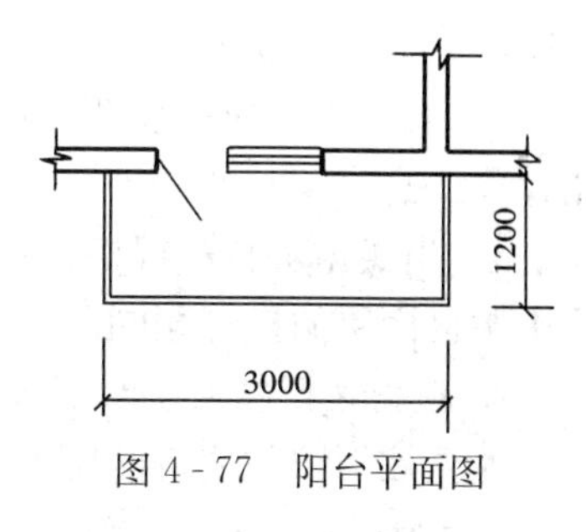

图4-77　阳台平面图

【例4-36】　已知某挑阳台外侧高度为1.2m，栏板厚度为50mm，阳台底板厚度为100mm，其平面形式如图4-77所示。试计算其底板及栏板（含扶手）抹灰工程量。

解　1. 阳台底板

$$阳台底板抹灰工程量=阳台水平投影面积=3\times1.2=3.6m^2$$

2. 阳台栏板（含扶手）

阳台栏板（含扶手）抹灰工程量＝阳台栏板垂直投影面积×2.2

$$=(3+1.2\times2)\times1.2\times2.2=14.26m^2$$

8. 雨篷抹灰

雨篷底面或顶面抹灰分别按水平投影面积以平方米计算，并入相应天棚抹灰工程量内。

雨篷顶面带反檐或反梁者，其工程量乘以系数 1.2，底面带悬臂梁者，其工程量乘以系数 1.2。雨篷外边线按相应装饰或零星项目执行。

说明：雨篷外边线抹灰宽度小于或等于 300mm 时，执行装饰线定额项目；雨篷外边线抹灰宽度大于 300mm 时，执行零星抹灰定额项目。

（二）墙、柱面的装饰抹灰

装饰抹灰是指能给予人们一定程度的美观感和艺术感的饰面抹灰工程。定额中包括了水刷石、斩假石、干粘石、水磨石、拉条灰、甩毛灰等装饰抹灰项目。

1. 外墙装饰抹灰

外墙各种装饰抹灰均按图示尺寸以实抹面积计算。应扣除门窗洞口、空圈的面积，其侧壁面积不另增加。计算公式如下

外墙装饰抹灰工程量=实抹面积-门窗洞口、空圈所占面积

实抹面积是指按外墙所采用的不同装饰材料分别计算各自装饰抹灰面积。

2. 独立柱装饰抹灰

独立柱装饰抹灰工程量的计算与其一般抹灰相同。

3. 挑檐、天沟、腰线、栏杆、栏板、门窗套、窗台线、压顶等装饰抹灰

挑檐、天沟、腰线、栏杆、栏板、门窗套、窗台线、压顶等装饰抹灰均按图示尺寸展开面积以平方米计算，并入相应的外墙面积内。

说明：定额中装饰抹灰项目，如水刷石、干粘石、水磨石中有“零星项目”的，挑檐、天沟、腰线、栏杆、栏板、门窗套、窗台线、压顶等应执行“零星项目”，无“零星项目”的，才并入外墙面积内。

（三）墙、柱面镶贴块料面层

1. 墙面镶贴块料面层

墙面镶贴块料面层均按图示尺寸以实贴面积计算。

说明：

1）实贴面积指贴多少，算多少。门窗洞口未贴部分应扣除，但洞口侧壁、附墙柱侧壁已贴部分应计算在内。

2）镶贴块料面层高度＞1 500mm 时，按墙面计算；300mm＜高度≤1 500mm 时，按墙裙计算；高度≤300mm 时，按踢脚板计算。定额中若只设有墙面项目时，则均执行墙面。

3）当实贴块料的规格与定额不同时，可以进行换算。换算方法与本章第十节楼地面工程中块料面层的换算相同。

2. 独立柱面镶贴块料面层

独立柱面镶贴块料面层工程量的计算与其一般抹灰工程量相同。

3. 挑檐、天沟、腰线、窗台线、门窗套、压顶、栏板、扶手、遮阳板、雨篷周边等镶贴块料面层

挑檐、天沟、腰线、窗台线、门窗套、压顶、栏板、扶手、遮阳板、雨篷周边等镶贴块料面层按展开面积计算。

（四）墙柱面装饰

墙柱面装饰是指以玻璃、人造革、丝绒、塑料板、胶合板、硬木条板、石膏板、竹片、电化铝板、铝合金板、不锈钢等为饰面面层的装饰工程。

1. 墙、柱面

墙、柱面装饰按图示尺寸以平方米计算。其计算公式如下

墙、柱面的龙骨工程量=基层工程量=面层工程量=实铺面积

图示尺寸是指装饰各层本身的长度及高度，而非构件的结构尺寸。

【例 4-37】 设计某方形柱做圆形不锈钢片饰面，已知柱饰面外围直径为 600mm，柱高 3.6m，试计算柱饰面工程量。

解 定额不锈钢片饰面项目中已包含了龙骨、基层及面层的费用，故本例应列项目为：方形柱包圆形饰面，则有

柱饰面工程量=实铺面积=饰面周长×柱高=3.14×0.6×3.6=6.78m^2

2. 木隔墙、墙裙、护壁板

隔墙是用来分割建筑物内部空间的非承重墙体；墙裙和护壁板都是为保护墙身而对墙面进行处理的部分，只是二者高度有所不同，墙裙一般高度为 1.5m 以内，而护壁板高度则超过 1.5m。木隔墙、墙裙、护壁板均按图示尺寸的长度乘以高度按实铺面积以平方米计算。

本规则中所述"图示尺寸"指的是木隔墙、墙裙、护壁板本身的净长度及高度，而非所依附墙体的结构尺寸。

3. 玻璃隔墙

玻璃隔墙按上横档顶面至下横档底面之间的高度乘以宽度（两边立梃外边线之间）以平方米计算。其计算公式如下

玻璃隔墙工程量=横档面积=横档外框高度×外框宽度

横档和两边立梃是组成窗框的连接件。横档为横向连接件，立梃为竖向连接件，玻璃嵌于其中即形成隔墙。

4. 铝合金、轻钢隔墙、幕墙

幕墙是用于高级建筑物装饰外表的如同幕一样的墙体。最常见的是玻璃幕墙，即将玻璃面层安装在型钢、铝合金等骨架内。铝合金、轻钢隔墙、幕墙按四周胯骨内外围面积计算。其计算公式如下

铝合金、轻钢隔墙、幕墙工程量=隔墙、幕墙四周框外围面积

=隔墙、幕墙外框长度×外框高度

幕墙、隔墙中如设计有平、推拉窗，应扣除平、推拉窗的面积，平、推拉窗另按门窗工程相应定额项目计算。

5. 浴厕木隔断

隔断是用于分隔房屋内部空间的，但它与隔墙不同。隔墙是到顶的墙体，隔断不到顶。浴厕木隔断，按下横档底面至上横档顶面之间的高度乘以图示长度以平方米计算，门扇面积并入隔断面积内计算。其计算公式如下

浴厕木隔断工程量=隔断四周框外围面积=隔断外框长度×外框高度

【例 4-38】 计算如图 4-78 所示的卫生间木隔断的工程量。

解 卫生间木隔断工程量

=隔断外框长度×外框高度

=（0.9×3+1.2×3）×1.5

=9.45m^2

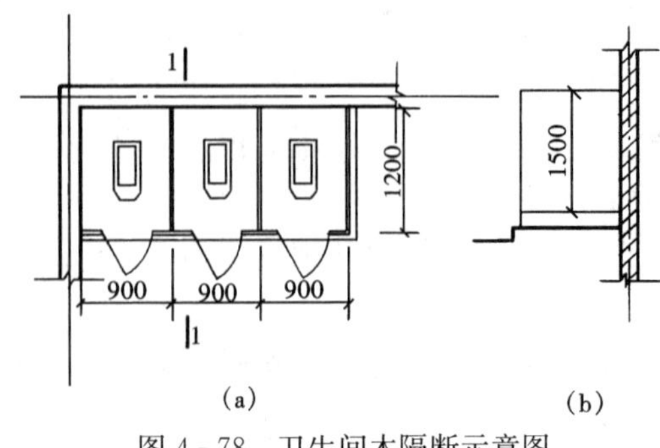

图 4-78 卫生间木隔断示意图
(a) 平面图；(b) 1—1 剖面图

（五）其他

定额中其他部分包含各种材料的压条、装饰条、窗帘盒、窗台板、筒子板等项目。

1. 压条、装饰条

压条是指饰面的平接面、相交面、对接面等衔接口所用的板条；装饰条是指分界层、层次面、封口处以及为增加装饰效果而设立的板条，按用途分有压边线、压角线、封边线等。压条、装饰条均按线条中心线以延长米计算。

2. 窗帘盒

窗帘盒工程量按设计图示尺寸计算，如无规定时，可按门窗洞口宽度加 30cm 以延长米计算。

3. 窗台板

窗台板按实铺面积计算。

4. 筒子板

筒子板概念见本章第九节木结构部分。其工程量按设计尺寸展开面积以平方米计算，计算式如下

筒子板工程量＝设计展开面积＝筒子板中心线长度×筒子板宽度

三、天棚面装饰

定额中天棚面装饰包含天棚的抹灰面层、龙骨、装饰面层、送（回）风口等部分。

（一）天棚抹灰面层

天棚抹灰面层是指在混凝土面、钢板网面、板条及其他木质面上用石灰砂浆、水泥砂浆、混合砂浆等为主要材料的抹灰层。

1. 计算规则

1）天棚抹灰面积按主墙间的净面积计算，不扣除间壁墙、垛、柱、附墙烟囱、检查口和管道所占的面积。带梁天棚梁两侧的抹灰面积，并入天棚抹灰工程量内计算。

2）密肋梁和井字梁天棚，其抹灰面积按展开面积计算。

3）天棚抹灰如带有装饰线时，区别三道线以内或五道线以内按延长米计算，线角的道数以一个突出的棱角为一道线。

4）檐口天棚的抹灰面积，并入相同的天棚抹灰面积内计算。

5）天棚中的折线、灯槽线、圆弧形线、拱形线等艺术形式的抹灰，按展开面积计算。

2. 说明

1）间壁墙即为隔墙；检查口为检查人员检查管道的出入口。

2）计算规则“2）”中的展开面积指密肋和井字梁的侧面抹灰面积也应并入天棚抹灰面积内计算。

3）天棚抹灰带的装饰线是指天棚与墙面交接部位所做的装饰抹灰，如图 4-79 所示。计算天棚抹灰工程量时，装饰线应按内墙面净长度单独计算工程量。

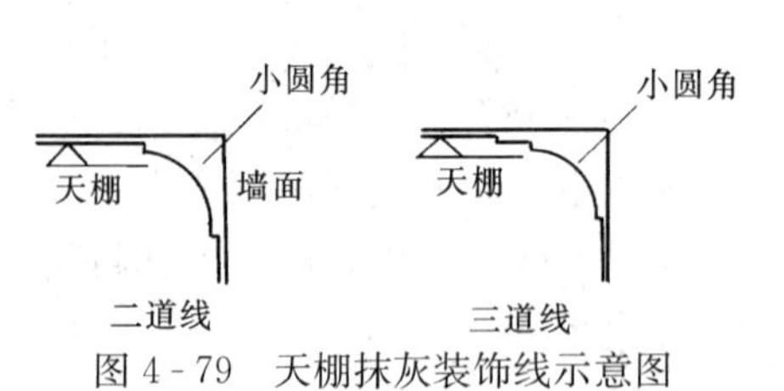

图 4-79 天棚抹灰装饰线示意图

4）檐口天棚指屋面檐口下的那部分天棚。如设

计为挑檐外排水时，檐口天棚即为挑檐板的底面，其抹灰面积并入天棚抹灰工程量内计算。

5）天棚中的折线、灯槽线、圆弧形线、拱形线等是指天棚抹灰时所做的艺术造型，其抹灰的展开面积即为实抹面积。

6）天棚抹灰中已包括了3.6m以内的简易脚手架的搭设及拆除。

3. 计算方法

天棚抹灰工程量＝主墙间净面积＋梁的侧面抹灰面积

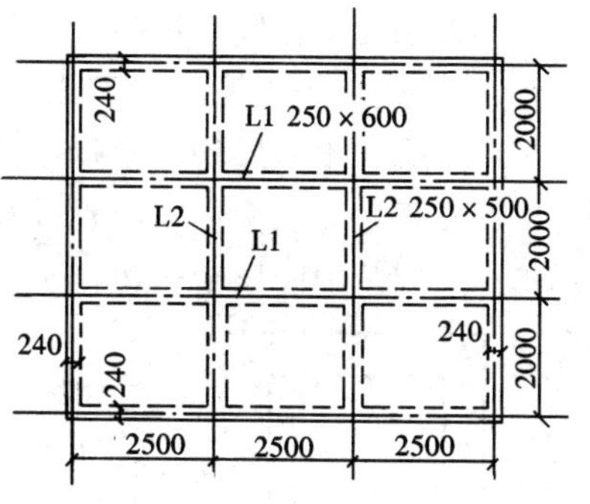

图4-80　带梁天棚示意图

【例4-39】　某钢筋混凝土天棚如图4-80所示。已知板厚100mm，试计算其天棚抹灰工程量。

解　如图4-80所示，有

主墙间净面积＝（2.5×3－0.24）×（2×3－0.24）＝41.82m²

L1的侧面抹灰面积＝[(2.5－0.12－0.125)×2＋(2.5－0.125×2)]×(0.6－0.1)×2×2(根)＝6.76×1.0×2＝13.52m²

L2的侧面抹灰面积＝[(2－0.12－0.125)×2＋(2－0.125×2)]×(0.5－0.1)×2×2(根)＝5.26×0.8×2＝8.42m²

天棚抹灰工程量＝主墙间净面积＋L1、L2的侧面抹灰面积＝41.82＋13.52＋8.42＝63.76m²

（二）天棚龙骨

各种吊顶天棚龙骨按主墙间净空面积计算，不扣除间壁墙、检查口、附墙烟囱、附墙垛和管道所占面积，应扣除独立柱及与天棚相连的窗帘盒所占的面积。其计算公式如下

天棚龙骨工程量＝主墙间净面积－独立柱及与天棚相连的窗帘盒所占面积

说明：

1）定额中天棚龙骨是按常用材料及规格编制的，与设计规定不同时可以换算，人工及其他材料不变。

2）天棚中的折线、迭落、圆弧形、高低吊灯槽等龙骨面积按平面计算，不展开计算。

（三）天棚装饰面层

天棚装饰面层是指在龙骨下安装饰面板的面层。定额中按所用材料不同分为板条、薄板、胶合板、木丝板、木屑板、埃特板、铝塑板、宝丽板等项目。其工程量按主墙间实铺面积以平方米计算，不扣除间壁墙、检查口、附墙烟囱、附墙垛和管道所占面积，应扣除独立柱及与天棚相连的窗帘盒所占的面积。天棚中的折线、迭落等圆弧形、拱形、高低吊灯槽及其他艺术形式天棚面层均按展开面积计算。计算公式如下

天棚装饰面层工程量＝主墙间净面积＋应增减面积

式中：应增面积为天棚折线、迭落等艺术造型所增加部分面积；应减面积为独立柱及与天棚相连的窗帘盒所占面积。

说明：

1）由本计算规则可知，天棚装饰面层工程量与天棚龙骨的计算存在着差异。即计算天棚装饰面层工程量时，折线、迭落等艺术形式按展开面积计算，而天棚龙骨是按平面面积计算。

2）天棚面层在同一标高者，为一级天棚；天棚面层不在同一标高者且高差大于200mm者，为二级或三级天棚。对于二、三级以上造型的天棚，其面层的人工乘以系数1.3。

3）面层、木基层均未包括刷防火涂料，如设计要求时，另按相应定额计算。

4）天棚龙骨与面层应分别计算工程量。

5）天棚装饰面层中已包括了3.6m以内的简易脚手架的搭设及拆除。

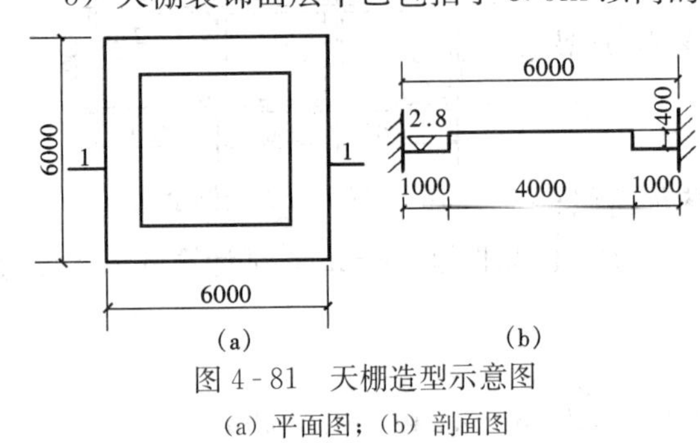

图4-81　天棚造型示意图
(a) 平面图；(b) 剖面图

【例4-40】　某天棚设计为带艺术迭级造型的钢木龙骨石膏板面层（如图4-81所示），其工程做法如下：

①贴壁纸（布），在纸（布）背面和棚面刷纸胶粘结；

②棚面刷一道清油；

③9mm厚纸面石膏板自攻螺丝拧牢（900×3 000×9）；

④轻钢横撑龙骨U19×50×0.5中距3000mm，U19×25×0.5中距3000mm；

⑤轻钢小龙骨U19×25×0.5中距等于板材1/3宽度；

⑥轻钢中龙骨U19×50×0.5中距等于板材宽度；

⑦轻钢大龙骨［45×15×1.2或［50×15×1.5；

⑧ϕ8螺栓吊杆双向吊点，中距900～1200mm；

⑨钢筋混凝土板内预留ϕ6铁环，双向中距900～1200mm。

试对其工程做法进行列项，并计算天棚龙骨、面层工程量。

解　1. 列项

由图4-81可知：天棚面层不在同一标高且相差400mm，故此天棚设计为二级天棚。

由表4-48及表中项目11-326的材料构成可知：做法④～⑧所需的人工费、材料费、机械费已包含在项目11-326中，而做法①、②、③未包含在内，需分别单独列项。本例应列项目见表4-49。

表4-48　天棚轻钢龙骨机工料消耗定额表

工作内容：1. 吊件加工、安装。2. 定位、弹线、射钉。3. 选料、下料、定位杆控制高度、平整、安装龙骨及横撑附件、孔洞预留等。4. 临时加固、调整、校正。5. 灯箱风口封边、龙骨设置。6. 预留位置、整体调整。

100m²

定额编号			11-323	11-324	11-325	11-326
项目		单位	不上人型装配式U形轻钢天棚龙骨			
			面层规格（mm）			
			600×600		600×600以上	
			一级	二～三级	一级	二～三级
人工	综合工日	工日	18.72	21.18	17.72	20.17
材料	一等方材	m³	—	0.066	—	0.073
	轻钢大龙骨h45	m	136.85	186.42	124.90	178.05
	轻钢中龙骨h19	m	249.34	230.00	153.66	145.20
	轻钢小龙骨h19	m	—	133.97	—	133.97
	轻钢中龙骨横撑h19	m	207.84	205.82	148.06	163.97
	……					

表 4-49　　应列项目表

工程做法	定额项目名称
①贴壁纸（布），在纸（布）背面和棚面刷纸胶黏结	贴壁纸天棚
②棚面刷一道清油	天棚面油漆
③9mm 厚纸面石膏板自攻螺丝拧牢（900×3000×9）	纸面石膏板
④轻钢横撑龙骨 U19×50×0.5 中距3000mm，U19×25×0.5 中距3000mm ⑤轻钢小龙骨 U19×25×0.5 中距等于板材 1/3 宽度 ⑥轻钢中龙骨 U19×50×0.5 中距等于板材宽度 ⑦轻钢大龙骨 [45×15×1.2 或 [50×15×1.5 ⑧ϕ8 螺栓吊杆双向吊点，中距 900～1200mm	轻钢龙骨
⑨钢筋混凝土板内预留 ϕ6 铁环，双向中距 900～1200mm	钢筋混凝土板

2. 计算

（1）轻钢龙骨

$$轻钢龙骨工程量＝主墙间净面积＝6\times6＝36m^2$$

（2）天棚面层（纸面石膏板）

$$\begin{aligned}天棚面层工程量&＝主墙间净面积＋折线、迭落等艺术造型增加面积\\&＝6\times6＋4\times0.4\times4＝36＋6.4＝42.4m^2\end{aligned}$$

（四）龙骨及饰面

龙骨及饰面部分的项目中既包含龙骨的费用，又包含面层的费用，其中任意一项不需单独列出，且工程量计算方法与天棚装饰面层相同。

（五）送（回）风口

送（回）风口是用于空调房间的配套装饰物。送风口指空调管道向室内输入空气的管口；回风口指空调管道向室外送出空气的管口。它们均以个为计量单位计算工程量。

四、油漆、涂料、裱糊

定额中油漆、涂料、裱糊分为木材面油漆、金属面油漆、抹灰面油漆及涂料和裱糊四个部分。

（一）木材面、金属面油漆

木材面、金属面油漆工程量按表 4-50～表 4-57 规定计算，并乘以表内系数以平方米计算。

其计算公式如下

$$\begin{aligned}&木材面、金属面油漆工程量\\&＝表中规定基数\times相应系数\end{aligned}$$

表 4-50　　单层木门工程量系数表

项目名称	系数	工程量计算方法
单层木门	1.00	按单面洞口面积
双层（一玻一纱）木门	1.36	
双层（单裁口）木门	2.00	
单层全玻门	0.83	
木百叶门	1.25	
厂库大门	1.10	

表 4-51　　单层木窗工程量系数表

项目名称	系数	工程量计算方法
单层玻璃门	1.00	按单面洞口面积
双层（一玻一纱）窗	1.36	
双层（单裁口）窗	2.00	
三层（二玻一纱）窗	2.60	
单层组合窗	0.83	
双层组合窗	1.13	
木百叶窗	1.50	

表 4-52　　木扶手（不带托板）工程量系数表

项目名称	系数	工程量计算方法
木扶手（不带托板）	1.00	按延长米
木扶手（带托板）	2.60	
窗帘盒	2.04	
封檐板、顺水板	1.74	
挂衣板、黑板框	0.52	
生活园地框、挂镜线、窗帘棍	0.35	

表 4-53　　其他木材面工程量系数表

项 目 名 称	系数	工程量计算方法	项 目 名 称	系数	工程量计算方法
木板、纤维板、胶合板天棚、檐口	1.00	长×宽	屋面板（带檩条）	1.11	斜长×宽
清水板条天棚、檐口	1.07		木间壁、木隔断	1.90	单面外围体积
木方格吊顶天棚	1.20		玻璃间壁露明墙筋	1.65	
吸音板、墙面、天棚面	0.87		木栅栏、木栏杆	1.82	
鱼鳞板墙	2.48		木屋架	1.79	跨度(长)×中高×1/2
木护墙、墙裙	0.91		衣柜、壁柜	0.91	投影面积（不展开）
窗台板、筒子板、盖板	0.82		零星木装修	0.87	展开面积
暖气罩	1.28				

表 4-54　　木地板工程量系数表

项 目 名 称	系数	工程量计算方法	项 目 名 称	系数	工程量计算方法
木地板、木踢脚线	1.00	长×宽	木楼梯（不包括底面）	2.30	水平投影面积

表 4-55　　单层钢门窗工程量系数表

项 目 名 称	系数	工程量计算方法	项 目 名 称	系数	工程量计算方法
单层钢门窗	1.00	洞口面积	射线防护门	2.96	框（扇）外围面积
双层（一玻一纱）钢门窗	1.48		厂库房平开、推拉门	1.70	
钢百叶钢门	2.74		铁丝网大门	0.81	
半截百叶钢门	2.22		间壁	1.85	长×宽
满钢门或包铁皮门	1.63		平板屋面	0.74	斜长×宽
钢折叠门	2.30		瓦垄板屋面	0.89	斜长×宽
			排水、伸缩缝盖板	0.78	展开面积
			吸气罩	1.63	水平投影面积

表 4-56　　其他金属面工程量系数表

项 目 名 称	系数	工程量计算方法
钢屋架、天窗架、挡风架、屋架梁、支撑、檩条	1.00	重量（t）
墙架（空腹式）	0.50	
墙架（格板式）	0.82	
钢柱、吊车梁、花式梁、柱、空花构件	0.63	
操作台、走台、制动梁、钢梁车挡	0.71	
钢栅栏门、栏杆、窗栅	1.71	
钢爬梯	1.18	
轻型屋架	1.42	
踏步式钢扶梯	1.05	
零星铁件	1.32	

表 4-57　　平板屋面涂刷磷化、锌黄底漆工程量系数表

项目名称	系数	工程量计算方法	项目名称	系数	工程量计算方法
平板屋面	1.00	斜长×宽	吸气罩	2.20	水平投影面积
瓦垄板屋面	1.20	斜长×宽			
排水、伸缩缝盖板	1.05	展开面积	包镀锌铁皮门	2.20	洞口面积

【例 4-41】　某工程设计用一玻一纱木窗，尺寸为1 500mm×1 800mm，数量为 20 樘，试计算其油漆工程量。

解　由表 4-50 可知：该油漆工程量应执行单层木窗油漆定额项目，且

每樘一玻一纱木窗的油漆工程量＝单面洞口面积×1.36＝1.5×1.8×1.36＝3.67m^2

则有

20 樘一玻一纱木窗的油漆工程量＝3.67×20＝73.44m^2

（二）抹灰面油漆、涂料

抹灰面油漆、涂料工程量应按表 4-58 规定并乘以表列系数以平方米计算。表中未规定的楼地面，天棚面，墙面，柱面，梁面的喷（涂）、抹灰面油漆工程均按各自相应的抹灰工程量计算规则规定计算。

表 4-58　　抹灰面工程量系数表

项　目　名　称	系数	工程量计算方法
槽形底板、混凝土折板	1.30	长×宽
有梁板底	1.10	
密肋、井字梁底板	1.50	
混凝土平板式楼梯底	1.30	水平投影面积

（三）裱糊

裱糊工程量按实铺面积计算。

五、综合实例

【例 4-42】　图 4-82 所示为某房屋平面及剖面图。该房屋内墙面、外墙面及天棚面的工程做法见表 4-59，门窗尺寸见表 4-60。已知内外墙厚均为 240mm，吊顶高 3.0m，窗台

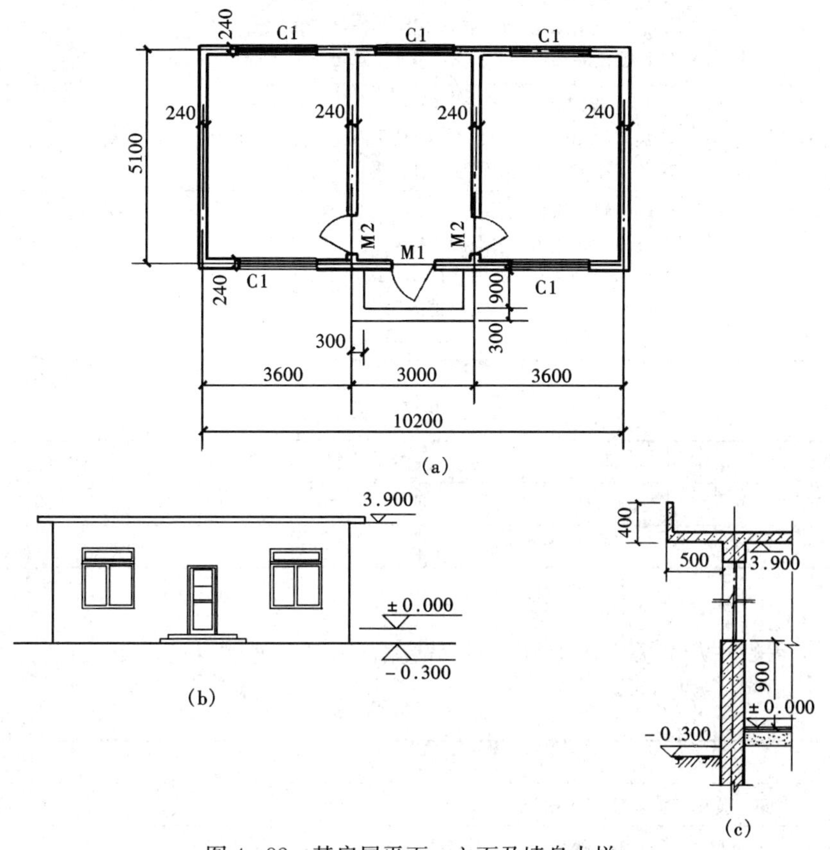

图 4-82　某房屋平面、立面及墙身大样

（a）平面图；（b）立面图；（c）墙身大样

线长按窗洞口宽度两端共加200mm计算。试对其进行列项，并计算各分项工程量。

表4-59　工程做法表

部位	工程做法
内墙面	①刷（喷）内墙涂料 ②5mm厚1∶2.5水泥砂浆抹面，压实赶光 ③13mm厚1∶3水泥砂浆打底
内墙裙（高900mm）	①白水泥擦缝 ②粘贴5mm厚釉面砖（在釉面砖粘贴面上涂抹专用粘结剂，然后粘贴） ③8mm厚1∶0.1∶2.5水泥石灰膏砂浆找平 ④12mm厚1∶3水泥砂浆打底扫毛
外墙面	①1∶1水泥砂浆（细砂）勾缝 ②贴6～12mm厚面砖（在砖粘贴面上涂抹专用粘结剂，然后粘贴） ③6mm厚1∶0.2∶2.5水泥石灰膏砂浆找平 ④12mm厚1∶3水泥砂浆打底扫毛
天棚	①贴矿棉板（用专用胶与石膏板基层粘贴） ②9mm厚纸面石膏板基层自攻螺丝拧牢 ③轻钢横撑龙骨U19×50×0.5中距3000mm，U19×25×0.5中距3000mm ④轻钢小龙骨U19×25×0.5中距等于板材1/3宽度 ⑤轻钢中龙骨U19×50×0.5中距等于板材宽度 ⑥轻钢大龙骨［45×15×1.2或［50×15×1.5 ⑦ϕ8螺栓吊杆双向吊点，中距900～1200mm ⑧钢筋混凝土板内预留ϕ6铁环，双向中距900～1200mm
挑檐（立板外侧）	①1∶1水泥砂浆（细砂）勾缝 ②贴6～12mm厚面砖（在砖粘贴面上涂抹专用粘结剂，然后粘贴） ③基层用EC聚合物砂浆修补整平
挑檐（底板）	①刷（喷）涂料 ②5mm厚1∶2.5水泥砂浆抹面 ③5mm厚1∶3水泥砂浆打底 ④刷素水泥浆一道（内掺建筑胶） ⑤现浇钢筋混凝土板

表4-60　门窗表　mm

门窗名称	洞口尺寸	门窗名称	洞口尺寸
M1	1000×2400	C1	1800×1800
M2	900×2100		

解　1. 列项

根据本工程做法及有关定额项目的划分情况，本例应列项目见表4-61。

表4-61　应列项目表

部位	工程做法	定额项目名称
内墙面	①刷（喷）内墙涂料	喷内墙涂料
	②5mm厚1∶2.5水泥砂浆抹面，压实赶光 ③13mm厚1∶3水泥砂浆打底	内墙面抹水泥砂浆

续表

部　位	工　程　做　法	定额项目名称
内墙裙	①白水泥擦缝 ②粘贴 5mm 厚釉面砖（在釉面砖粘贴面上涂抹专用黏结剂，然后粘贴） ③8mm 厚 1∶0.1∶2.5 水泥石灰膏砂浆找平 ④12mm 厚 1∶3 水泥砂浆打底扫毛	釉面砖墙裙
外墙面	①1∶1 水泥砂浆（细砂）勾缝 ②贴 6～12mm 厚面砖（在砖粘贴面上涂抹专用黏结剂，然后粘贴） ③6mm 厚 1∶0.2∶2.5 水泥石灰膏砂浆找平 ④12mm 厚 1∶3 水泥砂浆打底扫毛	花岗石板墙面
天　棚	①贴矿棉板（用专用胶与石膏板基层粘贴）	矿棉板天棚面层
	②9mm 厚纸面石膏板基层自攻螺丝拧牢	石膏板天棚基层
	③轻钢横撑龙骨 U19×50×0.5 中距3000mm，U19×25×0.5 中距3000mm ④轻钢小龙骨 U19×25×0.5 中距等于板材 1/3 宽度 ⑤轻钢中龙骨 U19×50×0.5 中距等于板材宽度 ⑥轻钢大龙骨［45×15×1.2 或［50×15×1.5 ⑦ ϕ8 螺栓吊杆双向吊点，中距 900～1200mm ⑧钢筋混凝土板内预留 ϕ6 铁环，双向中距 900～1200mm	轻钢龙骨吊顶
（立板外侧） 挑　檐	①1∶1 水泥砂浆（细砂）勾缝 ②贴 6～12mm 厚面砖（在砖粘贴面上涂抹专用黏结剂，然后粘贴） ③基层用 EC 聚合物砂浆修补整平	零星项目
（底板） 挑檐	①刷（喷）涂料	天棚涂料
	②5mm 厚 1∶2.5 水泥砂浆抹面 ③5mm 厚 1∶3 水泥砂浆打底 ④刷素水泥浆一道（内掺建筑胶） ⑤现浇钢筋混凝土板	天棚抹灰

2. 计算

如图 4-82 所示。

（1）内墙面

内墙面抹灰工程量＝内墙面净长度×内墙面抹灰高度－门窗洞口所占面积

$$=[(3.6-0.24+5.1-0.24)\times2\times2+(3-0.24+5.1-0.24)\times2]\times(3+0.1-0.9)-(1\times1.5+0.9\times1.2\times2\times2+1.8\times1.8\times5)$$

$$=48.12\times2.2-22.02=83.84\text{m}^2$$

内墙面喷涂料工程量＝内墙面抹灰工程量＝83.84m^2

（2）内墙裙。门框、窗框的宽度均为 100mm，且安装于墙中线，则

内墙裙贴釉面砖工程量

＝内墙面净长度×内墙裙高度－门洞口所占面积＋门洞口侧壁面积

$$=48.12\times0.9-(1\times0.9+0.9\times0.9\times2\times2)+\left(0.9\times\frac{0.24-0.1}{2}\times2+0.9\times\frac{0.24-0.1}{2}\times4\times2\right)$$

$$=43.31-4.14+0.63=39.80\text{m}^2$$

（3）外墙面

外墙面贴花岗石工程量

$=L_{外}\times$外墙面高度－门窗洞口、台阶所占面积＋洞口侧壁面积

$=(3.6\times2+3+0.24+5.1+0.24)\times2\times(3.9+0.3)-(1\times2.4+1.8\times1.8\times5)$

$-(2.4\times0.15+3\times0.15)+\dfrac{0.24-0.1}{2}\times[(1+2.4\times2)+(1.8+1.8)\times2\times5]$

$=31.56\times4.2-18.6-0.81+2.93$

$=132.55-18.6-0.81+2.93=116.07\text{m}^2$

（4）天棚

天棚面层工程量＝主墙间净面积

$=(3.6-0.24)\times(5.1-0.24)\times2+(3-0.24)\times(5.1-0.24)$

$=16.33\times2+13.41=46.07\text{m}^2$

天棚基层工程量＝天棚龙骨工程量＝天棚面层工程量＝46.07m^2

（5）挑檐

挑檐贴面砖工程量＝挑檐立板外侧面积

$=(L_{外}+0.5\times8)\times$立板高度

$=(31.56+0.5\times8)\times0.4$

$=5.69\text{m}^2$

挑檐抹灰工程量＝挑檐底板面积

$=(L_{外}+0.5\times4)\times$挑檐宽度

$=(31.56+0.5\times4)\times0.5$

$=16.78\text{m}^2$

挑檐刷涂料工程量＝挑檐抹灰工程量＝16.78m^2

第十四节　金属结构制作工程

金属结构制作是指钢柱、钢屋架、钢托架、钢梁、钢吊车轨道等的现场加工制作或企业附属加工厂制作的构件。

一、计算规则

金属结构制作，按图示钢材尺寸以吨计算。不扣除孔眼、切边的重量，焊条、铆钉、螺栓等重量，已包含在定额内，不另计算。在计算不规则或多边形钢板重量时，均以其最大对角线乘以最大宽度的矩形面积计算。

二、说明

（1）金属结构制作工程中仅包含构件的制作费及场内运输费，其场外运输及安装费用应另按本章第八节规定计算。构件的制作、运输、安装工程量相等。

（2）构件制作项目中已包含刷一遍防锈漆所需的人工、材料。

（3）不规则或多边形钢板的重量按矩形计算，其边长以设计尺寸中互相垂直的最大尺寸为准。如图 4-83 所示。

（4）钢柱按断面形式分为实腹柱和空腹柱。实腹柱是由型钢或钢板连接而成的具有实腹式断面的柱，如图 4-84（a）所示；空腹柱是由型钢或钢板连接而成的具有格构式断面的

柱，如图 4-84（b）所示。计算工程量时，实腹柱的腹板和翼板宽度每边增加 25mm 计算，依附于柱上的牛腿及悬臂梁重量已包含在内。

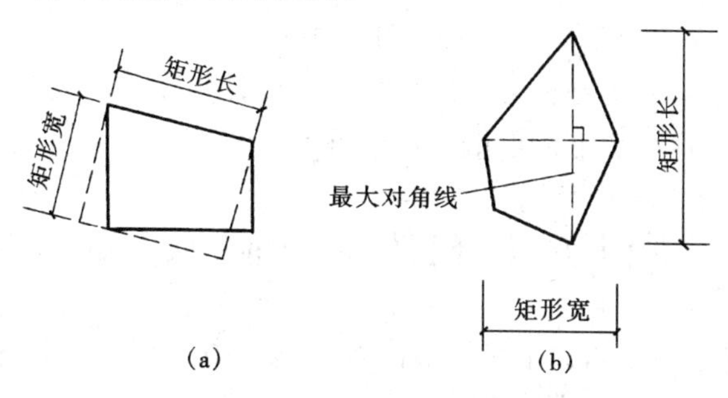

图 4-83　钢板计算范围示意图

（a）不规则钢板；（b）多边形钢板

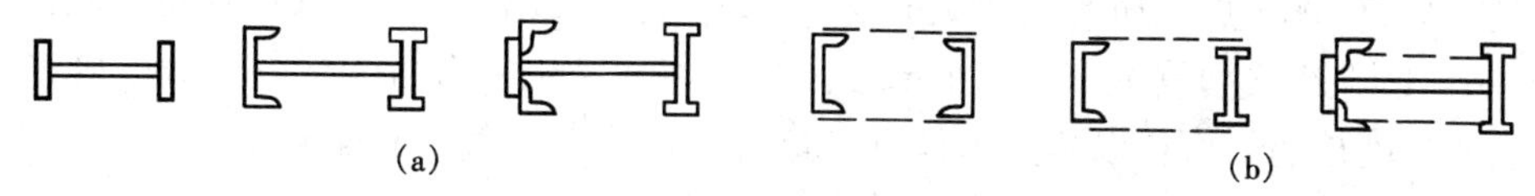

图 4-84　钢柱示意图

（a）实腹柱；（b）格构柱

（5）钢梁包括吊车梁、制动梁、单轨吊车梁等。吊车梁是承受桥式吊车的支撑梁，一般由工字钢、槽钢制作而成，其腹板、翼板的计算宽度与实腹柱相同；制动梁是由型钢和连接钢板焊接而成，与吊车梁、钢柱连接在一起，对吊车起制动作用的梁，其工程量包括制动梁、制动桁架、制动板的重量。

（6）钢吊车轨道是支撑桥式吊车运动的金属构件，一般用钢轨制作而成。计算轨道制作工程量时，只计算轨道本身重量，不包括轨道垫板、压板、斜垫、夹板及连接角钢等重量。

（7）铁栏杆的制作项目仅适用于工业厂房中平台、操作台的钢栏杆。民用建筑中的铁栏杆等按本章其他节有关项目计算。

三、计算方法

金属结构构件制作工程量＝构件中各钢材重量之和

式中：钢板每平方米重量及型钢每米重量可从有关表中查出，也可按下式计算

钢板每平方米重量＝7.85×钢板厚度

角钢每米重量＝0.00795×角钢厚度×（角钢长边＋短边－角钢厚度）

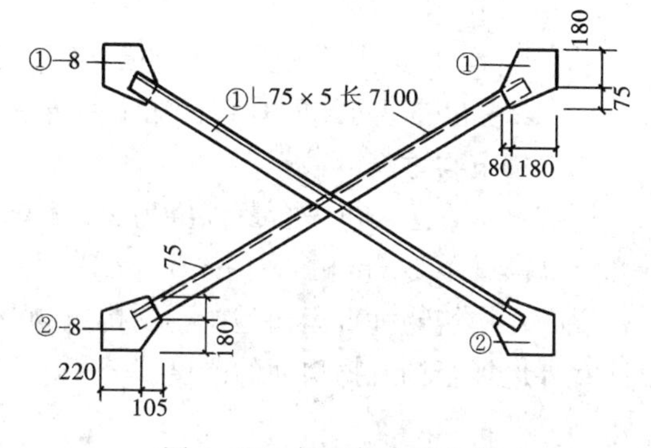

图 4-85　钢屋架水平支撑

四、综合实例

【例 4-43】　试计算图 4-85 所示的钢屋架间水平支撑的制作工程量。

解　如图 4-85 所示，有

－8 钢板重量＝①号钢板面积×每平方米钢板重量×块数＋②号钢板面积×每平方米钢板重量×块数

$=(0.08+0.18)\times(0.075+0.18)\times62.8\times2+(0.22+0.105)\times(0.18+0.075)\times62.8\times2$

$=4.16\times2+5.2\times2=18.72\text{kg}$

∟75×5 角钢重量=角钢长度×每米重量×根数=7.1×5.82×2=82.64kg

水平支撑工程量=钢板重量+角钢重量=18.72+82.64=101.36kg

第十五节 建筑工程垂直运输

建筑工程垂直运输适用于前述本章各节内容在施工中所发生的垂直运输费用的计算，包括建筑物、构筑物垂直运输两个部分。

一、建筑物垂直运输

建筑物垂直运输包括 20m（6 层）以内卷扬机施工、20m（6 层）以内塔式起重机施工、20m（6 层）以上塔式起重机施工三个部分。其垂直运输机械台班用量，区分不同建筑物的结构类型及高度按建筑面积以平方米计算。建筑面积按本章第二节规定计算。

说明：

1）建筑物垂直运输定额的工作内容中包括单位工程在合理工期内完成全部工程项目所需的垂直运输机械台班，不包括机械的场外往返运输、一次安拆及路基铺垫和轨道铺拆的费用，发生时另计。例如固定式塔吊，要另外计取其基础费用、安拆费及机械进出场费。

2）同一建筑物有多种用途（或多种结构）时，按不同用途（或结构）分别计算工程量，檐高以该建筑物的总檐高为准。

3）本节檐高是指设计室外地坪至檐口的高度。突出主体建筑屋顶的电梯间、水箱间等不计入檐口高度内。定额各部分是按檐高和层数两个指标同时界定的，凡檐高达上限而层数未达时，以檐高为准；如层数达上限而檐高未达者，以层数为准。

【例 4-44】 某五层建筑物底层为框架结构，二层及二层以上为砖混结构，每层建筑面积1000m²，试计算其垂直运输工程量。

解 因底层与二～五层的结构形式不同，故应将底层与二～五层的垂直运输工程量分别计算，并套用不同定额，可得

底层建筑物的垂直运输工程量=底层建筑面积=1000m²

二～五层建筑物的垂直运输工程量=二～五层建筑面积=1000×4=4000m²

二、构筑物垂直运输

构筑物垂直运输机械台班以座为单位计算。超过规定高度时，再按每增高 1m 定额项目计算，其高度不足 1m 的，亦按 1m 计算。

说明：构筑物垂直运输是按不同构筑物及其高度划分定额项目的。构筑物的高度是指从设计室外地坪至构筑物顶面的高度。

第十六节 建筑物超高增加人工、机械定额

建筑物超高增加人工、机械定额综合了由于超高引起的人工降效、机械降效、人工降效引起的机械降效及超高施工水压不足所增加的水泵等因素。

一、计取条件

当建筑物檐高超过20m以上时，要计取建筑物超高增加的人工、机械及加压水泵等费用。其中，檐高的取值方法与本章第十五节相同。

二、人工、机械降效费

人工降效按规定内容中的全部人工费乘以定额系数计算；吊装机械降效按本章第八节吊装项目中的全部机械费乘以定额系数计算，其他机械降效按规则内容中的全部机械费（不包含吊装机械）乘以定额系数计算。

说明：本规则中的“定额系数”见《全国统一建筑工程基础定额》（土建・下册GJD—101—1995）的规定。

三、加压水泵台班

建筑物施工用水加压增加的水泵台班，按建筑面积以平方米计算。

以上我们依照《全国统一建筑工程基础定额》（GJD—101—1995）介绍了定额的理解方法及各分部分项工程量的计算方法。编制施工图预算时，各地应注意按照本地定额及有关规定来进行。

思考与练习题

1. 某建筑物基础平面及剖面如图4-86所示。已知土质为Ⅱ类土，试计算基数、平整场地、挖地槽、基础、垫层及回填土的工程量。

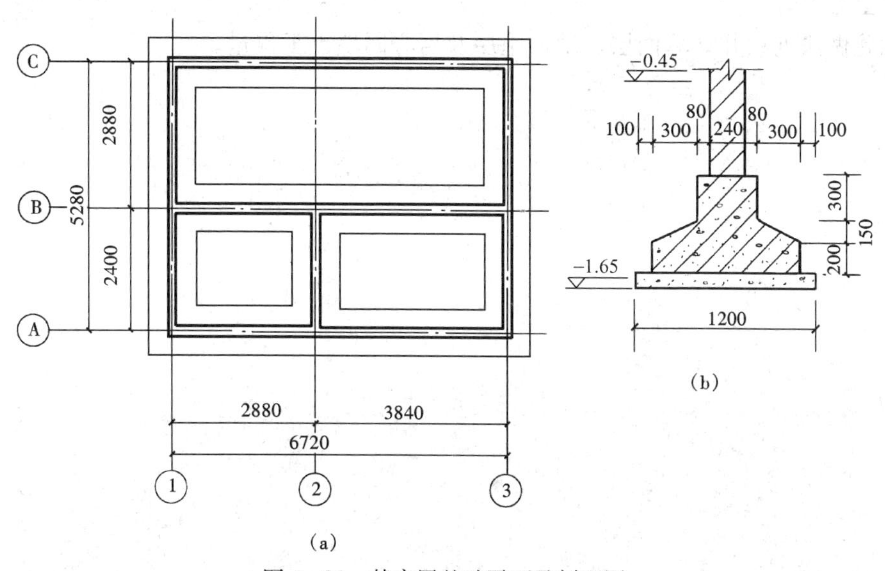

图4-86　某房屋基础平面及剖面图

（a）基础平面图；（b）基础剖面图

2. 计算图4-86中钢筋混凝土基础的模板工程量。

3. 某房屋平面图如图4-87所示，室内外高差为600mm，M1、M2洞口宽度分别为1000mm、900mm。其地面的工程做法如下：

①20mm厚磨光花岗石铺面，灌稀水泥浆擦缝；

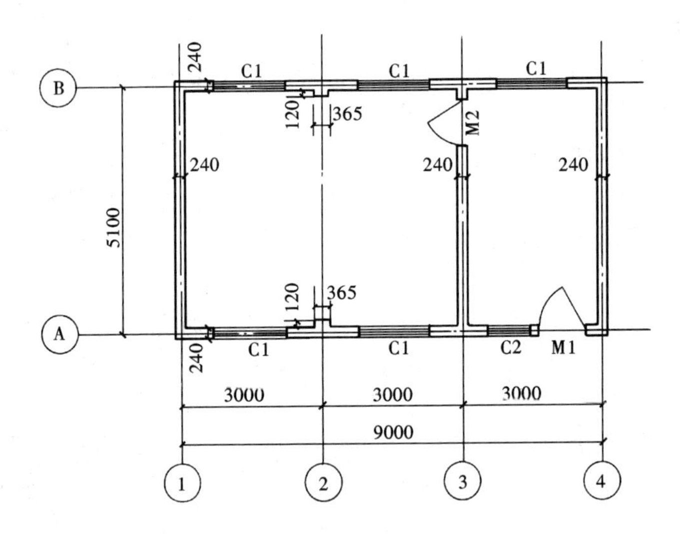

图 4-87　某房屋平面图

②撒素水泥面（洒适量清水）；

③30mm 厚 1∶4 干硬性水泥砂浆结合层；

④刷素水泥浆一道；

⑤60mm 厚 C15 混凝土垫层；

⑥150mm 厚 3∶7 灰土；

⑦素土夯实。

试就此做法列项并计算面层、地面垫层及房心回填土工程量。

第五章　建筑工程施工预算的编制

第一节　概　　述

建筑工程施工预算是在施工前，由施工单位编制的预算。它规定建筑工程在单位工程或分部、分层、分段上的人工、材料、施工机械台班消耗数量和直接费的标准。它是在施工图预算的控制下，根据施工定额编制并直接用于施工生产的技术文件。

一、建筑工程施工预算编制的意义

编制施工预算是施工企业从事生产经营活动的一项重要制度，也是不断降低施工成本，提高劳动生产率，创“优质低耗”工程，改善施工企业内部管理机制，不断提高施工项目管理水平的有效途径和做法。施工预算制度，是促进施工成本计划管理的有效工具，它曾经是我国从“一五”计划以来最好的传统经验和做法。然而在20世纪70年代以后，坚持这种优良传统制度和做法的施工企业不多。在社会主义市场经济下，立足于施工企业成本节约、挖潜，强化企业内部的经济观念，有效地推行施工预算制度，对于健全和完善施工企业项目管理机制，不断改善和提高经营管理水平，建立以项目为重点的全面经济核算，创“优质低耗”工程，提高企业的竞争力，推进企业技术进步与管理创新，做到有计划、有组织的科学施工，不断提高经济效益都有着极其重要的意义。

二、建筑工程施工预算的作用

施工预算有以下几方面的作用：

（一）施工预算是编制施工计划的依据

施工计划部门可根据施工预算提供的建筑材料、构配件和劳动力等数量，进行备料和按时组织材料进场及安排各工种的劳动力计划进场时间等。

（二）施工预算是施工队向施工班组签发施工任务单和限额领料单的依据

施工任务单是把施工作业计划落实到班组的计划文件，也是记录班组完成任务情况和结算班组工人工资的依据。

施工任务单的内容可分为两部分。一部分是下达给班组的工作内容，包括工程名称、计量单位、工程量、定额指标、平均技术等级、质量要求以及开工、竣工日期等；另一部分是班组实际完成工程任务情况的记载及工人工资结算，包括实际完成的工程量、实用工日数、实际平均技术等级、工人完成工程的工资额以及实际开、竣工日期等。

（三）施工预算是计算计件工资和超额奖励、贯彻按劳分配的依据

施工预算是衡量工人劳动成果，计算应得报酬的依据。它把工人的劳动成果和个人应得报酬的多少直接联系起来，很好地体现了多劳多得的社会主义按劳分配的原则。

（四）施工预算是企业开展经济活动分析，进行“两算”对比的依据

经济活动分析主要是应用施工预算的人工、材料和机械台班消耗数量及直接费与施工图预算的人工、材料、机械汇总数量及直接费的对比，分析超支或节约的原因，改进技术操作和施工管理，有效地控制施工中人力、物力消耗，节约工程成本开支。

三、建筑工程施工预算的编制依据

（一）经会审后的施工图纸和说明书

施工图纸（包括标准图）和设计说明书必须经过有关单位的会审。施工预算根据会审后的图纸和说明书以及会审纪要来编制，目的是使施工预算更符合实际情况。

（二）本地区或企业内部编制的现行施工定额

（三）单位工程施工组织设计

单位工程施工组织设计直接影响施工预算的编制质量。例如，土方开挖采用的是机械挖土还是人工挖土，选用的运土工具和运距，放坡系数是多少，脚手架采用的是木脚手还是金属脚手等，都应该在施工方案中有明确规定。

（四）经过审核批准的施工图预算

施工预算的计算项目划分比施工图预算的分项工程项目划分要细一些，但有的工程量还是相同的（如土方工程量、门窗制作工程量等）。为了减少重复计算，施工预算与施工图预算工程量相同的计算项目，可以照抄使用。

（五）现行的地区人工工资标准、材料预算价格、机械台班单价

（六）施工现场实地勘察和测量资料

四、土建工程施工预算编制内容

土建单位工程施工预算，除按定额的分部、分项进行计算外，还应按工程部位加以分层、分段汇总，以满足编制施工作业计划的需要。施工预算主要包括工程量、人工、材料、成品或半成品，施工机械等消耗量和造价（以直接费为主）以及编制说明等。各施工企业根据其特点和组织机构的不同，拟定不同的施工预算的内容，一般有以下各类表格：

（1）钢筋混凝土预制构件加工表（含钢筋明细表及预埋件明细表）；

（2）金属结构加工表（含材料明细表）；

（3）门窗加工表（含五金明细表）；

（4）工程量汇总表；

（5）分部、分项（分层、分段）工程工、料、机械分析表；

（6）木材加工明细表；

（7）周转材料（模板、脚手架）需要量表；

（8）施工机具需要量表；

（9）单位工程工、料、机械汇总表。

五、施工预算编制步骤

（一）收集、熟悉和审查编制依据，进行施工条件分析

在编制施工预算之前，编制者要收集到全部依据资料，认真审查施工图纸及有关标准图集、施工组织设计和技术组织措施等资料，掌握施工定额、费用定额标准的内容及使用方法等基础资料，查看资料是否齐全，内容有无错误。熟悉和掌握施工现场情况，进行施工条件分析，特别应注意节约资源和提高劳动生产率措施的分析。

（二）划分分部分项、排列预算细目

根据已会审的施工图纸及设计说明的要求，并根据施工组织设计或施工方案中规定的施工方法、施工顺序、施工层、施工段及作业方式等，按照施工定额的分部分项顺序，把工程项目划分为施工预算分部分项，排列分项细目应与施工进度图表分项相适应，并依次填入工

程量计算表中，如表5-1所示。

表5-1　施工预算工程量计算表

工程名称：

序号	分部（项）名称	部位与编号	单位	计　算　式	数　量
一	人力土方工程				
1	挖地槽、三类土、上宽1.5m内		m^3	同施工图预算	21
2	地槽回填土		m^3	同施工图预算	11
3	房心回填土及打夯		m^3	同施工图预算	10
4	地坪原土打夯		m^2	同施工图预算	30
二	架子工程				
1	单排外架子（4步）		m	按实搭步数延长米计算 ［（5.24+1.5）+（7.24+1.5）］×2边 =30.96	30.96
2	护身栏杆		m	同外架子长	30.96
3	里架子（工具式，1步）		m	按架子中心延长米计算：4.76×2层	9.52
4	卷扬机架		座		1

审核：　　　　　　　　　　　　制表：

施工预算项目的划分，与划分施工图预算工程细目相比有着不同的特点。施工预算划分分部项一般不按预算定额的十三个分部项划分和排列，而应按照建筑物或构筑物的结构部位和施工顺序划分其分部分项。例如，一幢砖混住宅建筑工程的分部项，可按砖基础工程、主体结构工程、屋面工程、装饰工程和其他工程来划分和排列细目。分部子项的划分，一般按工作内容，比施工图预算所划子项更细，作业性更强。划分子项是以人工消耗定额、材料消耗定额和机械台班消耗定额为依据，同时还必须考虑到施工现场分层分段工序流水作业的要求。工序作业的工、料、机数量统计，应满足限额用工、用料作业计划，达到控制现场施工作业消耗和实际成本目标的目的。因此，施工预算各分部项子项的划分，应以施工定额分项名称及其规定的工作内容范围为依据，并考虑施工作业顺序。例如前述砖基础工程分部项中，其子项可划分为挖土方、做垫层、砌砖基础、做防潮层和土方回填夯实、外运土等子项。又如钢筋混凝土条形基础，其子项一般可分为：挖土方、做垫层、绑扎钢筋、浇基础混凝土、砌砖基、做防潮层、土方回填夯实、外运土等。如果在基础土方施工中须支护土方时，还应增加土方支撑子项。此外，一般建筑工程中的脚手架工程，在施工图预算中是以建筑面积和综合脚手架定额项目为计算基数，脚手架工程划分为综合脚手架项目和室内天棚装饰工程的满堂脚手架项目两种；而在施工预算中，墙体脚手架是以墙体的投影面积和相应定额项目为计算基数，脚手架工程项目可划分为外架子、里架子和斜道工程、满堂架子、独立柱架子等分部项子项。在其他分部工程中，同样有上述分项的特点。

施工预算分部分项工程的划分，仍可按施工图预算“先分部，后分项”的步骤进行，对预算工程细目（项目）的基本要求，如划分项目的工程分项名称、定额号、内容、范围，必须与施工预算定额相应的规定一致，不能有漏项、错项、重项等。

（三）计算分项工程量

施工预算分项细目确定以后，便可着手计算各分项工程量，工程量计算规则和方法及其要求等参见第四章相关章节，本章不再重复。分项工程量计算表及其汇总表形式分别见表5-1和表5-2。

表5-2　施工预算工程量汇总表

工程名称：

序　号	定额编号	分项工程名称	单　位	数　量	备　注
一		人力土方工程			
1	1—35	平整场地	$100m^2$	5.10	
2	1—13	人工挖地槽	$100m^3$	4.47	
3	1—34	原土打夯	$100m^3$	3.75	
4	1—33	回填土	$100m^3$	3.96	
5	1—113	土方外运	$100m^3$	0.085	
二		架子工程			
1	4—3	木制外脚手架	$100m^2$	7.60	
2	4—19	木制里脚手架	$100m^2$	8.32	
3	4—35	满堂脚手架	$100m^2$	0.16	
4	4—45	金属龙门架	座	1	
三		砌体工程			
1	3—54	毛石基础	$10m^3$	13.87	
2		砖基础	$10m^3$	3.61	
3		外墙	$10m^3$	28.03	
⋮	…				

审核：　　　　　　　　　　　　　　　　　　　　　　制表：

（四）套用定额，计算施工预算直接工程费

工程量计算之后，应确定和套用施工定额，计算施工预算直接工程费。一般在划分和确定分部分项工程细目时，已基本确定了应采用的定额分项（包括分项定额基价与人工、材料、机械台班的消耗量和费用），确定了计算直接费和进行工、料、机分析的基数。本步骤要求计算直接工程费，可用下式分步进行，即

$$某分部分项直接工程费=某分项定额基价\times某分项工程量$$

$$某分部工程直接工程费=\sum该分部分项直接工程费$$

$$单位工程直接工程费=\sum分部工程直接工程费$$

计算施工预算工程直接费的程序和步骤，可按以上三式“先分项，后分部，再单位工程”的程序进行，并将其计算结果分别填写在施工预算表（表5-3）中。

表 5-3　**施　工　预　算　表**

工程名称：

序号	定额号	分部（项）名称	单　位	数　量	预算价值（元）				
					单　价	合　计	其　中		
							人工	材料	机械
一									
1									
2									
⋮	…								
	人工、材料、机械费分项合计								
	直接工程费		小写				大写		
			合计：				合计：		

审核：　制表：

（五）工料机分析与汇总

包括分析和计算各分部（项）的工、料、机耗用量，统计分部工程耗用量和单位工程耗用量。其具体程序与上述费用计算一样，按“先分项，后分部，再单位工程”的步骤进行。其计算公式分别为

某分部分项人工(或材料或机械台班)需用量＝某分项人工(或材料或机械台班)定额用量×某分项工程量

某分部工程人工(或材料或机械台班)需用量＝ $\sum$该分部分项人工(或材料或机械台班)需用量

单位工程人工(或材料或机械台班)需用量 ＝ $\sum$分部人工(或材料或机械台班)需用量

工料机的分析、统计与汇总，可按施工预算工程细目分项，以各分项相应的工、料、机定额消耗量为依据，逐项进行。具体操作可按表 5-4～表 5-14 进行。

表 5-4　**施工预算工料分析表**

工程名称：

定额编号	分部分项工程名称	单位	工料名称 / 工料用量 / 工程量						
				单位用量	合计用量	单位用量	合计用量	单位用量	合计用量

审核：　制表：

表 5-5 单位工程人工汇总表

工程名称：

序 号	分部工程名称	工种名称	等 级	单 位	数 量	单价（元）	金额（元）
1							
2							
⋮							

审核： 制表：

表 5-6 单位工程材料或机械汇总表

工程名称：

序号	分部工程名称	材料或机械名称	规格	单位	数量	单价（元）	金额（元）
1							
2							
⋮							

审核： 制表：

表 5-7 施工预算钢筋明细表

工程名称：

序号	构件名称	单 位	数 量	钢筋用量（kg）					
				ϕ4	ϕ6	ϕ8	ϕ12	Φ16	Φ20
1									
2									
⋮									

审核： 制表：

表 5-8 钢筋混凝土预制构件加工表

工程名称：

序号	构件名称	构件编号	采用图集	单位	加工数量	混凝土强度等级	每一构件		混凝土总量	预算价（元）	
							（m^3）	（t）		单价	合价
1											
2											
⋮											

审核： 制表：

表 5-9 周转性材料需用量表

工程名称：

序 号	材料名称	规 格	单 位	数 量	体 积	备 注
1						
2						
⋮						

审核： 制表：

表 5-10　　门 窗 加 工 表

工程名称：

序 号	名　称	型　号	洞口尺寸	图　号	计划数量		备 注
			宽×高		单位	数量	
1							
2							
⋮							

审核：　　　　　　　　　　制表：

表 5-11　　木 材 加 工 明 细 表

工程名称：

序 号	材料种类	规　格	单　位	数　量	木材体积	备　注
1						
2						
⋮						

审核：　　　　　　　　　　制表：

表 5-12　　金 属 构 件 加 工 表

工程名称：

序号	构件名称	构件编号	采用图集	单 位	数 量	单 重（kg）	总 重（t）	备 注
1								
2								
⋮								

审核：　　　　　　　　　　制表：

表 5-13　　金属结构构件加工材料明细表

工程名称：

序号	构件名称	构件编号	单位	数量	分规格钢材用量（kg）						
					∟	[	I	××	××	××	合计
1											
2											
⋮											

审核：　　　　　　　　　　制表：

表 5-14　　五 金 明 细 表

工程名称：

序　号	五金名称	规　格	单　位	数　量	备　注
1					
2					
⋮					

审核：　　　　　　　　　　制表：

（六）编写施工预算编制说明

按编制说明的内容，简单明了地将编制依据、考虑因素、存在问题和处理方法等加以说明，然后将编制说明和有关计算表格装订成册，组成施工预算文件。

六、建筑工程施工预算编制方法

施工预算的编制方法主要有以下三种：

（一）实物法

根据施工图纸、施工定额、结合施工方案所确定的施工技术措施，算出工程量后，套用施工定额，分析人工、材料消耗量。

（二）实物金额法

用实物法计算出人工、材料消耗量，分别乘以所在地区的工日单价和材料单价，求出人工费、材料费的编制过程就是实物金额法。

（三）单位估价法

根据施工图和施工定额计算工程量后，套用施工定额基价，逐项算出直接工程费后再汇总成单位工程、分部工程、分层及分段的直接工程费。

第二节　“两算”对比分析

一、“两算”对比意义

“两算”是指施工图预算和施工预算。施工图预算是确定工程造价的依据，施工预算是施工企业控制工程成本的尺度。

“两算”对比是施工企业为完成建筑产品可能得到的收入与计划支出的分析对比。通过“两算”对比分析，找到企业计划与社会平均先进水平的差异，做到“先算后做”，胸中有数，从而控制实际成本的消耗。通过对各分项“费差”（即价格的差异）和“量差”（即工、料、机消耗数量的差异）的分析，可以找到主要问题及其主要的影响因素，采取防止超支的措施，尽可能地减少人工、材料和机具设备的消耗。对于进一步制定人工、材料（包括周转性材料）、机械设备消耗和资金运用等计划，有效地主动控制实际成本消耗，促进施工项目经济效益的不断提高，不断改善施工企业与现场施工的经营管理等，都有着十分重要的意义。

二、“两算”对比分析的内容

（一）人工数量及人工费的对比分析

施工预算的人工数量及人工费与施工图预算对比，一般要低6%左右。这是由于二者使用不同定额造成的。例如，砌砖墙分项工程项目中，砂子、标准砖和砂浆的场内水平运输距离，施工定额按50m考虑；而预算定额则是砂子按80m、标准砖按170m、砂浆按180m运距考虑，预算定额已包括了材料、半成品的超运距用工。同时，预算定额的人工消耗指标还考虑了在施工定额中未包括，而在一般正常施工条件下又不可避免发生的一些零星用工因素。如土建施工各工种之间的工序搭接及土建与水电安装之间的交叉施工配合所需停歇的时间；因工程质量检查和隐蔽工程验收而影响工人操作的时间；施工中不可避免的其他少数零星用工等。另外，按照企业生产力水平编制的施工定额，其基本工作的用工量应少于预算定额。所以，施工定额的用工量一般都比预算定额低。

（二）材料消耗量及材料费的对比分析

施工定额的材料损耗率一般都低于预算定额，如砌标准砖墙分项工程项目中，标准砖和砌筑砂浆的损耗率，预算定额规定为1%；某企业施工定额规定的损耗率，标准砖为0.5%～1%，砌筑砂浆为0.8%～1%。同时，编制施工预算时还要考虑扣除技术措施的材料节约量。所以，施工预算的材料消耗量及材料费一般低于施工图预算。

有时，由于两种定额之间的水平不一致，个别项目也会出现施工预算的材料消耗量大于施工图预算的情况。不过，总的水平应该是施工预算低于施工图预算。如果出现反常情况，则应进行分析研究，找出原因，采取措施，加以解决。

（三）施工机械费的对比分析

施工预算的机械费，是根据施工组织设计或施工方案所规定的实际进场机械，按其种类、型号、台数、使用期限和台班单价计算。而施工图预算的施工机械是预算定额综合确定的，与实际情况可能不一致。因此，施工机械部分只能采用两种预算的机械费进行对比分析。如果发生施工预算的机械费大量超支，而又无特殊原因时，则应考虑改变原施工方案，尽量做到不亏损而略有节余。

（四）周转性材料使用费的对比分析

周转性材料主要指脚手架和模板。施工预算的脚手架是根据施工方案确定的搭设方式和材料。施工图预算则综合了脚手架搭设方式，按不同结构和高度，以建筑面积为基数计算的（有的地区也按搭设方式单独计算）。施工预算的模板是按混凝土与模板的接触面积计算；施工图预算的模板计算，各地区规定不同，有采用与施工预算相同的方法，也有按混凝土体积综合计算的方法。因而，周转材料宜采用按其发生的费用进行对比分析。

三、"两算"对比实例

（一）人工工日对比

某住宅楼人工工日两算对比的实例见表5-15。

表5-15　　人工工日两算对比表

工程名称：××住宅楼

建筑面积：60m²

结构与层数：砖混结构、单层

序号	分部工程名称	施工预算（工日）	施工图预算		对比分析			
			工日	占单位工程百分比（%）	节约（工日）	超支（工日）	节约或超支占本分部百分比（%）	节约或超支占单位工程百分比（%）
①	②	③	④	⑤	⑥=④－③	⑦=④－③	⑧=⑥或⑦÷④	⑨=⑤×⑧
1	土　方	28.85	42.13	14.82	13.28		31.52	4.67
2	砖　石	53.28	63.46	22.33	10.18		16.04	3.58
3	脚手架	6.65	2.43	0.86		－4.22	－173.66	－1.49
①	②	③	④	⑤	⑥=④－③	⑦=④－③	⑧=⑥或⑦÷④	⑨=⑤×⑧
4	混凝土	28.72	37.87	13.32	9.15		24.16	3.22
5	木结构	24.09	15.13	5.32		－8.96	－59.22	－3.15

续表

序号	分部工程名称	施工预算（工日）	施工图预算		对比分析			
			工日	占单位工程百分比（%）	节约（工日）	超支（工日）	节约或超支占本分部百分比（%）	节约或超支占单位工程百分比（%）
6	楼地面	27.16	29.53	10.39	2.37		8.03	0.84
7	屋 面	13.78	15.57	5.48	1.79		11.50	0.63
8	装 饰	70.93	78.12	27.48	7.19		9.20	2.53
	小计	253.46	284.24	100	43.96 （节约：30.78）	−13.18		10.83

（二）主要材料对比

某住宅楼主要材料两算对比实例见表 5-16。

表 5-16　　　　主要材料两算对比表

工程名称：××住宅楼

建筑面积：60m^2

结构与层数：砖混结构、单层

序号	材料名称	单位	施工预算			施工图预算			对比分析					
									数量差			金额差		
			数量	单价	金额	数量	单价	金额	节约	超支	%	节约	超支	%
①	②	③	④	⑤	⑥=④×⑤	⑦	⑧	⑨=⑦×⑧	⑩=⑦−④	⑪=⑦−④	⑫=⑩或⑪/⑦	⑬=⑨−⑥	⑭=⑨−⑥	⑬或⑭/⑨
1	标准砖	千块	21.615	127.00	2745.11	21.639	127.00	2748.15	0.024		0.11	3.04		0.11
2	3.25级水泥	t	10.266	160.00	1704.16	9.179	166.00	1523.71		−1.087	−11.84		−180.45	−11.84
3	4.25级水泥	t	1.366	188.00	256.81	2.633	188.00	495.00	1.267		48.12	238.19		48.12
	小计				5159.82			5220.60				241.23 （节约：60.78）	−180.45	

四、“两算”对比方法

“两算”对比方法有实物量对比法和实物金额对比法。

（一）实物量对比法

实物量对比法是将“两算”相同的项目所需的人工、材料和机械台班消耗量进行比较。分部工程或主要分项工程也可以进行对比。由于定额的项目划分和工程内容不相一致，一般是预算定额（基础定额）项目（子目）的综合性比施工定额大（如砖基础、前者不分墙厚综合成为一个子目，而后者则分为一砖基础和一砖半基础两个子目）。在对比时，应将施工预算的相应子目的实物量加以合并，如与预算定额的子目口径相对口后，然后才能进行对比。

（二）实物金额对比法

以施工预算的人工、材料和机械台班数量进行套价汇总成费用形式与施工图预算的相同内容相比较，即是实物金额对比法。一般以直接工程费为基本对比内容，其他如间接费、利润、税金等内容都是按一定费率计取的，其出入的比例与直接费的出入是相一致的。

由于两算编制时间不同，采用的工资、材料及机械台班费的选用价也不同，因此对比时也必须取得一致，才能反映出真实的对比结果。一般是施工图预算编制在先，而且反映的是收入成本，所以宜采用施工图预算的单价作为对比的同一单价，这样才是各种量差综合反映为货币金额的结果，可用以衡量预计支出成本的盈亏。

“两算”对比表参考格式如表 5 - 17 所示。

表 5 - 17　　两算对比表

序号	项　目	单位	施工图预算			施工预算			数量差			金额差		
			数量	单价（元）	合计（元）	数量	单价（元）	合计（元）	节约	超支	%	节约	超支	%
一	直接工程费													
	其中：人工费	元												
	材料费	元												
	机械费	元												
二	分部工程													
1	土方	元												
2	砖石	元												
3	……													
三	主要材料													
1	钢筋													
2	板方材	t												
3	水泥	m^3												
4	……	t												
四														

思考与练习题

1. 何谓施工预算？
2. 编制施工预算的依据有哪些？
3. 施工预算的作用有哪些方面？它与施工图预算有什么区别与联系？
4. 简述施工预算的编制方法和步骤。
5. 如何进行施工预算中人工、材料和机械台班的消耗量分析？
6. 何谓“两算”对比？如何进行“两算”对比分析？
7. 某现浇矩形断面的钢筋混凝土柱 50 根（C30），断面尺寸 240mm×240mm，柱高 3m，试计算混凝土工程量，并进行工料分析。

第六章　建筑工程结算的编制

第一节　概　　述

一、建筑工程结算的概念、作用

建筑工程结算是指承包商在工程实施过程中，依据承包合同中关于付款条款的规定和已经完成的工程量，按照规定的程序向建设单位（业主）收取工程价款的一项经济活动。

建筑工程结算是反映工程进度的主要指标。在施工过程中，工程结算依据之一就是按照已完成的工程量进行结算，也就是说，承包商完成的工程量越多，所应结算的工程价款就应越多，所以，根据累计已结算的工程款与合同总价款的比例，能够近似地反映出工程的进度情况，有利于准确掌握工程进度。

建筑工程结算是加强资金周转的重要环节。承包商能够尽快尽早地结算工程款，有利于偿还债务，也有利于资金的回笼，降低内部运营成本。通过加速资金周转，提高资金的使用有效性。

建筑工程结算是考核经济效益的重要指标。对于承包商来说，只有工程价款如数地结算，才避免了经营风险，承包商才能够获得相应的利润，进而达到良好的经济效益。

二、建筑工程价款的结算方式

由于工程造价计价的多样性，单件性和分部组合计价的特点，因而使得建筑工程价款的结算也具有多种多样性，为了既能有效地控制工程造价又能便于承包单位的施工消耗及时得到补偿并同时实现利润，我国现行的工程价款结算方式有如下几种：

1. 按月结算

这是我国常用的方法，它是实行旬末或月中预支，月终结算，竣工后清算的办法。对于跨年度的工程，在年终进行工程盘点，办理年度结算。

2. 竣工后一次结算

这种方法，是指按月预支，竣工后一次结算的办法。常用于工期在一年内或工程价值在100万元以下的工程，可以实行工程价款每月月中预支，竣工后一次结算。

3. 分段结算

对于当年开工，当年不能竣工的单项工程或单位工程，实行按工程形象进度划分不同阶段预支和进行结算的办法。如对一般工业民用建筑可以划分为基础、结构、装修、设备安装几个阶段，每阶段工程完工后，进行结算；高层建筑也可以把每完成一层作为一个结算段。分段结算也可以按月预支工程款。

实行竣工后一次结算和分段结算的工程，当年结算的工程款应与分年度的工作量一致，年终不另清算。

4. 目标结算方式

即在工程合同中，将承包工程的内容分解成不同的控制界面，以业主验收控制界面作为支付工程价款的前提条件，也就是说，将合同中的工程内容分解成不同的验收单元，当承包商完成单元工程内容并经业主（或其委托人）验收后，业主支付构成单元工程内容的工程价款。

5. 结算双方约定的其他结算方式

三、按月结算建筑工程价款的一般程序

以上几种计算办法中，按月结算在建筑工程结算中最为普遍，下面将重点介绍。

（一）工程预付款

工程预付款是建设工程施工合同订立后由发包人按照合同约定，在正式开工前预先支付给承包人的工程款。其目的是为了改善承包人前期的现金流，帮助承包人顺利地开工。预付工程款的总额、分期预付的次数和时间安排，及适用的货币和比例，应按合同条件中的约定（投标书附录中的规定）去支付。

（二）工程预付款的扣回

发包人支付给承包人的工程预付款其性质是预支。随着工程进度的推进，拨付的工程进度款数额不断增加，工程所需主要材料、构件的数量逐渐减小，原已支付的预付款应以抵扣的方法予以陆续扣回。预付款扣还的方式是按每次付款的百分比在支付证书中减扣，如果减扣百分比没有在合同约定（投标书附录中写明），则按下面的方法减扣：

当期中支付证书（即工程进度款支付证书）累计款额（不包括预付款及保留金的减扣与退还）超过中标合同款额与暂定金额（即业主方的备用金额）之差的10%时，开始从期中支付证书中抵扣预付款，每次扣发的数额为该支付证书的25%（不包括预付款及保留金的减扣与退还），扣发的货币比例与支付预付款的货币比例相同，直到预付款全部扣完为止。

对具体工程项目而言，其预付款扣发的额度可用下面经验公式来计算

$$R=\frac{A(C-aS)}{(b-a)S}$$

式中　R——在每个期中支付证书中累计扣还的预付款总数；

A——预付款的总额度；

S——中标合同金额；

C——截止每个期中支付证书中累计签证的应付工程款总数，该款额的具体计算方法取决于合同的具体规定，C 的取值范围为 $As<C<bS$；

a——期中支付额度累计达到整个中标合同金额开始扣还预付款的那个百分数；

b——当期中支付款累计额度（该款额的具体计算方法取决于合同的具体规定）等于中标合同金额的一个百分数，到此百分数，预付款必须扣还完毕。

（三）工程进度款

1. 工程进度款的计算

工程进度款的计算，主要涉及两个方面：一是工程量的计量；二是单价的计算方法。

单价的计算方法，主要根据由发包人和承包人预先约定的工程价格的计价方法决定。工程价格的计价方法可以分为工料单价和综合单价两种方法。所谓工料单价法是指单位工程分部分项的单价为直接成本单价，按现行计价定额的人工、材料、机械的消耗量及其预算价格确定，措施项目成本、间接成本、利润、税金等按现行计算方法计算。所谓综合单价法是指单位工程分部分项工程量的单价是全部费用单价，既包括直接成本，也包括间接成本、利润、税金等一切费用。二者在选择时，既可采取可调价格的方式，即工程价格在实施期间可随价格变化而调整，也可采取固定价格的方式，即工程价格在实施期间不因价格变化而调

整，在工程价格中已考虑价格风险因素并在合同中明确了固定价格所包括的内容和范围。实际工程中多采用可调工料单价法和固定综合单价法。

（1）工程价格的计价方法。可调工料单价法和固定综合单价法在分项编号、项目名称、计量单位、工程量计算方面是一致的，都可按照国家或地区的单位工程分部分项进行划分、排列，包含了统一的工作内容，使用统一的计量单位和工程量计算规则。所不同的是，可调工料单价法将工、料、机再配上预算价作为直接成本单价，间接成本、利润、税金分别计算；因为价格是可调的，其材料等费用在竣工结算时按工程造价管理机构公布的竣工调价系数或按主材计算差价或主材用抽料法计算，次要材料按系数计算差价而进行调整；固定综合单价法是包含了风险费用在内的全费用单价，故不受时间价值的影响。由于两种计价方法的不同，因此工程进度款的计算方法也不同。

（2）工程进度款的计算。当采用可调工料单价法计算工程进度款时，在确定已完工程量后，可按以下步骤计算工程进度款：

1）根据已完工程量的项目名称、分项编号、单价编出合价；

2）将本月所完成项目合价相加，得出直接费小计；

3）按规定计算措施项目费、间接费、利润；

4）按规定计算主材差价或差价系数；

5）按规定计算税金；

6）累计本月应收工程进度款。

用固定综合单价法计算工程进度款比用可调工料单价法更方便、省事、工程量得到确认后，只要将工程量与综合单价相乘得出合价，再累加即可完成本月工程进度款的计算工作。

2. 工程进度款的支付

工程进度款的支付，一般按当月实际完成工程量进行结算（即变更价款也要包含在内），按约定时间发包人应扣回的预付款与工程进度款同期结算。在工程竣工前，承包人收取的工程预付款和进度款的总额一般不超过合同总额的97%，其余3%尾款，在工程竣工结算时作为保修金处理。

四、竣工结算

竣工结算是指承包单位对所承包的工程，按合同规定的施工内容全部完毕点交之后，向发包单位进行的最终结清工程价款的工作。竣工结算是以合同价或施工图预算为基础，并根据施工条件的变化和设计变更而按合同规定对合同价进行调整后的结果进行编制的。

工程竣工验收之后，由承包单位及时整理交工资料，主要工程应绘制竣工图，并编制竣工结算，送监理工程师和建设单位审查签证后，通过建设银行办理工程最终结算，结清工程价款。

对于开工后，本年内竣工的工程，只需对工程办理一次性结算，对于跨年度施工的工程，每年年终应办理一次年终结算，把当年的施工工程价款清算一次，以核实年度投资拨款，将未完工程转到下一年度，当全部工程完工进行工程竣工结算时，应为各年结算的总和。

工程竣工结算工程价款的一般计算公式为

竣工结算工程价款＝合同价＋合同价调整额－预付款及已结算工程价款－保修金

工程竣工办理竣工结算，承包单位要编制“竣工工程价款结算账单”（见表6-1）或

“竣工工程价款结算书”。

表 6-1　竣工工程价款结算账单

工程项目	造　价	应　扣　款				应收（+）或应退（−）款　项	备注
		已收工程款			合计		

竣工结算要有严格的审查，一般从以下几个方面入手：

1. 核对合同条款

首先，应核对竣工工程内容是否符合合同条件要求，工程是否竣工验收合格，只有按合同要求完成全部工程并验收合格才能竣工结算；其次应按合同规定的结算方法，计价定额、取费标准，主材价格和合同条款等，对工程竣工结算进行审核，若发现合同开口或有漏洞，应请建设单位与施工单位认真研究，明确结算要求。

2. 检查隐蔽验收记录

隐蔽工程均需进行检查验收，两人以上签证；实行工程监理的项目应经监理工程师签证确认。竣工结算时应该对隐蔽工程施工记录和验收签证审核，手续完整，工程量与竣工图一致方可列入结算。

3. 落实设计变更签证

设计变更应有原设计单位出具设计变更通知单和修改的设计图纸，校审人员签字并加盖公章，经建设单位和监理工程师审查同意、签证，重大设计变更应经原审批部门审批，否则不应列入结算。

4. 按图核实工程数量

竣工结算的工程量应依据竣工图，设计变更单和现场签证等进行核算，并按实际完成并经监理工程师确认的工程量进行结算。

5. 执行定额单价

结算单价应按合同约定或招标规定的单价执行，不能随意取定。

6. 防止各种计算误差

工程竣工结算子目多，篇幅大，往往有计算误差，应认真核算，防止因计算误差多计或少算。

五、保修金的返还

工程保修金一般为施工合同价款的 3%，在合同专用条款中具体规定。承包人在质量保修期满后 14 天内，将剩余保修金和利息返还承包商。

第二节　建筑工程结算的编制

一、建筑工程结算的编制依据

1）各专业设计施工图和文字说明，工程地质勘察资料。

2）当地和主管部门颁布的建筑工程定额、单位估价表、地区材料、构配件预算价格或市场价格、费率定额。

3）建设场地中自然条件和施工条件，并据此确定的施工方案或施工组织设计。

4）工程竣工报告和工程验收单。

5）工程承包合同与已经核查的原施工图预算。

6）设计变更、技术洽谈与现场施工记录。

7）工程签证凭证，工程价款结算凭证及其他有关资料。

8）动态调价文件及其他有关工程造价管理文件等。

二、建筑工程结算的编制方法

工程竣工结算的编制，因承包方式的不同而有所差异，其结算方法均应按合同约定进行，下面介绍几种结算的编制方法。

（一）采用招标方式承包工程

这种工程价款结算，原则上应以中标价（议标价）为基础进行，由于我国社会主义市场经济体制尚未完全形成，正在由计划经济体制向市场经济体制过渡，因此，工程中诸多因素不能反映在中标价格中。这些因素均应在合同条款中明确。如工程有较大设计变更、材料价格的调整等，一般在合同条款规定中均允许调整。当合同条文规定不允许调整但非施工企业原因发生中标价格以外费用时，承发包双方应签订补充合同或协议，承包方可以向发包方提出工程索赔，作为结算调整的依据。施工企业编制竣工结算时，应按本地区主管部门的规定，在中标价格基础上进行调整。

（二）采用施工图概（预）算加增减账方法

以原施工图概（预）算为基础，对施工中发生的设计变更、原概（预）算书与实际不相符、经济政策的变化等，编制变更增减账。即在施工图概（预）算的基础上增减调整。

编制竣工结算的具体增减内容，有以下几个方面。

1. 工程量量差

工程量量差，是指施工图概（预）算所列分项工程量与实际完成的分项工程量不相符而需要增加或减少的工程量。一般包括：

（1）设计变更。

1）工程开工后，建设单位提出要求改变某些施工做法。如原设计为水泥地面改为现浇水磨石地面，增减某些具体工程项目。

2）设计单位对原施工图的完善。如有些部位相互衔接而发生量的变化。

3）施工单位在施工过程中遇到一些原设计中未预料的具体情况，需要进行处理。如挖基础时遇到的石墓、废井、人防通道必须采取换土、局部增加垫层厚度或增设混凝土地梁等。

对于设计变更，经设计单位、建设单位（或监理单位）、施工企业三方研究、签证后填写设计变更洽商记录，作为结算增减工程量的依据。

（2）工程施工中发生特殊原因与正常施工不同。如基础埋置深度超过一定深度时，必须进行护坡桩施工；对特殊做法，施工企业编报施工组织设计，经建设（或监理）单位同意、签认后，作为工程结算的依据。

（3）施工图概（预）算中分项工程量不准确。在编制工程竣工结算前，应结合工程竣工验收，核对实际完成的分项工程量。如发现与施工图概（预）算书所列分项工程量不符时，应进行调整。

2. 各种人工、材料、机械价格的调整

在工程结算中，人工、材料、机械费差价的调整办法及范围，应按当地主管部门的规定办理。

（1）人工单价调整。在施工过程中，国家对工人工资政策性调整或劳务工资单价变化，一般按文件公布执行之日起的未完施工部分的定额工日数计算，用以下三种方法调整。

1）按概（预）算定额分析的人工工日乘以人工单价的差价。

2）按概（预）算定额编制的直接费为基数乘以系数。

3）按概（预）算定额编制的直接费为基数乘以主管部门公布的季度或年度的综合系数一次调整。

（2）材料价格的调整。调整的方法有两种：

1）对于主要材料，分规格、品种以定额的分析量为准，定额量乘以材料单价差即为主要材料的差价。市场价格以当地主管部门公布的指导价或中准价为准。对于辅助（次要）材料，以概（预）算定额编制的直接费乘以当地主管部门公布的调价系数。

2）造价管理部门根据市场价格变化情况，将单位工程的工期与价格调整结合起来，测定综合系数，并以直接费为基数乘以综合系数。该系数一个单位工程只能使用一次。

（3）机械价格的调整。

1）采用机械增减幅度系数。一般机械价格的调整按概（预）算定额编制的直接工程费乘以规定的机械调整综合系数。或以概（预）算定额编制的分部工程直接工程费乘以相应规定的机械调整系数。

2）采用综合调整系数。根据机械费增减总价，由主管部门测算，按季度公布综合调整系数，一次进行调整。

3. 各项费用的调整

间接费、利润及税金是以直接工程费（或定额人工费总额或定额人工费与材料费合计总额）为基数计取的。随着人工费、材料费和机械费的调整，间接费、计划利润及税金也同样在变化，除了间接费的内容发生较大变化外，一般间接费的费率不作变动。

各种人工、材料、机械价格调整后，在计取间接费、利润和税金方面有两种方法：

1）各种人工、材料等差价，不计算间接费和利润，但允许计取税金。

2）将人工、材料、机械的差价列入工程成本计取间接费、利润及税金。

（三）采用施工图概（预）算加包干系数或平方米造价包干的方式

采用施工图概（预）算加包干系数或平方米造价包干方式的工程结算，一般在承包合同中已分清了承发包单位之间的义务和经济责任，不再办理施工过程中所承包范围内的经济洽商，在工程结算时不再办理增减调整。工程竣工后，仍以原概（预）算加系数或平方米造价包干进行结算。

对于上述的承包方式，必须对工程施工期内各种价格变化进行预测。获得一个综合系数，即风险系数。这种做法对承包或发包方均具有很大的风险性，一般只适用于建筑面积小，工作量不大，工期短的工程。对工期较长，结构类型复杂，材料品种多的工程不宜采用这种方法承包。

目前工程竣工结算书国家没有统一规定的格式，各地区可结合当地的情况和需要自行设计计算表格，供结算使用。

工程结算费用计算程序参见表 6 - 2 及表 6 - 3。

表 6 - 2　　土建工程结算费用计算程序表

序号	费 用 项 目	计 算 公 式	金 额
①	原概（预）算直接费		
②	历次增减变更直接费		
③	调价金额	[①+②]×调价系数	
④	工程直接费	①+②+③	
⑤	间接费	④×相应费率	
⑥	利润	④×相应费率	
⑦	税金	④×相应费率	
⑧	工程造价	④+⑤+⑥+⑦	

表 6 - 3　　水、暖、电等工程结算费用计算程序表

序号	费 用 项 目	计 算 公 式	金 额
①	原概（预）算直接费		
②	历次增减变更直接费		
③	其中：定额人工费	①、②两项所含	
④	其中：设备费	①、②两项所含	
⑤	调价金额	[①+②] 调价系数	
⑥	工程直接费	①+②+⑤	
⑦	间接费	③×相应费率	
⑧	利润	③×相应费率	
⑨	税金	[⑥+⑦+⑧]×税率	
⑩	设备费价差（+－）	（实际供应价—原设备费）×（1+税率）	
⑪	工程造价	⑥+⑦+⑧+⑨+⑩	

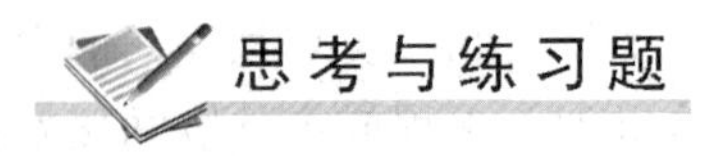

思考与练习题

1. 何谓建筑工程结算？
2. 建筑工程结算方式有几种情况？
3. 如何确定工程预付款？预付款扣回的数额如何确定？
4. 编制建筑工程结算依据有哪些？
5. 建筑工程结算作用有哪些方面？
6. 竣工结算时要严格审查哪几方面内容？

第七章　建筑工程审计

第一节　概　　述

一、建筑工程审计的概念、目的、作用

（一）建筑工程审计概念

建筑工程审计是围绕建筑工程所开展的一种专业化审计，它是一门新兴的应用学科。《中华人民共和国审计法》规定："审计机关对国家建筑项目预算的执行情况和决算，进行审计监督。"因此建筑工程审计是独特的专门机构或人员根据授权委派或接受委托，对由建筑工程引起的一系列投资、筹资、财务收支、技术经济管理等活动以及对与建筑工程有关的主体单位、相关的经济管理部门的宏观计划、调控措施等进行监督的行为。

（二）建筑工程审计的目的

建筑工程审计的目的是确定建筑工程的各项经济活动的合法性、公允性、合理性、效益性。

1. 合法性

建筑工程的合法性审计是指从筹建到竣工投产全过程中各种审批手续是否完备，投资是否符合国家政策规定，是否执行基本建设程序，有无违反国家产业政策，有无擅自改变建设内容，扩大建设规模、提高建设标准、搞计划外工程，材料、设备的采购是否符合有关的政策、法规，工程质量是否符合国家规定的质量检验标准和要求，财务收支活动是否符合财经法规与会计制度。

2. 公允性

建筑工程的公允性审计是指各项资金收支活动是否真实，有无虚列增设入账的情况，与建筑工程有关的图纸、合同及其相关资料是否完整齐全，内容是否真实。

3. 合理性

建筑工程的合理性审计是指与之相关的各项活动是否必要，有无不当之处。如项目立项是否合理，技术方案是否合理，各项资金来源与资金运用是否合理等。

4. 效益性

建筑工程效益性审计是指是否在项目建设过程中花费最小，各类实施方案以及建成投产后是否效益最大。

（三）建筑工程审计的作用

任何一个建设项目，由于历时长、环节多、涉及面广、影响因素多，因此，围绕建筑工程展开审计，具有监督、协调、控制促进作用。

1. 有利于党和国家的方针、政策、法律、法规在建筑工程中得以顺利贯彻和正确实施

通过审计，监督、督促各被审单位执行党和国家的政策和法规，对实施结果进行监督反馈，对其中不符合规定与不切合实际的部分提出改正意见，为决策机构提供信息，维护一切法规的权威性以及执行法规的严肃性。

2. 有利于建筑工程各行为主体单位之间的协同配合

建设单位、施工单位、监理单位等由于所处的地位以及出发点不同，不可避免地会发生矛盾或冲突，通过审计的协调作用，使之各方求同存异，顾全国家大局与长远利益。

3. 有利于防弊纠错，维护经济秩序

通过审计的控制作用，对存在的问题针对性地提出审计意见，及时予以纠正；对于舞弊、违纪、违规行为，予以揭露；对于建筑工程中的不正之风采取相应的措施予以制止，以维护正常的经济秩序，保证投资的合理使用。

4. 有利于提高建筑工程的投资效益

针对项目进行审计，对项目管理的活动和环节进行评价，提出审计意见和建议，加强项目管理，从而提高投资宏观的、微观的经济效益；针对行业进行审计，对投资结构、资金投向与投量上的问题，提出调整意见和建议，促进宏观调控，提高投资效益。另外，通过对审计资料的积累和整理，有利于提高国家宏观经济信息的准确性与可靠性，促进工程建设本身的法制化、规范化。

二、建筑工程审计的特点和依据

（一）建筑工程审计的特点

建筑工程审计的特点，源于建筑工程本身的特点以及审计工作的职能特点。

1. 独立性与权威性特点

首先，审计机关在行政隶属关系上，不同于一般行政机关的法律地位，即从组织领导体制上审计处于高层次地位。其次，《宪法》规定，各级审计机关依照法律规定独立行使审计监督权，不受其他行政机关、社会团体和个人的干涉。再则，建筑工程审计监督相对于项目管理而言处于“超然”地位，从而保证审计工作及其审计结论和评价具有有效性、客观性、公正性和权威性。

2. 综合性与复杂性特点

建筑工程审计涉及的因素多、范围广、内容复杂，不仅包括经济核算方面，还包括技术、投资管理方面；不仅要对项目前期的建设准备阶段进行审计，还要对项目建设过程以及竣工决算进行审计；不仅对项目本身建设的合理性以及投产后的效益性进行审计，还要对从事建筑工程的行为主体单位的财务收支的真实性、合法性进行审计。

3. 控制性与协调性特点

对建筑工程项目实施审计，在不同的阶段起不同的把关控制作用。项目准备阶段即开工前的审计是对前期工作及其准备情况的审查，如开工条件是否具备，资金是否落实等，以控制工程仓促上马或盲目上马；在建设过程中的审计，审计其概预算执行中财务收支及管理情况，如是否按计划、按进度、按质量要求完成任务，以促使提高投资效益；项目竣工时进行决算审计，审查决算是否真实、准确、完整、合规，其经济效益是否达到预期目标。

对参与建筑工程的行为主体及其技术经济活动进行审计，起到协调一致的作用。凡使用国家资金从事建设项目投资活动的政府机关、企事业单位、人民团体等都在被审之列。除此之外，计划管理部门、勘察设计部门、项目法人组织、工程承建单位、监理公司以及金融机构，均以建设项目为媒介组合在一起，但出于各自的职能目标以及经济利益，不可避免地会出现矛盾和冲突，这就要求审计工作根据实际情况，客观公正的排解纷争，正确运用政策与法规，做好化解各方利益矛盾的协调工作。

（二）建筑工程审计依据

首先是法规依据，如《宪法》、《审计法》、《国务院关于固定资产投资项目试行资本金制度的通知》、《建设项目审计处理暂行规定》等。其次是制度依据，即主管部门和上级单位制定的具有约束力的规范性文件、制度，如会计制度、技术经济标准、施工验收规范、工期定额、概预算定额、费用定额等。再则是资料依据，如设计图纸、经济合同、会计凭证、账簿、预算书、财务报表等。

三、建筑工程审计的分类、方法

（一）建筑工程审计分类

（1）按审计主体来划分：可分为国家审计、社会审计与内部审计。

（2）按审计阶段来划分：可分为前期准备阶段审计、设计概算审计、施工图预算审计、竣工决算审计。

（3）按审计环节来划分：可分为招投标及标底审计、合同审计。

（4）按审计目的来划分：可分为法纪审计、财务审计、效益审计、管理审计等。

（5）按审计时间来划分：可分为事前（即开工前）审计、事中（即从开工到交付使用过程中）审计、事后（竣工验收后）审计。

（6）按审计对象来划分：可分为宏观审计、微观审计。

（7）按审计范围来划分：可分为全面审计、专项审计、重点审计。

总之，对建筑工程审计可从不同角度、不同方法来进行分类，例如还可按资金来源、项目种类等进行划分。

（二）建筑工程审计方法

审计方法因被审事项的目的、要求、内容的不同而不尽相同，还有因被审单位的规模、业绩、管理水平的不同而千差万别。审计方法通常有如下几种方法：

1. 全面审计

对工程项目的工程量计算，定额子目的选套，取费标准的选用以及各项财务收支进行详尽的审计。此方法细致准确，涉及面广，但耗时费力，一般用于大型工程、重点项目或问题较多的被审对象。

2. 抽样审计

抽样审计是根据样本按照统计规律来推断总体的一种审计方法。即在审计实务中，或者只挑选主要的、造价高的部分进行审计；或者对建筑工程的待审内容进行分类后，在每一类中挑选有代表性的部分进行审计；或者借鉴以往的经验，对易错的部位与环节进行审计。

3. 筛选审计

筛选审计属于快速审计，一般是先将拟审对象的技术经济指标如每平方米造价，单位面积耗钢量等与规定的标准进行逐一比较，根据两者是否有差别以及相差的程度，来确定是否细化而深入审计下去。如某分部工程的差别较大，则细化为分项工程再进行重点审计。此方法需积累大量可靠的资料或经验数据，且不能保证发现所有问题，可能遗漏一些次要的问题和环节。

建筑工程审计是一门多学科综合应用的工作。为了保证审计工作质量，提高效率，往往将多种方法结合并用，如微观审计与宏观审计相结合；事前、事中、事后审计相结合；国家审计、社会审计、内部审计相结合；审计监督与管理检查相结合；财务收支审计与技术经济审计相结合等。对于主要的工程项目应进行跟踪的动态过程审计。

第二节 建筑工程（概）预算的审计

一、设计概算的审计

（一）设计概算审计的意义

（1）有利于合理分配投资资金，加强投资计划管理。设计概算编制得偏高或偏低，都会影响投资计划的真实性，影响投资资金的合理分配。进行设计概算审计是遵循客观经济规律的需要，通过审计可以提高投资的准确性与合理性。

（2）有助于促进概算编制人员严格执行国家有关概算的编制规定和费用标准，提高概算的编制质量。

（3）有助于促进设计的技术先进性与经济合理性的统一。概算中的技术经济指标，是概算水平的综合反映，合理、准确的设计概算是技术经济协调统一的具体体现。

（4）合理、准确的设计概算可使下阶段投资控制目标更加科学合理，堵塞了投资缺口或突破投资的漏洞，缩小了概算与预算之间的差距，可提高项目投资的经济效益。

（二）审计的主要内容

1. 编制依据审计

（1）合法性审计。采用的各种编制依据必须经过国家或授权机关的批准，符合国家的编制规定。未经过批准的不得以任何借口采用，不得强调特殊理由擅自提高费用标准。

（2）时效性审计。对定额、指标、价格、取费标准等各种依据，都应根据国家有关部门的现行规定执行。对颁发时间较长、已不能全部适用的应按有关部门作的调整系数执行。

（3）适用范围审计。各主管部门、各地区规定的各种定额及其取费标准均有其各自的适用范围，特别是各地区的材料预算价格区域性差别较大，在审查时应给予高度重视。

2. 建筑工程设计概算构成的审计

（1）工程量审计。根据初步设计图纸、概算定额、工程量计算规则的要求进行审计。

（2）采用的定额或指标的审计。审计定额或指标的使用范围、定额基价、指标的调整、定额或指标缺项的补充等。其中，审计补充的定额或指标时，其项目划分、内容组成、编制原则等须与现行定额水平相一致。

（3）材料预算价格的审计。以耗用量最大的主要材料作为审计的重点，同时着重审计材料原价、运输费用及节约材料运输费用的措施。

（4）各项费用的审计。审计各项费用所包含的具体内容是否重复计算或遗漏、取费标准是否符合国家有关部门或地方规定的标准。

3. 综合概算和总概算的审计

（1）审计概算的编制是否符合国家经济建设方针、政策的要求。根据当地自然条件、施工条件和影响造价的各种因素，实事求是地确定项目总投资。

（2）审计概算文件的组成。①概算文件反映的内容是否完整、工程项目确定是否满足设计要求、设计文件内的项目是否遗漏、设计文件外的项目是否列入；②建设规模、建筑结构、建筑面积、建筑标准、总投资是否符合设计文件的要求；③非生产性建设工程是否符合规定的要求、结构和材料的选择是否进行了技术经济比较、是否超标等。

（3）审计总图设计和工艺流程。①总图布置是否符合生产和工艺要求、场区运输和仓库布置是否优化或进行方案比较、分期建设的工程项目是否统筹考虑、总图占地面积是否符合“规划指标”和节约用地要求；②工程项目是否按生产要求和工艺流程合理安排，主要车间生产工艺是否合理。

（4）审计经济效果。概算文件是初步设计的经济反映，除对投资进行全面审计外，还要审计建设周期、原材料来源、生产条件、产品销路、资金回收和盈利等社会效益因素。

（5）审计项目的环保。设计项目必须满足环境改善及污染整治的要求，对未作安排或漏列的项目，应按国家规定要求列入项目内容并计入总投资。

（6）审计其他具体项目。①审计各项技术经济指标是否经济合理；②审计建筑工程费用；③审计设备和安装工程费；④审计各项其他费用，特别注意要落实以下几项费用：土地补偿和安置补助费，按规定列入的临时工程设施费用，施工机构迁移费和大型机具进退场费。

（三）审计的方式

设计概算审计一般采用集中会审的方式进行。由会审单位分头审计，然后集中研究共同定案；或组织有关部门成立专门审计班子，根据审计人员的业务专长分组，将概算费用进行分解，分别审计，最后集中讨论定案。

设计概算审计是一项复杂而细致的技术经济工作，审计人员既应懂得有关专业技术知识，又应具有熟练编制概算的能力，一般情况下可按如下步骤进行。

1. 概算审计的准备

概算审计的准备工作包括了解设计概算的内容组成、编制依据和方法；了解建设规模、设计能力和工艺流程；熟悉设计图纸和说明书，掌握概算费用的构成和有关技术经济指标；明确概算各种表格的内涵；收集概算定额、概算指标、取费标准等有关规定的文件资料等。

2. 进行概算审计

根据审计的主要内容，分别对设计概算的编制依据、单位工程设计概算、单项工程综合概算、建设项目总概算进行逐级审计。

3. 进行技术经济对比分析

利用规定的概算定额或指标以及有关的技术经济指标与设计概算进行分析对比，根据设计和概算列明的工程性质、结构类型、建设条件、费用构成、投资比例、占地面积、生产规模、建筑面积、设备数量、造价指标、劳动定员等与国内外同类型工程规模进行对比分析，找出与同类型项目的主要差距。

4. 调查研究

对概算中出现的问题要在对比分析、找出差距的基础上深入现场进行实际调查研究。了解设计是否经济合理，概算编制依据是否符合现行规定和施工现场实际，有无扩大规模、多估投资或预留缺口等情况，并及时核实概算投资。对于当地没有同类型的项目而不能进行对比分析时，可向国内同类型企业进行调查，收集资料，作为审计的参考。经过会审决定的定案问题应及时调整概算，并经原批准单位下发文件。

5. 积累资料

对审计过程中发现的问题要逐一理清，对已建成项目的实际成本和有关数据资料等进行收集并整理成册，为今后审计同类工程概算和国家修订概算定额提供依据。

二、施工图预算的审计

（一）审计的内容

审计的重点是施工图预算的工程量计算是否准确、定额或单价套用是否合理、各项取费标准是否符合现行规定等方面。审计的详细内容如下：

1. 审计工程量

（1）土方工程。

1）平整场地、地槽与地坑等土方工程量的计算是否符合定额的计算规定；施工图纸标示尺寸、土壤类别是否与勘察资料一致；地槽与地坑放坡、挡土板是否符合设计要求，有无重算或漏算。

2）地槽、地坑回填土的体积是否扣除了基础所占的体积，地面和室内填土的厚度是否符合设计要求。

3）运土距离、运土数量、回填土土方的扣除等。

（2）打桩工程。

1）各种不同材料是否分别计算、施工方法是否符合设计要求。

2）桩料长度是否符合设计要求、需要接桩时的接头数是否正确。

（3）砌筑工程。

1）墙基与墙身的划分是否符合规定。

2）不同厚度的内墙和外墙是否分别计算、是否扣除门窗洞口及埋入墙体各种钢筋混凝土梁、柱等所占用的体积。

3）不同砂浆强度的墙和定额规定按立方米或平方米计算的墙是否有混淆、错算或漏算。

（4）混凝土及钢筋混凝土工程。

1）现浇构件与预制构件是否分别计算，有无混淆。

2）现浇柱与梁、主梁与次梁及各种构件计算是否符合规定，有无重算或漏算。

3）有筋和无筋构件是否按设计规定分别计算，是否有混淆。

4）钢筋混凝土的含钢量与预算定额的含钢量发生差异时，是否按规定进行增减调整。

（5）木结构工程。

1）门窗是否按不同种类、按框外面积或扇外面积计算。

2）木装修的工程量是否按规定分别以延长米或平方米进行计算。

（6）地面工程。

1）楼梯抹面是否按踏步和休息平台部分的水平投影面积计算。

2）当细石混凝土地面找平层的设计厚度与定额厚度不同时，是否按其厚度进行换算。

（7）屋面工程。

1）卷材屋面工程是否与屋面找平层工程量相符。

2）屋面找平层的工程量是否按屋面层的建筑面积乘以保温层平均厚度计算，不做保温层的挑檐部分是否按规定不作计算。

（8）构筑物工程。烟囱和水塔脚手架是否以座为单位编制，地下部分是否有重算。

（9）装饰工程。内墙抹灰的工程量是否按墙面的净高和净宽计算，有无重算和漏算。

（10）金属构件制作。各种型钢、钢板等金属构件制作工程量是否以吨为单位，其形体尺寸计算是否正确，是否符合现行规定。

（11）水暖工程。

1）室外排水管道、暖气管道的划分是否符合规定。

2）各种管道的长度、口径是否按设计规定计算。

3）对室内给水管道不应扣除阀门，接头零件所占长度是否多扣；应扣除卫生设备本身所附带管道长度的是否漏扣。

4）室内排水采用插铸铁管时是否将异形管及检查口所占长度错误地扣除、有无漏算。

5）室外排水管道是否已扣除检查井与连接井所占的长度。

6）暖气片的数量是否与设计相一致。

（12）电气照明工程。

1）灯具的种类、型号、数量是否与设计图纸一致。

2）线路的敷设方法、线材品种是否达到设计标准，有无重复计算预留线的工程量。

（13）设备及安装工程。

1）设备的品种、规格、数量是否与设计相符。

2）需安装的设备和不需要安装的设备是否分清，有无将不需安装的设备作为需安装的设备多计工程量。

2. 审计定额或单价的套用

（1）预算中所列各分项工程单价是否与预算定额的预算单价相符；其名称、规格、计量单位和所包括的工程内容是否与预算定额一致。

（2）有单价换算时应审查换算的分项工程是否符合定额规定及换算是否正确。

（3）对补充定额和单位估价表的使用应审查补充定额是否符合编制原则、单位估价表计算是否正确。

3. 审计其他有关费用

其他有关费用包括的内容各地不同，具体审查时应注意是否符合当地规定和定额的要求。

（1）是否按本项目的工程性质计取费用，有无高套取费标准。

（2）间接费的计取基础是否符合规定。

（3）预算外调增的材料差价是否计取间接费；直接费或人工费增减后，有关费用是否做了相应调整。

（4）有无将不需安装的设备计取在安装工程的间接费中。

（5）有无巧立名目、乱摊费用的情况。

利润和税金的审查，重点应放在计取基础和费率是否符合当地有关部门的现行规定、有无多算或重算方面。

（二）审计的步骤

1. 审计前准备工作

（1）熟悉施工图纸。施工图是编制与审查预算分项数量的重要依据，必须全面熟悉了解。

（2）根据预算编制说明，了解预算包括的工程范围。如配套设施、室外管线、道路，以及会审图纸后的设计变更等。

（3）弄清所用单位工程估价表的适用范围，搜集并熟悉相应的单价、定额资料。

2. 选择审计方法、审计相应内容

工程规模、繁简程度不同，编制工程预算繁简和质量就不同，应选择适当的审计方法进行审计。

3. 整理审计资料并调整定案

综合整理审计资料，同编制单位交换意见，定案后编制调整预算。经审计如发现差错，应与编制单位协商，统一意见后进行相应增加或核减的修正。

（三）审计的方法

1. 逐项审计法

逐项审计法又称全面审计法，即按定额顺序或施工顺序，对各分项工程中的工程细目逐项全面详细审计的一种方法。其优点是全面、细致，审计质量高、效果好。缺点是工作量大，时间较长。这种方法适合于一些工程量较小、工艺比较简单的工程。

2. 标准预算审计法

标准预算审计法就是对利用标准图纸或通用图纸施工的工程先集中力量编制标准预算，以此为准来审计工程预算的一种方法。按标准设计图纸或通用图纸施工的工程，一般结构和做法相同，只是根据现场施工条件或地质情况不同，仅对基础部分做局部改变。对这样的工程，以标准预算为准，对局部修改部分单独审计即可，不需逐一详细审计。该方法的优点是时间短、效果好、易定案。其缺点是适用范围小，仅适用于采用标准图纸的工程。

3. 分组计算审计法

分组计算审计法就是把预算中有关项目按类别划分若干组，利用同组中的一组数据审计分项工程量的一种方法。这种方法首先将若干分部分项工程按相邻且有一定内在联系的项目进行编组，利用同组分项工程间具有相同或相近计算基数的关系，审计一个分项工程数量，由此判断同组中其他几个分项工程的准确程度。如一般的建筑工程中将底层建筑面积、地面面层、地面垫层、楼面面层、楼面找平层、楼板体积、天棚抹灰、天棚刷浆及屋面层可编为一组。先计算底层建筑面积或楼（地）面面积，从而得知楼面找平层、天棚抹灰、刷白的面积。该面积与垫层厚度乘积即为垫层的工程量，与楼板折算厚度乘积即为楼板的工程量等。依次类推，该方法特点是审查速度快、工作量小。

4. 对比审计法

对比审计法是当工程条件相同时，用已完工程的预算或未完但已经过审计修正的工程预算对比审计拟建工程的同类工程预算的一种方法。采用该方法一般须符合下列条件。

（1）拟建工程与已完或在建工程采用同一施工图，但基础部分和现场施工条件不同，则相同部分可用对比审计法。

（2）工程设计相同，但建筑面积不同，两工程的建筑面积之比与两工程各分部分项工程量之比大体一致。此时可按分项工程量的比例，审计拟建工程各分部分项工程的工程量，或用两工程每平方米建筑面积造价、每平方米建筑面积的各分部分项工程量对比进行审查。

（3）两工程面积相同，但设计图纸不完全相同，则对相同的部分，如厂房中的柱子、屋架、屋面、砖墙等，可进行工程量的对照审计。对不能对比的分部分项工程可按图纸计算审计。

5. “筛选”审计法

“筛选法”是能较快发现问题的一种方法。建筑工程虽面积和高度不同，但其各分部分项工程的单位建筑面积指标变化却不大。将这样的分部分项工程加以汇集、优选，找出其单位建筑面积工程量、单价、用工的基本数值，归纳为工程量、价格、用工三个单方基本指标，并注明基本指标的适用范围。这些基本指标用来筛选各分部分项工程，对不符合条件的应进行详细审计，若审计对象的预算标准与基本指标的标准不符，就应对其进行调整。

“筛选法”的优点是简单易懂，便于掌握，审计速度快，便于发现问题。但问题出现的原因尚需继续审计。该方法适用于审计住宅工程或不具备全面审计条件的工程。

6. 重点审计法

重点审计法就是抓住工程预算中的重点进行审核的方法。审计的重点一般是工程量大或者造价较高的各种工程、补充定额、计取的各项费用（计取基础、取费标准）等。重点审计法的优点是突出重点、审计时间短、效果好。

思考与练习题

1. 简述建筑工程审计的概念、目的和作用。
2. 简述建筑工程审计的分类和方法。
3. 简述建筑工程设计概算的审计内容。
4. 简述建筑工程施工图预算的审计内容。

第二篇　工程量清单计价

工程量清单计价是指在建设工程招投标工作中，招标人按照国家规范规定的统一工程量计算规则或委托具有相应资质的工程造价咨询人员编制工程量清单，由投标人依据工程量清单自主报价，并按照经评审合理低价中标的工程计价模式。

"13规范"是以《建设工程工程量清单计价规范》（GB 50500—2008）为基础修订的，与"03规范"、"08规范"不同，"13规范"是以《建设工程工程量清单计价规范》为母规范，各专业工程工程量计算规范与其配套使用的工程计价、计量标准体系。下面将《建设工程工程量清单计价规范》(GB 50500—2013)，简称"计价规范"，《房屋建筑与装饰工程工程量计算规范》(GB 50854—2013)，简称"计量规范"（二者合称"计量计价规范"），该系列规范自2013年07月01日起实施。原《建设工程工程量清单计价规范》（GB 50500—2008）同时废止。

第八章　"计量计价规范"

第一节　工程量清单计价概述

一、工程量清单计价的一般概念

工程量清单是指载明建设工程的分部分项工程项目、措施项目、其他项目的名称和相应数量以及规费、税金项目等内容的明细清单。

其费用包括：分部分项工程费、措施项目费、其他项目费和规费、税金。

二、工程量清单计价与定额计价的区别和联系

（一）工程量清单计价与定额计价的区别

1. 计价依据不同

定额计价模式下，其计价依据的是各地区建设主管部门颁布的预算定额及费用定额。工程量清单计价模式下，对于投标单位投标报价时，其计价依据的是各投标单位所编制的企业定额和市场价格信息。

2. "量"、"价"确定的方式、方法不同

影响工程价格的两大因素是工程数量及其相应的单价。

定额计价模式下，招投标工作中的工程数量是由各投标单位分别计算的，相应的单价按统一规定的预算定额计取。

工程量清单计价模式下，招投标工作中的工程数量是由招标人按照国家规定的统一工程量计算规则计算的，并提供给各投标人。各投标单位在"量"一致的前提下，根据各企业的技术、管理水平的高低，材料、设备的进货渠道和市场价格信息，同时考虑竞争的需要，自主确定"单价"，且竞标过程中合理低价中标。

从上述区别中可以看出：工程量清单计价模式下将定价全交给企业，因为竞争的需要，促使投标企业通过科技、创新、加强施工项目管理等来降低工程成本，同时不断采用新技术、新工艺施工，以达到获得期望利润的目的。

3. 反映的成本价不同

工程量清单计价反映的是个别成本。各个投标人根据市场的人工、材料、机械价格行情，自身技术实力和管理水平投标报价，其价格有高有低，具有多样性。招标人在考虑投标单位综合素质的同时选择合理的工程造价。

定额计价反映的是社会平均成本，各投标人根据相同的预算定额及估价表投标报价，所报的价格基本相同，不能反映中标单位的真正实力。由于预算定额的编制是按社会平均消耗量考虑，所以其价格反映的是社会平均价，这也就给招标人提供盲目压价的可能，从而造成结算突破预算的现象。

4. 风险承担人不同

定额计价模式下承发包计价、定价，其风险承担人是由合同价的确定方式决定的。当采用固定价合同，其风险由承包人承担，采用可调价合同其风险由承、发包人共担，但在合同中往往明确了工程结算时按实调整，实际上风险基本上由发包人承担。

工程量清单计价模式下实行风险共担、合理分摊的原则。发包人承担计量的风险，承包人应完全承担的风险是技术风险和管理风险，如管理费和利润；应有限度承担的是市场风险，如材料价格、施工机械使用费等的风险；应完全不承担的是法律、法规、规章和政策变化的风险。

5. 项目名称划分不同

两种不同计价模式项目名称的划分不同，主要表现在：

(1) 定额计价模式中项目名称按“分项工程”划分，而工程量清单计价模式中有些项目名称综合了定额计价模式下的好几个分项工程，如基础挖土方项目综合了挖土、支挡土板、地基钎探、运土等。清单编制人及投标人应充分熟悉规范，确保清单编制及价格确定的准确。

(2) 定额计价模式中项目内含施工方法因素，而清单计价模式中不含。如定额计价模式下的基础挖土方项目，分为人工挖、机械挖以及何种机械挖；而工程量清单计价模式下，只有基础挖土方项目。

综上所述，两种不同计价模式的本质区别在于：“工程量”和“工程价格”的来源不同，定额计价模式下“量”由投标人计算（在招投标过程中），“价”按统一规定计取；而工程量清单计价模式下，“量”由招标人统一提供（在招投标过程中），“价”由投标人根据自身实力，市场各种因素，考虑竞争需要自主报价。工程量清单计价模式能真正实现“客观、公正、公平的原则”。

(二) 工程量清单计价与定额计价的联系

(1)《计量规范》中清单项目的设置，参考了全国统一定额的项目划分，注意使清单计价项目设置与定额计价项目设置的衔接，以便于推广工程量清单计价模式的使用。

(2)“计量规范”附录中的“工程内容”基本上取自原定额项目（或子目）设置的工作内容，它是综合单价的组价内容。

(3) 工程量清单计价，企业需要根据自己的企业实际消耗成本报价，在目前多数企业没有企业定额的情况下，现行全国统一定额或各地区建设主管部门发布的预算定额（或消耗量定额）可作为重要参考。所以工程量清单的编制与计价，与定额有着密不可分的联系。

三、实行工程量清单计价的目的和意义

（1）实行工程量清单计价，是社会主义市场经济发展的需要。长期以来，我国承发包计价、定价以工程预算定额作为主要依据。1992年，为了适应建设市场改革的要求，针对工程预算定额中存在的问题，提出了“控制量、指导价、竞争费”的改革措施。但大部分省市仍然是采用“量价合一”的预算定额及费用定额作为确定工程造价的依据，预算定额中的人工、材料、机械的消耗量是按社会平均消耗水平编制的，人工、材料、机械单价及取费标准是按法定形式执行的，而与工程价格行为密切相关的，作为建筑市场主体的发包人和承包人没有决策权和定价权。这一计价模式满足不了竞争的需要，大大削弱了企业改革的积极性，不利于企业管理水平和创新精神的提高。2003年7月1日，《建设工程工程量清单计价规范》（GB 50500—2003）作为国家标准在全国推行，之后经过实践，几经修订，先后出版发行了“08规范”、“13规范”。这一计价模式中，将有利于企业降低工程造价的施工措施项目从实体项目中分离出来，将定价权交给了企业。在招投标过程中，经评审合理低价者中标。市场经济的特点就是竞争，工程量清单计价模式满足了市场经济发展的需要。

（2）实行工程量清单计价，是适应我国加入世界贸易组织（WTO），融入世界大市场的需要。随着我国改革开放的进一步加快，中国经济日益融入全球市场，特别是我国加入世界贸易组织（WTO）后，行业壁垒逐步消除，建设市场将进一步对外开放。国外的企业以及投资的项目越来越多地进入国内市场，我国企业走出国门在海外投资和经营的项目也在增加。为了适应这种对外开放建设市场的形势，就必须与国际通行的计价方法相适应，为建设市场主体创造一个与国际惯例接轨的公平竞争环境。工程量清单计价是国际通行的计价做法，在我国实行工程量清单计价，有利于提高国内建设各方主体参与国际竞争的能力，有利于提高工程建设的管理水平。

（3）实行工程量清单计价，是促进建设市场有序竞争和企业健康发展的需要。采用工程量清单计价模式进行招投标，招标人在招标文件中需要提供工程量清单，由于工程量清单是公开的，增加了招标、投标透明度；又因为招标的原则是合理低价中标，因而能避免工程招标中的弄虚作假、暗箱操作等不规范行为，有利于规范建设市场秩序，促进建设市场有序竞争。施工企业在投标报价时，只有报价最低才可能中标，既要考虑中标又要获得期望的利润，这就促使企业不断的改制、不断的进取，提高企业施工管理水平，在施工中采用新技术、新工艺、新材料，努力降低工程成本，增加利润，在行业中永远保持领先地位。

（4）实行工程量清单计价，是适应我国工程造价管理政府职能转变的需要。实行工程量清单计价，有利于我国工程造价管理政府职能的转变，由过去制订政府控制的指令性定额转变为制订适应市场经济规律需要的工程量清单计价原则和方法，引导和指导全国实行工程量清单计价，以适应建设市场发展的需要；由过去行政直接干预转变为对工程造价依法监管，有效地强化政府对工程造价的宏观调控。

第二节 “计量计价规范”简介

一、“计量计价规范”的特点

（一）强制性

主要表现在：一是由建设主管部门按照强制性国家标准的要求批准发布，规定使用国有资金投资的建设工程发承包，必须采用工程量清单计价，且国有资金投资的建设工程招标，招标人必须编制招标控制价。二是明确工程量清单必须作为招标文件的组成部分，其准确性和完整性由招标人负责。规定招标人在编制分部分项工程量清单时应包括的五个要件，并明确安全文明施工费、规费和税金应按国家或省级、行业建设主管部门的规定计价，不得作为竞争性费用，为建立全国统一的建设市场和规范计价行为提供了依据。

（二）竞争性

主要表现在：

(1)“计量计价规范”中规定：招标人提供工程量清单，投标人依据招标人提供的工程量清单自主报价。

(2)“计量计价规范”中没有人工、材料和施工机械消耗量，投标企业可以依据企业定额和市场价格信息，也可以参照建设主管部门发布的社会平均消耗量定额，按照“计量计价规范”规定的原则和方法进行投标报价。

将报价权交给了企业，必然促使企业提高管理水平，引导企业学会编制企业自己的消耗量定额，适应市场竞争投标报价的需要。

（三）通用性

主要表现在：

(1)“计量计价规范”中对工程量清单计价表格规定了统一的表达格式，这样不同省市、不同地区和行业在工程施工招投标过程中，互相竞争就有了统一标准，利于公平、公正竞争。

(2)“计量计价规范”编制考虑了与国际惯例的接轨，工程量清单计价是国际上通行的计价方法。

“计量计价规范”的规定，符合工程量计算方法标准化、工程量计算规则统一化、工程造价确定市场化的要求。

（四）实用性

主要表现在：“计量规范”，项目名称明确清晰，工程量计算规则简洁明了，特别还列有项目特征和工程内容。编制工程量清单时易于确定具体项目名称和投标报价。“计量计价规范”可操作性强，方便使用。

二、“计量计价规范”的组成

（一）“计价规范”的组成

“计价规范”由正文和附录两部分组成，其中正文包括：总则、术语、工程量清单编制、招标控制价、投标报价、合同价款约定、工程计量、合同价款调整等计价活动全过程的16个方面的规定。

1. 总则

总则中规定了“计价规范”的目的、依据、适用范围，工程量清单计价活动应遵循的基本原则及附录的作用。

(1) 目的。为了“规范工程造价计价行为，统一建设工程工程量清单的编制和计价方法”。

(2) 依据。“根据《中华人民共和国建筑法》、《中华人民共和国合同法》、《中华人民共和国招标投标法》等法律法规，制订本规范。”

(3) 适用范围。“本规范适用于建设工程发承包及实施阶段的计价活动”。

建设工程是指建筑工程、装饰装修工程、安装工程、市政工程、园林绿化工程和矿山工程。

工程量清单计价活动指的是从招投标开始至工程竣工结算全过程的一个计价活动。包括工程量清单的编制、工程量清单招标控制价编制、工程量清单投标报价编制、工程合同价款的约定、合同价款的调整、期中支付、争议的解决、竣工结算的办理等活动。

强制规定了“使用国有资金投资的建设工程发承包，必须采用工程量清单计价”。

国有资金投资的工程建设项目范围包括：

1) 使用国有资金投资项目范围包括：

①使用各级财政预算资金的项目；

②使用纳入财政管理的各种政府性专项建设资金的项目；

③使用国有企事业单位自有资金，并且国有资产投资者实际又有控制权的项目。

2) 国家融资项目的范围包括：

①使用国家发行债券所筹资金的项目；

②使用国家对外借款或者担保所筹资金的项目；

③使用国家政策性贷款的项目；

④国家授权投资主体融资的项目；

⑤国家特许的融资项目。

(4) 工程量清单计价活动应遵循的原则。工程量清单计价是市场经济的产物，并随着市场经济的发展而发展，它必须遵循市场经济活动的基本原则，即“客观、公正、公平”。工程量清单计价活动，除应遵守“计价规范”外，尚应符合国家现行有关标准的规定。

2. 术语

对“计价规范”中特有名词给予定义。

3. 工程量清单编制

“计价规范”中的该部分规定了工程量清单编制人、工程量清单的组成部分及分部分项工程量清单、措施项目清单、其他项目清单、规费项目清单、税金项目清单的编制原则等。详细编制方法见本书第九章。

4. 工程量清单计价

“计价规范”中规定了工程量清单计价活动的工作范围，包括招标控制价编制、投标报价、工程合同价款约定、工程计量的原则、合同价款的调整、竣工结算与支付等内容。详见本书第十一章。

5. 工程计价表格

规定了工程量清单计价统一格式和填写方法，详见本书第九章。

（二）“计量规范”的组成

“计量规范”由总则、术语、工程计量、工程量清单编制与附录组成。

（1）“总则”中说明了制定本规范的目的、本规范的使用范围。强制规定了“房屋建筑与装饰工程计价，必须按本规范规定的工程量计算规则进行工程计量”。

（2）“术语”中对“工程量计算、房屋建筑、工业建筑、民用建筑”做了明确定义。

（3）“工程计量”对在工程量计算过程中规范的应用进行说明。

（4）“工程量清单编制”。

（5）“附录”按工种及装饰部位等从附录A～附录S共划分为17个，包括：土石方工程、地基处理与边坡支护工程、桩基工程、砌筑工程、混凝土及钢筋混凝土工程、金属结构工程、木结构工程、门窗工程、屋面及防水工程、保温隔热防腐工程、楼地面装饰工程、墙柱面装饰与隔断幕墙工程、天棚工程、油漆涂料裱糊工程、其他装饰工程、拆除工程、措施项目。附录的表现形式如下。

附录中的详细内容是以表格形式表现的，其格式见表8-1。

表8-1　　A.1 土方工程（编号：010101）

项目编码	项目名称	项目特征	计量单位	工程量计算规则	工程内容
010101004	挖基坑土方	1. 土壤类别 2. 挖土深度 3. 弃土运距	m^3	按设计图示尺寸以基础垫层底面积乘挖土深度计算	1. 排地表水 2. 土方开挖 3. 围护（挡土板）及拆除 4. 基底钎探 5. 运输

1）项目编码。项目编码是分部分项工程和措施项目清单项目名称的阿拉伯数字标识，是构成分部分项工程量清单的5个要件之一。项目编码共设12位数字。“计量规范”统一到前9位，10至12位应根据拟建工程的工程量清单项目名称设置，同一招标工程的项目编码不得有重码。例如，同一个标段（或合同段）的一份工程量清单中含有3个单位工程，每一单位工程中都有项目特征相同的“实心砖墙砌体”，在工程量清单中又需反映3个不同单位工程的实心砖墙砌体工程量时，工程量清单应以单位工程为编制对象，则第一个单位工程实心砖墙项目编码应为010302001001，第二个单位工程实心砖墙项目编码应为010302001002，第三个单位工程实心砖墙项目编码应为010302001003，并分别列出其工程量。

2）项目名称。项目的设置或划分是以形成工程实体为原则，所以项目名称均以工程实体命名。所谓实体是指形成生产或工艺作用的主要实体部分，对附属或次要部分均不设置项目，如实心砖墙、砌块墙、木楼梯、钢屋架等项目。项目名称是构成分部分项工程量清单的第二个要件。

3）项目特征。项目特征是指构成分部分项工程量清单项目、措施项目自身价值的本质特征，是用来表述项目名称的，它直接影响实体自身价值（或价格），如材质、规格等。在设置清单项目时，要按具体的名称设置，并表述其特征，如砌筑砖墙项目需要表述的特征有：墙体的类型、墙体厚度、墙体高度、砂浆强度等级及种类等，不同墙体的类型（外墙、内墙、围墙)、不同墙体厚度、不同砂浆强度等级，在完成相同工程数量的情况下，因项目特征的不同，其价格不同，因而对项目特征的具体表述是不可缺少的。项目特征是构成分部分项工程量清单的第三个要件。

4）计量单位：附录中的计量单位均采用基本单位计量，如 m^3、m^2、m、t 等，编制清单或报价时一定要按附录规定的计量单位计算，计量单位是构成分部分项工程量清单的第四个要件。

5）工程量计算规则。工程量计算方法的统一规定，附录中每一个清单项目都有一个相应的工程量计算规则。

6）工程内容：工程内容是规范上规定完成清单项目实体所需的施工工序。完成项目实体的工程内容或多或少会影响到该项目价格的高低。如“挖基坑土方”的工作内容包括“排地表水、土方开挖、围护及拆除、基底钎探、运输”，也就是说有个别清单项目综合了定额计价模式下若干分项工程，招标人编制清单确定招标控制价或投标人报价都需要特别注意，否则会引起控制价确定或报价失误。由于受各种因素的影响，同一个分项工程可能设计不同，由此所含工程内容可能会发生差异，附录中“工程内容”栏所列的工程内容没有区别不同设计而逐一列出，就某一个具体工程项目而言，确定综合单价时，附录中的工作内容仅供参考。

思考与练习题

1. 工程量清单计价与定额计价的模式不同，主要表现在哪几方面?
2. 工程量清单计价与定额计价的项目名称划分不同，主要表现在哪几方面?
3. 工程量清单计价与定额计价之间有何联系?
4. 实行工程量清单计价意义何在?

第九章 工程量清单编制

工程量清单是指载明建设工程分部分项工程项目、措施项目、其他项目的名称和其相应数量以及规费、税金等内容的明细清单。

“计价规范”规定（下文条款前加“★”的内容为规范中强制性条文）：

（1）招标工程量清单应由具有编制能力的招标人或受其委托，具有相应资质的工程造价咨询人编制。

★（2）招标工程量清单必须作为招标文件的组成部分，其准确性和完整性由招标人负责。

（3）招标工程量清单是工程量清单计价的基础，应作为编制招标控制价、投标报价、计算或调整工程量、索赔等的依据之一。

（4）招标工程量清单应以（单项）工程为单位编制，应由分部分项工程量清单、措施项目清单、其他项目清单、规费和税金项目清单组成。

（5）编制招标工程量清单应依据：

1）“计价规范”和相关工程的国家计量规范；

2）国家或省级、行业建设主管部门颁发的计价定额和办法；

3）建设工程设计文件及相关资料；

4）与建设工程项目有关的标准、规范、技术资料；

5）拟定的招标文件；

6）施工现场情况、地质水文资料、工程特点及常规施工方案；

7）其他相关资料。

第一节 分部分项工程量清单

分部分项工程量清单是指构成建设工程实体的全部分项实体项目名称和相应数量的明细清单。

“计量规范”规定（下文条款前加“★”的内容为规范中强制性条文）：

★（1）工程量清单应根据附录规定的项目编码、项目名称、项目特征、计量单位和工程量计算规则进行编制。

★（2）工程量清单的项目编码，应采用十二位阿拉伯数字表示。一至九位应按附录的规定设置，十至十二位应根据拟建工程的工程量清单项目名称和项目特征设置，同一招标工程的项目编码不得有重码。

★（3）工程量清单的项目名称应按附录的项目名称结合拟建工程的实际确定。

★（4）工程量清单项目特征应按附录中规定的项目特征，结合拟建工程项目的实际予以描述。

★（5）工程量清单中所列工程量应按附录中规定的工程量计算规则计算。

★（6）工程量清单的计量单位应按附录中规定的计量单位确定。

（7）编制工程量清单出现附录中未包括的项目，编制人应作补充，并报省级或行业工程造价管理机构备案，省级或行业工程造价管理机构应汇总报住房和城乡建设部标准定额研究所。

补充项目的编码由“计量规范”的代码 01 与 B 和三位阿拉伯数字组成，并应从 01B001 起顺序编制，同一招标工程的项目不得重码。工程量清单中需附有补充项目的名称、项目特征、计量单位、工程量计算规则、工程内容。不能计量的措施项目，须附有补充项目的名称、工作内容及包含范围。

一、项目编码

项目编码按“计量规范”规定，采用五级编码，12 位阿拉伯数字表示，一至九位为统一编码，即必须依据规范设置。其中一、二位（一级）为附录顺序码，三、四位（二级）为专业工程顺序码，五、六位（三级）为分部工程顺序码，七、八、九位（四级）为分项工程顺序码，10 至 12 位（五位级）为清单项目名称顺序码，第五级编码应根据拟建工程的工程量清单项目名称设置。

1. 专业工程代码（第 1、2 位，见表 9 - 1）

表 9 - 1　　专 业 工 程 代 码

第一、二位编码	专业工程	第一、二位编码	专业工程
01	房屋建筑与装饰工程	06	矿山工程
02	仿古建筑工程	07	构筑物工程
03	通用安装工程	08	城市轨道交通工程
04	市政工程	09	爆破工程
05	园林绿化工程		

2. 附录分类顺序码（第 3、4 位，见表 9 - 2）

以房屋建筑与装饰工程为例。

表 9 - 2　　附 录 分 类 顺 序 码

第三、四位编码	附录	对应的项目	前四位编码
01	A	土（石）方工程	0101
02	B	地基处理与边坡支护工程	0102
03	C	桩基工程	0103
04	D	砌筑工程	0104
05	E	混凝土及钢筋混凝土工程	0105
06	F	金属结构工程	0106
07	G	木结构工程	0107
08	A. 8	门窗工程	0108
	…		

3. 分部工程顺序码（第5、6位，相当于章中的节）

表9-3为楼地面工程，按不同做法、材质等编码。

表9-3　分部工程顺序码

第五、六位编码	对应的附录	适用的分部工程（不同结构构件）	前六位编码
01	L.1	整体面层及找平层	011101
02	L.2	块料面层	011102
03	L.3	橡塑面层	011103
04	L.4	其他材料面层	011104
…	…	……	…

4. 分项工程顺序码（第7～9位）

表9-4为块料面层的分项工程顺序码。

表9-4　分项工程顺序码

第七、八、九位编码	对应的附录	适用的分项工程	前九位编码
001	L.2	石材楼地面	011102001
002	L.2	碎石材楼地面	011102002
003	L.2	块料楼地面	011102003

5. 清单项目名称顺序码（第10～12位）

下面以块料楼地面为例进行说明。

某办公楼面层地面有两种做法，分别为8mm厚全玻磁化砖（600mm×600mm），10mm厚瓷质耐磨地砖（300mm×300mm），其编码由清单编制人在全国统一9位编码的基础上，在第10～12位上自行设置，编制出项目名称顺序码001、002。如：

8mm厚全玻磁化砖（600mm×600mm），编码011102003001；

10mm厚瓷质耐磨地砖（300mm×300mm），编码011102003002。

清单编制人在自行设置编码时应注意：

（1）一个项目编码对应于一个项目名称、计量单位、计算规则、工程内容、综合单价。因而清单编制人在自行设置编码时，以上五项中只要有一项不同，就应另设编码。如同一个单位工程中分别有M10水泥砂浆砌筑370mm建筑物外墙和M7.5水泥砂浆砌筑370mm建筑物外墙，这两个项目虽然都是实心砖墙，但砌筑砂浆强度等级不同，因而这两个项目的综合单价就不同，故第五级编码就应分别设置，其编码分别为010402001001（M10水泥砂浆砖外墙），010402001002（M7.5水泥砂浆砖外墙）。

（2）同一个单位工程中第五级编码不应重复。即同一性质项目，只要形成的综合单价不同，第五级编码就应分别设置，如墙面抹灰中的混凝土墙面和砖墙面抹灰，其第五级编码就应分别设置。

（3）清单编制人在自行设置编码时，并项要慎重考虑。如某多层建筑物挑檐底部抹灰同室内天棚抹灰的砂浆种类、抹灰厚度都相同，但这两个项目的施工难易程度有所不同，因而就要慎重考虑并项。

二、项目名称

分部分项工程量清单的项目名称，应按附录的项目名称结合拟建工程的实际确定。

“计量规范”中，项目名称一般是以“工程实体”命名的。如水泥砂浆楼地面、筏片基础、矩形柱、圈梁等。应该注意：附录中的项目名称所表示的工程实体，有些是可用适当的计量单位计算的简单完整的分项工程，如砌筑砖墙，也有些项目名称所表示的工程实体是分项工程的组合，如附录Q其他装饰工程中“金属旗杆”清单项目包括了旗杆。基座、基础、基座的面层及土石挖填等分项工程。

三、项目特征

项目特征是指分部分项工程量清单项目自身价值的本质特征。清单项目特征应按附录中规定的项目特征，结合拟建工程项目的实际予以描述。

在编制分部分项工程量清单，进行项目特征描述时需注意以下几方面：

1. 必须描述的内容

（1）涉及正确计量的内容必须描述。如门窗洞口尺寸或框外围尺寸，“计价规范”规定计量单位按“樘/m^2”计量，如采用“樘”计量，1樘门或窗有多大，直接关系到门窗的价格，因而对门窗洞口或框外围尺寸进行描述就十分必要。

（2）涉及结构要求的内容必须描述。如混凝土构件的混凝土强度等级，是使用C20还是C30或C40等，因混凝土强度等级不同，其价格也不同，必须描述。

（3）涉及材质及品牌要求的内容必须描述。如油漆的品种，是调和漆还是硝基清漆等；砌体砖的品种，是页岩砖还是煤灰砖等；墙体涂料的品牌及档次等。材质及品牌直接影响清单项目价格，必须描述。

（4）涉及安装方式的内容必须描述。如管道工程中的钢管的连接方式是螺纹连接还是焊接；塑料管是粘接连接还是热熔连接等就必须描述。

（5）组合工程内容的特征必须描述。如“计量规范”中屋面排水管清单项目，组合的工程内容有排水管及配件安装固定，雨水斗、山墙出水口、雨水箅子安装，接缝、嵌缝，刷漆。任何一道工序的特征描述不清或不描述，都会造成投标人组价时漏项或错误，因而必须进行仔细描述。

2. 可不详细描述的内容

（1）无法准确描述的可不详细描述。如土壤类别，由于我国幅员辽阔，南北东西差异较大，特别是对于南方，在同一地点，由于表层土与表层土以下的土壤类别是不相同的，要求清单编制人准确判定某类土壤的所占比例是困难的，在这种情况下，可考虑将土壤类别描述为综合，注明由投标人根据地勘资料确定土壤类别，决定报价。

（2）施工图纸、标准图集标注明确，可不再详细描述。对这些项目可描述为见××图集××页号及节点大样等。由于施工图纸、标准图集是发、承包双方都应遵守的技术文件，这样描述可以有效减少在施工过程中对项目理解的不一致。同时，对不少工程项目，真要将项目特征一一描述清楚，也是一件费力的事情，如果能采用这一方法描述，就可以收到事半功倍的效果。

实行工程量清单计价，在招投标工作中，招标人提供工程量清单，投标人依据工程量清单自主报价，而分部分项工程量清单的项目特征是确定一个清单项目综合单价的重要依据，类似于要购买某一商品，需了解品牌、性能等是一样的，因而需要对工程量清单项目特征进行仔细、准确地描述，以确保投标人准确报价。

四、计量单位

“计量规范”规定，分部分项工程量清单的计量单位应按附录中规定的计量单位确定，如挖土方的计量单位为 m^3，楼地面工程工程量计量单位为 m^2，钢筋工程的计量单位为 t 等。

五、工程量

工程量的计算，应按“计价规范”规定的统一计算规则进行计量，各分部分项工程量的计算规则见本书第十章的第二、三节。工程数量的有效位数应遵守下列规定。

（1）以“吨”为单位，应保留小数点后三位数字，第四位四舍五入。

（2）以“立方米”、“平方米”、“米”为单位，应保留小数点后两位数字，第三位四舍五入。

（3）以“个”、“项”等为单位，应取整数。

六、分部分项工程量清单的编制程序

在进行分部分项工程量清单编制时，其编制程序见图 9-1。

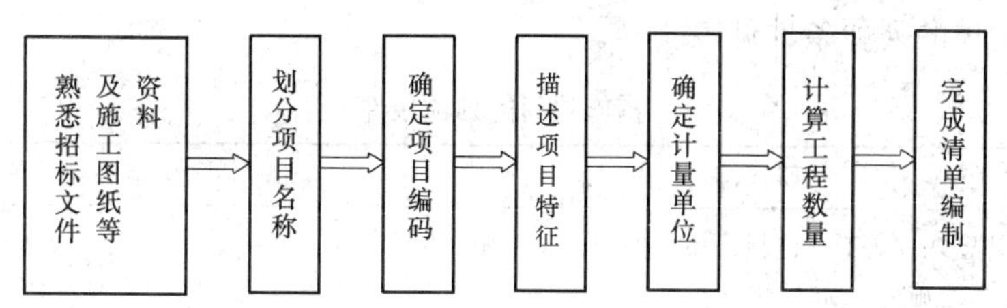

图 9-1　分部分项工程量清单编制程序

【例 9-1】　某 C25 钢筋混凝土带形基础，其长 10m。剖面图如图 9-2 所示。要求编制其工程量清单。

解

（1）项目名称：带形基础。

（2）项目特征：混凝土强度等级 C25，商品混凝土。

（3）项目编码：010501003001。

（4）计量单位：m^3。

（5）工程数量：$[1.2\times0.21+(1.2+0.46)\times0.09\times0.5]\times10=3.27m^3$。

（6）表格填写（见表 9-5）。

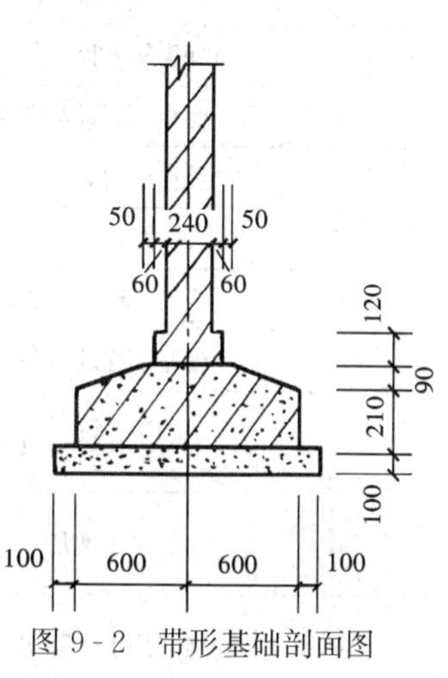

图 9-2　带形基础剖面图

表 9-5　**分部分项工程量清单与计价表**

工程名称：××××　　　　第　页　共　页

序号	项目编码	项目名称	项目特征描述	计量单位	工程量	金额（元）		
						综合单价	合价	其中：暂估价
		0105　混凝土及钢筋混凝土工程						
1	010501003001	带形基础	C25 商品混凝土	m^3	3.27			

第二节 措施项目清单

措施项目清单是指为完成工程项目施工，发生于该工程施工准备和施工过程中的技术、生活、安全、环境保护等方面的项目。如脚手架工程、模板工程、安全文明施工、冬雨季施工等。“计量计价规范”规定：

（1）措施项目清单应根据拟建工程的实际情况列项。

（2）能计量的措施项目其清单编制同分部分项工程量清单。

能计量的措施项目有：脚手架工程，混凝土模板及支架，垂直运输，超过施工增加，大型机械设备进出场及安拆，施工排水、降水。

（3）不能计量的措施项目编制工程量清单时，按相应表格格式完成。

不能计量的措施项目有：安全文明施工，夜间施工，非夜间施工照明，二次搬运，冬雨季施工，地上、地下设施、建筑物的临时保护设施，已完工程及设备保护。

一、措施项目清单的列项条件

措施项目清单的列项条件见表 9-6。

表 9-6 措施项目的列项条件

序号	项目名称	措施项目发生的条件
1	安全文明施工（包括：环境保护、文明施工、安全施工、临时设施）	
2	脚手架工程	
3	混凝土模板及支架	
4	垂直运输	正常情况下都要发生
5	二次搬运	
6	地上、地下设施，建筑物的临时保护设施	
7	已完工程及设备保护	
8	大型机械设备进出场及安拆	施工方案中有大型机具的使用方案，拟建工程必须使用大型机具
9	超高施工增加	单层建筑物檐口高度超过 20m，多层建筑物超过 6 层时
10	施工排水、降水	依据水文地质资料，拟建工程的地下施工深度低于地下水位
11	夜间施工	拟建工程有必须连续施工的要求，或工期紧张有夜间施工的倾向
12	非夜间施工照明	在地下室等特殊施工部位施工时
13	二次搬运	施工场地条件限制所发生的材料、成品等二次或多次搬运
14	冬雨季施工	冬雨季施工时

二、可以计算工程量的措施项目清单编制

措施项目中，可以计算工程量的项目，典型的有模板工程、脚手架工程、垂直运输工程等。

【例9-2】 根据图9-3所示编制钢筋混凝土模板及支架措施项目清单。

解 分析：钢筋混凝土模板支架属于可以计算工程量的项目，宜采用分部分项工程量清单的方式编制。

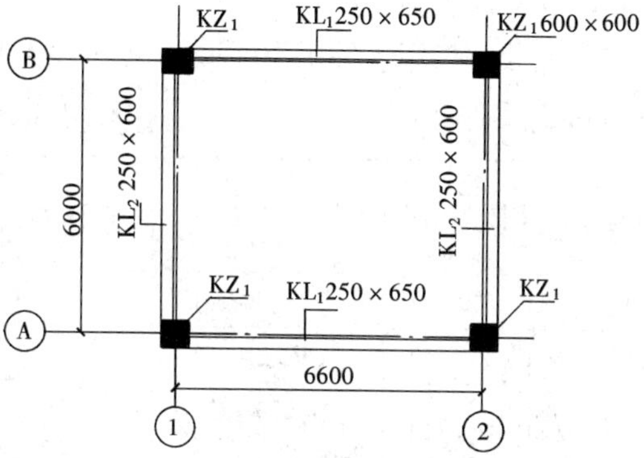

图9-3　梁、板、柱平面布置图（局部）

说明：层高3.60m，板厚120mm，柱截面600×600mm

根据工程量计算规则，其工程量计算如下：

（1）计算柱模板工程量，即

$$[0.6\times3.6\times4-0.25\times(0.65+0.6)-0.35\times0.12\times2]\times4=32.97\text{m}^2$$

（2）计算梁模板工程量，即

$$(6.6-0.6)\times[0.65+(0.65-0.12)+0.25]\times2+(6-0.6)\times[0.6+(0.6-0.12)+0.25]\times2=31.52\text{m}^2$$

（3）计算板模板工程量，即

$$(6.6+0.6)(6+0.6)-0.6\times0.6\times4-(6.6-0.6)\times0.25\times2-(6-0.6)\times0.25\times2=40.38\text{m}^2$$

（4）确定钢筋混凝土模板及支架清单（见表9-7）。

表9-7　　**单价措施项目清单与计价表**

工程名称：　　　　　　　　　　　　　　　　　第　页　共　页

序号	项目编码	项目名称	项目特征描述	计量单位	工程量	金额（元）	
						综合单价	合价
1	011702002001	现浇钢筋混凝土矩形柱	矩形柱，截面600mm×600mm，支模高度3.6m	m^2	32.97		
2	011702006001	现浇钢筋混凝土梁	框架梁，截面250mm×650mm，250mm×600mm	m^2	31.52		
3	011702016001	现浇钢筋混凝土板	平板，板厚120 mm	m^2	40.38		

三、不宜计算工程量的措施项目清单编制

不宜计算工程量的措施项目按表9-8的格式完成。

四、综合实例

【例9-3】 已知某六层砖混结构住宅楼，每层层高均为3.0m，基础为钢筋混凝土筏片

基础，下设素混凝土垫层，垫层底标高为−3.2m，垫层下换入2m厚3∶7灰土碾压。施工工期8个月（当年3月至10月），地下水位于−3.0m处，室外设计地坪标高为−0.9m。

表9-8　　总价措施项目清单与计价表

序号	项目编码	项目名称	计算基础	费率（%）	金额（元）	调整费率（%）	调整金额（元）	备注
1	011707001001	安全文明施工						
2	011707002001	夜间施工						
3	011707003001	非夜间施工照明						
4	011707004001	二次搬运						
5	011707005001	冬雨季施工						
6	011707006001	地上、地下设施，建筑物的临时保护设施						
7	011707007001	已完工程及设备保护						

依据通常的合理施工方案，假设基础施工需搭设满堂脚手架，墙体砌筑搭设里脚手架，主体施工搭设垂直全封闭安全网；垂直运输机械采用龙门架。

要求根据以上资料编制建筑工程部分措施项目清单。

解

1. 分析

（1）可以计算工程量的措施项目。

因是砖混结构，就有钢筋混凝土构件，故有混凝土、钢筋混凝土模板及支架措施项目发生，包括垫层、基础、构造柱、圈梁、板、楼梯等模板。

由已知资料可知，有脚手架及安全网措施项目。又因是多层结构，故有垂直运输机械发生。

因是筏片基础，且其下有2m厚的换土垫层，采用履带式反铲挖掘机挖土，换土垫层需用振动式压路机，因而会发生大型机械进出场费；由已知资料中知：基础垫层底标高−3.2m，且其下有2m厚的换土垫层，土方需挖至−5.2m标高处，地下水位标高位于−3.0m处，故挖土过程中需进行施工降水、排水。

（2）不能计算工程量的措施项目。

施工时间在3月至10月，有雨季施工措施项目发生；有混凝土浇筑工程，因而有夜间施工倾向；一般情况下安全文明施工、二次搬运、地上地下设施建筑物的临时保护设施、已完工程及设备保护都会发生。又因垫层底标高为−3.2m，考虑减去垫层、基础底板厚度，推算基础顶标高距室内设计地坪高度应≥2.2m，故应有地下室，所以应考虑非夜间施工照明的情况。

2. 编制措施项目清单

措施项目清单见表9-9、表9-10。

表 9-9 **总价措施项目清单与计价表**

工程名称：某住宅楼建筑工程 标段： 第 页 共 页

序号	项目编码	项目名称	计算基础	费率（%）	金额（元）	调整费率（%）	调整金额（元）	备注
1	011707001001	安全文明施工						
2	011707002001	夜间施工						
3	011707003001	非夜间施工照明						
4	011707004001	二次搬运						
5	011707005001	冬雨季施工						
6	011707006001	地上、地下设施，建筑物的临时保护设施						
7	011707007001	已完工程及设备保护						

表 9-10 **单价措施项目清单与计价表**

工程名称：某住宅楼建筑工程 标段： 第 页 共 页

序号	项目编码	项目名称	项目特征描述	计量单位	工程量	金额（元）	
						综合单价	合价
1		钢筋混凝土模板及支架					
1.1	011702001001	现浇混凝土垫层模板及支架	略	m^2	略		
1.2	011702001002	现浇钢筋混凝土筏片基础模板及支架	略	m^2	略		
1.3	011702003001	现浇钢筋混凝土构造柱模板及支架	略	m^2	略		
…	…	……					
2		脚手架					
2.1	011701006001	基础满堂脚手	略	m^2	略		
2.2	011701003001	砌筑里脚手	略	m^2	略		
…	…	……					
3		垂直运输机械					
3.1	011703001001	垂直运输机械	略	m^2	略		
4		大型机械设备进出场					
4.1	011705001001	大型机械设备进出场	略	台次	略		
5		排水、降水					
5.1	011706002001	排水、降水	略	昼夜	略		

第三节 其他项目清单

其他项目清单是指除分部分项工程量清单、措施项目清单外的由于招标人的特殊要求而设置的项目清单。“计价规范”规定：

(1) 其他项目清单宜按照下列内容列项：

1) 暂列金额；

2) 暂估价：包括材料暂估单价、工程设备暂估单价、专业工程暂估价；

3) 计日工；

4) 总承包服务费。

(2) 出现上述未列的项目，可根据工程实际情况补充。

其他项目清单的编制见表9-11。

表9-11 **其他项目清单与计价汇总表**

工程名称：××中学教学楼 第 页 共 页

序号	项目名称	金额（元）	结算金额（元）	备 注
1	暂列金额	200000		明细详见表6-12
2	暂估价	100000		
2.1	材料暂估价	—		明细详见表6-13
2.2	专业工程暂估价	100000		明细详见表6-14
3	计日工			明细详见表6-15
4	总承包服务费			明细详见表6-16
5				
合 计				

注 材料暂估单价进入清单项目综合单价，此处不汇总。

一、暂列金额

暂列金额指招标人在工程量清单中暂定并包括在合同价款中的一笔款项。用于施工合同签订时尚未确定或者不可预见的材料、工程设备、服务的采购，施工中可能发生的工程变更、合同约定调整因素出现时的合同价款调整以及发生的索赔、现场签证确认等的费用。

“计价规范”要求招标人将暂列金额与拟用项目明细列出，但如确实不能详列也可只列暂定金额总额，投标人应将上述暂列金额计入投标总价中。暂列金额格式见表9-12。

二、暂估价

暂估价指招标人在工程量清单中提供的用于支付必然发生，但暂时不能确定价格的材料、工程设备的单价以及专业工程的金额。材料暂估价、专业工程暂估价格式见表 9 - 13、表 9 - 14。

表 9 - 12　　暂列金额明细表

工程名称：××中学教学楼　　第　页　共　页

序号	项 目 名 称	计量单位	暂定金额（元）	备注
1	工程量清单中工程量偏差和设计变更		100000	
2	政策性调整和材料价格风险		100000	
3				
4				
合 计			200000	—

注　此表由招标人填写，也可只列暂定金额总额，投标人应将上述暂列金额计入投标总价中。

表 9 - 13　　材料（工程设备）暂估单价及调整表

工程名称：　　标段：　　第　页　共　页

序号	材料（工程设备）名称、规格、型号	计量单位	数量		暂估（元）		确认（元）		差额±（元）		备注
			暂估	确认	单价	合价	单价	合价	单价	合价	
1	600×600 芝麻白花岗岩	m^2	2000		150	300000					用在所有教室楼地面
合计											

注　此表由招标人填写“暂估单价”，并在备注栏说明暂估价的材料、工程设备拟用在哪些清单项目上，投标人应将上述材料、工程设备暂估单价计入工程量清单综合单价报价中。

三、计日工

计日工指在施工过程中，承包人完成发包人提出的工程合同范围以外的零星项目或工作（所需的人工、材料、施工机械台班等），按合同中约定的单价计价的一种方式。格式见表9 - 15。

表 9-14 **专业工程暂估价及结算价表**

工程名称：××中学教学楼 第 页 共 页

序号	工程名称	工程内容	暂估金额（元）	结算金额（元）	备 注
1	塑钢窗	制作、安装	100000		用在该教学楼所有窗户的清单项目中
合 计					—

注 此表“暂估金额”由招标人填写，投标人应将“暂估金额”计入投标总价中。结算时按合同约定结算金额填写。

表 9-15 **计 日 工 表**

工程名称： 第 页 共 页

编号	项 目 名 称	单位	暂定数量	实际数量	综合单价	合 价	
一	人 工					暂定	实际
1	（1）普工	工日	50				
2	（1）瓦工	工日	30				
3	（1）抹灰工	工日	30				
人 工 小 计							
二	材 料						
1	（1）42.5矿渣水泥	kg	300				
材 料 小 计							
三	施 工 机 械						
1	（1）载重汽车	台班	20				
2							
施 工 机 械 小 计							
总 计							

四、总承包服务费

总承包服务费指总承包人为配合协调发包人进行的工程分包自行采购的设备、材料等进行管理、服务以及施工现场管理、竣工资料汇总整理等服务所需的费用。其格式见表 9-16。

表 9-16　**总承包服务费计价表**

工程名称：　　　　第　页　共　页

序号	工程名称	项目价值（元）	服务内容	费率（%）	金额（元）
1	发包人发包专业工程	100000	1. 按专业工程承包人的要求提供施工工作面并对施工现场进行统一管理，对竣工资料进行统一整理汇总 2. 为专业工程承包人提供垂直运输机械，并承担垂直运输费和电费 3. 为塑钢窗安装后进行补缝和找平并承担相应费用		
2	发包人供应材料	100000	对发包人供应的材料进行验收及保管和使用发放		
合计					

注　此表项目名称、服务内容由招标人填写，编制招标控制价时，费率及金额由招标人按有关计价规定确定；投标时，费率及金额由投标人自主报价，计入投标总价中。

第四节　规费项目清单

规费是指根据国家法律、法规规定，由省级政府或省级有关权力部门规定施工企业必须缴纳的，应计入建筑安装工程造价的费用。“计价规范”规定：

规费项目清单包括的内容有：

（1）社会保险费：包括养老保险费、失业保险费、医疗保险费、工伤保险费、生育保险费。

（2）住房公积金。

（3）工程排污费。

当出现“计价规范”上述未列的项目，投标人应根据省级政府或省级有关权力部门的规定列项。其清单格式见本章第六节。

第五节　税金项目清单

国家税法规定的应计入建筑安装工程造价内的营业税、城市维护建设税以及教育费附加等。“计价规范”规定：

税金项目清单包括的内容有：

（1）营业税。

（2）城市维护建设税。

（3）教育费附加。

（4）地方教育附加。

当出现上述未列项目，投标人应根据税务部门的规定列项。其清单格式见本章第六节。

第六节 工程量清单计价表格

按“计价规范”规定，计价表格的组成及表样如下（反招标工程量清单和招标控制价、投标报价部分）：

1. 封面

（1）招标工程量清单封面：B.1。

B.1 招标工程量清单封面

________________工程

招标工程量清单

招标人：________________

（单位盖章）

造价咨询人：________________

（单位盖章）

年 月 日

（2）招标控制价封面：B.2。

B.2 招标控制价封面

________________工程

招标控制价

招标人：________________

（单位盖章）

造价咨询人：________________

（单位盖章）

年 月 日

（3）投标总价封面：B.3。

2. 扉页

（1）招标工程量清单扉页：C.1。

B.3 投标总价封面

______________工程

投标总价

投标人：______________

（单位盖章）

年 月 日

C.1 招标工程量清单扉页

______________工程

招标工程量清单

招标人：______________

（单位盖章）

法定代表人

或其授权人：__________

（签字或盖章）

编 制 人：__________

（造价人员签字盖专用章）

造价咨询人：__________

（单位资质专用章）

法定代表人

或其授权人：__________

（签字或盖章）

复 核 人：__________

（造价工程师签字盖专用章）

编制时间： 年 月 日

复核时间： 年 月 日

（2）招标控制价扉页：C.2。

（3）投标总价扉页：C.3。

3. 工程计价总说明

见表9-17。

4. 工程计价汇总表

（1）建设项目招标控制价/投标报价汇总表：表9-18。

（2）单项工程招标控制价/投标报价汇总表：表9-19。

（3）单位工程招标控制价/投标报价汇总表：表9-20。

5. 分部分项工程和措施项目计价表

（1）分部分项工程和单价措施项目清单与计价表：表9-21。

（2）综合单价分析表：表9-22。

（3）总价措施项目清单与计价表：表9-23。

6. 其他项目清单表

（1）其他项目清单与计价汇总表：表9-24。

C.2 招标控制价扉页

__________工程

招标控制价

招标控制价（小写）：__________

（大写）：__________

招标人：__________ 造价咨询人：__________

（单位盖章） （单位资质专用章）

法定代表人 法定代表人

或其授权人：__________ 或其授权人：__________

（签字或盖章） （签字或盖章）

编　制　人：__________ 复　核　人：__________

（造价人员签字盖专用章） （造价工程师签字盖专用章）

编制时间：　年　月　日 复核时间：　年　月　日

C.3 投标总价扉页

__________工程

投标总价

招　标　人：__________

工程名称：__________

投标总价（小写）：__________

（大写）：__________

招　标　人：__________

（单位盖章）

法定代表人

或其委托人：__________

（签字或盖章）

编　制　人：__________

（造价人员签字盖专用章）

时间：　年　月　日

（2）暂列金额明细表：表9-24-1。

（3）材料（工程设备）暂估单价及调整表：表9-24-2。

（4）专业工程暂估价及结算价表：表9-24-3。

表 9-17 **总 说 明**

工程名称： 第 页 共 页

表 9-18 **建设项目招标控制价/投标报价汇总表**

工程名称： 第 页 共 页

序号	单项工程名称	金额（元）	其中：（元）		
			暂估价	安全文明施工费	规费
合 计					

注 本表适用于建设项目招标控制价或投标报价的汇总。

表 9-19 **单项工程招标控制价/投标报价汇总表**

工程名称： 第 页 共 页

序号	单项工程名称	金额（元）	其中：（元）		
			暂估价	安全文明施工费	规费
合 计					

注 本表适用于单项工程招标控制价或投标报价的汇总。暂估价包括分部分项工程中的暂估价和专业工程暂估价。

表 9 - 20 **单位工程招标控制价/投标报价汇总表**

工程名称： 标段： 第 页 共 页

序号	汇总内容	金额（元）	其中：暂估价（元）
1	分部分项工程		
1.1			
1.2			
2	措施项目		
2.1	其中：安全文明施工费		
3	其他项目		
3.1	其中：暂列金额		
3.2	其中：专业工程暂估价		
3.3	其中：计日工		
3.4	其中：总承包服务费		
4	规费		
5	税金		
招标控制价合计＝1＋2＋3＋4＋5			

注 本表适用于单位工程招标控制价或投标报价的汇总，如无单位工程划分，单项工程也使用本表汇总。

表 9 - 21 **分部分项工程和单价措施项目清单与计价表**

工程名称： 标段： 第 页 共 页

序号	项目编码	项目名称	项目特征描述	计量单位	工程量	金额（元）		
						综合单价	合价	其中
								暂估价
本页小计								
合 计								

注 为计取规费等的使用，可在表中增设其中：“定额人工费”。

表 9-22

综合单价分析表

工程名称：　　　　　　　　　　　　标段：　　　　　　　　　　　　第　页　共　页

项目编码			项目名称					计量单位			
清单综合单价组成明细											
定额编号	定额名称	定额单位	数量	单价				合价			
				人工费	材料费	机械费	管理费和利润	人工费	材料费	机械费	管理费和利润
人工单价		小计									
元/工日		未计价材料费									
清单项目综合单价											
材料费明细	主要材料名称、规格、型号					单位	数量	单价（元）	合价（元）	暂估单价（元）	暂估合价（元）
	其他材料费							—		—	
	材料费小计							—		—	

注　1. 如不使用省级或行业建设主管部门发布的计价依据，可不填定额项目、编号等。

2. 招标文件提供了暂估单价的材料，按暂估的单价填入表内“暂估单价”栏及“暂估合价”栏。

表 9-23

总价措施项目清单与计价表

工程名称：　　　　　　　　　　　　标段：　　　　　　　　　　　　第　页　共　页

序号	项目名称	计算基础	费率（%）	金额（元）	调整费率（%）	调整后金额（元）	备注
1	安全文明施工费						
2	夜间施工费						
3	二次搬运费						
4	冬雨季施工						
5	已完工程及设备保护						
6							
7							
合　计							

编制人（造价人员）：　　　　　　　　　　　　复核人（造价工程师）：

注　1. “计算基础”中安全文明施工费可为“定额基价”、“定额人工费”或“定额人工费＋定额机械费”，其他项目可为“定额人工费”或“定额人工费＋定额机械费”。

2. 按施工方案计算的措施费，若无“计算基础”和“费率”的数值，也可只填“金额”数值，但应在备注栏说明施工方案出处或计算方法。

表 9-24

其他项目清单与计价汇总表

工程名称： 标段： 第 页 共 页

序号	项目名称	计量单位	金额（元）	备注
1	暂列金额			明细详见 表 6-24-1
2	暂估价			
2.1	材料（工程设备）暂估价		—	明细详见 表 6-24-2
2.2	专业工程暂估价			明细详见 表 6-24-3
3	计日工			明细详见 表 6-24-4
4	总承包服务费			明细详见 表 6-24-5
5				
合计				

注 材料（工程设备）暂估单价进入清单项目综合单价，此处不汇总。

表 9-24-1

暂列金额明细表

工程名称： 标段： 第 页 共 页

序号	项目名称	计量单位	暂定金额（元）	备注
1				
2				
3				
4				
5				
6				
7				
8				
合计				—

注 此表由招标人填写，如不能详列，也可只列暂定金额总额，投标人应将上述暂列金额计入投标总价中。

表 9-24-2 **材料（工程设备）暂估单价及调整表**

工程名称： 标段： 第 页 共 页

序号	材料（工程设备）名称、规格、型号	计量单位	数量		暂估（元）		确认（元）		差额±（元）		备注
			暂估	确认	单价	合价	单价	合价	单价	合价	
合计											

注 此表由招标人填写“暂估单价”，并在备注栏说明暂估价的材料、工程设备拟用在哪些清单项目上，投标人应将上述材料、工程设备暂估单价计入工程量清单综合单价报价中。

表 9-24-3 **专业工程暂估价及结算价表**

工程名称： 标段： 第 页 共 页

序号	工程名称	工程内容	暂估金额（元）	结算金额（元）	差额±（元）	备注
合计						

注 此表“暂估金额”由招标人填写，投标人应将“暂估金额”计入投标总价中。结算时按合同约定结算金额填写。

（5）计日工表：表 9-24-4。

（6）总承包服务费计价表：表 9-24-5。

表 9-24-4 **计 日 工 表**

工程名称： 标段： 第 页 共 页

编号	项目名称	单位	暂定数量	实际数量	综合单价（元）	合价	
						暂定	实际
一	人工						
1							
2							
人工小计							
二	材料						
1							
2							
材料小计							
三	施工机械						
1							
2							
施工机械小计							
四、企业管理费和利润							
总计							

注 此表项目名称、暂定数量由招标人填写，编制招标控制价时，单价由招标人按有关计价规定确定；投标时，单价由投标人自主报价，按暂定数量计算合价计入投标总价中。结算时，按发承包双方确认的实际数量计算合价。

表 9-24-5 **总承包服务费计价表**

工程名称： 标段： 第 页 共 页

序号	工程名称	项目价值（元）	服务内容	计算基础	费率（%）	金额（元）
1	发包人发包专业工程					
2	发包人供应材料					
合计						

注 此表项目名称、服务内容由招标人填写，编制招标控制价时，费率及金额由招标人按有关计价规定确定；投标人投标时，费率及金额由投标人自主报价，计入投标总价中。

7. 规费、税金项目清单与计价表

见表9-25。

表9-25　规费、税金项目清单与计价表

工程名称：　　　　　　　　　　　　　标段：　　　　　　　　　　　第　页　共　页

序号	项目名称	计算基础	计算基数	费率（%）	金额（元）
1	规费	定额人工费			
1.1	社会保险费	定额人工费			
(1)	养老保险费	定额人工费			
(2)	失业保险费	定额人工费			
(3)	医疗保险费	定额人工费			
(4)	工伤保险费	定额人工费			
(5)	生育保险费	定额人工费			
1.2	住房公积金	定额人工费			
1.3	工程排污费	按工程所在地环境保护部门收取标准，按实计入			
2	税金	分部分项工程费＋措施项目费＋其他项目费＋规费－按规定不计税的工程设备费			
合　计					

编制人（造价人员）：　　　　　　　　　　　　　复核人（造价工程师）：

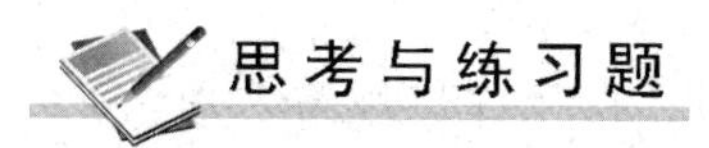

思考与练习题

1. 分部分项工程工程量清单中项目编码共由多少位数字组成？
2. 清单编制人在自行设置第五级编码时，应注意些什么？
3. 项目特征的描述在清单编制中起何作用？试举例说明。
4. 何谓措施项目清单？一般土建工程中的措施项目有哪几项？
5. 何谓其他项目清单？其他项目清单包括哪几部分内容？

第十章　建筑及装饰装修工程工程量清单项目及计算规则

本章内容是依据《房屋建筑与装饰工程工程量计算规范》（GB 50854—2013）（简称"计量规范"）编写的。

第一节　建筑工程工程量计算

工程量清单项目中分项工程工程量计算正确与否，直接关系到工程造价确定的准确与否，因而正确掌握工程量的计算方法，对于清单编制人及投标人都是尤为重要的。但仅掌握工程量的计算方法还不够，如果清单编制人不明确清单项目的设置，造成清单项目的漏项或重复列项、或者投标人对清单项目所包含工程内容不了解，造成报价失误，这样就会给招标人或投标人带来了很大的风险因素。为此本章在谈及清单项目工程量计算的同时，还要涉及清单项目特征的描述及所包括的工程内容问题，以供编制清单时作为参考，但具体清单项目特征的描述，还要以工程的实际情况及工程设计规范等为依据来进行。

本节所编写的内容，只涉及实体项目，其中个别部分，只谈及主要清单项目工程量的计算。

一、土石方工程

（一）有关问题说明

（1）工程量清单中的工程量，按"计量规范"规定："是拟建工程分项工程的实体数量。"土石方工程除场地、房心回填土外，其他土石方工程不构成工程实体，但土石方工程是建设过程中实实在在必须发生的施工工序，如果采用基础清单项目内含土石方内容，由于地表下存在许多不可知自然条件，这样就会给基础清单项目综合单价的确定在工程结算时带来难度，为此土石方工程单独列项。

（2）土壤及岩石的分类参见"计量规范"中关于土壤及岩石分类表。

（二）土石方工程工程量清单项目

1. 工程量清单项目

土(石)方工程
- 土方工程(包括平整场地、挖一般土方、挖沟槽土方、挖基坑土方、冻土开挖、管沟土方等)
- 石方工程(包括挖一般石方、挖沟槽石方、挖基坑石方、挖管沟石方)
- 回填(包括回填土、余土弃置)

2. 项目编码

一级编码01；二级编码01；三级编码自01～03（包括土方工程、石方工程、回填三个项目)；四级编码从001始，根据每个项目内包含的清单项目多少依次递增；同一个分项项目由于项目特征不同，考虑形成综合单价不同，其五级编码分别设置，自001始，依次递增。

(三) 土石方工程工程量计算

1. 平整场地(编码 010101001)

(1) 适用范围。平整场地适用于建筑物场地厚度在±30cm 以内的挖、填、运、找平。

(2) 工程量计算。按设计图示尺寸以建筑物首层建筑面积计算，计量单位 m^2。

注意：如施工组织设计规定超面积平整场地时，超出部分应包括在清单项目价格内。即工程量清单上提供的工程数量为首层建筑面积的数量，而确定价格时要把超出部分的增量折算到综合单价内。

(3) 项目特征。需描述：土壤类别；弃土运距；取土运距。

(4) 工程内容。需完成：土方挖填；场地找平；运输。

可以看出：项目特征与工程内容有着对应关系，土壤的类别不同、弃(取)土运距不同，完成该施工过程的工程价格就不同，因而清单编制人在项目名称栏内对项目特征进行详略得当的描述，对于投标人准确进行报价是至关重要的。

2. 挖一般土方(编码 010101002)

(1) 适用范围。挖土方项目适用于±30cm 以外的竖向布置挖土或山坡切土，以及不属于基础土方中沟槽或基坑土方的挖土。

(2) 工程量计算。按设计图示尺寸以体积计算，计量单位 m^3。

(3) 项目特征。需描述：土壤类别；挖土深度；弃土运距。

(4) 工程内容。需完成：排地表水；土方开挖；围护(挡土板)及拆除；基底钎探；运输。

3. 挖沟槽土方、挖基坑土方(编码分别为 010101003、010101004)

(1) 适用范围。挖构槽土方适用于底宽≤7m，且底长>3 倍底宽的挖土方。挖基坑土方适用底长≤3 倍底宽，且底面积≤150m^2 的挖土。

(2) 工程量计算。工程量按设计图示尺寸以基础垫层底面积乘以挖土深度计算，计量单位 m^3。即

$$V=\text{基础垫层长}\times\text{基础垫层宽}\times\text{挖土深度}$$

1) 当基础为带形基础时，外墙基础垫层长取外墙中心线长；内墙基础垫层长取内墙基础垫层净长。

2) 挖土深度应按基础垫层底表面标高至交付施工场地标高确定，无交付施工场地标高时，应按自然地面标高确定。

(3) 项目特征。需描述：土壤类别；挖土深度；弃土运距。

(4) 工程内容。需完成：排地表水；土方开挖；挡土板支拆；截桩头；基底钎探；运输。

4. 挖淤泥、流砂(编码 010101006)

(1) 有关说明。

淤泥：是一种稀软状，不易成型的灰黑色、有臭味，含有半腐朽的植物遗体(占 60%以上)，置于水中有动植物残体渣滓浮于水面，并常有气泡由水中冒出的泥土。

流砂：在坑内抽水时，坑底的土会成流动状态，随地下水涌出，这种土无承载力边挖边冒，无法挖深，强挖会掏空邻近地基。发生流砂时，需要采取一定处理方法，比如采用井点降水，沿基坑外围四周打板桩等。

（2）工程量计算。按设计图示位置、界限以体积计算，计量单位 m^3。

（3）项目特征。需描述：挖掘深度；弃淤泥、流砂距离。

（4）工程内容。需完成：开挖；运输。

5. 管沟土方（编码 010101007）

（1）适用范围。适用于管道（给排水、工业、电力、通信）、光（电）缆沟［包括人（手）孔、接口坑］及连接井（检查井）等的土方开挖及管沟土方回填和指定范围内的土方运输。

（2）工程量计算。

1）按设计图示以管道中心线长度计算，计量单位为 m。

2）按设计图示管底垫层面积乘以挖土深度计算；无管底垫层按管外径的水平投影面积乘以挖土深度计算。不扣除各类井的长度，井的土方并入，计量单位为 m^3。

挖沟深度：有管沟设计时，平均深度以沟垫层底表面标高至交付施工场地标高计算；无管沟设计时，直埋管（无沟盖板，管道安装好后直接回填土）深度应按管底外表面标高至交付施工场地标高的平均高度计算。

（3）项目特征。需描述：土壤类别；管外径；挖沟深度；回填要求。

（4）工程内容。需完成：排地表水；土方开挖；围护（挡土板）、支撑；运输；回填。

6. 回填（编码 010103001）

（1）适用范围。土方回填项目适用于场地回填、室内回填和基础回填，并包括指定范围内的土方运输以及借土回填的土方开挖。

（2）工程量计算。按设计图示尺寸以体积计算，计量单位 m^3。

其中：

1）场地回填　　V＝回填面积×平均回填厚度

2）室内回填　　V＝主墙间净面积×回填厚度

“主墙”是指结构厚度在 120mm 以上（不含 120mm）的各类墙体。

3）基础回填　　V＝挖方体积－设计室外地坪以下埋设的基础体积等（包括基础垫层及其他构筑物）

基础土方操作工作面、放坡等施工的增加量，应包括在报价内。

（3）项目特征。需描述：密实度要求；填方材料品种；填方粒径要求；来源、运距。

（4）工程内容。需完成：运输；回填；压实。

（四）共性问题说明

（1）“指定范围内的运输”是指有招标人指定的弃土地点或取土地点的运距。若招标文件规定由投标人确定弃土地点或取土地点时，则在工程量清单项目特征栏内描述运距由投标人根据现场情况考虑，投标人报价时要把运输费用考虑到报价内。

（2）挖土方如需截桩头时，应按桩基工程相关项目列项。

（3）桩间挖土方工程量不扣除桩所占体积，并应在项目特征中加以描述。

（4）土壤的类别不能准确划分时，招标人可注明为综合，由投标人根据地勘报告决定报价。

（5）挖土方相关清单项目其因工作面和放坡增加的工程量（管沟工作面增加的工程量）是否并入土方工程量中，应按各省、自治区、直辖市或行业建设主管部门的规定实施。投标人报价时一定要注意土方清单项目所综合的工程内容，除土方开挖外还包括挡土板的支拆、基底钎探和土方运输。

（6）土石方体积应按挖掘前的天然密实体积计算。如需按天然密实体积折算时，应按表10-1系数计算。

表10-1　土石方体积折算系数表

天然密实度体积	虚方体积	夯实后体积	松填体积
1.00	1.30	0.87	1.08
0.77	1.00	0.67	0.83
1.15	1.50	1.00	1.25
0.92	1.20	0.80	1.00

（五）计算实例

【例10-1】　某多层混合结构土方工程：其土壤类别为Ⅱ类土；基础为钢筋混凝土基础；基础垫层长度为50m，宽度为20m；挖土深度为2.3m；运距5km。

要求：1. 计算基础土方清单工程量；

2. 计算基础土方施工方案工程量（或计价定额工程量）；

3. 列出基础土方工程量清单表。

解　1. 挖基础土方清单工程量

即由招标人根据施工图纸，按“计量规范”清单工程量计算规则计算的工程数量。

基础土方工程量为　　$50\times20\times2.3=2\,300\text{m}^3$

2. 基础土方施工方案工程量（或计价定额工程量）

即根据计价定额工程量计算规则，同时考虑所采用的施工方案，增加工作面、放坡土方量的实际挖方量（工作面每边增300mm，放坡系数0.7，采用机械挖土）。

由第四章第三节中的计算公式

$$挖基坑工程量=H(a+2c+KH)(b+2c+KH)+\frac{1}{3}K^2H^3$$

可得基础土方实际挖方量为

$2.3\times(50+0.6+0.7\times2.3)\times(20+0.6+0.7\times2.3)+1/3\times0.7^2\times2.3^3=2\,669.03\text{m}^3$

即投标人报价时，其土方工程量要按实际挖方量$2\,669.03\text{m}^3$考虑。

3. 基础土方工程量清单表

挖基础土方工程量清单见表10-2。

表10-2　分部分项工程项目清单与计价表

工程名称：　×××

序号	项目编码	项目名称	项目特征描述	计量单位	工程数量	金额（元）		
						综合单价	合价	其中：暂估价
1	010101002001	挖基础土方	土壤类别：二类土 挖土深度：2.3m 弃土运距：5km	m^3	2300			

二、砌筑工程

（一）有关问题说明

（1）砖基础与砖墙及石基础与石墙的划分，分别见表 10-3、表 10-4。

表 10-3　砖基础与砖墙划分

砖基础与砖墙身	基础与墙身使用同一种材料	应以设计室内地坪为界（有地下室的按地下室室内设计地坪为界），以下为基础，以上为墙身
	基础与墙身使用不同材料	当材料分界限位于设计室内地坪±300mm 以内时，以不同材料为界，超过±300mm，应以设计室内地坪为界，以下为基础，以上为墙身
砖基础与砖围墙		应以设计室外地坪为界，以下为基础，以上为墙身

表 10-4　石基础、石勒脚、石墙身的划分

基础与勒脚	应以设计室外地坪为界，以下为基础，以上为勒脚
勒脚与墙身	应以设计室内地坪为界，以下为勒脚，以上为墙身
基础与围墙	围墙内外地坪标高不同时，应以较低地坪标高为界，以下为基础；围墙内外标高之差为挡土墙时，挡土墙以上为墙身

（2）标准砖尺寸应为 240mm×115mm×53mm。

（二）砌筑工程工程量清单项目

1. 砌筑工程工程量清单项目

砌筑工程
- 砖砌体（包括砖基础、实心砖墙、多孔砖墙、空心砖墙、空斗墙、空花墙、填充墙、实心砖柱、多孔砖柱、砖检查井、零星砌砖、砖散水地坪、砖地沟明沟等）
- 砌块砌体（包括砌块墙、砌块柱）
- 石砌体（包括石基础、石勒脚、石墙、石挡土墙、石柱、石栏杆、石护坡、石台阶、石坡道、石地沟明沟）
- 垫层

2. 项目编码

一级编码 01；二级编码 04；三级编码自 01～04（分别表示砖砌体，砌块砌体，石砌体，垫层四个项目）；四级编码自 001 始，依次递增；五级编码亦从 001 始，依次递增，比如某工程中的墙体一、二、三层用 M7.5 水泥砂浆砌筑（包括 370mm 外墙和 240mm 内墙），五、六层用 M5.0 混合砂浆砌筑（包括 370mm 外墙和 240mm 内墙），则工程量清单项目编码中的第五级编码应从 001 编至 004，即内外墙、不同砂浆强度等级其五级编码应分别设置。

（三）砌筑工程工程量计算

1. 砖基础（编码 010401001）

（1）适用范围。砖基础项目适用于各种类型砖基础，包括：柱基础、墙基础、烟囱基础、水塔基础、管道基础。

（2）工程量计算。按设计图示尺寸以体积计算，计量单位 m^3。其中：

1）墙基础的体积　　V＝基础长度×基础断面面积

（基础长度、基础断面面积的计算同第四章第六节中砖基础工程量计算）

2）应增加或扣除或不加、不扣的体积，见表 10-5 规定。

表 10-5　砖基础体积计算中的加扣规定

增加的体积	附墙垛基础宽出部分体积
扣除的体积	地梁（圈梁）、构造柱所占体积
不增加的体积	靠墙暖气沟的挑砖
不扣除的体积	基础大放脚 T 型接头处的重叠部分，嵌入基础内的钢筋、铁件、管道、基础砂浆防潮层和单个面积 $0.3m^2$ 以内的孔洞所占体积

(3) 项目特征。需描述：砖品种、规格、强度等级；基础类型；砂浆强度等级、防潮层材料种类。

(4) 工程内容。需完成：砂浆制作、运输；砌砖；防潮层铺设；材料运输。

2. 实心砖墙（编码 010401003）

(1) 适用范围。此项目适用于各种类型的实心砖墙，包括外墙、内墙、围墙。

(2) 工程量计算。按设计图示尺寸以体积计算，计量单位 m^3。其计算式可表示为

$$V=墙长\times墙厚\times墙高$$

a. 墙长确定：外墙按外墙中心线长，内墙按内墙净长线计算。

b. 墙厚：1/2 砖墙按 115mm，1 砖墙按 240mm，$1\frac{1}{2}$砖墙按 365mm 计算。

c. 墙高确定：砖墙计算起点从砖墙与基础划分界限处算起，计算顶点见表 10-6。

d. 其并入或扣除或不加、不扣规定见表 10-7。

表 10-6　墙高计算顶点规定

外墙	平屋面	算至钢筋混凝土板底
	坡屋面	无檐口天棚者算至屋面板底；有屋架且室内外均有天棚者算至屋架下弦底另加 200mm；无天棚者算至屋架下弦底另加 300mm；出檐宽度超过 600mm 时按实砌高度计算
内墙	位于屋架下弦者	算至屋架下弦底
	无屋架者	算至天棚底另加 100mm
	有钢筋混凝土楼板隔层者	算至楼板顶
	有框架梁时	算至梁底
女儿墙		从屋面板上表面算至女儿墙顶面（如有混凝土压顶时算至压顶下表面）
围墙		算至压顶上表面（有混凝土压顶时算至压顶下表面）

注　1. 内外山墙按平均高度计算。

2. 内墙高度算至楼板隔层板顶，这是与《基础定额》不同之处。

考虑以上加扣体积，砖墙工程量计算式可表示为

$$V=(墙长\times墙高-门窗洞口等面积)\times墙厚-墙体埋件及暖气槽等所占体积+附墙砖垛体积$$

(3) 项目特征。需描述：砖品种、规格、强度等级；墙体类型；砂浆强度等级、配合比

要求。

表 10-7 墙体体积中的加扣规定

增加体积	凸出墙面的砖垛
扣除体积	门窗、洞口、嵌入墙内的钢筋混凝土柱、梁、圈梁、挑梁、过梁及凹进墙内的壁龛、管槽、暖气槽、消火栓箱所占体积
不增加体积	凸出墙面的腰线、挑檐、压顶、窗台线、虎头砖、门窗套的体积
不扣除体积	梁头、板头、檩头、垫木、木楞头、檐椽木、木砖、门窗走头、砖墙内的加固钢筋、木筋、铁件、钢管及单个面积 $0.3m^2$ 以内的孔洞所占体积

注 附墙烟囱、通风道、垃圾道应按设计图示尺寸以体积（扣除孔洞所占体积）计算并入所依附的墙体体积内。当设计规定孔洞内需抹灰时，应按相应规范中零星抹灰项目编码列项。

说明：

1）墙体类型按平面位置分为：外墙、内墙、围墙；按墙体表面装饰情况分为：双面混水墙、双面清水墙、单面清水墙；按立面形态分为：直形墙、弧形墙。不同类型的墙，其综合单价就不同，因而清单编制人在进行项目特征描述时，要注意将不同类型详尽进行描述，以便投标人准确报价。

2）砖砌体内钢筋加固，应按相应规范中相关项目编码列项；勾缝按相应规范中相关项目编码列项。

（4）工程内容。需完成：砂浆制作、运输；砌砖；刮缝；砖压顶砌筑；材料运输。

3. 空斗墙、空花墙、填充墙（编码分别为 010401006、010401007、010401008）

（1）适用范围。

空斗墙适用于各种砌法（如一斗一眠、无眠空斗等）的空斗墙；

空花墙适用于各种类型的空花墙；

填充墙适用于粘土砖砌筑，墙体中形成空腔，填充以轻质材料的墙体。

（2）工程量计算。

1）空斗墙工程量：按设计图示尺寸以空斗墙外形体积计算，计量单位 m^3。

墙脚、内外墙交接处、门窗洞口立边、窗台砖、屋檐处的实砌部分体积并入空斗墙体积内。

2）空花墙工程量：按设计图示尺寸以空花部分外形体积计算，不扣除空洞部分体积，计量单位 m^3。

3）填充墙工程量：按设计图示尺寸以填充墙外形体积计算，计量单位 m^3。

（3）项目特征。需描述：砖品种、规格、强度等级；墙体类型；砂浆强度等级、配合比；填充材料的种类及厚度。

（4）工程内容。需完成：砂浆制作、运输；砌砖；刮缝；装填充材料；材料运输。

4. 零星砌砖（编码 010401012）

（1）适用范围。此项目适用于砖砌的台阶、台阶挡墙、梯带、锅台、炉灶、蹲台、池槽、池槽腿、砖胎膜、花台、花池、楼梯栏板、阳台栏板、地垄墙、$\leqslant 0.3m^2$ 的孔洞填塞等。

（2）工程量计算。

1）台阶工程量：按水平投影面积计算（不包括梯带或台阶挡墙），计量单位 m^2。

2）小型池槽、锅台、炉灶工程量：按数量以个计算。注意：要以“长×宽×高”的顺序标明其外形尺寸。

3）小便槽、地垄墙工程量：按长度计算，计量单位 m。

4）其他零星项目（如梯带、台阶挡墙）工程量：按图示尺寸以体积计算，计量单位 m^3。

（3）项目特征。需描述：零星砌砖名称、部位；砂浆强度等级、配合比。

（4）工程内容。需完成：砂浆制作、运输；砌砖；刮缝；材料运输。

5. 砖散水、地坪（编码 010401013）

（1）工程量计算。按设计图示尺寸以面积计算，计量单位为 m^2。

（2）项目特征。砖品种、规格、强度等级；垫层材料种类、厚度；散水、地坪厚度；面层种类、厚度；砂浆强度等级。

（3）工程内容。土方挖、运、填；地基找平、夯实；铺设垫层；砌砖散水、地坪；抹砂浆面层。

注意：砖散水、地坪工程量清单项目内包括垫层、结合层、面层等工序。

6. 砖地沟、明沟（编码 010401014）

（1）工程量计算。按设计图示以中心线长度计算，计量单位为 m。

（2）项目特征。砖品种、规格、强度等级；沟截面尺寸；垫层材料种类、厚度；混凝土强度等级；砂浆强度等级。

（3）工程内容。土方挖、运、填；地基找平、地板混凝土制作、运输、浇筑、振捣、养护；砌砖；刮缝、抹灰；材料运输。

注意：

①地沟土方若在管沟土方中编码列项，则砖地沟项目中就不能再包括挖土方内容。

②砖地沟、明沟工程量清单项目内包括地沟、明沟垫层、混凝土面层、地沟抹灰等内容。

7. 砌块墙（编码 010402001）

（1）适用范围。此项目适用于各种规格的砌块砌筑的各种类型的墙体。

（2）工程量计算。按设计图示尺寸以体积计算，计量单位 m^3。其计算式可表示为

$$V=\text{墙长}\times\text{墙厚}\times\text{墙高}$$

式中：墙长、墙高及墙体中要并入或扣除或不加、不扣的规定同实心砖墙；墙厚按设计图示尺寸。

（3）项目特征。砌块品种、规格、强度等级；墙体类型；砂浆强度等级。

（4）工程内容。砂浆制作、运输；砌砖、砌块；勾缝；材料运输。

注意：嵌入空心砖墙、砌块墙中的实心砖不扣除。砌块砌体清单项目包括勾缝工作内容（砖砌体项目不包括）。

8. 石基础（编码 010403001）

（1）适用范围。此项目适用于各种规格（条石、块石等）、各种材质（砂石、青石等）和各种类型（柱基、墙基、直形、弧形等）基础。

（2）工程量计算。按设计图示尺寸以体积计算，计量单位 m^3。

1）其中墙基础的长度：外墙按外墙中心线长，内墙按内墙净长线计算。

2）石基础体积计算中应增加或扣除或不加、不扣的体积，见表10-8。

（3）项目特征。需描述：石料种类、规格；基础类型；砂浆强度等级、配合比。

（4）工程内容。需完成：砂浆制作、运输；吊装；砌石；防潮层铺设；材料运输。

表10-8 石基础体积计算中的加扣规定

增加的体积	附墙垛基础宽出部分的体积
不扣除的体积	基础砂浆防潮层、单个面积 $0.3m^2$ 以内的孔洞
不增加的体积	靠墙暖气沟的挑砖

注意：剔打石料头、地座荒包、搭拆简易起重架等工序都包括在基础项目内。

9. 石勒脚（编码010403002）

（1）适用范围。石勒脚项目适用于各种规格（条石、块石等）、各种材质（砂石、青石、大理石、花岗石等）和各种类型（直形、弧形等）的勒脚。

（2）工程量计算。按设计图示尺寸以体积计算，扣除单个 $0.3m^2$ 以外的孔洞所占的体积。计量单位 m^3。

（3）项目特征。需描述：石料种类、规格；石表面加工要求；勾缝要求；砂浆强度等级、配合比。

（4）工程内容。需完成：砂浆制作、运输；吊装；砌石；石表面加工；勾缝；材料运输。

10. 石墙（编码010403003）

（1）适用范围。同勒脚。

（2）工程量计算。同实心砖墙。

（3）项目特征、工程内容同石勒脚。

注意：石砌体项目包括勾缝工作内容。

11. 垫层（编码010404001）

（1）适用范围。除混凝土垫层外，没有包括垫层要求的清单项目按该垫层项目编码列项。

（2）工程量计算。按设计图示尺寸以立方米计算，计量单位为 m^3。

（3）项目特征。垫层材料种类、配合比、厚度。

（4）工程内容。垫层材料的拌制；垫层铺设；材料运输。

（四）计算实例

【例10-2】 某框架结构间（某一轴线）墙体类型、厚度等已知条件见表10-9。

表10-9 框架结构间墙体项目特征

序号	墙体类型	墙体材料名称	墙体厚度（mm）	框架间墙净尺寸（mm）	砂浆强度等级
1	内墙	加气混凝土砌块	240	4500×2650	M7.5混合砂浆
2	内墙	加气混凝土砌块	240	4500×2750	M5.0混合砂浆
备注	墙上无门窗洞口				

要求：1. 计算墙体工程量。

2. 列出墙体工程工程量清单项目表。

解　1. 墙体工程量

M7.5 混合砂浆加气混凝土砌块　　$4.5 \times 2.65 \times 0.24 = 2.86 m^3$

M5.0 混合砂浆加气混凝土砌块　　$4.5 \times 2.75 \times 0.24 = 2.97 m^3$

2. 墙体工程工程量清单

墙体工程工程量清单项目表见表 10 - 10。

表 10 - 10　　**分部分项工程项目清单与计价表**

工程名称：×××

序号	项目编码	项目名称	项目特征描述	计量单位	工程数量	金额（元）		
						综合单价	合价	其中：暂估价
1	010402001001	加气混凝土砌块	内墙（一～三层）、墙厚 240mm 砌块规格 600mm×240mm×250mm、强度等级 A5.0 M7.5 混合砂浆砌筑	m^3	2.86			
2	010402001002	加气混凝土砌块	内墙（四～六层）、墙厚 240mm 砌块规格 600mm×240mm×300mm、强度等级 A5.0 M5.0 混合砂浆砌筑	m^3	2.97			

三、混凝土及钢筋混凝土工程

混凝土及钢筋混凝土工程包括现浇和预制两部分，不论现浇还是预制构件，构件的制作都是由绑钢筋、支模板、浇筑混凝土三个工序来完成的，因此混凝土及钢筋混凝土工程的清单项目包括混凝土工程（即混凝土的浇筑），其项目名称以构件实体（分现浇和预制）来命名；钢筋工程，项目名称按现浇构件钢筋和预制构件钢筋及预应力钢筋等分别来命名。特别注意：现浇混凝土及钢筋混凝土中的模板工程在措施项目清单中列出，即分部分项工程清单项目不考虑模板工程。

（一）混凝土及钢筋混凝土工程工程量清单项目

1. 混凝土及钢筋混凝土工程工程量清单项目

混凝土及钢筋混凝土工程：

- 现浇混凝土基础（包括垫层带形、独立、满堂、设备、桩承台基础）
- 现浇混凝土柱（包括矩形、异形柱）
- 现浇混凝土梁（包括基础梁，矩形梁，异形梁，圈梁，过梁，弧形、拱形梁）
- 现浇混凝土墙（包括直形、弧形墙）
- 现浇混凝土板（包括有梁板，无梁板，平板，拱板，薄壳板，栏板，天沟檐沟挑檐板，雨篷，悬挑板，阳台板，空心板，其他板）
- 现浇混凝土楼梯（包括直形、弧形楼梯）
- 现浇混凝土其他构件（包括散水、坡道、室外地坪、电缆沟、地沟、台阶、扶手、压顶、化粪池、检查井、其他构件）
- 后浇带
- 预制混凝土柱（包括矩形、异形柱）
- 预制混凝土梁（包括矩形梁、异形梁、过梁、拱形梁、鱼腹式吊车梁、其他梁）
- 预制混凝土屋架（包括折线形、组合、薄腹、门式刚架、天窗架）

混凝土及钢筋混凝土工程
- 预制混凝土板（包括平板、空心板、槽形板、网架板、折线板、带肋板、大型板、沟盖板、井盖板、井圈）
- 预制混凝土楼梯
- 其他预制构件（包括烟道、垃圾道、通风道、其他构件）
- 钢筋工程（包括现浇构件钢筋、预制构件钢筋、钢筋网片、钢筋笼、先张法预应力钢筋、后张法预应力钢筋、预应力钢丝、预应力钢绞线）
- 螺栓、铁件（包括螺栓、预埋铁件、机械连接）

2. 项目编码

一级编码01；二级编码05；三级编码自01～16，即混凝土及钢筋混凝土工程包括16个分部项目；四级编码自001始，依次递增；五级编码亦自001始，依次递增。比如现浇混凝土矩形柱，在同一个工程中，不同楼层矩形柱混凝土强度等级不同，第五级编码应分别设置。

（二）混凝土及钢筋混凝土工程工程量计算

1. 现浇混凝土基础

现浇混凝土基础按形式及作用可分为：带形基础、独立基础、满堂基础、设备基础、桩承台基础、垫层，其项目编码分别为010501002、010501003、010501004、010501005、010501006、010501001。

（1）适用范围。

1）“带形基础”项目适用于各种带形基础包括有肋式，无肋式及浇筑在一字排桩上面的带形基础。有肋式与无肋式的带形基础及浇筑在一字排桩上面的带形基础应分别编码列项（从第五级编码上区分开），且有肋式的应注明肋高。

2）“独立基础”项目适用于块体柱基、杯基、无筋倒圆台基础、壳体基础、电梯井基础等。同一工程中若有不同形式的独立基础、应分别编码列项。

3）“满堂基础”项目适用于箱式满堂基础、筏片基础（分为有梁式、无梁式）等。

注意：箱式满堂基础可按满堂基础、现浇柱、梁、板分别编码列项，也可利用满堂基础中的第五级编码分别列项，如某箱式满堂基础即可按如下编码进行，010501004001—无梁式（板式）的满堂基础、010501004002—箱式满堂基础柱、010501004003—箱式满堂基础梁、010501004004—箱式满堂基础板。

4）“设备基础”项目适用于设备的块体基础、框架式基础等。

5）“桩承台基础”项目适用于浇筑在组桩（如梅花桩）上的承台。

6）垫层项目适用于混凝土基础垫层。

（2）工程量计算。各种基础及垫层其工程量均按设计图示尺寸以体积计算，不扣除伸入承台基础的桩头所占体积。计量单位m^3。

具体计算方法同第四章第七节混凝土工程中混凝土基础工程量计算。

垫层工程量计算详见第四章第十节有关内容。

（3）项目特征。混凝土种类；混凝土强度等级；设备基础还要描述灌浆材料及其强度等级。

（4）工程内容。需完成：混凝土制作、运输、浇筑、振捣、养护。

2. 现浇混凝土柱

现浇混凝土柱按截面形式分矩形柱、构造柱、异形柱，其项目编码分别为

010502001、010502002。

（1）适用范围。矩形柱、异形柱项目适用于按结构计算所设置的柱，构造柱适用于为加强房屋整体性，提高其抗震性能按构造要求所设置的柱。

（2）工程量计算。按设计图示尺寸以体积计算，计量单位 m^3。

其工程量计算式可表示为

$$V=\text{柱断面面积}\times\text{柱高}$$

柱断面面积按图示计算，柱高按表 10-11 规定计算。

表 10-11　混凝土柱高的确定

有梁板①柱高	应自柱基上表面（或楼板上表面）至上一层楼板上表面之间的高度计算
无梁板柱高	应自柱基上表面（或楼板上表面）至柱帽下表面之间的高度计算
框架柱高	应自柱基上表面至柱顶高度计算
构造柱高	按全高计算，嵌接墙体部分并入柱身体积
备　注	依附柱上的牛腿和升板②的柱帽并入柱身体积计算

① 有梁板是指现浇密肋板、井字梁板（即由同一平面内相互正交或斜交的梁与板所组成的结构构件）。

② 升板建筑是指利用房屋自身网状排列的承重柱作为导杆，将就地叠层生产的大面积楼板由下而上逐层提升就位固定的一种方法。升板的柱帽是指升板建筑中联结板与柱之间的构件。

（3）项目特征。需描述：混凝土种类（指清水混凝土、彩色混凝土）；混凝土强度等级。注意：异形柱还需描述柱形状。

（4）工程内容。需完成：混凝土制作、运输、浇筑、振捣、养护。

3. 现浇混凝土梁

现浇混凝土梁按形状及作用可分为：基础梁、矩形梁、异形梁、圈梁、过梁、弧形拱形梁，项目编码分别为 010503001、010503002、010503003、010503004、010503005、010503006。在同一工程中，有不同类型梁应分别编码列项。

（1）适用范围。

1）“基础梁”项目适用于独立基础间架设的，承受上部墙传来荷载的梁。

2）“圈梁”项目适用于为了加强结构整体性，构造上要求设置的封闭型的水平的梁。

3）“过梁”项目适用于建筑物门窗洞口上所设置的梁。

4）“矩形梁、异形梁、弧形拱形梁”适用于除了以上三种梁外的截面为矩形、异形及形状为弧形拱形的梁。

（2）工程量计算。按设计图示尺寸以体积计算，计量单位 m^3。

伸入墙内（砌筑墙）梁头、梁垫并入梁体积内。其计算式可表示为

$$V=\text{梁截面面积}\times\text{梁长}$$

梁截面面积按图示尺寸，梁长可按以下规定计算。

1）梁与柱连接时，梁长算至柱侧面。

2）主梁与次梁连接时，次梁算至主梁侧面。

3）圈梁梁长：外墙圈梁长取外墙中心线长（当圈梁截面宽同外墙宽时），内墙圈梁长取内墙净长线。

（3）项目特征。需描述：混凝土种类；混凝土强度等级。

（4）工程内容。需完成：混凝土制作、运输、浇筑、振捣、养护。

4. 现浇混凝土墙

现浇混凝土墙按外形及作用分直线形墙、弧形墙、短肢剪力墙和挡土墙4个清单项目，其项目编码分别为010504001～010504004。

（1）适用范围。

短肢剪力墙是指截面厚度不大于300mm、各肢截面高度与厚度之比的最大值大于4但不大于8的剪力墙（各肢截面高度与厚度之比的最大值大于4的剪力墙，按柱项目编码列项）。

（2）工程量计算。按设计图示尺寸以体积计算，计量单位 m^3。

扣除门窗洞口及单个面积 $0.3m^2$ 以外的孔洞所占体积；墙垛及突出墙面部分并入墙体体积内。

（3）项目特征。需描述：混凝土种类；混凝土强度等级。

（4）工程内容。需完成：混凝土制作、运输、浇筑、振捣、养护。

5. 现浇混凝土板

现浇混凝土板按荷载传递方式及作用等可分为：有梁板、无梁板、平板、拱板、薄壳板、栏板、天沟挑檐板、阳台板、空心板、其他板，其项目编码分别为010505001～0105050010。

（1）适用范围。

1）“有梁板”项目适用于密肋板、井字梁板等。

2）“无梁板”项目适用于直接支撑在柱上的板。

3）“平板”项目适用于直接支撑在墙上（或圈梁上）的板等。

4）“栏板”项目适用于楼梯或阳台上所设的安全防护板。

5）“其他板”项目适用于除了以上及天沟挑檐板、雨篷阳台板及空心板外的其他板。

（2）工程量计算。各种现浇混凝土板其工程量均按设计图示尺寸以体积计算，计量单位 m^3。

不扣除单个面积≤$0.3m^2$ 的柱、垛以及孔洞所占体积。压型钢板混凝土楼板扣除构件内压型钢板所占体积。

其中：

1）有梁板（包括主、次梁和板）按梁、板体积之和计算；

2）无梁板按板和柱帽体积之和计算；

3）薄壳板按板、肋和基梁体积之和计算；

4）各类板伸入墙内的板头并入板体积内计算。

5）当天沟、挑檐板与板（屋面板）连接时，天沟、挑檐板与板的分界线以外墙外边线为界，与圈梁（包括其他梁）连接时，以梁外边线为界，外边线以外为天沟、挑檐。

6）雨篷和阳台板按设计图示尺寸以墙外部分体积计算（包括伸出墙外的牛腿和雨篷反挑檐的体积）。当雨篷、阳台与板（包括屋面板、楼板）连接时，以外墙外边线为分界线；与圈梁（包括其他梁）连接时，以梁外边线为界，外边线以外为挑檐、雨篷、阳台。

7）空心板（GBF高强薄壁蜂巢芯板等）应扣除空心部分所占体积。GBF高强薄壁蜂巢芯板应包括在混凝土板项目内。

（3）项目特征。需描述：混凝土种类；混凝土强度等级。

（4）工程内容。需完成：混凝土制作、运输、浇筑、振捣、养护。

6. 现浇混凝土楼梯

现浇混凝土楼梯按平面形式可分为直形楼梯和弧形楼梯，其项目编码分别为010506001、010506002。

（1）工程量计算。按设计图示尺寸以水平投影面积计算，计量单位 m^2。

其水平投影面积包括：休息平台、平台梁、斜梁以及楼梯与楼板连接的梁；当整体楼梯与现浇楼板无梯梁连接时，以楼梯的最后一个踏步边缘加 300mm 为界。

注意：水平投影面积内不扣除宽度小于 500mm 的楼梯井，伸入墙内部分不计算。

（2）项目特征。需描述：混凝土种类；混凝土强度等级。

（3）工程内容。需完成：混凝土制作、运输、浇筑、振捣、养护。

7. 现浇混凝土其他构件

现浇混凝土其他构件包括的清单项目有散水、坡道、室外地坪、电缆沟、地沟等 7 个清单项目，其项目编码分别为 010507001～0105070007。

（1）适用范围。

1）“其他构件”项目适用于小型池槽、垫块、门框等。

2）“散水、坡道”项目适用于结构层为混凝土的散水、坡道。

3）“电缆沟、地沟”项目适用于沟壁为混凝土的地沟项目。

4）“扶手、压顶”项目，加强稳定封顶的构件较宽适用于压顶，依附之用的附握构件较窄适用于扶手。

5）“室外地坪”项目适用于室外地坪为混凝土材料的地坪。

6）当为混凝土台阶、化粪池、检查井时其项目编码按相应规范执行。

（2）工程量计算。

1）扶手、压顶工程量：按设计图示中心线延长来计算，计量单位 m，或按设计图示尺寸以体积计算，计量单位为 m^3。

2）台阶工程量：按设计图示尺寸水平投影面积计算，但台阶与平台连接时，其分界线以最上层踏步外沿加 300mm 计算，计量单位为 m^2，或按设计图示尺寸以体积计算，计量单位 m^3。

3）小型池槽、门框等工程量：按设计图示尺寸以体积计算，计量单位 m^3。不扣除构件内钢筋、预埋铁件等所占体积。

4）散水、坡道工程量：按设计图示尺寸以面积计算，计量单位 m^2。不扣除单个面积 $0.3m^2$ 以内孔洞所占面积。

5）电缆沟、地沟工程量：按设计图示尺寸以中心线长度计算，计量单位 m。

6）化粪池、检查井工程量：按设计图示尺寸以体积计算，计量单位为 m^3，或按设计图示数量计算，计量单位为座。

（3）项目特征。

1）其他构件需描述：构件的类型；构件规格；部位；混凝土种类；混凝土强度等级。

2）散水、坡道需描述：垫层材料种类、厚度；面层厚度；混凝土种类；混凝土强度等级；变形缝填塞材料种类。

3）电缆沟、地沟需描述：土壤类别；沟截面净空尺寸；垫层材料种类、厚度；混凝土种类；混凝土强度等级；防护材料种类。

（4）工程内容。

1）台阶、扶手、压顶、化粪池、检查井，其他构件需完成：混凝土制作、运输、浇筑、振捣、养护。

2）散水、坡道需完成：地基夯实；铺设垫层；混凝土制作、运输、浇筑、振捣、养护；变形缝填塞。

3）电缆沟、地沟需完成：挖填、运土石方；铺设垫层；混凝土制作、运输、浇筑、振捣、养护；刷防护材料。

注意：

a. 散水、坡道项目内包括垫层、面层及变形缝的填塞等内容。

b. 电缆沟、地沟项目内包括挖运土石、铺设垫层、混凝土浇筑等内容。若电缆沟、地沟的挖运土石按管沟土方编码列项，则此项目不能再考虑挖运土石方。

8. 后浇带

（1）适用范围。此项目适用于基础（满堂式）、梁、墙、板后浇的混凝土带，一般宽在700～1000mm之间。

后浇带是一种刚性变形缝，适用于不允许留设柔性变形缝的部位，后浇带的浇筑应待两侧结构主体混凝土干缩变形稳定后进行。

（2）工程量计算。按设计图示尺寸以体积计算，计量单位 m^3。

（3）项目特征。需描述：部位；混凝土强度等级；混凝土拌和料要求。

（4）工程内容。需完成：混凝土制作、运输、浇筑、振捣、养护。

9. 预制混凝土柱

预制混凝土柱包括矩形和异形柱两个清单项目，其项目编码分别为010509001、010509002。

（1）工程量计算。按设计图示尺寸以体积计算，计量单位 m^3。或按设计图示以数量计算，计量单位“根”。

（2）项目特征。需描述：图代号；单件体积；安装高度；混凝土强度等级；砂浆（细石混凝土）强度等级、配合比。

（3）工程内容。需完成：混凝土制作、运输、浇筑、振捣、养护；构件运输、安装；构件安装；砂浆制作、运输；接头灌缝、养护。

从工程内容中可看出：预制构件的制作、运输、安装、接头灌缝都应包括在预制混凝土柱项目内。在“定额计价”模式下，以上四个工序是要分别编码列项的，这是“工程量清单计价”和“定额计价”项目划分的不同之处，注意区分。

10. 预制混凝土梁

预制混凝土梁包括矩形、异形、拱形等六个清单项目，其第四级编码从001到006。

（1）工程量计算。按设计图示尺寸以体积计算，计量单位 m^3，或按设计图示尺寸以数量计算，计量单位“根”。

（2）项目特征。需描述：图代号；单件体积；安装高度；混凝土强度等级；砂浆（细石混凝土）强度等级、配合比。

(3) 工程内容。同预制混凝土柱。

11. 预制混凝土屋架

预制混凝土屋架按折线型、组合式、薄腹型等不同形式分别编码列项，共五个清单项目，其编码从第四级区分开来。

(1) 工程量计算。按设计图示尺寸以体积计算，计量单位 m^3，或按设计图示尺寸以数量计算，计量单位“榀”。

注意：组合屋架中钢杆件应按金属结构工程中相应项目编码列项，工程量按重量以吨计算。

(2) 项目特征。需描述：图代号；单件体积；安装高度；混凝土强度等级；砂浆（细石混凝土）强度等级、配合比。

(3) 工程内容。同预制混凝土柱。

12. 预制混凝土板

预制混凝土板除了包括楼板、屋面板（如平板、空心板、网架板等）外，还有沟盖板、井圈等，共八个清单项目，其编码从 010512001 至 010512008。

(1) 工程量计算。按设计图示尺寸以体积计算，不扣除单个面积≤300mm×300mm 孔洞所占体积，但空心板中空洞体积要扣除。计量单位 m^3。或按设计图示尺寸以数量计算，计量单位“块”。

(2) 项目特征。需描述：图代号；单件体积；安装高度；混凝土强度等级；砂浆（细石混凝土）强度等级、配合比。

(3) 工程内容。同预制混凝土柱。

13. 预制混凝土楼梯（编码 010513001）

(1) 工程量计算。按设计图示尺寸以体积计算，扣除空心踏步板空洞体积。计量单位 m^3。

(2) 项目特征。需描述：楼梯类型；单件体积；混凝土强度等级；砂浆（细石混凝土）强度等级。

(3) 工程内容。同预制混凝土柱。

14. 其他预制构件

其他预制构件包括烟道、垃圾道、通风道；其他构件；两个清单项目，编码分别为 010514001、010514002。其中“其他构件”指的是预制小型池槽、压顶、扶手、垫块、隔热板、花格等构件。

(1) 工程量计算。

1) 按设计图示尺寸以体积计算，不扣除单个面积≤300mm×300mm 孔洞所占体积，扣除烟道、垃圾道、通风道的孔洞所占体积。计量单位 m^3。

2) 按设计图示尺寸以面积计算，不扣除单个面积≤300mm×300mm 以内孔洞所占面积。计量单位 m^2。

3) 按设计图示尺寸以数量计算，计量单位“根”。

(2) 项目特征。

1) 烟道、垃圾道、通风道需描述：单件体积；混凝土强度等级；砂浆强度等级。

2) 其他构件需描述：构件类型；单件体积；混凝土强度等级；砂浆强度等级。

（3）工程内容。需完成：混凝土制作、运输、浇筑、振捣、养护；构件、运输；构件安装；砂浆制作、运输；接头灌缝、养护。

15. 钢筋工程

钢筋工程按现浇构件钢筋及预制构件钢筋、先张法预应力钢筋、钢丝、钢绞线等分别编码列项，钢筋工程共十个清单项目，其编码从010515001至010515010。

（1）工程量计算。

1）现浇及预制构件钢筋。工程量按设计图示钢筋（网）长度（面积）乘以单位理论质量以吨计算。

注意：现浇构件中伸出构件的锚固钢筋应并入钢筋工程量内。除设计（包括规范规定）标明的搭接外，其他施工搭接不计算工程量，在综合单价中综合考虑。

现浇及预制构件钢筋详细工程量计算方法，见第四章第七节钢筋工程量计算。

2）先张法预应力钢筋。工程量按设计图示钢筋长度乘以单位理论质量以吨计算。

3）后张法预应力钢筋、钢丝、钢绞线。工程量按设计图示钢筋（钢丝束、钢绞线）长度乘以单位理论质量以吨计算。其长度区别不同的锚具类型，分别按下列规定计算：

①低合金钢筋两端均采用螺杆锚具时，钢筋长度按孔道长度减0.35m计算，螺杆另行计算。

②低合金钢筋一端采用墩头插片、另一端采用螺杆锚具时，钢筋长度按孔道长度计算，螺杆另行计算。

③低合金钢筋一端采用墩头插片、另一端采用帮条锚具时，钢筋长度按孔道长度增加0.15m计算；两端均采用帮条锚具时，钢筋长度按孔道长度增加0.3m计算。

④低合金钢筋采用后张混凝土自锚时，钢筋长度按孔道长度增加0.35m计算。

⑤低合金钢筋（钢绞线）采用JM、XM、QM型锚具，孔道长度在20m以内时，钢筋长度按孔道长度增加1m计算；孔道长度在20m以外时，钢筋（钢绞线）长度按孔道长度增加1.8m计算。

⑥碳素钢丝采用锥形锚具，孔道长度在20m以内时，钢丝束长度按孔道长度增加1m计算；孔道长度在20m以上时，钢丝束长度按孔道长度增加1.8m计算。

⑦碳素钢丝束采用墩头锚具时，钢丝束长度按孔道长度增加0.35m计算。

4）支撑钢筋（铁马）。按钢筋长度乘单位理论质量以吨计算。

注意：在编制工程量清单时，如果设计未明确，其工程量可暂估，结算时按现场签证数量计算。

（2）项目特征。

1）现浇及预制构件钢筋、支撑钢筋需描述：钢筋种类、规格。

2）先张法预应力钢筋需描述：钢筋种类、规格；锚具种类。

3）后张法预应力钢筋、钢丝、钢绞线需描述：钢筋种类、规格；钢丝束种类、规格；钢绞线种类、规格；锚具种类；砂浆强度等级。

（3）工程内容。

1）现浇及预制构件、支撑钢筋需完成：钢筋（网、笼）制作、运输；钢筋安装；焊接（绑扎）。

2）先张法预应力钢筋需完成：钢筋制作、运输；钢筋张拉。

3）后张法预应力钢筋、钢丝、钢绞线需完成：钢筋、钢丝束、钢绞线制作、运输；钢筋、钢丝束、钢绞线安装；预埋管孔道铺设；锚具安装；砂浆制作、运输；孔道压浆、养护。

16. 螺栓、铁件

螺栓、预埋铁件在进行清单编制时，应分别编码列项，其中螺栓的前四级编码为010516001，预埋铁件的前四级编码为010516002，机械连接为010516003。

（1）工程量计算。螺栓、预埋铁件按设计图示尺寸以质量（吨）计算。机械连接按数量以个计算。

注意：编制工程量清单时，如果设计未明确，其工程量可暂估，实际工程量按现场签证数量计算。

（2）项目特征。

螺栓项目描述：螺栓种类；规格。

预埋铁件描述：钢材种类；规格；铁件尺寸。

机械连接描述：连接方式；螺栓套筒种类；规格。

（3）工程内容。螺栓、铁件制作、运输；螺栓、铁件安装。机械连接需完成钢筋套丝、套筒连接。

（三）共性问题说明

1）滑模的提升设备（如千斤顶、液压操作台等）应列在模板及支撑费内，即措施项目费内。

2）倒锥壳水箱在地面就位预制后的提升设备（如千斤顶、液压操作台等）应列在垂直运输费内，即措施项目费内。

3）预制构件要描述的项目特征中，绝大部分项目都有安装高度的要求，但清单编制人在项目名称栏内进行项目特征描述时，不需要每个构件都描述安装高度，而是要求选择关键部位注明，以便投标人选择吊装机械和垂直运输机械。

4）预制构件制作、运输、安装等的一切损耗应包括在预制构件清单项目价格内。

5）钢材均按理论质量计算，其理论质量与实际质量的偏差应包括在预制构件清单项目价格内。

6）关于现浇混凝土工程项目，“计量规范”的工作内容中包括了“模板制作、安装、拆除、堆放、运输及清理模内杂物、刷隔离剂等”。若招标人在措施项目清单中未编列现浇混凝土模板项目清单，即表示现浇混凝土模板不单列，现浇混凝土工程项目的综合单价中应包括模板工程费用。

（四）计算实例

【例 10-3】 有10块预应力空心板，构件编号YKB459-2zdc，确定：

1. 清单工程量；

2. 列出预应力空心板工程量清单项目表。

解 1. 清单工程量

查晋92G402标准图集，每块混凝土构件实体体积$0.355m^3$，则10块共$0.355\times10=3.55m^3$。

综合工程内容的工程数量（考虑损耗）：

制作工程量 3.55×1.015(损耗系数)$=3.603m^3$

运输工程量 3.55×1.013(损耗系数)$=3.596m^3$

安装工程量 3.55×1.005(损耗系数)$=3.568m^3$

接头灌缝工程量 $3.55m^3$

即确定该清单项目综合单价时，要考虑其制作、运输、安装、接头灌缝四个过程的费用，如果在制作时进行了蒸汽养护，其蒸汽养护费用也应包括在内，并且应按加上损耗后的工程数量确定价格。

2. 工程量清单项目表

预应力空心板工程量清单项目见表10-12。

表10-12 分部分项工程项目清单与计价表

工程名称：×××

序号	项目编码	项目名称	项目特征描述	计量单位	工程数量	金额（元）		
						综合单价	合价	其中：暂估价
1	010512002001	空心板	预应力空心板（构件编号YKB459－2zdc) 安装高度：18m 运输距离：15km 混凝土强度等级：C30 灌缝砂浆：1∶2水泥砂浆	m^3	3.55			

四、木结构工程

（一）木结构工程工程量清单项目

1. 木结构工程工程量清单项目

木结构工程：
- 木屋架(包括木屋架、钢木屋架)
- 木构件(包括木柱、木梁、木檩、木楼梯、其他木构件)
- 层面木基层

2. 项目编码

一级编码01；二级编码07；三级编码自01～03即包括木屋架、木构件、屋面木基层三个项目；四、五级编码分别自001始，依次递增。

（二）木结构工程工程量计算

1. 木屋架

木屋架包括木屋架、钢木屋架（下弦杆为钢结构）两个清单项目，其编码分别为010701001、010701002。

（1）适用范围。

1）“木屋架”项目适用于各种方木、圆木屋架。

2）“钢木屋架”项目适用于各种方木、圆木的钢木组合屋架。

（2）工程量计算。按设计图示数量以榀计算。

（3）项目特征。需描述：跨度；材料品种、规格；刨光要求；防护材料种类。

（4）工程内容。需完成：制作、运输；安装；刷防护材料。

注意：

a. 与木屋架相连接的挑椽木、钢夹板构件、连接螺栓应包括在木屋架清单项目价格内。

b. 钢拉杆（下弦拉杆）、受拉腹杆、钢夹板、连接螺栓应包括在钢木屋架清单项目价格内。

2. 木构件和屋面木基层工程量计算（略）

（三）共性问题说明

1）设计规定使用干燥木材时，干燥损耗及干燥费应包括在相应清单项目价格内。

2）木材的刨光损耗、施工损耗应包括在相应清单项目价格内。

3）木结构有防虫要求时，防虫药剂应包括在相应清单项目价格内。

五、金属结构工程

（一）金属结构工程工程量清单项目

金属结构工程工程量清单

1. 项目

金属结构工程
- 钢网架
- 钢屋架、钢托架、钢桁架、钢架桥
- 钢柱（包括实腹钢柱、空腹钢柱、钢管柱）
- 钢梁（包括钢梁、钢吊车梁）
- 钢板楼板、墙板（钢板楼板、钢板墙板）
- 钢构件（包括钢支撑、钢檩条、钢天窗架、钢平台、钢挡风架、钢墙架、钢走道、钢梯、钢护栏、钢漏斗、钢板天沟、钢支架、零星钢构件等）
- 金属制品（包括成品空调、金属网页、护栏、成品栅栏、成品雨篷、金属网栏、砌块墙钢丝网加固、后浇带金属网）

2. 项目编码

一级编码 01；二级编码 06；三级编码自 01～07 共七个分部项目；四、五级编码分别自 001 始，依次递增。

（二）金属结构工程工程量计算

1. 有关项目适用范围

1）“钢屋架”项目适用于一般钢屋架和轻钢屋架及冷弯薄壁型钢屋架。

轻钢屋架：是指采用圆钢筋、小角钢（小于 L45×4 等肢角钢、小于 L56×36×4 不等肢角钢）和薄钢板（其厚度一般不大于 4mm）等材料组成的轻型钢屋架。

冷弯薄壁型钢屋架：是指厚度在 2～6mm 的钢板或带钢经冷弯或冷拔等方式弯曲而成的型钢组成的屋架。

2）“钢网架”项目适用于一般钢网架和不锈钢网架。不论节点形式（球形节点、板式节点等）和节点连接方式（焊结、丝结）等均使用该项目。

3）“实腹柱”项目适用于实腹钢柱和实腹式型钢混凝土柱，其类型指十字、T、L、H 形等。

4）“空腹柱”项目适用于空腹钢柱和空腹型钢混凝土柱，其类型指箱形、格构等。

5）“钢管柱”项目适用于钢管柱和钢管混凝土柱。

6）“钢梁”项目适用于钢梁和实腹式型钢混凝土梁、空腹式型钢混凝土梁，其类型指 T、L、H 形，箱形，格构式等。

7）“钢吊车梁”项目适用于钢吊车梁及吊车梁的制动梁、制动板、制动桁架，车档也应包括在报价内。

8）“钢板楼板”项目适用于现浇混凝土楼板使用压型钢板作永久性模板，并与混凝土叠合后组成共同受力的构件。

压型钢板是指采用镀锌或经防腐处理的薄钢板。

9）“钢栏杆”项目适用于非装饰性钢栏杆。

10）“零星钢构件”项目适用于加工铁件等小型构件。

2. 工程量计算

（1）钢屋架、钢网架、钢托架、钢桁架、钢柱、钢梁、钢构件。其工程量按设计图示尺寸以质量按吨计算。不扣除孔眼的质量，焊条、铆钉、螺栓等不另增加质量。

其中：①当屋架以榀计量，按设计图示数量计算。

②依附在钢柱上的牛腿及悬臂梁并入钢柱工程量内。钢管柱上的节点板、加强环、内衬管、牛腿并入钢管柱工程量内。

③制动梁、制动板、制动桁架、车档并入钢吊车梁工程量内。

④依附漏斗或天沟的型钢并入漏斗或天沟工程量内。

（2）钢板楼板。其工程量按设计图示尺寸以铺设水平投影面积计算，不扣除单个面积 $0.3m^2$ 以内的柱、垛及孔洞所占面积。计量单位 m^2。

压型钢板楼板按钢板项目编码列项。

（3）钢板墙板。其工程量按设计图示尺寸以铺挂展开面积计算，不扣除单个面积 $0.3m^2$ 以内的梁、孔洞所占面积，包角、包边、窗台泛水等不另增加面积。计量单位 m^2。

（4）成品空调金属百页护栏、成品栅栏。其工程量按设计图示尺寸以框外围展开面积计算。计量单位 m^2。

（5）成品雨篷。其工程量按设计图示尺寸以展开面积计算，计量单位 m^2，或按设计图示接触边以米计算。

（6）金属网栏。其工程量按设计图示尺寸以框外围展开面积计算，计量单位 m^2。

（7）砌块墙钢丝网加固、后浇带金属网。其工程量按设计图示尺寸以面积计算，计量单位 m^2。

3. 项目特征

金属结构工程各构件需要描述的项目特征共性的有：钢材品种、规格，螺栓种类，探伤要求，防火要求。

4. 工程内容

金属结构工程要完成的工程内容一般有：拼装、安装、探伤、补刷油漆。

（三）有关问题说明

1）型钢混凝土柱、梁浇筑混凝土和钢板楼板上浇筑钢筋混凝土中的混凝土和钢筋应按混凝土及钢筋混凝土有关项目编码列项。

2）装饰性钢栏杆按其他装饰工程相关项目编码列项。

3）在金属结构工程计量上，不规则或多边形钢板按设计图示实际面积乘以厚度以单位理论质量计算，金属构件切边、切肢以及不规则及多边形钢板发生的损耗在综合单价中考虑。

4）钢构件按成品化编制项目，若购置成品不含油漆，单独按油漆、涂料、裱糊工程相关项目编码列项；若是购置成品价含油漆，“计量规范”中已考虑“补刷油漆”。

六、屋面及防水工程

（一）屋面及防水工程工程量清单项目

1. 屋面及防水工程工程量清单项目

屋面及防水工程：
- 瓦、型材及其他屋面（包括瓦屋面、型材屋面、阳光板屋面、玻璃钢屋面、膜结构屋面）
- 屋面防水及其他（屋面卷材防水、涂膜防水、刚性层、排水管、排气管、泄水管、天沟、檐沟、变形缝）
- 墙、地面防水、防潮 [包括卷材防水、涂膜防水、砂浆防水（潮）、变形缝]

2. 项目编码

一级编码 01；二级编码 09；三级编码自 01～04，即屋面及防水工程包括四个分部项目，四、五级编码自 001 始，依次递增。

（二）屋面及防水工程工程量计算

1. 瓦屋面（编码 010901001）

（1）适用范围。此项目适用于用小青瓦、平瓦、筒瓦、石棉水泥瓦、玻璃钢波形瓦等材料做的屋面。

（2）工程量计算。按设计图示尺寸以斜面积计算，计量单位 m^2。不扣除房上烟囱、风帽底座、风道、小气窗、斜沟等所占面积，小气窗出檐部分不增加面积。

（3）项目特征。需描述：瓦品种、规格黏结层砂浆的配合比。

（4）工程内容。需完成：砂浆制作、运输、摊铺、养护；安瓦、作瓦脊。

2. 型材屋面（编码 010901002）

（1）适用范围。此项目适用于压型钢板、金属压型夹心板等屋面。

（2）工程量计算。同瓦屋面。

（3）项目特征。需描述：型材品种、规格；金属檩条材料品种、规格；接缝、嵌缝材料种类。

（4）工程内容。需完成：檩条制作、运输、安装；屋面型材安装；接缝、嵌缝。

3. 阳光板屋面、玻璃钢屋面（010901003、010901004）

（1）工程量计算。按设计图示尺寸以斜面积计算。不扣除屋面面积≤$0.3m^2$ 孔洞所占面积。

（2）项目特征。阳光板（玻璃钢）品种、规格；骨架材料品种、规格；玻璃钢固定方式；接缝、嵌缝材料种类；油漆品种、刷漆遍数。

（3）工程内容。骨架制作、运输、安装、刷防护材料油漆；阳光板（玻璃钢制作）安装；接缝、嵌缝。

注意：型材屋面的钢檩条，阳光板屋面、玻璃钢屋面的骨架包括在相应清单项目内，但屋面的柱、梁、屋架应按金属结构或木结构工程中相关项目编码列项。

4. 膜结构屋面（编码 010901005）

（1）适用范围。此项目适用于膜布屋面。

膜结构也称索膜结构，是一种以膜布与支撑（柱、网架等）和拉结结构（拉杆、钢丝绳等）组成的屋盖、篷顶结构。

（2）工程量计算。按设计图示尺寸以需要覆盖的水平投影面积计算（见图 10-1），计量

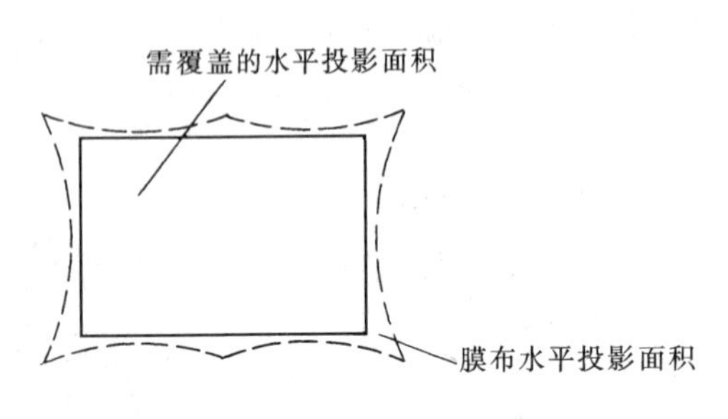

图 10-1　膜结构屋面工程量计算图

单位 m^2。

（3）项目特征。需描述：膜布品种、规格；支柱（网架）钢材品种、规格；钢丝绳品种、规格；油漆品种、刷漆遍数。

（4）工程内容。需完成膜布热压胶接；支柱（网架）制作、安装；膜布安装；穿钢丝绳、锚头锚固；锚固基座、挖土、回填；刷防护材料、油漆。

注意：索膜结构中支撑和拉结构件应包括在膜结构屋面清单项目内，如某公共汽车亭屋面为膜结构，其膜布为加强型的 PVC 膜布，支撑及拉结构件为不锈钢支架、支撑、拉杆、钢丝绳，则此屋面的综合单价应包括以上各项的制作、安装等费用。

5. 屋面卷材防水（编码 010902001）

（1）适用范围。此项目适用于利用胶结材料粘贴卷材进行防水的屋面，如：三毡四油卷材防水、SBS 改性沥青防水卷材屋面等。

（2）工程量计算。按设计图示尺寸以面积计算，其中斜屋顶（不包括平屋顶找坡）按斜面积计算，平屋顶按水平投影面积计算。计量单位 m^2。不扣除房上烟囱、风帽底座、风道、屋面小气窗和斜沟所占面积；屋面的女儿墙、伸缩缝和天窗等处的弯起部分，并入屋面工程量内。

（3）项目特征。需描述：卷材品种、规格、厚度；防水层数；防水层做法。

（4）工程内容。需完成：基层处理；刷底油；铺油毡卷材、接缝。

（5）有关注意事项。屋面卷材防水项目的价格除了包括工程内容中所要求完成的内容外，檐沟、天沟、水落口、泛水收头、变形缝等处的卷材附加层用量不另行计算，在综合单价中考虑。

（6）计算实例。

【例 10-4】　某平屋面工程做法为：

①4mm 厚高聚物改性沥青卷材防水层一道；

②20mm 厚 1∶3 水泥砂浆找平层；

③1∶6 水泥焦渣找 2%坡，最薄处 30mm 厚；

④60mm 厚聚苯乙烯泡沫塑料板保温层。

要求按图 10-2 所示，计算屋面防水工程工程量并编制屋面防水工程工程量清单。

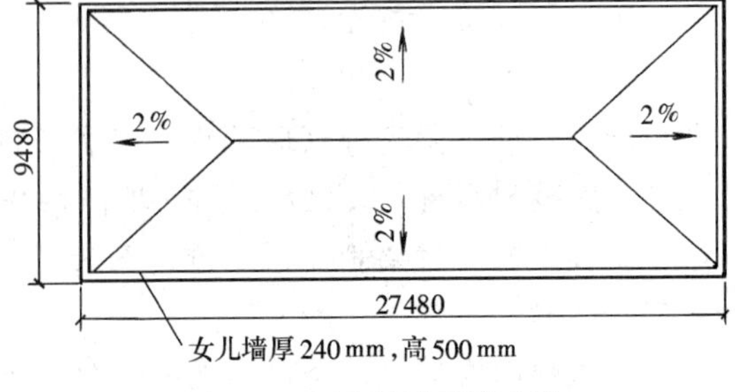

图 10-2　屋顶平面示意图

解　1. 屋面工程工程量

女儿墙内屋面面积

$$(9.48-0.24\times2)\times(27.48-0.24\times2)=243\text{m}^2$$

屋面防水层工程量

屋面面积+在女儿墙处弯起部分面积=243+(9+27)×2×0.25=261m²

式中：0.25 为女儿墙处弯起部分高度。

2. 屋面工程工程量清单

见表 10-13。

表 10-13 **分部分项工程项目清单与计价表**

工程名称： ×××

序号	项目编码	项目名称	项目特征描述	计量单位	工程数量	金额（元）		
						综合单价	合价	其中：暂估价
1	010902001001	屋面卷材防水	4 厚 SBS 改性沥青防水卷材一层（热融，带铝箔保护层）	m^2	261			
2	011101006001	屋面找平层	20 厚 1∶3 水泥砂浆找平层	m^2	略			
3	011001001001	屋面找坡层	1∶6 水泥焦渣找坡层	m^2	略			
4	011001001002	屋面保温层	60 厚（密度：30kg/m³）聚苯乙烯，泡沫塑料	m^2	略			

6. 屋面涂膜防水（编码 010902002）

（1）适用范围。适用于厚质涂料、薄质涂料和有加增强材料或无加增强材料的涂膜防水屋面。

（2）工程量计算。同“屋面卷材防水”。

（3）项目特征。需描述：防水膜品种；涂膜厚度、遍数、增强材料种类。

（4）工程内容。需完成：基层处理；刷基层抹找平处理剂；铺布、喷涂防水层。

7. 屋面刚性防水（编码 010902003）

（1）适用范围。适用于细石混凝土、补偿收缩混凝土、块体混凝土、预应力混凝土和钢纤维混凝土等刚性防水屋面。

（2）工程量计算。按设计图示尺寸以面积计算，计量单位 m²。不扣除房上烟囱、风帽底座、风道等所占面积。

（3）项目特征。需描述：刚性层厚度；混凝土种类；嵌缝材料种类；混凝土强度等级；钢筋规格、型号。

（4）工程内容。需完成：基层处理；混凝土制作、运输、铺筑、养护；钢筋制安。

（5）有关注意事项。刚性防水屋面的分格缝、泛水、变形缝部位的防水卷材、密封材料、背衬材料、沥青麻丝等应包括在刚性防水屋面清单项目价格内。

（6）计算实例。

【例 10-5】 某平屋面工程做法为：

①刚性防水面层一道，40mm 厚 C20 细石混凝土捣实压光，内配双向 $\phi 4$ 钢筋，间距 150mm。按纵横小于 6m 设置分格缝，缝中钢筋断开，缝宽 20mm，与女儿墙留缝 30mm，缝内均用接缝密封材料填实密封。

②隔离层干铺 350g 沥青卷材一层。

③20mm 厚 1∶3 水泥砂浆找平层。

④1∶6 水泥焦渣找 2%坡，最薄处 30mm 厚。

⑤60mm 厚聚苯乙烯泡沫塑料板保温层。

要求按图 10-2 所示，计算屋面工程工程量并编制屋面工程工程量清单。

解　1. 屋面工程工程量

屋面刚性防水层工程量：即屋面女儿墙内面积 $243m^2$

屋面女儿墙处弯起部分柔性防水层工程量：在女儿墙处弯起部分面积＝（9＋27）×2×0.25＝$18m^2$

其中 0.25 为女儿墙处弯起部分高度

屋面找平层工程量：屋面面积＋在女儿墙处弯起部分面积＝243＋18＝$261m^2$

屋面找坡层工程量：屋面面积×找坡层平均厚＝243×［（0.03＋4.5×2%×0.5）］＝$18.23m^3$

屋面保温层工程量：屋面面积×保温层厚＝243×0.06＝$14.58m^3$

2. 屋面工程工程量清单

见表 10-14。

表 10-14　　分部分项工程量清单与计价表

工程名称：　　×××

序号	项目编码	项目名称	项目特征描述	计量单位	工程数量	金额（元）		
						综合单价	合价	其中：暂估价
1	010902003001	屋面刚性层	40 厚 C20 细石混凝土捣实压光，内配双向 ϕ4 钢筋，间距 150mm（沥青砂浆嵌缝）；350g 沥青卷材隔离层（干铺一层）	m^2	243			
2	010902001001	屋面卷材防水	略	m^2	18			
3	011101006001	屋面找平层	20 厚 1∶3 水泥砂浆找平层	m^2	261			
4	011001001001	屋面找坡层	1∶6 水泥焦渣找坡层	m^3	18.23			
5	011001001002	屋面保温	60 厚（密度：$30kg/m^3$）聚苯乙烯，泡沫塑料	m^3	14.58			

8. 屋面排水管（编码 010902004）

（1）适用范围。屋面排水管适用于各种排水管材（PVC 管、玻璃钢管、铸铁管等）项目。

（2）工程量计算。按设计图示尺寸以长度计算，计量单位 m。如设计未标注尺寸，以檐口至设计室外散水上表面垂直距离计算。

（3）项目特征。需描述：排水管品种、规格；雨水斗、山墙出水口品种、规格；接缝、嵌缝材料种类；油漆品种、刷漆遍数。

（4）工程内容。需完成：排水管及配件安装、固定；雨水斗、山墙出水口、雨水箅子安装；接缝、嵌缝；刷漆。

9. 墙面卷材防水、涂膜防水、砂浆防水（防潮）（编码 010903001～010903003）

（1）适用范围。适用于墙面部位的防水。

（2）工程量计算。按设计图示尺寸以面积计算，计量单位 m^2。其中：

墙基防水。按长度乘以宽度（或高度）计算（乘以宽度，计算的是水平防水；乘以高度，计算的是立面防水）。其中：墙基平面防水（潮）外墙长度取外墙中心线长，内墙长度取内墙净长；墙基外墙立面防水（潮）外墙长度取外墙外边线长。

（3）项目特征。

墙面卷材防水：卷材品种、规格、厚度；防水层数；防水层做法。

墙面涂膜防水：防水膜品种；涂膜厚度、遍数；增强材料种类。

墙面砂浆防水（防潮）：防水层做法；砂浆厚度、配合比；钢丝网规格。

（4）工程内容。

墙面卷材防水：基层处理；刷黏结剂；铺防水卷材；接缝、嵌缝。

墙面涂膜防水：基层处理；刷基层处理剂；铺布、喷涂防水层。

墙面砂浆防水（防潮）：基层处理；挂钢丝网片；设置分格缝；砂浆制作、运输、摊铺、养护。

10. 墙面变形缝（编码 010903004）

（1）适用范围。适用于墙体部位的抗震缝、温度缝、沉降缝的处理。

（2）工程量计算。按设计图示以长度计算，计量单位 m。

（3）项目特征。嵌缝材料种类；止水带材料种类；盖缝材料；防护材料种类。

（4）工程内容。清缝；填塞防水材料；止水带安装；盖缝制作、安装；刷防护材料。

（5）有关注意事项。墙面变形缝，若做双面，工程量乘系数 2。另外永久性保护层（如砖墙、混凝土地坪等）应按相关项目编码列项。

（6）计算实例。

【例 10-6】　某墙基立面卷材防水高度 1.9m，长度 10m，其防水做法为：

①20mm 厚 1∶2.5 水泥砂浆找平层；

②冷黏结剂一道；

③改性沥青卷材防水层；

④20mm 厚 1∶2.5 水泥砂浆保护层；

⑤砌砖保护墙（厚度 120mm）。

要求：计算墙基防水工程量及编制墙基防水工程工程量清单。

解　1. 墙基防水工程量

改性沥青卷材防水层工程量　　$1.9\times10=19m^2$

2. 保护墙工程量　　$1.9\times10\times0.12=2.28m^3$

3. 1∶2.5 水泥砂浆找平层（及保护层）工程量　　$1.9\times10\times2=38m^2$

4. 墙基防水工程工程量清单

见表 10-15。

11. 楼（地）面卷材防水、涂膜防水、砂浆防水（防潮）（编码 010904001～010904003）

（1）适用范围。适用于楼（地）面部位的防水。

（2）工程量计算。按设计图示尺寸以面积计算。计量单位 m^2。

表 10-15 **分部分项工程项目清单与计价表**

工程名称： ×××

序号	项目编码	项目名称	项目特征描述	计量单位	工程数量	金额（元）		
						综合单价	合价	其中：暂估价
1	010903001001	墙面卷材防水	改性沥青卷材防水层	m^2	19			
2	011201004001	墙面找平层（立面砂浆找平层）	20 厚 1∶2.5 水泥砂浆找平层（保护层）	m^2	38			
3	010401003001	实心砖墙	20mm 厚 M5.0 水泥砂浆贴砌，120 厚粘土砖保护墙	m^3	2.28			

1）地面防水：按主墙间净空面积计算，扣除凸出地面的构筑物、设备基础等所占面积；不扣除间壁墙及单个面积≤0.3m^2 柱、垛、烟囱和孔洞所占面积。

2）楼（地）面防水反边高度≤300mm 算作地面防水，反边高度>300mm。

（3）项目特征。在墙面防水、防潮项目基础上增加“反边高度”。

（4）工程内容。同墙面防水、防潮项目。

12. 楼地面变形缝（编码 010904004）

工程量计算、项目特征、工程内容同墙面变形缝。

计算实例。

【例 10-7】 某地下防水工程变形缝的长度为 15m，其工程做法如图 10-3 所示。

要求：编制地下防水工程变形缝工程量清单。

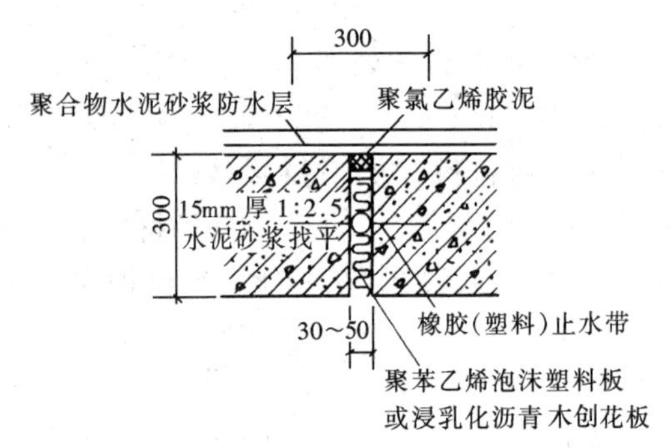

图 10-3 地下防水工程变形缝

解 地下防水工程变形缝工程量清单见表10-16。

表 10-16 **分部分项工程项目清单与计价表**

工程名称：×××

序号	项目编码	项目名称	项目特征描述	计量单位	工程数量	金额（元）		
						综合单价	合价	其中：暂估价
1	010703004001	变形缝	变形缝部位：基础底板 塞缝材料：聚苯乙烯泡沫塑料板 50mm 宽，300mm 高 嵌缝材料：聚氯乙烯胶泥（50mm×20mm） 止水带材料：橡胶止水带（300mm 宽）	m	15			

七、防腐、隔热、保温工程

（一）防腐、隔热、保温工程工程量清单项目

1. 防腐、隔热、保温工程工程量清单项目

保温、隔热防腐、工程：
- 保温、隔热（包括保温隔热屋面、保温隔热天棚、保温隔热墙、保温柱梁、保温隔热楼地面）
- 防腐面层（包括防腐混凝土面层、防腐砂浆面层、防腐胶泥面层、玻璃钢防腐面层、聚氯乙烯板面层、块料防腐面层、池槽块料防腐面层）
- 其他防腐（包括隔离层、砌筑沥青浸渍砖、防腐涂料）

2. 项目编码

一级编码 01；二级编码 10（保温、隔热、防腐工程）；三级编码自 01～03，即保温、隔热，防腐面层，其他防腐三个项目；四、五级编码自 001 始，依次递增。

（二）防腐工程工程量计算

1. 防腐混凝土（砂浆、胶泥）面层（编码分别为 011002001～011002003）

（1）适用范围。防腐混凝土（砂浆、胶泥）面层项目适用于平面或立面的水玻璃混凝土（砂浆、胶泥）、沥青混凝土（砂浆、胶泥）、树脂混凝土（砂浆、胶泥）以及聚合物水泥砂浆等防腐工程。

（2）工程量计算。按设计图示尺寸以面积计算，计量单位 m^2。

1）平面防腐：扣除凸出地面的构筑物、设备基础等以及面积＞0.3m^2 孔洞、柱、垛所占面积，门洞、空圈、暖气包槽、壁龛的开口部分不增加面积；

2）立面防腐：扣除门、窗、洞口以及面积＞0.3m^2 孔洞、梁所占面积，门、窗、洞口侧壁、垛突出部分按展开面积并入墙面积内。

（3）项目特征。需描述：防腐部位；面层厚度；砂浆、混凝土、胶泥种类、配合比。

（4）工程内容。需完成：基层清理；基层刷稀胶泥；混凝土（砂浆）制作、运输、摊铺、养护；胶泥调制、摊铺。

注意：

a. 因防腐材料不同，带来的价格差异就会很大，因而清单项目中必须列出防腐混凝土、砂浆、胶泥的材料种类，比如水玻璃混凝土、沥青混凝土等。

b. 如遇池槽防腐，池底、池壁可合并列项，也可分开分别编码列项。

2. 玻璃钢防腐面层（编码 011002004）

（1）适用范围。此项目适用于树脂胶料与增强材料复合塑制而成的玻璃钢防腐面层。

（2）工程量计算。同防腐混凝土面层。

（3）项目特征。需描述：防腐部位；玻璃钢种类；贴布材料种类、层数；面层材料品种。

（4）工程内容。需完成：基层清理；刷底漆、刮腻子；胶浆配制、涂刷；粘布、涂刷面层。

注意：项目名称应描述构成玻璃钢的树脂胶料和增强材料名称。树脂胶料如环氧酚醛（树脂）玻璃钢、酚醛（树脂）玻璃钢、环氧煤焦油（树脂）玻璃钢、环氧呋喃（树脂）玻璃钢等；增强材料如玻璃纤维丝、布、玻璃纤维表面毡或涤纶布、丙纶布等。

3. 聚氯乙烯板面层（编码 011002005）

（1）适用范围。此项目适用地面、墙面的软、硬聚氯乙烯板防腐面层。

（2）工程量计算。同“防腐混凝土面层”。

（3）项目特征。需描述：防腐部位；面层材料品种；粘结材料种类。

（4）工程内容。需完成：基层清理；配料、涂胶；聚氯乙烯板铺设。

4. 块料防腐面层（编码 011002006）

（1）适用范围。此项目适用于地面、沟槽、基础、踢脚线的各类块料防腐工程。

（2）工程量计算。同防腐混凝土面层。

（3）项目特征。需描述：防腐部位；块料品种、规格；粘结材料种类；勾缝材料种类。

（4）工程内容。需完成：基层清理；铺贴块料；胶泥调制、勾缝。

5. 隔离层（编码 011003001）

（1）适用范围。适用于楼地面的沥青类、树脂玻璃钢类防腐工程隔离层。

隔离层作用：为使防腐混凝土面层免受其下基层变形而遭破坏所设构造层。

（2）工程量计算。同防腐混凝土面层。

（3）项目特征。需描述：隔离层部位；隔离层材料品种；隔离层做法；粘贴材料种类。

（4）工程内容。需完成：基层清理、刷油；煮沥青；胶泥调制；隔离层铺设。

6. 砌筑沥青浸渍砖（011003002）

（1）适用范围。此项目适用于浸渍标准砖。

（2）工程量计算。按设计图示尺寸以体积计算，计量单位 m^3。

（3）项目特征。需描述：砌筑部位；浸渍砖规格；浸渍砖砌法（平砌、立砌）；胶泥种类。

（4）工程内容。需完成：基层清理；胶泥调制；浸渍砖铺砌。

7. 防腐涂料（编码 011003003）

（1）适用范围。此项目适用于建筑物、构筑物以及钢结构的防腐。

（2）工程量计算。同防腐混凝土面层。

（3）项目特征。需描述：涂刷部位；基层材料类型（混凝土面、抹灰面等）；刮腻子种类、遍数；涂料品种、刷涂遍数。

（4）工程内容。需完成：基层清理；刮腻子；刷涂料。

注意：

a. 防腐涂料需刮腻子时应包括在防腐涂料项目内；

b. 应对涂料底漆层、中间漆层、面漆涂刷（或刮）遍数进行描述。

8. 共性问题说明

1）防腐工程中需酸化处理时应包括在防腐项目内。

2）防腐工程中的养护应包括在防腐项目内。

（三）隔热、保温工程工程量计算

1. 保温隔热屋面（编码 011001001）

（1）适用范围。适用于各种保温隔热材料屋面。

（2）工程量计算。按设计图示尺寸以面积计算，扣除＞0.3m^2 孔洞及占位面积。计量单位 m^2。

（3）项目特征。需描述：保温隔热材料品种、规格、厚度；隔气层材料种类、做法；粘结材料种类、做法；防护材料种类、做法。

（4）工程内容。需完成：基层清理；铺粘保温层；刷防护材料。

注意：

a. 屋面保温隔热层上的防水层应按屋面的防水项目单独编码列项。

b. 预制隔热板屋面的隔热板与砖墩分别按混凝土及钢筋混凝土工程和砌筑工程相关项目编码列项。

c. 屋面保温隔热的找平层应按规范中楼地面装饰工程“平面砂浆找平层”项目编码列项。

2. 保温隔热天棚（编码011001002）

（1）适用范围。适用于各种材料的下贴式或吊顶上搁置式的保温隔热天棚。

（2）工程量计算。按设计图示尺寸以面积计算，扣除面积>0.3m² 以上柱、垛、孔洞所占面积，与天棚相连的梁按展开面积计算并入天棚工程量内。计量单位 m²。

（3）项目特征。需描述：保温隔热面层材料品种、规格、性能；保温隔热材料品种、规格及厚度；粘结材料种类及做法；防护材料种类及做法。

（4）工程内容。需完成：基层清理；刷黏结材料；铺贴保温层；铺、刷（喷）防护材料。

（5）有关注意事项。

1）下贴式如需底层抹灰时，应包括在保温隔热天棚项目内。

2）保温隔热材料需加药物防虫剂时，应在清单中进行描述。

3）柱帽保温隔热应并入天棚保温隔热工程量内。

4）保温的面层应包括在天棚保温隔热项目内，面层外的装饰面层按装饰工程相关项目编码列项。

（6）计算实例。

【例 10-8】　某保温天棚图示尺寸面积 100m²，其工程做法为：

①刷乳胶漆（要求耐久年限 5 年）；

②5～7mm 厚 EC 聚合物砂浆保护层（内夹玻纤布）；

③30mm 厚聚苯板保温层（密度：30kg/m³）；

④楼板底刷混凝土界面处理剂一道。

要求：编制保温隔热天棚工程量清单。

解　保温隔热天棚工程量清单见表 10-17。

表 10-17　分部分项工程项目清单与计价表

工程名称：×××

序号	项目编码	项目名称	项目特征描述	计量单位	工程数量	金额（元）		
						综合单价	合价	其中：暂估价
1	011001002001	保温隔热天棚	30mm 厚聚苯板保温层（密度：30kg/m³），乳液型建筑胶粘剂 7mm 厚 EC 聚合物砂浆保护层（内夹玻纤布）	m²	100			
2	011407002001	天棚刷涂料	天棚乳胶漆（要求耐久年限 5 年）	m²	100			

3. 保温隔热墙面（编码 011001003）

（1）适用范围。适用于工业与民用建筑物外墙、内墙保温隔热工程。

（2）工程量计算。按设计图示尺寸以面积计算，计量单位 m^2。扣除门窗洞口以及面积 $>0.3m^2$ 梁、孔洞所占面积；门窗洞口侧壁以及与墙相连的柱并入保温墙体工程量内。

（3）项目特征。需描述：保温隔热方式（内保温、外保温、夹心保温）；保温隔热方式；踢脚线、勒脚线保温做法；龙骨材料品种、规格；保温隔热面层材料品种、规格、性能；保温隔热材料品种、规格及厚度；增强网及抗裂防水砂浆种类；黏结材料种类及做法；防护材料种类及做法。

（4）工程内容。需完成：基层清理；刷界面剂；安装龙骨；填贴保温材料；保温板安装；粘贴面层；铺设增强格网、抹抗裂、防水砂浆面层；嵌缝；铺、刷（喷）防护材料。

（5）注意：

外墙外保温和内保温的装饰层应按装饰工程有关项目编码列项。

4. 保温柱、梁（编码 011001004）

（1）适用范围。适用于各种材料的柱、梁保温。

（2）工程量计算规则及项目特征、工程内容同墙保温。

5. 保温隔热楼地面（编码 011001005）

（1）适用范围。适用于各种材料（沥青贴软木、聚苯乙烯泡沫塑料板等）的楼地面隔热保温。

（2）工程量计算。按设计图示尺寸以面积计算，扣除 $>0.3m^2$ 以上柱、垛、孔洞所占面积，门洞、空圈、暖气包龛的开口部分不增加面积。计量单位 m^2。

（3）项目特征。需描述：同屋面保温隔热项目。

（4）工程内容。需完成：基层清理；刷黏结材料；铺贴保温层；铺、刷（喷）防护材料。

6. 有关问题说明

池槽保温隔热，池壁、池底应分别编码列项，其中池壁按墙面保温隔热项目编码列项，池底按地面保温隔热项目编码列项。

第二节 装饰装修工程工程量计算

随着人们物质生活水平的提高，建筑装饰档次逐年上升，其造价已接近或超过土建工程造价，专业的建筑装饰企业逐渐成熟、壮大，成为建筑行业一大支柱产业。鉴于此，将"计量规范"中附录 H 门窗工程、附录 L 楼地面装饰工程、附录 M 墙柱面装饰与隔断幕墙工程、附录 N 天棚工程、附录 P 油漆涂料裱糊工程等装饰项目列为一节来编写。

一、楼地面工程

（一）有关问题说明

1. 关于项目特征中的一些名词解释

楼地面是由基层、垫层、填充层、找平层、结合层、面层所构成。

1）基层：是指楼板、夯实的土基。

2）垫层：是指承受地面荷载并均匀传递给基层的构造层。一般有混凝土垫层、砂石人工级配垫层、天然级配砂石垫层、灰、土垫层、炉渣垫层等。

3）填充层：是指在建筑楼地面上起隔音、保温、找坡或敷设暗管、暗线等作用的构造层。一般有轻质的松散（炉渣、膨胀蛭石、膨胀珍珠岩等）或块体材料（加气混凝土、泡沫混凝土、泡沫塑料、矿棉、膨胀珍珠岩、膨胀蛭石块和板材等）以及整体材料（沥青膨胀珍珠岩、沥青膨胀蛭石、水泥膨胀珍珠岩、膨胀蛭石）等。

4）找平层：是指在垫层、楼板上或填充层上起找平、或加强等作用的构造层。一般是指水泥砂浆找平层，有比较特殊要求的可采用细石混凝土、沥青砂浆、沥青混凝土找平层等材料铺设。

5）隔离层：是指起防水、防潮作用的构造层。一般有卷材、防水砂浆、沥青砂浆或防水涂料等隔离层。

6）结合层：面层与下层相结合的中间层。一般为砂浆结合层。

7）酸洗、打蜡磨光：磨石、陶瓷块料等，均可用酸洗（草酸）清洗油渍、污渍，然后打蜡（蜡脂、松香水、鱼油、煤油等按设计要求配合）。

2. 楼地面面层（及台阶装饰）清单项目包括的内容

整体面层、块料面层项目内包括面层下的找平层工作内容，橡塑面层不包括。

（二）楼地面工程工程量清单项目

1. 清单项目

楼地面工程按施工工艺、材料及部位分为整体面层、块料面层、橡塑面层、其他材料面层、踢脚线、楼梯面层、台阶装饰、零星装饰项目。适用于楼地面、楼梯、台阶等装饰工程。

各项目所包含的清单项目如下：

楼地面工程：
- 整体面层（包括水泥砂浆、现浇水磨石、细石混凝土、菱苦土、自流平楼地面、平面砂浆找平层）
- 块料面层（包括石材、碎石材、块料楼地面）
- 橡塑面层（包括橡胶板、橡胶板卷材、塑料板、塑料卷材楼地面）
- 其他材料面层（包括楼地毯楼地面，竹、木复合地板、防静电活动、金属复合地板）
- 踢脚线（包括水泥砂浆、石材、块料、塑料板、木质、金属等踢脚线）
- 楼梯面层（包括石材、块料、拼碎块料、水泥砂浆、现浇水磨石、地毯、木板等楼梯面层）
- 台阶装饰（包括石材、块料、碎拼块料、水泥砂浆、现浇水磨石、剁假石台阶面）
- 零星装饰项目（石材、拼碎石材、块料、水泥砂浆零星项目）

2. 清单项目的编码

一级编码为01；二级编码11（楼地面装饰工程）；三级编码01～08（从整体面层至零星装饰项目）；四级编码从001始，根据各项目所包含的清单项目不同，第三位数字依次递增；五级编码从001始，依次递增，比如：同一个工程中的块料面层，不同房间其规格、品牌等不同，因而其价格不同，其编码从第五级编码区分。

（三）楼地面工程工程量计算

1. 整体面层

整体面层项目包括水泥砂浆、现浇水磨石、细石混凝土、菱苦土楼地面四个清单项目，其编码（前四级）从011101001～011101004。

（1）适用范围。各清单项目适用楼面、地面所做的整体面层工程。

（2）工程量计算。各清单项目其工程量计算均按设计图示尺寸以面积计算，计量单位m^2。

1）扣除凸出地面构筑物、设备基础、室内铁道、地沟等所占面积；

2）不扣除间壁墙及≤0.3m² 以内的柱、垛、附墙烟囱及孔洞所占面积；

3）门洞、空圈、暖气包槽、壁龛的开口部分不增加面积。

间壁墙是隔墙里面的一种，墙体较薄，多用轻质材料构成，且在地坪做好后，才施工的墙体。不封顶的间壁墙称为隔断。

（3）项目特征。需描述：找平层厚度、砂浆配合比；素水泥浆遍数；面层厚度、砂浆配合比或混凝土强度等级等；面层做法要求。

对于现浇水磨石楼地面需要描述的项目特征除了以上要求的外还有：嵌条材料种类、规格；石子种类、规格、颜色；颜料种类、颜色；图案要求；磨光、酸洗、打蜡要求。

（4）工程内容。需完成：基层清理；抹找平层；抹面层（或面层铺设）；材料运输。

对于现浇水磨石楼地面需要完成的工程内容还有：嵌缝条安装；磨光、酸洗、打蜡。

（5）计算实例。

【例 10-9】 某室内地面其净长 5.16m，净宽 3.96m，地面工程做法为：

①20mm 厚 1∶2 水泥砂浆抹面压实抹光（面层）；

②刷素水泥浆结合层一道（结合层）；

③60mm 厚（最高处）C20 细石混凝土从门口向地漏找坡，最低处不小于 30mm 厚（找坡层，按找平层考虑）；

④聚氨酯三遍涂膜防水层 1.5～1.8mm（地面与墙面附加 300mm 一布二涂，并卷起 150mm 高）（防水层）；

⑤40mm 厚 C20 细石混凝土随打随抹平，四周抹小八字角（找平层）；

⑥150mm 厚 3∶7 灰土垫层；

⑦素土夯实（基层）。

要求：1. 计算水泥砂浆地面工程量；

2. 编制该地面工程工程量清单。

解 1. 计算地面各清单项目工程量

水泥砂浆地面 $5.16\times3.96=20.43m^2$

厚 40mm 的 C20 细石混凝土找平层同水泥砂浆地面，即 $20.43m^2$

聚氨酯涂膜防水层（立面卷起 150mm）

地面面积＋四周卷起面积＝$20.43+(5.16+3.96)\times2\times0.15=23.17m^2$

3∶7 灰土垫层 地面面积×垫层厚＝$20.43\times0.15=3.06m^3$

2. 地面防水工程工程量清单

地面防水工程工程量清单见表 10-18。

2. 块料面层

块料面层包括石材楼地面、碎拼石材、块料楼地面三个清单项目，其编码从 011102001～011102003。

（1）适用范围。各清单项目适用楼面、地面所做的块料面层工程。

（2）工程量计算。按设计图示尺寸以面积计算，计量单位 m²。门洞、空圈、暖气包槽、壁龛的开口部分并入相应工程量内。

（3）项目特征。需描述：找平层厚度、砂浆配合比；结合层厚度、砂浆配合比；面层材料品种、规格、品牌、颜色；嵌缝材料种类；防护层材料种类；酸洗、打蜡要求。

（4）工程内容。需完成：基层清理、抹找平层；面层铺设、磨边；嵌缝；刷防护材料；酸洗、打蜡；材料运输。

（5）计算实例。

表 10-18　　**分部分项工程项目清单与计价表**

工程名称：　×××

序号	项目编码	项目名称	项目特征描述	计量单位	工程数量	金额（元）		
						综合单价	合价	其中：暂估价
1	01110101001	水泥砂浆楼地面	20 厚 1∶2 水泥砂浆面层；平均 45 厚 C20 细石混凝土找坡层	m^2	20.43			
2	010904002 001	地面涂膜防水	聚氨酯三遍涂膜防水层（附加层 300 宽）	m^2	23.19			
3	011101006001	细石混凝土平面找平层	40 厚 C20 细石混凝土找平层		20.43			
4	01040400001	灰土垫层	15 厚 3∶7 灰土垫层	m^3	3.06			

【例 10-10】　某室内大厅其净长 36m，净宽 16.2m，工程做法为：

①20mm 厚磨光花岗石楼面，稀水泥浆擦缝；

②撒素水泥面（洒适量清水）；

③30mm 厚 1∶4 干硬性水泥砂浆结合层；

④20mm 厚 1∶3 水泥砂浆找平层；

⑤现浇钢筋混凝土楼板。

要求：1. 计算石材楼地面工程量；

2. 编制石材楼地面工程工程量清单。

解　1. 石材楼地面工程量

石材楼地面工程量　　　　$36\times16.2=583.20m^2$

2. 石材楼地面工程工程量清单

石材楼地面工程工程量清单见表 10-19。

表 10-19　　**分部分项工程项目清单与计价表**

工程名称：×××

序号	项目编码	项目名称	项目特征描述	计量单位	工程数量	金额（元）		
						综合单价	合价	其中：暂估价
1	011102002001	石材楼地面	20mm 厚磨光花岗石楼面（米黄色、600mm×600mm）； 30mm 厚 1∶4 干硬性水泥砂浆结合层； 20mm 厚 1∶3 水泥砂浆找平层	m^2	583.20			

3. 橡塑面层

橡塑面层包括橡胶板、橡胶板卷材、塑料板、塑料卷材楼地面四个清单项目，其项目编码从 011103001～011103004。

(1) 适用范围。橡塑面层各清单项目适用于用粘结剂（如 CX401 胶等）粘贴橡塑楼面、地面面层工程。

(2) 工程量计算。按设计图示尺寸以面积计算，计量单位 m^2。门洞、空圈、暖气包槽、壁龛的开口部分并入相应的工程量内。

(3) 项目特征。需描述：黏结层厚度、材料种类；面层材料品种、规格、颜色；压线条种类。

(4) 工程内容。需完成：基层清理、面层铺贴；压缝条装钉；材料运输。

4. 其他材料面层

其他材料面层包括楼地面地毯、竹木地板、防静电活动地板、金属复合地板四个清单项目，其项目编码从 011104001～011104004。

(1) 工程量计算。同橡塑面层。

(2) 项目特征。需描述：面层材料品种、规格、颜色；防护材料种类。

各清单项目除了以上特征需要描述外，还有以下特征需要描述：

楼地面地毯：描述粘结材料种类；压线条种类。

竹木地板、金属复合地板：描述龙骨材料种类、规格、铺设间距；基层材料种类、规格。

防静电活动地板：描述支架高度、材料种类。

(3) 工程内容。需完成：基层清理；铺贴面层；刷防护材料；材料运输。

各清单项目除了需要完成以上工程内容外，还有以下的工作内容需要完成：

楼地面地毯：装钉压条。

竹木地板、金属复合地板：龙骨铺设；基层铺设。

防静电活动地板：固定支架安装；活动面层安装。

5. 踢脚线

踢脚线包括水泥砂浆、石材、块料、塑料板、木质、金属、防静电踢脚线七个清单项目，其编码从 011105001～011105007。

(1) 工程量计算。各种踢脚线其工程量均按设计图示长度乘以高度以面积计算，计量单位 m^2，或按延长米计算，计量单位 m。

(2) 项目特征。需描述：踢脚线高度；底层厚度、砂浆配合比；面层厚度、砂浆配合比（或面层材料品种、规格、品牌、颜色）。

踢脚线除了需要描述以上具有的共同特征外，个别项目还有自身不同与其他项目的特征需要描述。

石材、块料踢脚线：需要描述粘贴层厚度、材料种类；防护材料种类。

塑料板踢脚线：需要描述粘结层厚度、材料种类。

木质、金属、防静电踢脚线：需要描述基层材料种类、规格。

(3) 工程内容。需完成：基层清理；底层抹灰；基层铺贴；面层抹灰（铺贴）；勾缝；磨光酸洗打蜡、刷防护材料、材料运输。

6. 楼梯面层

楼梯装饰包括石材、块料、拼碎块料、水泥砂浆、现浇水磨石、地毯、木板楼梯面层等九个清单项目，其编码从 011106001～011106009。

（1）工程量计算。按设计图示尺寸以楼梯（包括踏步、休息平台及 500mm 以内的楼梯井）水平投影面积计算，计量单位 m^2。

1）楼梯与楼地面相连时，算至梯口梁内侧边沿；

2）无梯口梁者，算至最上一层踏步边沿加 300mm。

注意：

a. 单跑楼梯不论其中间是否有休息平台，其工程量与双跑楼梯同样计算。

b. 楼梯侧面装饰应按“零星装饰项目”编码列项。

（2）项目特征。需描述：找平层厚度、砂浆配合比；面层材料品种、规格、颜色（或面层厚度、砂浆或水泥石子浆配合比）。

除需描述以上共同特征外，个别项目还有以下特征需要描述。

石材、块料楼梯面层：还要描述粘结层厚度、材料种类；防滑条材料种类、规格；勾缝材料种类；防护层材料种类；酸洗、打蜡要求。

水泥砂浆楼梯面：还要描述防滑条材料种类、规格。

现浇水磨石楼梯面：还要描述防滑条材料种类、规格；石子种类、规格、颜色；颜料种类、颜色；磨光、酸洗、打蜡要求。

地毯楼梯面：还要描述基层种类；防护材料种类；粘结材料种类；固定配件材料种类、规格。

木板楼梯面：还要描述基层材料种类、规格；防护材料种类；粘结材料种类。

（3）工程内容。需完成：基层清理；抹找平层；面层铺贴（或抹面层）；材料运输。

但因各清单项目工程做法不同，还有各自不同于其他的工程内容需要完成，其中：

石材、块料楼梯面层需完成：贴嵌防滑条；勾缝；刷防护材料；酸洗、打蜡。

水泥砂浆楼梯面需完成：抹防滑条。

现浇水磨石楼梯面需完成：贴嵌防滑条；磨光、酸洗、打蜡。

地毯楼梯面需完成：固定配件安装；刷防护材料。

木板楼梯面需完成：基层铺贴；刷防护材料。

7. 台阶装饰

台阶装饰项目包括石材、块料、拼碎块料、水泥砂浆、现浇水磨石、剁假石台阶面六个清单项目，其编码从 011107001～011107006。

（1）工程量计算。各清单项目其工程量均按设计图示尺寸以台阶（包括最上一层踏步边沿加 300mm）水平投影面积计算，计量单位 m^2。

注意：

a. 台阶面层与平台面层是同一种材料时，平台计算面层后，台阶不再计算最上一层踏步面积，如台阶计算最上一层踏步加 300mm，平台面层中必须扣除该面积。

b. 台阶侧面装饰不包括在台阶面层项目内，应按“零星装饰项目”编码列项。

（2）项目特征。需描述：找平层厚度、砂浆配合比；面层材料品种、规格、颜色（或面层厚度、砂浆或水泥石子浆配合比）；防滑材料种类、规格。

除需描述以上共同特征外，个别项目还有以下特征需要描述。

石材、块料台阶面：粘结层材料种类；勾缝材料种类；防护材料种类。

现浇水磨石台阶面：石子种类、规格；颜料种类、规格；磨光、酸洗、打蜡要求。

剁假石台阶面：剁假石要求。

（3）工程内容。需完成：基层清理；抹找平层；面层铺贴（或抹面层）；材料运输。

因各装饰项目工程做法不同，还有以下内容要完成，其中：

石材、块料台阶面需完成：贴嵌防滑条；勾缝；刷防护材料。

水泥砂浆台阶面需完成：抹防滑条。

现浇水磨石台阶面需完成：贴嵌防滑条；磨光、酸洗、打蜡要求。

剁假石台阶面需完成：剁假石。

从工程内容中可看出，台阶面层项目内包括其下的垫层、面层下的找平层及面层项目，但不包括台阶的现浇混凝土（或砖砌）及垫层内容。

（4）计算实例。

【例 10 - 11】　如某台阶工程做法为：

①20mm 厚 1∶2.5 水泥砂浆抹面压实赶光；

②素水泥浆结合层一道；

③60mm 厚 C15 混凝土（厚度不包括踏步三角部分）台阶面；

④300mm 厚 3∶7 灰土垫层；

⑤素土夯实。

要求：编制台阶装饰项目工程量清单。

解　台阶装饰项目工程量清单见表 10 - 20。

表 10 - 20　　**分部分项工程项目清单与计价表**

工程名称：　×××

序号	项目编码	项目名称	项目特征描述	计量单位	工程数量	金额（元）		
						综合单价	合价	其中：暂估价
1	011107004001	水泥砂浆台阶面	20 厚 1∶2.5 水泥砂浆抹面（素水泥浆与基层结合）	m^2	略			
2	010507004001	其他构件	现浇混凝土台阶 60mm 厚 C15 混凝土台阶面	m^3	略			
3	010404001001		300 厚 3∶7 灰土垫层	m^3	略			

8. 零星装饰项目

零星装饰项目包括石材零星项目、碎拼石材零星项目、块料零星项目、水泥砂浆零星项目，其编码自 011108001～011108004。

（1）适用范围。零星装饰项目适用于楼梯、台阶牵边和侧面镶贴块料面层，不大于 $0.5m^2$ 以内少量分散的楼地面镶贴块料面层装饰项目。

（2）工程量计算。各零星装饰项目均按设计图示尺寸以面积计算，计量单位 m^2。

（3）项目特征。需描述：工程部位；找平层厚度、砂浆配合比；结合层厚度、材料种类；面层材料品种、规格、颜色；勾缝材料种类；防护材料种类；酸洗、打蜡要求。

（4）工程内容。需完成：基层清理；抹找平层；面层铺贴；勾缝；刷防护材料；酸洗、打蜡；材料运输。

二、墙、柱面工程

墙、柱面工程主要包括墙、柱面抹灰，墙、柱面镶贴块料，墙、柱饰面等项目。

（一）有关问题说明

（1）墙面抹灰、墙面镶贴块料、墙饰面项目适用于各种类型的墙体（包括砖墙、混凝土墙、砌块墙等）。

（2）柱面抹灰、柱面镶贴块料、柱饰面项目适用于各种类型柱（包括矩形、圆形柱及所用材料为砖、混凝土等柱）的装饰工程。

（3）零星抹灰、零星镶贴块料项目适用于 $0.5m^2$ 以内少量分散的抹灰和镶贴块料面层。

（4）勾缝项目适用于清水砖墙、砖柱、石墙、石柱的加浆勾缝。

（5）一般抹灰是指采用一般通用型的砂浆抹灰工程，包括：石灰砂浆、水泥混合砂浆、水泥砂浆、聚合物水泥砂浆、膨胀珍珠岩水泥砂浆和麻刀灰、纸筋石灰、石膏灰等。

（6）装饰抹灰是指利用普通材料模仿某种天然石材花纹抹成的具有艺术效果的抹灰，包括：水刷石、水磨石、斩假石（剁斧石）、干粘石、假面砖、拉条灰、拉毛灰、甩毛灰、扒拉石、喷毛灰、喷涂、喷砂、滚涂、弹涂等。

（7）块料饰面的施工方式有三种：粘贴、挂贴、干挂。其中：

粘贴是指采用砂浆将块料粘贴于墙、柱面上的做法。

挂贴是指对大规格的石材采用先挂（在墙面上预埋钢筋勾，之后钢丝网与钢筋勾连接，再将块料、石材挂于钢丝网上）后灌浆的方式固定于墙、柱面上的做法。

干挂有直接干挂法、间接干挂法。直接干挂法是指通过不锈钢膨胀螺栓、不锈钢挂件、不锈钢连接件、不锈钢钢针等将外墙饰面板连接在外墙墙面或柱面上的做法；间接干挂法是指通过固定在墙、柱、梁上的龙骨（钢骨架），再通过各种挂件固定饰面板的一种做法。

（二）墙、柱面工程工程量清单项目

1. 清单项目

墙、柱面工程
- 墙面抹灰（包括墙面一般抹灰、装饰抹灰、墙面勾缝、立面砂浆找平层）
- 柱梁面抹灰（包括柱梁面一般抹灰、装饰抹灰、柱面勾缝、砂浆找平）
- 零星抹灰（包括零星一般抹灰、装饰抹灰、砂浆找平）
- 墙面块料面层（包括石材、碎拼石材、块料墙面、干挂石材钢骨架）
- 柱梁面镶贴块料（包括石材、碎拼石材、块料柱面、石材、块料梁面）
- 镶贴零星块料（包括石材、碎拼石材、块料零星项目）
- 墙饰面（装饰板墙面、墙面装饰浮雕）
- 柱（梁）饰面［柱（梁）面装饰、成品装饰柱］
- 隔断（木、金属、玻璃、塑料、成品、其他隔断）
- 幕墙（包括带骨架幕墙、全玻幕墙）

2. 项目编码

一级编码 01；二级编码 12（墙、柱面工程）；三级编码从 01～10（从墙面抹灰至隔断共 10 个项目）；四级编码自 001 始，根据各分部不同的清单项目分别编码列项；同一个工程中墙面若采用一般抹灰，所用的砂浆种类，既有水泥砂浆，又有混合砂浆，则第五级编码应分别设置。

（三）墙、柱面工程工程量计算

1. 墙面抹灰（一般、装饰抹灰）（编码 011201001、011201002）

（1）工程量计算。按设计图示尺寸以面积计算，扣除墙裙、门窗洞口及单个 $0.3m^2$ 以外的孔洞面积；不扣除踢脚线、挂镜线和墙与构件交接处的面积；门窗洞口和孔洞的侧壁及顶面不增加面积；附墙柱、梁、垛、烟囱侧壁并入相应的墙面面积内。计量单位 m^2。其中：

1）外墙抹灰面积按外墙垂直投影面积计算。飘窗凸出外墙面增加的抹灰并入外墙工程量内。

2）外墙裙抹灰面积按其长度乘以高度计算。

3）内墙抹灰面积按主墙间的净长乘以高度计算，其高度确定如下：

①无墙裙的，高度按室内楼地面至天棚底面计算；

②有墙裙的，高度按墙裙顶至天棚底面计算。

③有吊顶天棚抹灰，高度算至天棚底。

4）内墙裙抹灰面积按内墙净长乘以高度计算。

（2）项目特征。需描述：墙体类型（混凝土墙、砖墙等）；底层厚度、砂浆配合比；面层厚度、砂浆配合比；装饰面层材料种类（水刷石、水磨石、斩假石等）；分格缝宽度、材料种类。

（3）工程内容。需完成：基层清理；砂浆制作、运输；底层抹灰；抹面层（指一般抹灰面层）；抹装饰面（装饰抹灰面层）；勾分格缝。

（4）计算实例。

【例 10-12】 如某房间室内净长 3.36m，净宽 5.16m，室内楼地面至天棚底面高为 2.9m（无墙裙），有门窗，其窗洞口尺寸为1500mm×1800mm，门洞口尺寸为 900mm×2100mm。其工程做法为：

①刷乳胶漆；

②5mm 厚 1：0.3：2.5 水泥石膏砂浆抹面压实抹光；

③12mm 厚 1：1：6 水泥石膏砂浆打底扫毛；

④刷混凝土界面处理剂一道（随刷随抹底灰）。

要求：1. 计算内墙抹灰工程量。

2. 编制内墙工程工程量清单。

解 1. 内墙抹灰工程量

内墙抹灰工程量 $(3.36+5.16)\times2\times2.9-(1.5\times1.8+0.9\times2.1)=44.83m^2$

内墙乳胶漆工程量同内墙抹灰工程量。

2. 内墙工程工程量清单

内墙工程工程量清单见表 10-21。

2. 墙面勾缝（编码 011201003）

（1）工程量计算。同墙面抹灰。

（2）项目特征。需描述：勾缝类型；勾缝材料种类。

（3）工程内容。需完成：基层清理；砂浆制作、运输；勾缝。

表 10-21　　分部分项工程项目清单与计价表

工程名称：　×××

序号	项目编码	项目名称	项目特征描述	计量单位	工程数量	金额（元）		
						综合单价	合价	其中：暂估价
1	011201001001	墙面一般抹灰（内墙）	5mm 厚 1∶0.3∶2.5 水泥石膏砂浆抹面 12mm 厚 1∶1∶6 水泥石膏砂浆打底	m^2	44.83			
2	011407001001	刷涂料（内墙）	基层类型：抹灰层上 腻子种类：滑石粉+羧甲基纤维素+白乳胶 刮腻子要求：找补腻子 涂料品种：（迪诺瓦）SSD-212 蓝色天使乳胶漆	m^2	44.83			

3. 立面砂浆找平层（编码 011201004）

（1）工程量计算。同墙面抹灰。

（2）项目特征。需要描述的有：基层类型；找平层砂浆厚度；配合比。

（3）工程内容。需要完成的工程内容有：基层清理；砂浆制作、运输；抹灰找平。

4. 柱、梁面抹灰（一般、装饰抹灰）（编码 011202001、011202002）

（1）工程量计算。按设计图示柱断面周长（指结构断面周长）乘以高度以面积计算，计量单位 m^2。

柱面抹灰：按设计图示柱断面周长（指结构断面周长）乘以高度以面积计算，计量单位 m^2。

梁面抹灰：按设计图示梁断面周长乘长度以面积计算，计量单位 m^2。

（2）项目特征。描述项目特征时除了将墙体类型换成柱、梁体类型外，其余同墙面抹灰。

（3）工程内容。同墙面抹灰。

注：墙、柱（梁）面≤$0.5m^2$ 的少量分散的抹灰按零星抹灰项目编码列项。

5. 柱、梁面砂浆找平（编码 011202003）

（1）工程量计算。同柱、梁面抹灰。

（2）项目特征。柱（梁）体类型；找平的砂浆厚度、配合比

（3）工程内容。基层清理；砂浆制作、运输；抹灰找平。

6. 柱面勾缝（编码 011202004）

（1）工程量计算。同柱面抹灰。

（2）项目特征。同墙面勾缝。

（3）工程内容。同墙面勾缝。

7. 零星项目抹灰（一般、装饰抹灰）（编码 011203001、011203002）

（1）工程量计算。按设计图示尺寸以面积计算，计量单位 m^2。

（2）项目特征。同墙面抹灰。

（3）工程内容。同墙面抹灰。

8. 石材、碎拼石材、块料墙面（编码 011204001、011204002、011204003）

（1）工程量计算。按镶贴表面积计算，计量单位 m^2。

（2）项目特征。需描述：墙体类型；安装方式（砂浆或黏结剂粘贴、挂贴、干挂等）；面层材料品种、规格、品牌、颜色；缝宽、嵌缝材料种类；防护材料种类；磨光、酸洗、打蜡要求。

（3）工程内容。需完成：基层清理；砂浆制作、运输；黏结层铺贴；面层安装；嵌缝；刷防护材料；磨光、酸洗、打蜡。

注意：项目特征需要描述清楚饰面施工方式，若为粘贴，则要描述黏结层砂浆厚度、种类、配合比；若为挂贴要叙述挂件钢筋规格、双向钢筋间距及所灌砂浆种类、厚度、配合比；若为干挂则要描述挂件、连接件种类、规格等，即块料饰面面层中包括黏结层、挂件及面层。特别要注意：若为间接干挂，其钢骨架要另编码列项。

9. 干挂石材钢骨架（编码 011204004）

（1）工程量计算。按设计图示尺寸以质量计算，计量单位 t。

（2）项目特征。需描述：骨架种类、规格；防锈漆品种遍数。

（3）工程内容。需完成：骨架制作、运输、安装；刷漆。

10. 石材、碎拼石材、块料柱面（编码 011205001～011205003）

（1）工程量计算。按镶贴表面积计算，计量单位 m^2。

（2）项目特征。除了要描述清楚柱及柱截面类型、尺寸外，其余同墙面镶贴块料。

（3）工程内容。同墙面镶贴块料。

11. 石材、块料梁面（编码 011205004、011205005）

工程量计算、项目特征的描述及所要完成的工程内容同柱面镶贴块料。

12. 石材、碎拼石材、块料零星项目（编码 011206001、011206002、011206003）

工程量计算及所要完成的工程内容同墙面块料面层。项目特征的描述除将墙面块料面层项目中的墙体类型改为基层类型、部位外，其余同墙面块料面层。

13. 装饰板墙面（编码 011207001）

（1）适用范围。适用于金属饰面板、塑料饰面板、木质饰面板、软包带衬板饰面等装饰板墙面。

（2）工程量计算。按设计图示墙净长乘以净高以面积计算，扣除门窗洞口及单个 0.3m^2 以上的孔洞所占面积。计量单位 m^2。

（3）项目特征。需描述：龙骨材料种类、规格、中距；隔离层材料种类、规格；基层（加强面层的一层底板）材料种类、规格；面层材料品种、规格、颜色；压条材料种类、规格。

说明：隔离层是指为防止室内蒸汽湿度渗透到面层中而影响装饰效果及质量的一个构造层，多为卷材铺钉而成。

（4）工程内容。需完成：基层清理；龙骨制作、运输、安装；钉隔离层；基层铺钉；面层铺贴。

14. 柱（梁）面装饰（编码 011208001）

（1）适用范围。此项目适用于除了石材、块料装饰柱（梁面）的装饰项目。

（2）工程量计算。按设计图示饰面外围尺寸（指饰面的表面尺寸）以面积计算，柱帽、柱墩并入相应柱饰面工程量内。计量单位 m^2。

（3）项目特征。同装饰板墙面。

（4）工程内容。同装饰板墙面。

15. 隔断（编码 011210001～011210006）

不封顶或封顶但保持通风采光、轻且薄的隔墙称为隔断。隔板材料有木质、玻璃、金属等。

（1）工程量计算。按设计图示框外围尺寸以面积计算，不扣除单个≤0.3m^2 的孔洞所占面积；浴厕门的材质与隔断相同时，门的面积并入隔断面积内。计量单位 m^2。

当为成品隔断其工程量按设计图示框外围尺寸以面积计算，计量单位 m^2，或按设计间的数量计算，计量单位间。

注意：隔断上的门窗可包括在隔断项目内，也可单独编码列项，要在清单项目特征栏中进行描述。若门窗包括在隔断项目内，则门窗洞口面积不扣除。

（2）项目特征。需描述：骨架、边框材料种类、规格；隔板材料品种、规格、颜色；嵌缝、塞口材料品种；压条材料种类。

成品隔断项目特征描述：隔板材料品种、规格、颜色；配件品种、规格。

（3）工程内容。需完成：骨架及边框制作、运输、安装；隔板制作、运输、安装；嵌缝、塞口；装钉压条。

成品隔断完成的工作内容：隔断运输、安装；嵌缝、塞口。

16. 带骨架幕墙（编码 011209001）

带骨架幕墙是指玻璃仅是饰面构件，骨架是承力构件的幕墙。

（1）工程量计算。按设计图示框外围尺寸以面积计算，计量单位 m^2。

注意：与幕墙同种材质的窗所占面积不扣除，其价格包括在幕墙项目内；如窗的材质与幕墙不同，可包括在幕墙项目内，也可单独编码列项，要在清单项目特征栏中进行描述。若门窗包括在隔断项目内，则门窗洞口面积不扣除。

（2）项目特征。需描述：骨架材料种类、规格、中距；面层材料品种、规格、颜色；面层固定方式；隔离带、框边封闭材料品种、规格；嵌缝、塞口材料种类。

（3）工程内容。需完成：骨架制作、运输、安装；面层安装；隔离带、框边封闭；嵌缝、塞口；清洗。

17. 全玻幕墙（编码 011209002）

全玻幕墙同带骨架幕墙区别在于：玻璃不仅是饰面构件，还是承受自身荷载和风荷载的承力构件。整个玻璃幕墙是采用通长的大块玻璃组成的玻璃幕墙体系，适宜在首层较开阔的部位采用。

（1）工程量计算。按设计图示尺寸以面积计算，带肋全玻幕墙按展开面积计算。计量单位 m^2。

（2）项目特征。需描述：玻璃品种、规格、颜色；黏结塞口材料种类；固定方式。

（3）工程内容。需完成：幕墙安装；嵌缝、塞口；清洗。

三、天棚工程

天棚工程包括天棚抹灰、天棚吊顶、采光天棚、天棚其他装饰等项目。

（一）天棚工程工程量清单项目

1. 清单项目

天棚工程：
- 天棚抹灰（天棚抹灰）
- 天棚吊顶（包括天棚吊顶、格栅及吊筒吊顶、藤条造型悬挂吊顶、织物软雕及装饰网架吊顶）
- 采光天棚（采光天棚）
- 天棚其他装饰（包括灯带、送风口、回风口）

2. 项目编码

一级编码01；二级编码13（天棚工程）；三级编码自01～04（分别代表天棚抹灰、天棚吊顶、采光天棚、天棚其他装饰）；四级编码从001始，第三位数字依次递增；第五级编码自001始，第三位数字依次递增，比如同一个工程中天棚抹灰有混合砂浆，还有水泥砂浆，则其编码为011301001001（天棚抹混合砂浆）、011301001002（天棚抹水泥砂浆）。

（二）天棚工程工程量计算规则

1. 天棚抹灰（编码011301001）

（1）适用范围。此项目适用于在各种基层（混凝土现浇板、预制板、木板条等）上的抹灰工程。

（2）工程量计算。按设计图示尺寸以水平投影面积计算，计量单位m^2。

1）不扣除间壁墙、垛、柱、附墙烟囱、检查口和管道所占的面积；

2）带梁天棚、梁两侧抹灰面积并入天棚面积内；

3）板式楼梯底面抹灰按斜面积计算，锯齿形楼梯底板抹灰按展开面积计算。

（3）项目特征。需描述：基层类型；抹灰厚度、材料种类；砂浆配合比。

（4）工程内容。需完成：基层清理；底层抹灰；抹面层。

（5）计算实例。

【例10-13】 某天棚工程做法为：

①喷涂料；

②5mm厚1∶2.5水泥砂浆抹面；

③5mm厚1∶3水泥砂浆打底；

④刷素水泥浆一道（内掺建筑胶）；

⑤现浇混凝土板。

要求：编制天棚工程工程量清单。

解 天棚工程工程量清单见表10-22。

表10-22 **分部分项工程项目清单与计价表**

工程名称： ×××

序号	项目编码	项目名称	项目特征描述	计量单位	工程数量	金额（元）		
						综合单价	合价	其中：暂估价
1	011301001001	天棚抹灰	5mm厚1∶2.5水泥砂浆抹面 5mm厚1∶3水泥砂浆打底 刷素水泥浆一道（内掺建筑胶）	m^2	略			

2. 天棚吊顶（编码 011302001）

（1）适用范围。此项目适用于形式上非漏空式的天棚吊顶。

（2）工程量计算。按设计图示尺寸以水平投影面积计算，计量单位 m^2。

1）不扣除间壁墙、检查口、附墙烟囱、柱垛和管道所占面积；

2）扣除单个＞0.3m^2 以外的孔洞、独立柱及与天棚相连的窗帘盒所占的面积；

3）天棚面中的灯槽及跌级、锯齿形、吊挂式、藻井式天棚面积不展开计算。

（3）项目特征。需描述：吊顶形式；吊杆规格、高度；龙骨、材料种类、规格、中距；基层材料种类、规格；面层材料的品种、规格、颜色；压条材料种类、规格；嵌缝材料种类；防护材料种类。

说明：

1）吊顶形式是指平面、跌级、锯齿形、阶梯形、吊挂式、藻井式以及矩形、弧形、拱形等形式。

2）基层材料是指底板或面层背后的加强材料。

3）面层材料的品种是指纸面石膏板、石棉装饰吸声板、铝合金罩面板、镜面玻璃等。

注意：

a. 同一个工程中其龙骨材料种类、规格、中距有不同，或龙骨材料种类、规格、中距相同但面层或基层不同，都应分别编码列项，以第五级编码不同来区分。

b. 天棚抹灰与天棚吊顶工程量计算规则有所不同：天棚抹灰不扣除柱垛所占面积；天棚吊顶不扣除柱垛所占面积，但扣除独立柱所占面积。

（4）工程内容。需完成：基层清理、吊杆安装；龙骨安装；基层板铺贴；面层板铺贴；嵌缝；刷防护材料。

3. 格栅吊顶、吊筒吊顶、藤条造型悬挂吊顶、织物软雕吊顶、网架（装饰）吊顶

格栅吊顶、吊筒吊顶、藤条造型悬挂吊顶、织物软雕吊顶、网架（装饰）吊顶的工程量计算均按设计图示尺寸以水平投影面积计算。其项目特征、工程内容略。

4. 灯带（编码 011304001）

（1）工程量计算。按设计图示尺寸以框外围面积计算，计量单位 m^2。

（2）项目特征。需描述：灯带形式、尺寸；格栅片材料品种、规格、品牌、颜色；安装固定方式。

（3）工程内容。需完成：安装、固定。

5. 送风口、回风口（编码 011304002）

（1）工程量计算。按设计图示数量计算，计量单位个。

（2）项目特征。需描述：风口材料品种、规格；安装固定方式；防护材料种类。

（3）工程内容。需完成：安装、固定；刷防护材料。

（三）有关问题说明

（2）采光天棚和天棚设置保温、隔热层时，按保温隔热工程项目编码列项。

四、门窗工程

门窗工程包括木门、金属门、金属卷帘门、木窗、金属窗、门窗套等项目。

（一）门窗工程工程量清单项目

1. 清单项目

门窗工程：
- 木门（包括木质门、木质门带套、木质连窗门、木质防火门、木门框、门锁安装）
- 金属门（包括金属门、彩板门、钢质防火门、防盗门）
- 金属卷帘（闸）门（包括金属卷帘闸门、防火卷帘闸门）
- 厂库房大门、特种门（包括木板大门、钢木大门、全钢板大门、防护铁丝门、金属格栅门、钢质花饰大门、特种门）
- 其他门（包括电子感应门、旋转门、电子对讲门、电动伸缩门、全玻自由门、镜面不锈钢饰面门）
- 木窗（包括木质窗、木飘窗、木橱窗、木纱窗）
- 金属窗（包括金属窗、金属防火窗、金属百叶窗、金属纱窗、金属格栅窗、金属橱窗、金属飘窗、彩板窗、复合材料窗）
- 门窗套（包括木门窗套、木筒子板、饰面夹板筒子板、金属门窗套、石材门窗套、门窗木贴脸、成品木门窗套）
- 窗台板（包括木、铝塑、石材、金属窗台板）
- 窗帘、窗帘盒、轨（包括窗帘、木窗帘盒、饰面夹板、塑料窗帘盒、铝合金窗帘盒、窗帘轨）

2. 项目编码

一级编码 01；二级编码 08（第八章，门窗工程）；三级编码自 01～08（从木门至窗帘、窗帘盒、轨）；四级编码从 001 始，根据同一个分部项目中清单项目多少，四级编码的第三位数字依次递增，如木门项目中，从木质门至门锁安装四级编码从 001～006；五级编码从 001 始，对木质门中镶板木门、胶合板门等，其第五级编码应分别设置。

（二）门窗工程工程量计算规则

1. 木质门、木质门带套、木质连窗门、木质防火门（010801001～010801004）

（1）工程量计算。各类型木门其工程量均按设计图示数量或设计图示洞口尺寸以面积计算，计量单位樘/m^2。

注意：木质门带套计量按洞口尺寸以面积计算，不包括门套的面积，但门套应计算综合单价。

（2）项目特征。需描述：门代号及洞口尺寸；镶嵌玻璃品种、厚度。

（3）工程内容。需完成：门安装；五金、玻璃安装。

注意：

a. 木质门应区分镶板木门、企口木板门、实木装饰门、胶合板门、夹板装饰门、木纱门、全玻门（带木质扇框）、木质半玻门（带木质扇框）等项目，分别编码列项。

b. 木门五金应包括：折页、插销、门碰珠、弓背拉手、搭机、木螺丝、弹簧折页（自动门）、管子拉手（自由门、地弹门）、地弹簧（地弹门）、角铁、门轧头（自由门、地弹门）等。

c. 单独制作安装木门框按木门框项目编码列项。

2. 金属门

金属门包括金属门、彩板门、钢质防火门、防盗门四个清单项目，其前四级编码从 010802001～010802004。

（1）工程量计算。各种类型的金属门其工程量均按设计图示数量或设计图示洞口尺寸以面积计算，计量单位樘/m^2。

（2）项目特征。金属门描述：门代号及洞口尺寸；门框或扇外围尺寸；门框、扇材质；玻璃品种、厚度；五金材料、品种、规格；防护材料种类；油漆品种、刷漆遍数。

彩板门描述：门代号及洞口尺寸；门框或扇外围尺寸。

钢质防火门描述：门代号及洞口尺寸；门框或扇外围尺寸；门框、扇材质。

（3）工程内容。需完成：安装；五金、玻璃安装。

注意：a. 金属门应区分平开门、金属推拉门、金属地弹门、全玻门等项目，分别编码列项。

b. 以平方米计量，无设计图示洞口尺寸，按门框、扇外围以面积计算。

3. 金属卷帘门

包括金属卷帘门、防火卷帘门两个清单项目，其编码自010803001～010803002。

（1）工程量计算。按设计图示数量或设计图示洞口尺寸以面积计算，计量单位樘/m^2。

（2）项目特征。需描述：门代号及洞口尺寸；门材质；启动装置品种、规格。

（3）工程内容。需完成：运输、安装；启动装置、活动小门、五金安装。

4. 厂库房大门、特种门

厂库房大门、特种门包括的清单项目有木板大门、钢木大门、全钢板大门、防护铁丝门、金属格栅门、钢质花式大门、特种门七个清单项目，其第四级编码从001至007。

（1）适用范围。

1）“木板大门”项目适用于厂库房的平开、推拉、带观察窗、不带观察窗等各类型木板大门。

2）“钢木大门”项目适用于厂库房的平开、推拉、单面铺木板、双面铺木板、防风型、保暖型等各类型钢木大门。

3）“全钢板木门”项目适用于厂库房的平开、推拉、折叠、单面铺钢板、双面铺钢板各类型全钢门。

4）“特种门”项目适用于各种放射线门、密闭门、保温门、隔音门、冷藏库门、冷藏冻结间门等特殊使用功能门。

（2）工程量计算。按设计图示数量或设计图示洞口尺寸（门框或扇）以面积计算，计量单位樘/m^2。

（3）项目特征。门代号及洞口尺寸；门框或扇外围尺寸；门框；五金材料种类、规格；防护材料种类（启动装置的品种、规格）。

（4）工程内容。门（骨架）制作、运输；门五金配件安装；刷防护材料（启动装置、五金配件安装）。

注意：特种门应区分放射线门、密闭门、保温门、隔音门、冷藏库门、冷藏冻结间门等项目，分别编码列项。

5. 其他门

其他门包括电子感应门、旋转门、电子对讲门、电动伸缩门等七个清单项目，其编码自010805001～010805007。

（1）工程量计算。按设计图示数量或设计图示洞口尺寸以面积计算，计量单位樘/m^2。

（2）项目特征。

1）电子感应门、转门、电子对讲门、电动伸缩门要描述的特征有：门代号及洞口尺寸；

门框或扇外围尺寸；门框、扇材质（门材质）、启动装置的品种、规格；电子配件品种、规格。

2）全玻自由门、镜面不锈钢饰面门、复合材料门要描述的特征有：门代号及洞口尺寸；门框或扇外围尺寸；框、扇材质玻璃品种、厚度。

（3）工程内容。需完成：门安装；启动装置、五金、电子配件安装。

6. 木窗

木窗根据功能等共分四个清单项目，其前四级编码自001～004。

（1）工程量计算。木质窗其工程量按设计图示数量或设计图示洞口尺寸以面积计算，计量单位樘/m^2。

木飘窗、木橱窗其工程量按设计图示数量或设计图示尺寸以框外围展开面积计算，计量单位樘/m^2。

木纱窗其工程量按设计图示数量或按框的外围尺寸以面积计算，计量单位樘/m^2。

（2）项目特征。木质窗、木飘窗需描述：窗代号及洞口尺寸；玻璃品种、厚度。

木橱窗描述：窗代号；框截面及外围展开面积；玻璃品种、厚度；防护材料种类。

木纱窗描述：窗代号及框的外围尺寸；窗纱材料品种、规格。

（3）工程内容。需完成：窗制作、运输、安装；五金、玻璃安装；刷防护材料。

注意：木质窗应区分木百叶窗、木组合窗、木天窗、木固定窗、木装饰空花窗等项目，分别编码列项。

7. 金属窗

金属窗根据功能等共分九个清单项目，各种类型金属窗、特殊五金，其前四级编码从010807001至010807009分别表示金属窗、金属防火窗、金属百叶窗等。

其工程量计算、项目特征的描述、要完成的工程内容同木窗。

8. 门窗套

门窗套根据不同材质、装饰部位等共分七个清单项目，其中包括筒子板、贴脸等，其前四级编码自010808001～010808007。

（1）工程量计算。门窗套、筒子板其工程量计算。

1）按设计图示数量计算，计量单位“樘”。

2）按设计图示尺寸以展开面积计算，计量单位m^2。

3）按设计图示中心以延长米计算，计量单位m。

门窗木贴脸工程量计算：

1）按设计图示数量计算，计量单位“樘”。

2）按设计图示中心以延长米计算，计量单位m。

（2）项目特征。需描述：门窗套需描述：窗代号及洞口尺寸；门窗套展开宽度；基层材料种类（黏结层厚度、砂浆配合比）；面层材料品种、规格（门窗套材料品种、规格）；防护材料种类。

筒子板需描述：筒子板宽度；基层材料种类；面层材料品种、规格；线条品种、规格；防护材料种类。

贴脸需描述：门窗代号及洞口尺寸；贴脸板宽度；防护材料种类。

（3）工程内容。木门窗套、木筒子板、饰面夹板筒子板需完成：清理基层；立筋制作、安装；基层板安装；面层铺贴；线条安装；刷防护材料。

金属门窗套需完成：清理基层；立筋制作、安装；基层板安装；面层铺贴；刷防护材料。

石材门窗套需完成：清理基层；立筋制作、安装；基层抹灰；面层铺贴；线条安装。

门窗木贴脸：安装。

成品木门窗套：清理基层；立筋制作、安装；板安装。

9. 窗帘、窗帘盒、轨

根据不同材质共分五个清单项目，其前四级编码自 010810001～010810005。

(1) 工程量计算。窗帘：按设计图示尺寸以成活后长度计算，或按设计图示尺寸以成活后展开面积计算，计量单位分别按 m 和 m^2。

窗帘盒和窗帘轨按设计图示尺寸以长度计算，计量单位 m。

(2) 项目特征。窗帘需描述：窗帘材质；窗帘高度、宽度；窗帘层数；带幔要求。

窗帘盒需描述：窗帘盒材质、规格；防护材料种类。

窗帘轨需描述：窗帘轨材质、规格；轨的数量；防护材料种类。

(3) 工程内容。需完成：制作、运输、安装；刷防护材料。

10. 窗台板

根据不同材质，窗台板共分四个清单项目，其前四级编码自 010809001～010809004。

(1) 工程量计算。各种材质的窗台板其工程量计算均按设计图示尺寸以展开面积计算，计量单位 m^2。

(2) 项目特征。木、塑料、金属窗台板需描述：基层材料种类；窗台板材质、规格、颜色；防护材料种类。

石材窗台板需描述：黏结层厚度、砂浆配合比；窗台板材质、规格、颜色。

(3) 工程内容。木、塑料、金属窗台板要完成：基层清理；基层制作、安装；窗台板制作、安装。

石材窗台板要完成：基层清理；抹找平层；窗台板制作、安装。

(三) 有关问题说明

1. 有关工程量计算说明

(1) 门窗工程量计算当以“樘”计算，项目特征必须描述洞口尺寸，没有洞口尺寸必须描述窗框外围尺寸。

(2) 门窗套、筒子板“以展开面积计算”，即指按其铺钉面积计算。

(3) 窗帘盒、窗台板，如为弧形时，其长度以中心线计算。

2. 有关项目特征的说明

(1) 框截面尺寸（或面积）指边立梃截面尺寸或面积。

(2) 防护材料分防火、防腐、防虫、防潮、耐磨、耐老化等材料，应在清单项目特征中仔细描述。

3. 有关工程内容的说明

木门窗的制作应考虑木材的干燥损耗、刨光损耗、下料后备长度、门窗走头增加的体积等，即以上损耗及增加的体积应包括在木门窗的项目价格内。

4. 其他问题说明

门窗框与洞口之间缝的填塞，应包括在门窗项目内。

五、油漆、涂料、裱糊工程

（一）有关问题说明

（1）腻子种类有石膏油腻子（熟桐油、石膏粉、适量水）、胶腻子（大白、色粉、羧甲基纤维素）、漆片腻子（漆片、酒精、石膏粉、适量色粉）、油腻子（矾石粉、桐油、脂肪酸、松香）等。

（2）刮腻子要求，分刮腻子遍数（道数）或满刮腻子或找补腻子等。

（二）油漆、涂料、裱糊工程工程量清单项目

1. 清单项目

油漆、涂料、裱糊工程：
- 门油漆（包括木门、金属门油漆）
- 窗油漆（包括木窗、金属窗油漆）
- 木扶手及其他板条线条油漆（木扶手及其他板条线条包括木扶手，窗帘盒，封檐板、顺水板，挂衣板、黑板框，挂镜线、窗帘辊、单独木线）
- 木材面油漆（包括木护墙、木墙裙、窗台板、筒子板、盖板、门窗套、踢脚线、清水板条天棚、檐口、木方格吊顶天棚、吸音板墙面、天棚面、暖气罩、其他木材面、木间壁、木隔断、玻璃间壁露明墙筋、木栅栏、木栏杆、衣柜、壁柜、梁柱饰面、零星木装修、木地板）
- 金属面油漆
- 抹灰面油漆（包括抹灰面油漆、抹灰线条油漆、满刮腻子）
- 喷刷涂料（墙面喷刷、天棚喷刷、空花格栏杆刷、线条刷涂料，金属构件刷、木构件喷刷防护涂料）
- 裱糊（包括墙纸裱糊、织锦缎裱糊）

2. 项目编码

一级编码01；二级编码14（油漆、涂料、裱糊工程）；三级编码自01～08（包括门油漆、窗油漆、金属面油漆等八个分部）；四级编码从001始，根据每个分部内包含的清单项目多少，第三位数字依次递增；五级编码自001始。

（三）油漆、涂料、裱糊工程工程量计算

1. 门油漆（编码011401）

（1）适用范围。门油漆项目适用于各类型门（如镶板门、胶合板门、平开门、推拉门、单扇门、双扇门、带亮子及不带亮子门等）的油漆工程。另外，连窗门可按门油漆项目编码列项。

（2）工程量计算。按设计图示数量或设计图示单面洞口尺寸以面积计算，计量单位樘/m^2。

（3）项目特征。需描述：门类型；门代号及洞口尺寸；腻子种类；刮腻子遍数；防护材料种类；油漆品种、刷漆遍数。

（4）工程内容。需完成：除锈、基层清理；刮腻子；刷防护材料、油漆。

注意：木门油漆应区分单层木门、双层木门、全玻自由门、半玻自由门、装饰门及有框门或无框门等，应分别编码列项。金属门油漆应区分平开门、推拉门、钢制防火门等项目，分别编码列项。

2. 窗油漆（编码 011402）

（1）适用范围。窗油漆项目适用于各类型窗（如平开窗、推拉窗、空花窗、百叶窗、单层窗、双层窗、带亮子及不带亮子等）油漆工程。

（2）工程量计算。按设计图示数量计算或设计图示洞口以面积计算，计量单位樘/m^2。

需要描述的项目特征及完成的工程内容同门油漆。

注意：木窗油漆应区分单层玻璃窗、双层木窗、三层木窗、单层组合窗、双层组合窗、木百叶窗、木推拉窗等，应分别编码列项。金属窗油漆应区分平开窗、推拉窗、固定窗、组合窗、金属隔栅窗等项目，分别编码列项。

3. 木扶手及其他板条线条油漆

木扶手及其他板条线条油漆共分五个清单项目，其前四级编码为 011403001～011403005。

（1）工程量计算。按设计图示尺寸以长度计算，计量单位 m。

（2）项目特征。需描述：断面尺寸；腻子种类；刮腻子遍数；防护材料种类；油漆品种、刷漆遍数。

（3）工程内容。需完成：基层清理；刮腻子；刷防护材料、油漆。

4. 木材面油漆

（1）工程量计算。

1）木护墙、木墙裙油漆（编码 011404001）按设计图示尺寸以面积计算，计量单位 m^2。

木护墙是指沿墙面的整个高度满做的木装修墙壁。

木墙裙是指沿墙面的高度（一般约在高度的 1/3～2/3 之间）做的木装修墙壁。

2）窗台板、筒子板、盖板、门窗套、踢脚线油漆（编码 011404002）工程量计算同木护墙。

3）清水板条天棚、檐口油漆及木方格吊顶天棚油漆（编码分别为 011404003、011404004）工程量计算同木护墙。

4）吸音板墙面、天棚面油漆（编码 011404005）工程量计算同木护墙。

5）暖气罩油漆、其他木材面（编码 011404006、011404007）工程量计算同木护墙。

6）木间壁木隔断、玻璃间壁露明墙筋、木栅栏木栏杆（带扶手）油漆（编码 011404008、011404009、011404010）按设计图示尺寸以单面外围面积计算，计量单位 m^2。

说明：多面涂刷按单面计算工程量，计算时满外量计算，不展开。

7）衣柜壁柜、梁柱饰面、零星木装修油漆（编码 011404011、011404012、011404013）按设计图示尺寸以油漆部分展开面积计算，计量单位 m^2。

8）木地板油漆、木地板烫蜡硬面（编码 011404014、011404015）按设计图示尺寸以面积计算，空洞、空圈、暖气包槽、壁龛的开口部分并入相应的工程量内。计量单位 m^2。

（2）项目特征及工程内容。除木地板烫蜡硬面外，其余项目项目特征需描述：腻子种类；刮腻子遍数；防护材料种类；油漆品种、刷漆遍数。

木地板烫蜡硬面的项目特征需描述：硬蜡品种；面层处理要求。

工程内容：除木地板烫蜡硬面外，其余项目完成的工程内容同门油漆。

木地板烫蜡硬面需完成：基层清理；烫蜡。

5. 金属面油漆（编码 020505001）

工程量计算。按设计图示尺寸以质量计算，计量单位 t/m^2。

其项目特征除要描述构件名称外，其余同门油漆，工程内容同门油漆。

6. 抹灰面油漆（编码 011406）

（1）工程量计算。

1）抹灰面油漆（编码 011406001）按设计图示尺寸以面积计算，计量单位 m^2。

2）抹灰线条油漆（编码 011406002）按设计图示尺寸以长度计算，计量单位 m。

3）满刮腻子（编码 011406003）同抹灰面油漆。

（2）项目特征。需描述：基层类型；线条宽度、道数；腻子种类；刮腻子遍数；防护材料种类；油漆品种、刷漆遍数。

满刮腻子项目需描述：基层类型；腻子种类；刮腻子遍数。

抹灰面和抹灰线条油漆工程内容同门油漆。

满刮腻子项目工程内容需完成：基层清理；刮腻子。

注意：满刮腻子项目只适用于仅做“满刮腻子”项目，不得将抹灰面油漆和刷涂料中“刮腻子”内容单独分出执行满刮腻子项目。

7. 喷刷涂料

（1）墙面、天棚喷刷涂料（编码 011407001、011407002）

1）工程量计算。按设计图示尺寸以面积计算，计量单位 m^2。

2）项目特征。需描述：基层类型；腻子种类；刮腻子要求；涂料品种、刷喷遍数。

3）工程内容。需完成：基层清理；刮腻子；刷、喷涂料。

（2）空花格、栏杆刷涂料（编码 011407003）。

1）工程量计算。按设计图示尺寸以单面外围面积计算，计量单位 m^2。

2）项目特征。腻子种类；刮腻子遍数；涂料品种、刷喷遍数。

3）工程内容。同墙面喷刷涂料。

（3）线条刷涂料（编码 011407004）

1）工程量计算。按设计图示尺寸以长度计算，计量单位 m。

2）项目特征。需描述：基层清理；线条宽度；刮腻子遍数；刷防护材料、油漆。

工程内容同墙面喷刷涂料。

（4）金属构件刷防火涂料（编码 011407005）

1）工程量计算。按设计图示尺寸以质量计算或按设计展开面积计算。计量单位 t/m^2。

2）项目特征。喷刷防火涂料构件名称；防火等级要求；涂料品种、喷刷遍数。

3）工程内容。基层清理；刷防火材料、油漆。

（5）木材构件喷刷防火涂料（编码 011407006）

1）工程量计算。按设计图示尺寸以面积计算。计量单位 m^2。

2）项目特征。同金属构件刷防火涂料。

3）工程内容。基层清理；刷防火材料。

8. 墙纸裱糊、织锦段裱糊（编码分别为 011408001、011408002）

（1）工程量计算。按设计图示尺寸以面积计算，计量单位 m^2。

（2）项目特征。需描述：基层类型；裱糊部位；腻子种类；刮腻子遍数；黏结材料种类；防护材料种类；面层材料品种、规格、颜色。

（3）工程内容。需完成：基层清理；刮腻子；面层铺贴（应注意要求对花还是不对花）；刷防护材料。

六、其他工程

其他工程包括柜类、货架，暖气罩，浴厕配件，压条、装饰线，扶手、栏杆、栏板装饰，雨篷、旗杆，招牌、灯箱，美术字八个项目。

（一）有关项目说明

（1）柜类、货架、涂刷配件、雨篷、旗杆、招牌、灯箱、美术字等单件项目，工作内容中包括了“刷油漆”，主要考虑整体性，不得单独将油漆分离，单列油漆清单项目。工作内容中没有包括“刷油漆”可单独编码列项。

（2）凡栏杆、栏板含扶手的项目，不得单独将扶手进行编码列项。

（二）其他工程工程量清单项目

清单项目

其他工程
- 柜类、货架（包括柜台、酒柜、衣柜、酒吧吊柜、收银台、试衣间等）
- 压条、装饰线（包括金属、木质、石材、石膏、镜面玻璃、铝塑、塑料装饰线、GRC装饰）
- 扶手、栏杆、栏板装饰（包括金属、硬木、塑料、GRC扶手栏杆栏板及金属、硬木、塑料靠墙扶手）
- 暖气罩（包括饰面板暖气罩、塑料板暖气罩、金属暖气罩）
- 浴厕配件（包括洗漱台、晒衣架、帘子杆、卫生纸盒、镜面玻璃、镜箱等）
- 压条、装饰线（包括金属、木质、石材、石膏、镜面玻璃、铝塑、塑料装饰线）
- 雨篷、旗杆（包括雨篷吊挂饰面、金属旗杆、玻璃雨篷）
- 招牌、灯箱（包括平面、箱式招牌，竖式标箱，灯箱、信报箱）
- 美术字（包括泡沫塑料字、有机玻璃字、木质字、金属字、吸塑字）

（三）其他工程工程量计算

1. 柜类、货架（前三级编码011501）

（1）适用范围。柜类、货架项目适用于各类材料制作及各种用途（如酒柜、衣柜、鞋柜、书柜、厨房壁柜及酒吧台、展台、收银台、货架等清单项目）。

（2）工程量计算。按设计图示数量计算，计量单位个。

或按设计图示尺寸以延长米计算，计量单位m。

或按设计图示尺寸以体积计算，计量单位m^3。

（3）项目特征。需描述：台柜规格；材料种类（石材、金属、实木等）、规格；五金种类、规格；防护材料种类；油漆品种、刷漆遍数。

注意：柜类、货架中的各清单项目内均应包括台柜、台面（架面）、内隔板材料、连接件、配件等。

（4）工程内容。需完成：台柜制作、运输、安装（安放）；刷防护材料、油漆，五金件安装。

2. 压条、装饰线（前三级编码011502）

（1）工程量计算。按设计图示尺寸以长度计算，计量单位m。

（2）项目特征。除GRC装饰线条外项目需描述：基层类型；线条材料品种、规格、颜色；防护材料种类。

GRC装饰线条项目需描述：基层类型；线条规格；线条安装部位；防护材料种类。

（3）工作内容。线条制作、安装；刷防护材料。

3. 扶手、栏杆、栏板装饰（前三级编码011503）

（1）适用范围。扶手、栏杆、栏板装饰项目适用于楼梯、阳台、走廊、回廊及其他装饰性扶手、栏杆、栏板。

（2）工程量计算。各清单项目的工程量均按设计图示尺寸以扶手中心线长度（包括弯头长度）计算，计量单位m。

（3）项目特征。金属、硬木、塑料扶手栏杆栏板需要描述的项目特征有：扶手材料种类、规格、颜色；栏杆材料种类、规格、颜色；栏板材料种类、规格、颜色；固定配件种类；防护材料种类。

GRC栏杆、扶手需要描述的项目特征有：栏杆的规格；安装间距；扶手类型规格；填充材料种类。

金属、硬木、塑料靠墙扶手需描述扶手材料种类、规格；固定配件种类；防护材料种类。

玻璃栏板需描述栏杆玻璃的种类、规格、颜色；固定方式；固定配件种类。

（4）工程内容。各清单项目需要完成的工程内容有：制作；运输；安装；刷防护材料。

4. 暖气罩（前三级编码020602）

（1）适用范围。适用于各类材料（如饰面板、塑料板、金属）制作的暖气罩项目。

（2）工程量计算。按设计图示尺寸以垂直投影面积（不展开）计算，计量单位m^2。

（3）项目特征。需描述：暖气罩材质；单个罩垂直投影面积；防护材料种类；油漆品种、刷漆遍数。

（4）工程内容。需完成：暖气罩制作、运输、安装；刷防护材料、油漆。

5. 浴厕配件（前三级编码011505）

（1）工程量计算。

1）洗漱台。按设计图示尺寸以台面外接矩形面积计算，计量单位m^2。不扣除孔洞（放置洗面盆的地方）、挖弯、削角（以根据放置的位置进行选形）所占面积，挡板、吊沿板面积并入台面面积内。

或按设计图示数量计算，计量单位个。

注意：挡板、吊沿板与台面板使用不同种材料时，应分开另行计算，其编码可从第五级编码上区分开来。

挡板是指镜面玻璃下边沿至洗漱台面和侧墙与台面接触部位的竖挡板。

吊沿是指台面外边沿下方的竖挡板。

2）晒衣架、帘子杆、浴缸拉手、毛巾杆（架）、卫生纸盒等按设计图示数量计算，计量单位以个、套、副表示。

3）镜面玻璃。按设计图示尺寸以边框外围面积计算，计量单位m^2。

4）镜箱。按设计图示数量计算，计量单位以个表示。

（2）项目特征。

1）洗漱台、晒衣架、帘子杆、浴缸拉手、毛巾杆（架）、卫生纸盒等需描述：材料品种、规格、品牌、颜色；支架、配件品种、规格。

2）镜面玻璃需描述：镜面玻璃品种、规格；框材质、断面尺寸；基层材料种类（玻璃背后的衬垫材料，如胶合板、油毡等）；防护材料种类。

3）镜箱需描述：箱材质、规格；玻璃品种、规格；基层材料种类；防护材料种类；油漆品种、刷漆遍数。

（3）工程内容。

1）洗漱台、晒衣架、帘子杆、浴缸拉手、毛巾杆（架）、卫生纸盒等需完成：台面及支架制作、运输、安装；杆、环、盒、配件安装；刷油漆。

2）镜面玻璃需完成：基层安装；玻璃及框制作、运输、安装。

3）镜箱需完成：基层安装；箱体制作、运输、安装；玻璃安装；刷防护材料、油漆。

6. 雨篷、旗杆（前三级编码 011506）

（1）工程量计算。

1）雨篷吊挂饰面。按设计图示尺寸以水平投影面积计算，计量单位 m^2。

2）金属旗杆。按设计图示数量计算，计量单位以根表示。

3）玻璃雨篷。按设计图示尺寸以水平投影面积计算，计量单位 m^2。

（2）项目特征。

1）雨篷吊挂饰面需描述：基层类型；龙骨材料种类、规格、中距；面层材料品种、规格、品牌；吊顶（天棚）材料、品种、规格、品牌；嵌缝材料种类；防护材料种类。

2）金属旗杆需描述：旗杆材料、种类、规格；旗杆高度（指旗杆台座上表面至杆顶的尺寸）；基础材料种类；基座材料的种类；基座面层材料、种类、规格。

3）玻璃雨篷。玻璃雨篷固定方式；龙骨材料种类、规格、中距；玻璃材料品种、规格；嵌缝材料种类；防护材料种类。

（3）工程内容。

1）雨篷吊挂饰面。底层抹灰；龙骨基层安装；面层安装；刷防护材料、油漆。

2）金属旗杆。土石挖、填、运；基础混凝土浇筑；旗杆制作、安装；旗杆台座制作、饰面。

3）玻璃雨篷。龙骨基层安装；面层安装；刷防护材料、油漆。

7. 招牌、灯箱（前三级编码 011507）

（1）适用范围。适用于各种形式（平面、竖式等）招牌、灯箱。

（2）工程量计算。

1）平面、箱式招牌。按设计图示尺寸以正立面边框外围面积计算。复杂形的凸凹造型部分不增加面积。计量单位 m^2。

2）竖式标箱、灯箱、信报箱。按设计图示数量计算，计量单位以个表示。

（3）项目特征。需描述：箱体规格；基层材料种类；面层材料种类；防护（保护）材料种类户数。

（4）工程内容。需完成：基层安装；箱体及支架制作、运输、安装；面层制作、安装；刷防护材料、油漆。

8. 美术字（前三级编码 011508）

（1）适用范围。适用各种材料（泡沫塑料、有机玻璃、木质、金属等）制作的美术字。

（2）工程量计算。按设计图示数量计算，计量单位以个表示。

（3）项目特征。需描述：基层类型；镌字材料品种、颜色；字体规格（以字的外接矩形长、宽和字的厚度表示）；固定方式（如粘贴、焊接以及铁钉、螺栓、铆钉等）；油漆品种、刷漆遍数。

（4）工程内容。需完成：字制作、运输；刷油漆。

第三节　措施项目工程量计算

一、脚手架工程

为了保证施工安全和操作的方便，采用钢管（ϕ 48×3.5），杉木杆或直径为 DN75mm～90mm 的竹竿，搭设一种供建筑工人脚踏手攀，堆置或运输材料的架子，称为脚手架，简称脚手架工程。由立杆、横杆、上料平台斜坡道、防风拉杆及安全网等组成。

脚手架工程包含综合脚手架、外脚手架、里脚手架、悬空脚手架、挑脚手架、满堂脚手架、整体提升架、外装饰吊篮八个项目。

（一）综合脚手架（前四级编码 011701001）

综合脚手架是综合了建筑物中砌筑内外墙所需用的砌墙脚手架、运料斜坡、上料平台、金属卷扬机架、外墙粉刷脚手架等内容。使用综合脚手架时，不再使用外脚手架、里脚手架等单项脚手架。综合脚手架针对的是整个房屋建筑的土建和装饰装修部分。

综合脚手架适用于能够按“建筑面积计算规则”计算建筑面积的建筑工程脚手架，不适用于房屋加层、构筑物及附属工程脚手架。

1. 工程量计算

综合脚手架工程量按建筑面积计算，建筑面积计算规则执行《建筑工程建筑面积计算规范》(GB/T 50353—2013)。

2. 项目特征

描述建筑物结构形式，檐口高度。其中建筑物结构形式是指单层、全现浇结构、混合结构、框架结构等，檐口高度是指设计室外地坪至檐口滴水的高度（平屋顶是指屋面板底高度），突出主体建筑物屋顶的电梯机房、楼梯出口间、水箱间、瞭望塔、排烟机房等不计入檐口高度。

注意：同一建筑物有不同檐高时，按建筑物竖向切面分别按不同檐高编列清单项目。

3. 工程内容

包括场内、场外材料搬运，搭、拆脚手架、斜道、上料平台，安全网的铺设，选择附墙点与主体连接，测试电动装置、安全锁等，拆除脚手架后的材料堆放。

（二）外脚手架、里脚手架（前四级编码 011701002、011701003）

沿建筑物外围搭设的脚手架称外脚手架。它可用于砌筑和装饰工程，砌筑时逐层搭设，外装修工程完毕后逐层拆除，基本上服务于施工全过程。根据搭设方式有单排和双排两种，如图 10-4 所示。

里脚手架搭设于建筑物内部，每砌完一层墙后，即将其转移到上一层楼面，进行新的一层砌体砌筑，它可用于内外墙的砌筑和室内装饰施工。

1. 工程量计算

外脚手架、里脚手架工程量均按所服务对象的垂直投影面积计算。

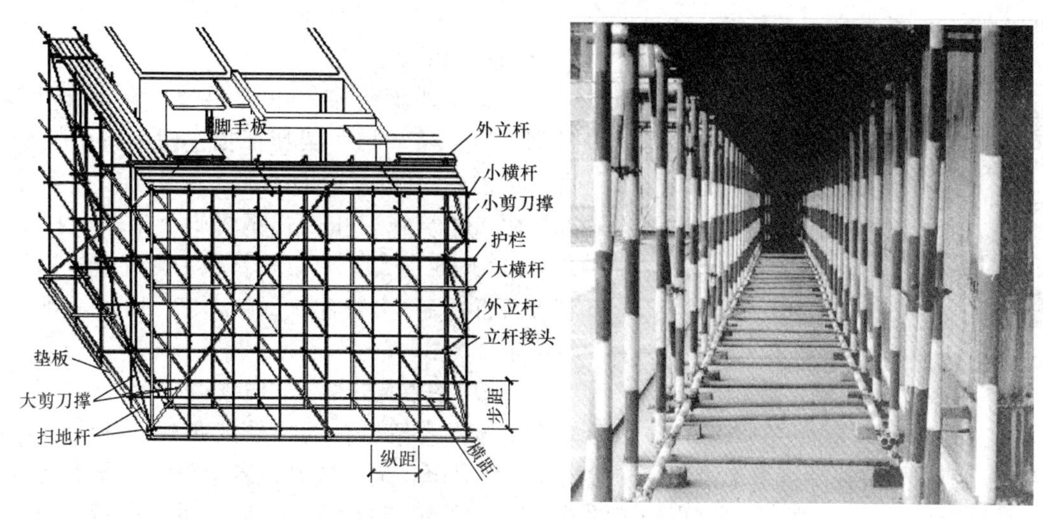

图 10-4　双排外脚手架

2. 项目特征

描述搭设方式、搭设高度、脚手架材质。

3. 工程内容

包括场内、场外材料搬运，搭、拆脚手架、斜道、上料平台，安全网的铺设，拆除脚手架后的材料堆放。

（三）悬空脚手架、挑脚手架（前四级编码 011701004 、011701005）

挑脚手架搭设方式有多种，其中悬挑梁式脚手架搭设方式是在建筑物内预留洞口，用型钢制成悬挑梁作为搭设双排脚手架的平台，使脚手架上的荷重直接由建筑物承载，起到了卸载作用，悬挑梁式脚手架示意图如图 10-5 所示。

1. 工程量计算

悬空脚手架工程量按搭设的水平投影面积计算。

挑脚手架工程量按搭设长度乘以搭设层数以延长米计算。

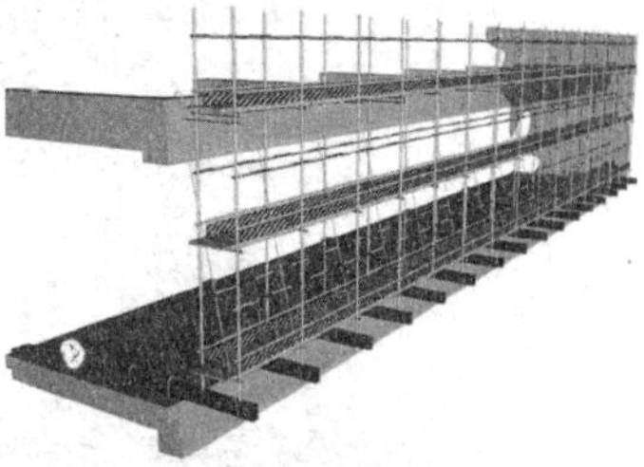

2. 项目特征

描述搭设方式、悬挑宽度、脚手架材质。

3. 工程内容

同外脚手架。

图 10-5　悬挑梁式挑脚手架

（四）满堂脚手架（前四级编码 011701006）

满堂脚手架是指在施工作业面上满铺的，纵、横向各超过 3 排立杆的整块形落地式多立杆脚手架，主要用于室内装修及其他单面积的高空作业，满堂脚手架的一般构造形式如图 10-6 所示。

1. 工程量计算

满堂脚手架工程量按搭设的水平投影面积计算。

2. 项目特征

描述搭设方式、搭设高度、脚手架材质。

图 10-6 满堂脚手架

3. 工程内容

同外脚手架。

注意：外脚手架、里脚手架、悬空脚手架、挑脚手架、满堂脚手架特征描述时，脚手架材质可以不描述，但应注明由投标人根据工程实际情况按照《建筑施工扣件式钢管脚手架安全技术规范》(JGJ 130—2011)、《建筑施工附着升降脚手架管理暂行规定》(建建［2000］230号）等规定自行确定。

（五）整体提升架（前四级编码 011701007）

整体提升架也称为导轨式爬架、导轨附着式提升架。其主要特征是脚手架沿固定在建筑物导轨升降，而且提升设备也固定在导轨上。它是一种用于高层建筑外脚手架工程施工的成套施工设备，包括支架（底部桥架）、爬升机构、动力及控制系统和安全防坠装置四大部分。整体提升架示意图如图 10-7 所示。

1. 工程量计算

整体提升架工程量按所服务对象的垂直投影面积计算。

2. 项目特征

描述搭设方式及启动装置、搭设高度。

注意：整体提升架已包括 2m 高的防护架体设施。

3. 工程内容

同综合脚手架。

图 10-7 整体提升架

图 10-8 外装饰吊篮脚手架

六、外装饰吊篮（前四级编码 011701008）

外装饰吊篮脚手架又称吊脚手架，它是利用吊索悬吊吊篮进行操作的一种脚手架，常用于外装饰工程，如图 10-8 所示。

1. 工程量计算

外装饰吊篮工程量按所服务对象的垂直投影面积计算。

2. 项目特征

描述升降方式及启动装置，搭设高度及吊篮型号。

3. 工程内容

包括场内、场外材料搬运，吊篮的安装、测试电动装置、安全锁、平衡控制器等，吊篮的拆卸。

脚手架工程的列项与施工组织设计及现场施工情况息息相关，进行工程量计价时，应详细了解有关资料、比较分析施工方案，选择更加经济合理的施工措施。

二、混凝土模板及支架（撑）

混凝土模板及支架（撑）项目，只适用于单列而且以平方米计量的项目。若不单列且以立方米计量的混凝土模板及支架（撑），按混凝土及钢筋混凝土实体项目执行，其综合单价中应包括模板及支架（撑）。另外，个别混凝土项目“计量规范”未列的措施项目，例如垫层等，按混凝土及钢筋混凝土实体项目执行。混凝土模板及支架（撑），前四级编码011702001～011702032。

1. 混凝土构件类型

混凝土构件类型如图10-9所示。

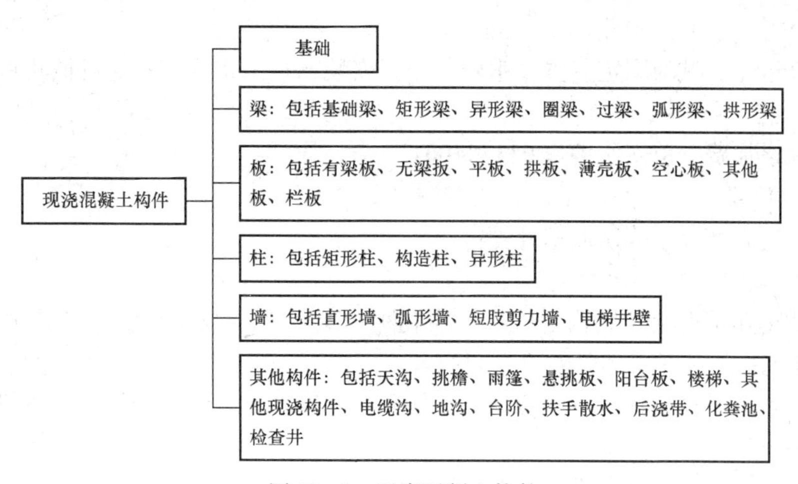

图10-9　现浇混凝土构件

2. 工程量计算

详见本书第四章第七节。

3. 项目特征

（1）基础描述：基础类型。

（2）异形柱描述：柱截面形状。

（3）基础梁描述：梁截面形状；矩形梁描述：支撑高度；异形梁、弧形梁、拱形梁描述：梁截面形状及支撑高度。

（4）板描述：支撑高度。

（5）雨篷、悬挑板、阳台板描述：构件类型、板厚度。

（6）楼梯描述：类型。

（7）台阶描述：踏步宽。

注意：1）若现浇混凝土梁、板支撑高度超过3.6m时，项目特征应描述支撑高度。支撑高度即室外地坪至板底，或下层的板面至上一层的板底之间的高度。

2）采用清水模板，应在项目特征中注明。

3）原槽浇筑的混凝土基础，不计算模板。

4. 工作内容

包含模板制作，模板安装、拆除、整理堆放及场内外运输，清理模板黏结物及模板内杂物、刷隔离剂等。

三、垂直运输（前四级编码011703001）

1. 工程量计算

（1）按建筑面积计算。

（2）按施工工期日历天数计算。

2. 项目特征

描述建筑物建筑类型及结构形式，地下室建筑面积，建筑物檐口高度及层数。

注意：同一建筑物有不同檐高时，按建筑物的不同檐高做纵向分割，分别计算建筑面积，以不同檐高分别编码列项。

3. 工程内容

包含垂直运输机械的固定装置、基础制作、安装，行走式垂直运输机械轨道的铺设、拆除、摊销。

四、超高增加费（前四级编码011704001）

1. 工程量计算

按建筑物超高部分的建筑面积计算。

2. 项目特征

描述建筑物建筑类型及结构形式，建筑物檐口高度及层数，单层建筑物檐口高度超过20m，多层建筑物超过6层部分的建筑面积。

注意：（1）同一建筑物有不同檐高时，按不同高度的建筑面积分别计算建筑面积，以不同檐高分别编码列项。

（2）计算层数时，地下室不计入层数。

3. 工程内容

包含建筑物超高引起的人工工效降低以及由于人工工效降低引起的机械降效，高层施工用水加压水泵的安装、拆除及工作台班，通信联络设备的使用及摊销。

【例10-14】 某高层建筑如图10-10所示，框剪结构，女儿墙高度为1.8m，由某总承包公司承包，施工组织设计中，垂直运输，采用自升式塔式起重机及单笼施工电梯。根据此背景资料，试列出该高层建筑物的垂直运输及超高施工增加的分部分项工程量清单。

解 （1）列项：根据规定，同一建筑物有不同檐高时，按建筑物的不同檐高做纵向分割，分别计算建筑面积，以不同檐高分别编码列项。故需列檐高22.5m以内垂直运输和檐高94.2m以内垂直运输两项。

因该高层建筑物超过6层，故需列超高施工增加。

（2）工程量计算：

檐高22.5m以内垂直运输为

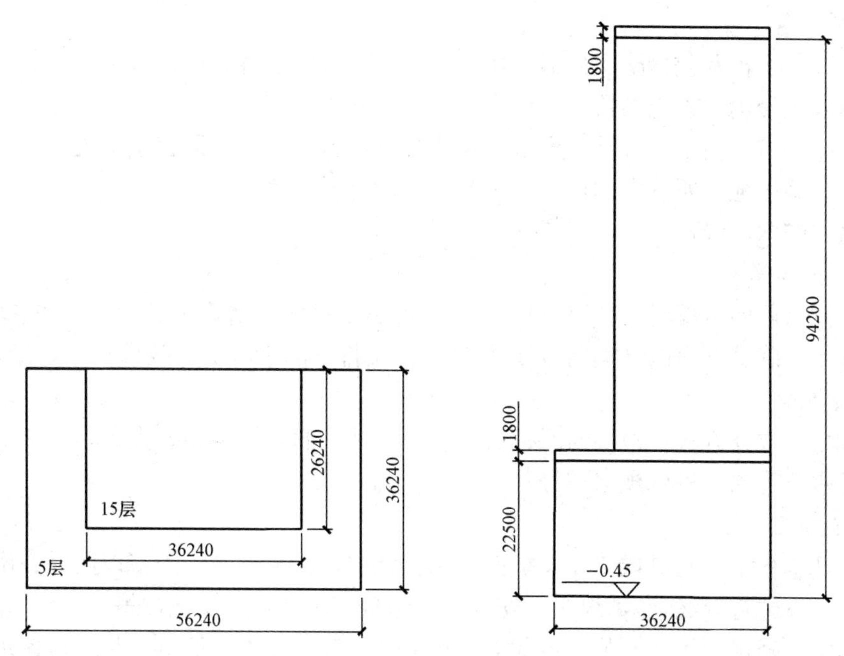

图 10-10　某高层建筑示意图

建筑面积＝(56.24×36.24－36.24×26.24)×5＝5463.00m^2

檐高 94.2m 以内垂直运输为

建筑面积＝26.244×36.24×5＋36.24×26.24×15＝19018.75m^2

超高施工增加为

超过 6 层的建筑面积＝36.24×26.24×14＝13313.13m^2

(3) 垂直运输及超高施工增加的工程量清单见表 10-23。

表 10-23　　分部分项工程和单价措施项目清单与计价表

工程名称：×××

序号	项目编码	项目名称	项目特征描述	计量单位	工程量	金额（元）		
						综合单价	合价	其中：暂估价
1	011703001001	垂直运输	框剪结构，檐高 22.5m 以内，5 层	m^2	5463.00			
2	011703001002	垂直运输	框剪结构，檐高 94.2m 以内，20 层	m^2	19018.75			
3	011704001001	超高施工增加	框剪结构，檐高 94.2m 以内，20 层	m^2	13313.13			

五、大型机械设备进出场及安拆（前四级编码 011705001）

1. 工程量计算

按使用机械设备的数量计算。

2. 项目特征

描述机械设备名称，机械设备规格型号。

3. 工程内容

包含：(1) 安拆费包括施工机械、设备在现场进行安装拆卸所需人工、材料、机械和试运转费用以及机械辅助设施的折旧、搭设、拆除等费用。

(2) 进出场费包括施工机械、设备整体或分体，自停放地点运至施工现场，或由一施工地点运至另一施工地点所发生的运输、装卸、辅助材料等费用。

六、施工排水、降水

1. 工程量计算

(1) 成井 (前四级编码 011707001)。按设计图示尺寸以钻孔深度计算，计量单位 m。

(2) 排水、降水 (前四级编码 011707002)。按排、降水日历天数计算，计量单位昼夜。

2. 项目特征

(1) 成井。成井方式；地层情况；成井直径；井 (滤) 管类型、直径。

(2) 排水、降水。机械规格型号；降排水管规格。

3. 工程内容

(1) 成井。准备钻孔机械、埋设护筒、钻孔就位；泥浆制作、固壁；成孔、出渣、清孔等；对接上、下井管 (滤管)，焊接，安放，下滤料，洗井，连接试抽等。

(2) 排水、降水。管道安装、拆除等，场内搬运等；抽水、值班、降水设备维修等。

七、安全文明施工及其他措施项目 (见表 10-24)

表 10-24 安全文明施工及其他措施项目

项目编码	项目名称	工作内容既包含范围
011707001	安全文明施工	1. 环境保护：现场施工机械设备降低噪音、防扰民措施；水泥和其他易飞扬细颗粒建筑材料密闭存放或采取覆盖措施等；工程防扬尘洒水；土石方、建渣外运车辆防护措施等；现场污染源的控制、生活垃圾清理外运、场地排水排污措施；其他环境保护措施。 2. 文明施工："五牌一图"；现场围挡的墙面美化 (包括内外粉刷、刷白、标语等)、压顶装饰；现场厕所便槽刷白、贴墙砖，水泥砂浆地面或地砖，建筑物内临时便溺措施；其他施工现场临时设施的装饰装修、美化措施；现场生活卫生设施；符合卫生要求的饮水设备、淋浴、消毒等设施；生活用洁净燃料；防煤气中毒、防蚊虫叮咬等措施；施工现场操作场地的硬化；现场绿化、治安综合治理；现场配备医药保健器材、物品和急救人员培训；现场工人的防暑降温、电风扇、空调等设备及用电；其他文明施工措施。 3. 安全施工：安全资料、特殊作业专项方案的编制，安全施工标志的购置及安全宣传；"三宝" (安全帽、安全带、安全网)；"四口" (楼梯口、电梯井口、通道口、预留洞口)；"五临边" (阳台围边、楼板围边、屋面围边、槽坑围边、卸料平台两侧)；水平防护架、垂直防护架、外架封闭等防护；施工安全用电，包括配电箱三级配电、两级保护装置等要求、外电防护措施；起重机、塔吊起重设备 (含井架、门架) 及外用电梯的安全防护措施 (含警示标志) 及卸料平台的临边防护、层间安全门、防护棚等设施；建筑工地起重机械的检验检测；施工机械防护棚及其围栏的安全保护设施；施工安全防护通道；工人的安全防护用品、用具购置；消防设施与消防器材的配置；电气保护、安全照明设施；其他安全防护措施。

续表

项目编码	项目名称	工作内容既包含范围
011707001	安全文明施工	4. 临时设施：施工现场采用彩色、定型钢板，砖、混凝土砌块等围挡的安砌、维修、拆除；施工现场临时建筑物、构筑物的搭设、维修、拆除，如临时宿舍、办公室、食堂、厨房、厕所、诊疗所、临时文化福利用房、临时仓库、加工厂、搅拌台、临时简易水塔、水池等；施工现场临时设施的搭设、维修、拆除，如临时供水管道、临时供电管线、小型临时设施等；施工现场规定范围内临时建议道路铺设，临时排水沟、排水设施安砌、维修、拆除；其他临时设施搭设、维修、拆除
011707002	夜间施工	1. 夜间固定照明灯具和临时可移动照明灯具设置、拆除。 2. 夜间施工时，施工现场交通标志、安全标牌、警示灯等的设置、移动、拆除。 3. 包括夜间照明设备及照明用电、施工人员夜班补助、夜间施工劳动效率降低等
011707003	非夜间施工照明	为保证工程施工正常进行，在地下室等特殊施工部位施工时所采用的照明设备的安拆、维护及照明用电等
011707004	二次搬运	由于施工现场条件限制而发生的材料、成品、半成品等一次运输不能到达堆放地点，必须进行的二次或多次搬运
011707005	冬雨季施工	1. 冬雨（风）季施工时增加的临时设施（防寒保温、防雨、防风设施）的搭设拆除。 2. 冬雨（风）季施工时，对砌体、混凝土等采用的特殊加温、保温和养护措施。 3. 冬雨（风）季施工时，施工现场的防滑处理、对影响施工的雨雪的清除。 4. 包括冬雨（风）季施工时增加的临时设施、施工人员的劳动保护用品、冬雨（风）季施工劳动效率降低等
011707006	地上、地下设施、建筑物的临时保护设施	在工程施工过程中，对已建成的地上、地下设施和建筑物进行遮盖、封闭、隔离等必要的保护措施
011707007	已完工程及设备保护	对已完工程及设备采取的覆盖、包裹、封闭、隔离等必要的保护措施

思考与练习题

1. “计量规范”中哪些措施项目列出项目编码、项目名称、项目特征、计量单位、工程量计算规则？其工程量清单如何编制？哪些措施项目中仅列出项目编码、项目名称，未列出项目特征、计量单位、工程量计算规则？其工程量清单又如何编制？

2. 请说明下列各工程项目，在分部分项工程量清单项目名称栏内其项目特征需描述哪些内容？

①挖基坑土方；

②砌块墙；

③钢筋混凝土基础；

④预制空心板；

⑤钢网架；
⑥屋面卷材防水；
⑦变形缝；
⑧石材楼地面；
⑨墙面一般抹灰；
⑩天棚吊顶；
⑪夹板装饰门；
⑫门油漆。
3. 某楼地面工程做法为：
①20mm 厚 1：2 水泥砂浆压实抹光；
②刷素水泥浆结合层一道；
③100mm 厚 C15 混凝土；
④150mm 厚 3：7 灰土。
如果其设计图示净长 30m，净宽 18m，要求编制该楼地面工程工程量清单。

第十一章　工程量清单计价方法

工程量清单计价是指投标人完成由招标人提供的工程量清单所需的全部费用，包括分部分项工程费、措施项目费、其他项目费、规费和税金。

工程量清单计价方式，是在建设工程招投标中，招标人自行或委托具有资质的中介机构编制工程量清单，并作为招标文件的一部分提供给投标人，由投标人依据工程量清单自主报价，经评审合理低价中标的工程造价计价方式。工程结算时，工程量按发承包双方确认的数据计算，单价按承包人投标报价中已标价工程量清单综合单价计算；单价发生调整的，以双方确认调整的综合单价计算。

第一节　工程量清单计价方法

一、分部分项工程费

分部分项工程费即完成招标文件中所提供的分部分项工程量清单项目所需的费用。分部分项工程量清单计价应采用综合单价计价。

综合单价指完成一个规定清单项目或措施清单项目所需的人工费、材料费和工程设备费、施工机具使用费和企业管理费及利润，以及一定范围内的风险费用。即分部分项工程综合单价＝人工费＋材料费＋施工机械使用费＋管理费＋利润＋风险费用

分部分项工程工程量清单计价合计＝Σ（分部分项工程综合单价×相应工程量）

1. 人工费、材料费、施工机械使用费

人工费、材料费、施工机械使用费在费用项目构成中属于直接工程费项目，其计算方法见表 11-1。

从表 11-1 中可看出：决定人工费、材料费、机械费高低的主要因素有两个，即“工、料、机消耗量”和“单价”。按“计价规范”规定：

招标工程编制的招标控制价，其“工、料、机消耗量”和“单价”应根据国家或省级、行业建设主管部门颁发的计价定额和计价办法以及工程造价管理机构发布的工程造价信息等进行编制。

表 11-1　人工费、材料费、施工机械使用费构成及计算表

费用名称	含　义	构成内容	计算方法
人工费	指直接从事建筑安装工程施工的生产工人和附属生产单位工人开支的各项费用	①计时工资或计件工资 ②奖金 ③补贴津贴 ④加班加点工资 ⑤特殊情况下支付的工资	人工费＝Σ（工日消耗量×日工资单价）

续表

费用名称	含　义	构成内容	计算方法
材料费	指施工过程中耗费的原材料、辅助材料、构配件、零件、半成品或成品、工程设备的费用	1. 材料单价构成 ①材料原价 ②材料运杂费 ③运输损耗费 ④采购及保管费 2. 工程设备单价构成 ①设备原价 ②设备运杂费 ③采购及保管费	1. 材料费＝∑(材料消耗量×材料单价) 材料单价＝{(材料原价＋运杂费)×[1＋运输损耗率(%)]}×[1＋采购保管费率(%)] 2. 工程设备费＝∑(工程设备量×工程设备单价) 工程设备单价＝(设备原价＋运杂费)×[1＋采购保管费率(%)]
机械费	指施工作业所发生的施工机械、仪器仪表使用费或其租赁费	机械台班单价构成 ①折旧费 ②大修理费 ③经常修理费 ④安拆费及场外运费 ⑤人工费 ⑥燃料动力费 ⑦税费	1. 施工机械使用费＝∑（施工机械台班消耗量×机械台班单价） 2. 仪器仪表的摊销及维修费用

投标报价由投标人自主确定，即“工、料、机消耗量”和“单价”应依据企业定额和市场价格信息，或参照建设主管部门发布的计价办法等资料进行编制。

由此看来，清单计价模式下的投标报价，其“工、料、机消耗量”及“单价”的形成，要根据企业自身的施工水平，技术及机械装备力量，管理水平，材料、设备的进货渠道及市场价格信息等确定。要做好投标报价工作，企业就要逐步建立根据本企业施工技术管理水平制订的企业定额，即供本企业使用的人工、材料、施工机械消耗量标准，以反映企业的个别成本。同时还要收集工程价格信息，包括：本地区、其他地区人工价格信息、工程材料价格信息、设备价格信息及工程施工机械租赁价格信息等，将收集的价格信息通过整理、统计、分析，以预测价格变动趋势，力保在报价中将风险因素降到最低。因清单计价是合理低价中标，投标人要想中标，就得通过采取合理施工组织方案、先进的施工技术、科学的管理方式等措施来降低工程成本，达到中标并且获利的目的。

2. 管理费

指建筑安装企业组织施工生产和经营管理所需费用。其包括的内容：

管理人员工资、办公费、差旅交通费、固定资产使用费、工具用具使用费、劳动保险和职工福利费、劳动保护费、检验试验费、工会经费、职工教育经费、财产保险费、财务费、税金及其他。

管理费的计算可用下式表示，即

$$管理费＝取费基数×管理费率（\%）$$

其中取费基数可按三种情况取定：①人工费、材料费、机械费合计；②人工费和机械费合计；③人工费。

管理费率取定：对于招标人编制招标控制价，应根据省级、行业建设主管部门发布的管理费率来确定，对于投标人投标报价应根据本企业管理水平，同时考虑竞争的需要来确定，若无此报价资料时，可以参考省级、行业建设主管部门发布管理费浮动费率执行。

3. 利润

指施工企业完成所承包工程获得的盈利。

其计算式可表示为

利润＝取费基数×利润率（%）

取费基数可以以“人工费”或“人工费、机械费合计”或“人工费、材料费、机械费合计”为基数来取定。

利润率取定，对于招标人编制招标控制价，应根据省级、行业建设主管部门发布的利润率来确定。对于投标人投标报价应根据拟建工程的竞争激烈程度和其他投标单位竞争实力来取定。

4. 确定综合单价时应注意的问题

（1）清单项目工程量与计价定额工程量的区别。按照“计量规范”中规定的工程量计算规则所计算的清单项目工程量，与采用的计价定额（即确定清单项目综合单价时所采用的定额）计算某些项目的工程量计算规则是不同的。如挖土方清单项目，其清单工程量计算规则为：图示垫层底面积乘以挖土深度，仅为图示尺寸的工程数量。而某省计价定额中规定，按实挖体积计算，即考虑了实际施工过程中要增加工作面、放坡部分的数量，因而在确定综合单价时，要将增加部分的工程数量折算到综合单价内。

（2）清单项目中所包含的工程内容多少。综合单价的高低与完成一个清单项目所包含的工程内容多少有直接的关系。很显然，所包含的工程内容多，则单价高，否则单价就低。如某地面工程做法为：①20mm厚磨光花岗石楼面，稀水泥浆擦缝；②撒素水泥面（洒适量清水）；③30mm厚1∶4干硬性水泥砂浆结合层；④20mm厚1∶3水泥砂浆找平层。针对此工程做法，其清单项目列为“石材楼地面”，包含面层、结合层、找平层，即序号①②③④四道工序的工作内容都包含在“石材楼地面”清单项目内，注意确定综合单价时不要漏项。

另外，“计量规范”附录中“工程内容”栏所列的工程内容，没有区别不同设计逐一列出，就某一个具体工程项目而言，确定综合单价时，附录中所列工程内容仅供参考，确定综合单价时，要和实际工程内容结合起来考虑。

（3）考虑风险因素所增加的费用。按“计价规范”规定：“建设工程发承包，必须在招标文件、合同中明确计价中的风险内容及其范围，不得采用无限风险、所有风险或类似语句规定风险内容及其范围”。

可以说，风险是一种客观存在的、可以带来损失的、不确定的状态。它具有客观性、损失性、不确定性三大特性。工程风险是指一项工程在设计、施工、设备调试以及移交运行等项目周期全过程可能发生的风险。“计价规范”规定中所指的风险是施工阶段发、承包双方在招投标活动和合同履约及施工过程中涉及工程计价方面的风险。

在工程施工阶段，发、承包双方都面临许多风险，但不是所有的风险及无限度的风险都应由承包人承担，而是应按风险共担的原则，对风险进行合理分摊。这就要求应在招标文件或合同中对发、承包双方各自应承担的风险内容及其风险范围或幅度进行界定和明确，发包人不能要求承包人承担所有风险或无限度风险。“计价规范”条文中提出：

1）对于主要由市场价格波动导致的价格风险，如工程造价中的建筑材料、燃料等价格风险，发、承包双方应当在招标文件中或在合同中对此类风险进行合理分摊，明确约定风险的范围和幅度。

根据工程特点和工期要求，承包人可承担5%以内的材料价格风险，10%的施工机械使用费的风险。

2）对于法律、法规、规章或有关政策出台导致工程税金、规费、人工发生变化，并由省级、行业建设行政主管部门或其授权的工程造价管理机构根据上述变化发布的政策性调整，承包人不应承担此类风险，应按照有关调整规定执行。

3）对于承包人根据自身技术水平、管理、经营状况能够自主控制的风险，如承包人的管理费、利润的风险，承包人应根据企业自身实际，结合市场情况合理确定、自主报价，该部分风险由承包人全部承担。

5. 计算实例

【例11-1】 某工程招标文件中挖基础土方工程量清单与计价表见表11-2，要求确定其综合单价。

表11-2 分部分项工程量清单与计价表

工程名称： ×××

序号	项目编码	项目名称	项目特征	计量单位	工程数量	金额（元）		
						综合单价	合价	其中：暂估价
1	010101002001	挖一般土方	二类土，挖土深度2.45m，弃土运距5km	m^3	5880			

试确定挖一般土方工程的综合单价。

解 （1）分析：

基础挖土方清单项目，“计量规范”供参考的工程内容有：排地表水；土方开挖；围护（挡土板）及拆除；基底钎探；运输。根据分部分项工程量清单项目表中项目特征的描述，实际完成的工程内容有：土方开挖；基底钎探；土方运输。

（2）计算计价定额工程量。即确定清单项目综合单价时，依据所采用定额的工程量计算规则，计算的各组合工程内容的工程数量。

以某省消耗量定额为依据，其基础土方工程量的计算规则为实挖体积，即考虑实际施工过程中要增加工作面、放坡部分所增加的工程数量。因该项目中的基础和垫层都为混凝土，故考虑土方开挖时增加工作面，每边宽度各300mm，挖土深度较大考虑放坡，放坡系数0.28。

某省消耗量定额中基底钎探工程量计算规则为坑底面积。

1）基础土方工程量。采用第四章第一节挖地坑计算公式 $n(a+2c+kh)(b+2c+kh)+\frac{1}{3}k^2h^3$ 计算，即

$$2.45\times(30+0.6+0.28\times2.45)\times(80+0.6+0.28\times2.45)+\frac{1}{3}\times0.28^2\times2.45^3$$

$$=6231.01m^3$$

2）基底钎探工程量，即

$$(30+0.3\times2)\times(80+0.3\times2)=2406.60\text{m}^2$$

3）土方运输工程量，同基础土方。

（3）确定挖基础土方工程的综合单价（表11-3、表11-4）。

表11-3　　**分部分项工程量清单与计价表**

工程名称：　×××

序号	项目编码	项目名称	项目特征	计量单位	工程数量	金额（元）		
						综合单价	合价	其中：暂估价
1	010101002001	挖一般土方	二类土，挖土深度2.45m，弃土运距5km	m^3	5880	10.86	63823.15	

表11-4　　**基础土方清单项目综合单价形成表**

项目编码	010101003001	项目名称	挖基础土方	计量单位	m^3

清单综合单价组成明细

定额编号	定额名称	定额单位	数量	单价				合价			
				人工费	材料费	机械费	管理费和利润	人工费	材料费	机械费	管理费和利润
A1—2	基底钎探	$100m^2$	24.07	184.68			32.73	4445.25			787.81
A1—71	正反铲挖掘机挖土，自卸汽车运土1km	$1000m^3$	6.231	216	58.8	6544.37	1208.36	1345.89	336.38	40777.97	7529.29
A1—73×4	自卸汽车运土4km	$1000m^3$	6.231			1279.92	226.80			7975.18	1413.19
人工单价		小　　计						5791.14	336.38	48753.15	8942.48
36元/工日		未计价材料费									
清单项目综合单价								10.86			

材料费明细	主要材料名称、规格、型号	单位	数量	单价（元）	合价（元）	暂估单价（元）	暂估合价（元）
	其他材料费	—		—			
	材料费小计	—		—			

注　1. 清单项目综合单价：63823.15/5880=10.86元/m^3。

2. 管理费=工、料、机费×9%，利润=（工、料、机费+管理费）×8%。

二、措施项目费

措施项目费是指为完成工程项目施工，发生于该工程施工准备和施工过程中的技术、生活、安全、环境保护等方面的非工程实体项目的费用。

非实体性项目，一般来说，其费用的发生和金额的大小与使用时间、施工方法或者两个以上工序相关，与实际完成的实体工程量的多少关系不大，典型的是大中型施工机械进出场及安、拆费，文明施工和安全防护，临时设施等，但有的非实体性项目，典型的是混凝土浇筑的模板工程，与完成的工程实体有直接关系，是可以计算出其完成工程量大小的。

按“计价规范”规定：措施项目中的单价项目，应根据拟定的招标文件和招标工程量清单项目中特征描述及有关要求确定综合单价计算。措施项目中的总价措施应根据拟定的招标文件和常规施工方案采用综合单价计价，其中的“安全文明施工费”应按照国家或省级、行业建设主管部门的规定计价，不得作为竞争性费用。

1. 单价措施项目费的计算

单价措施项目即可以计算工程量的措施项目。在建筑工程中，可以计算工程量的措施项目有混凝土、钢筋混凝土模板及支架工程，脚手架工程，垂直运输等，适宜采用分部分项工程量清单方式以综合单价计价。

【例 11-2】 某招标文件中的措施项目清单与计价表见表 11-5，要求确定其综合单价。

表 11-5　单价措施项目清单与计价表

工程名称：　×××

序号	项目编码	项目名称	项目特征描述	计量单位	工程数量	金额（元）	
						综合单价	合价
1	011702016001	现浇钢筋混凝土平板模板及支架	矩形板，支模高度 3m	m^2	40.38		

解 按某省建筑工程消耗量定额及费用定额确定其综合单价，执行定额编号为 A12—49：

人工费：12.77 元/m^2

材料费：11.26 元/m^2

机械费：2.12 元/m^2

管理费及利润：4.63 元/m^2

综合单价：12.77＋11.26＋2.12＋4.63＝30.78 元/m^2

其措施项目清单与计价表见表 11-6。

表 11-6　单价措施项目清单与计价表

工程名称：　×××

序号	项目编码	项目名称	项目特征描述	计量单位	工程数量	金额（元）	
						综合单价	合价
1	011702016001	现浇钢筋混凝土平板模板及支架	矩形板，支模高度 3m	m^2	40.38	30.78	1242.89

2. 总价措施项目费的计算

总价措施项目即不宜计算工程量的措施项目，一般有安全文明施工、夜间施工、二次搬运、冬雨季施工等，以“项”为单位的方式计价，应包括除规费、税金外的全部费用。

【例 11-3】 某招标文件中的措施项目清单与计价表见表 11-7，要求确定其金额。

表 11-7　**措施项目清单与计价表**

工程名称：　×××

序号	项目编码	项目名称	计算基础	费率（%）	金额（元）
1	011707001	文明施工费			
2					
⋮	…				
合计					

解

假如某框架结构中的土建工程，其工、料、机费总计1000万元。其文明施工费中的工、料、机费为

1000×0.7%＝7万元(即取费基数×文明施工费率)

除规费、税金外的综合价格（即考虑管理费、利润）为

7＋7×9%＋（7＋7×9%）8%＝8.24万元（9%、8%分别为管理费率、利润率）（见表11-8）

表 11-8　**措施项目清单与计价表**

工程名称：　×××

序号	项目编码	项目名称	计算基础	费率（%）	金额（元）
1	011707001	文明施工费	工、料、机费	0.7	82404
2					4589.11
⋮	…				
合　计					86993.11

三、其他项目费

其他项目费，包括暂列金额；暂估价（包括材料暂估单价、工程设备暂估单价、专业工程暂估价）；计日工；总承包服务费。

1. 编制招标控制价时，其他项目费的计价原则

（1）暂列金额：暂列金额由招标人根据工程复杂程度、设计深度、工程环境条件等特点，一般可以以分部分项工程费的10%～15%为参考。

（2）暂估价：暂估价中的材料单价按照工程造价管理机构发布的工程造价信息或参考市场价格确定。暂估价中的专业工程暂估价应分不同专业，按有关计价规定估算。

（3）计日工：计日工包括计日工人工、材料和施工机械。在编制招标控制价时，对计日工中的人工单价和施工机械台班单价应按省级、行业建设主管部门或其授权的工程造价管理机构公布的单价计算；材料应按工程造价管理机构发布的工程造价信息中的材料单价计算，工程造价信息未发布材料单价的材料，其价格应按市场调查确定的单价计算，且按综合单价的组成填写。

（4）总承包服务费：编制招标控制价时，总承包服务费应按省级、行业建设主管部门的

规定计算。招标人应根据招标文件中列出的内容和向总承包人提出的要求计算总承包费，可参照下列标准计算：①招标人仅要求对分包的专业工程进行总承包管理和协调时，按分包的专业工程估算造价的1.5%计算；②招标人要求对分包的专业工程进行总承包管理和协调并同时要求提供配合服务时，根据招标文件中列出的配合服务内容和提出的要求，按分包的专业工程估算造价的3%～5%计算；③招标人自行供应材料的，按招标人供应材料价值的1%计算。

2. 投标报价时，其他项目费的计价原则

(1) 暂列金额应按照招标工程量清单中确定的金额填写，不得变动。

(2) 暂估价中的材料、工程设备暂估价应按照招标工程量清单中列出的单价计入综合单价；专业工程暂估价应按照招标工程量清单中确定的金额填写。

(3) 计日工应按照招标工程量清单列出的项目和估算的数量，由投标人自主确定各项综合单价并计算和填写人工、材料、机械使用费。

(4) 总承包服务费应根据招标工程量清单中列出的分包专业工程内容和供应材料、设备情况，按照招标人提出协调、配合与服务要求和施工现场管理需要自主确定总承包服务费。

3. 其他项目费在办理竣工结算时的要求

(1) 计日工的费用应按发包人实际签证确认的数量和合同约定的相应项目综合单价计算。

(2) 当暂估价中的材料是招标采购的，其材料单价按中标价在综合单价中调整。当暂估价中的材料为非招标采购的，其单价按发、承包双方最终确认的单价在综合单价中调整。

当暂估价中的专业工程是招标分包的，其金额按中标价计算。当暂估价中的专业工程为非招标分包的，其金额按发、承包双方最终结算确认的金额计算。

(3) 总承包服务费应依据已标价工程量清单的金额计算，当发、承包双方依据合同约定对总承包服务费进行调整时，应按调整后确定的金额计算。

(4) 索赔事件产生的费用在办理竣工结算时应在其他项目费中反映。索赔费用的金额应依据发、承包双方确认的索赔事项和金额计算。

(5) 发包人现场签证的费用在办理竣工结算时应在其他项目费中反映。现场签证费用金额依据发、承包双方签证确认的金额计算。

(6) 合同价款中的暂列金额在用于各项价款调整、索赔与现场签证后，若有余额，则余额归发包人，如出现差额，则由发包人补足并反映在相应项目的工程价款中。

【例11-4】 某招标文件其他项目清单中计日工见表11-9。

表11-9　　计日工表

编号	项目名称	单位	暂定数量	综合单价	合价
一	人工				
1	瓦工	工日	100		
2	抹灰工	工日	80		
3	钢筋工	工日	20		
4	壮工	工日	200		

续表

编号	项目名称	单位	暂定数量	综合单价	合价
人工小计					
二	材料				
1	32.5矿渣水泥	kg	1000		
2	生石灰	m^3	400		
3	碎石	m^3	70		
4	周转性材料（模板）	kg	100		
材料小计					
三	机械				
1	钢筋切断机	台班	10		
2	砂浆搅拌机	台班	20		
3	机动翻斗车	台班	20		
施工机械小计					
总计					

要求：确定计日工费用。

解 见表11-10。

表11-10 计日工表

序号	名称	计量单位	数量	金额（元）	
				综合单价	合价
一	人工				
1	瓦工	工日	100	40	4000
2	抹灰工	工日	80	40	3200
3	钢筋工	工日	20	40	800
4	壮工	工日	200	20	4000
人工小计					12000
二	材料				
1	32.5矿渣水泥	kg	1000	0.31	310
2	生石灰	kg	400	0.08	32
3	中砂	m^3	70	29.96	2097.20
4	周转材料（模板）	kg	100	4.21	421
材料小计					2860.20
三	机械				
1	钢筋切断机	台班	10	48.21	482.10
2	砂浆搅拌机	台班	20	57.49	1149.80
3	机动翻斗车	台班	20	124.68	2493.60

续表

序号	名称	计量单位	数量	金额（元）	
				综合单价	合价
施工机械小计					4125.50
总计					18985.70

注 工、料、机综合单价是在工、料、机单价（以山西省工、料、机单价作为参考值）基础上乘以费率取定的。

四、规费

规费是指根据国家法律、法规规定，由省级政府或省级有关权力部门规定施工企业必须缴纳的，应计入建筑安装工程造价的费用（简称规费）。

规费计算按下式

规费＝取费基数×规费费率(%)

按照“计价规范”规定：规费应按国家或省级、行业建设主管部门的规定计算，不得作为竞争性费用。即取费基数、规费费率应按国家或省级、行业建设主管部门的规定计算，不得作为竞争性费用。

五、税金

税金是指国家税法规定的应计入建筑安装工程造价内的营业税、城市建设维护税及教育费附加等。

税金计算按下式计算

税金＝取费基数×税率(%)

按照“计价规范”规定：税金应按国家或省级、行业建设主管部门的规定计算，不得作为竞争性费用。即取费基数、税率应按国家或省级、行业建设主管部门的规定计算，不得作为竞争性费用。

第二节 工程量清单计价要求

以下内容按“计价规范”规定编写，其中条款前加“★”符号的为规范中强制性条文，必须严格执行。

一、一般规定

（一）计价方式

★（1）使用国有资金投资的建设工程发承包，必须采用工程量清单计价。

（2）非国有资金投资的建设工程，宜采用工程量清单计价。

（3）不采用工程量清单计价的建设工程，应执行计价规范除工程量清单等专门性规定外的其他规定。

★（4）工程量清单应采用综合单价计价。

★（5）措施项目中的安全文明施工费必须按国家或省级、行业建设主管部门的规定计算，不得作为竞争性费用。

★（6）规费和税金必须按国家或省级、行业建设主管部门的规定计算，不得作为竞争性费用。

（二）发包人提供材料和工程设备

（1）发包人提供的材料和工程设备（以下简称甲供材料）应在招标文件中按照“计价规范”附录L.1的规定填写《发包人提供材料和工程设备一览表》，写明甲供材料的名称、规格、数量、单价、交货方式、交货地点等。

承包人投标时，甲供材料单价应计入相应项目的综合单价中，签约后，发包人应按合同约定扣除甲供材料款，不予支付。

（2）承包人应根据合同工程进度计划的安排，向发包人提交甲供材料交货的日期计划。发包人应按计划提供。

（3）发包人提供的甲供材料如规格、数量或质量不符合合同要求，或由于发包人原因发生交货日期延误、交货地点及交货方式变更等情况的，发包人应承担由此增加的费用和（或）工期延误，并应向承包人支付合理利润。

（4）发承包双方对甲供材料的数量发生争议不能达成一致的，应按照相关工程的计价定额同类项目规定的材料消耗量计算。

（5）若发包人要求承包人采购已在招标文件中确定为甲供材料的，材料价格应由发承包双方根据市场调查确定，并应另行签订补充协议。

（三）承包人提供材料和工程设备

（1）除合同约定的发包人提供的甲供材料外，合同工程所需的材料和工程设备应由承包人提供，承包人提供的材料和工程设备均应由承包人负责采购、运输和保管。

（2）承包人应按合同约定将采购材料和工程设备的供货人及品种、规格、数量和供货时间等提交发包人确认，并负责提供材料和工程设备的质量证明文件，满足合同约定的质量标准。

（3）对承包人提供的材料和工程设备经检测不符合合同约定的质量标准，发包人应立即要求承包人更换，由此增加的费用和（或）工期延误应由承包人承担。对发包人要求检测承包人已具有合格证明的材料、工程设备，但经检测证明该项材料、工程设备符合合同约定的质量标准，发包人应承担由此增加的费用和（或）工期延误，并向承包人支付合理利润。

（四）计价风险

★（1）建设工程发承包，必须在招标文件、合同中明确计价中的风险内容及其范围，不得采用无限风险、所有风险或类似语句规定计价中的风险内容及范围。

（2）由于下列因素出现，影响合同价款调整的，应由发包人承担：

1）国家法律、法规、规章和政策发生变化。

2）省级或行业建设主管部门发布的人工费调整，但承包人对人工费或人工单价的报价高于发布的除外。

3）由政府定价或政府指导价管理的原材料等价格进行了调整。因承包人原因导致工期延误的，应按“计价规范”“合同价款调整”中“法律法规变化”和“物价变化”相应规定执行。

（3）由于市场物价波动影响合同价款的，应由发承包双方合理分摊，按“计价规范”附录L.2或L.3填写《承包人提供主要材料和工程设备一览表》作为合同附件；当合同中没有约定，发承包双方发生争议时，应按“计价规范”“合同价款调整”中“物价变化”相应规定调整合同价款。

（4）由于承包人使用机械设备、施工技术以及组织管理水平等自身原因造成施工费用增加的，应由承包人全部承担。

（5）当不可抗力发生，影响合同价款时，应按“计价规范”“合同价款调整”中“不可抗力”相应规定执行。

二、招标控制价

（一）一般规定

★（1）国有资金投资的建设工程招标，招标人必须编制招标控制价。

（2）招标控制价应由具有编制能力的招标人或受其委托具有相应资质的工程造价咨询人编制和复核。

（3）工程造价咨询人接受招标人委托编制招标控制价，不得再就同一工程接受投标人委托编制投标报价。

（4）招标控制价应按照下面（二）中的序号（1）的规定编制，不应上调或下浮。

（5）当招标控制价超过批准的概算时，招标人应将其报原概算审批部门审核。

（6）招标人应在发布招标文件时公布招标控制价，同时应将招标控制价及有关资料报送工程所在地或有该工程管辖权的行业管理部门工程造价管理机构备查。

（二）编制与复核

（1）招标控制价应根据下列依据编制与复核：

1）“计价规范”。

2）国家或省级、行业建设主管部门颁发的计价定额和计价办法。

3）建设工程设计文件及相关资料。

4）拟定的招标文件及招标工程量清单。

5）与建设项目相关的标准、规范、技术资料。

6）施工现场情况、工程特点及常规施工方案。

7）工程造价管理机构发布的工程造价信息，当工程造价信息没有发布时，参照市场价。

8）其他的相关资料。

（2）综合单价中应包括招标文件中划分的应由投标人承担的风险范围及其费用。招标文件中没有明确的，如是工程造价咨询人编制，应提请招标人明确；如是招标人编制，应予明确。

（3）分部分项工程和措施项目中的单价项目，应根据拟定的招标文件和招标工程量清单项目中的特征描述及有关要求确定综合单价计算。

（4）措施项目中的总价项目应根据拟定的招标文件和常规施工方案采用综合单价计价并自主确定。其中安全文明施工费必须按国家或省级、行业建设主管部门的规定计算，不得作为竞争性费用。

（5）其他项目应按下列规定计价：

1）暂列金额应按招标工程量清单中列出的金额填写。

2）暂估价中的材料、工程设备单价应按招标工程量清单中列出的单价计入综合单价。

3）暂估价中的专业工程金额应按招标工程量清单中列出的金额填写。

4）计日工应按招标工程量清单中列出的项目根据工程特点和有关计价依据确定综合单价计算。

5）总承包服务费应根据招标工程量清单列出的内容和要求估算。

（6）规费和税金必须按国家或省级、行业建设主管部门的规定计算，不得作为竞争性费用。

三、投标报价

（一）一般规定

（1）投标价应由投标人或受其委托具有相应资质的工程造价咨询人编制。

（2）投标人应依据下面（二）编制与复核中序号（1）的规定自主确定投标报价。

★（3）投标报价不得低于工程成本。

★（4）投标人必须按招标工程量清单填报价格。项目编码、项目名称、项目特征、计量单位、工程量必须与招标工程量清单一致。

（5）投标人的投标报价高于招标控制价的应予废标。

（二）编制与复核

（1）投标报价应根据下列依据编制和复核：

1）“计价规范”。

2）国家或省级、行业建设主管部门颁发的计价办法。

3）企业定额，国家或省级、行业建设主管部门颁发的计价定额和计价办法。

4）招标文件、招标工程量清单及其补充通知、答疑纪要。

5）建设工程设计文件及相关资料。

6）施工现场情况、工程特点及投标时拟定的施工组织设计或施工方案。

7）与建设项目相关的标准、规范等技术资料。

8）市场价格信息或工程造价管理机构发布的工程造价信息。

9）其他的相关资料。

（2）综合单价中应包括招标文件中划分的应由投标人承担的风险范围及其费用，招标文件中没有明确的，应提请招标人明确。

（3）分部分项工程和措施项目中的单价项目，应根据招标文件和招标工程量清单项目中的特征描述确定综合单价计算。

（4）措施项目中的总价项目金额应根据招标文件及投标时拟定的施工组织设计或施工方案，采用综合单价计价并自主确定。其中安全文明施工费必须按国家或省级、行业建设主管部门的规定计算，不得作为竞争性费用。

（5）其他项目应按下列规定报价：

1）暂列金额应按招标工程量清单中列出的金额填写。

2）材料、工程设备暂估价应按招标工程量清单中列出的单价计入综合单价。

3）专业工程暂估价应按招标工程量清单中列出的金额填写。

4）计日工应按招标工程量清单中列出的项目和数量，自主确定综合单价并计算计日工金额。

5）总承包服务费应根据招标工程量清单中列出的内容和提出的要求自主确定。

（6）规费和税金必须按国家或省级、行业建设主管部门的规定计算，不得作为竞争性费用。

（7）招标工程量清单与计价表中列明的所有需要填写单价和合价的项目，投标人均应填写且只允许有一个报价。未填写单价和合价的项目，可视为此项费用已包含在已标价工程量清单中其他项目的单价和合价之中。当竣工结算时，此项目不得重新组价予以调整。

（8）投标总价应当与分部分项工程费、措施项目费、其他项目费和规费、税金的合计金额一致。

四、合同价款约定

（一）一般规定

（1）实行招标的工程合同价款应在中标通知书发出之日起30天内，由发承包双方依据招标文件和中标人的投标文件在书面合同中约定。

合同约定不得违背招标、投标文件中关于工期、造价、质量等方面的实质性内容。招标文件与中标人投标文件不一致的地方，应以投标文件为准。

（2）不实行招标的工程合同价款，应在发承包双方认可的工程价款基础上，由发承包双方在合同中约定。

（3）实行工程量清单计价的工程，应采用单价合同；建设规模较小，技术难度较低，工期较短，且施工图设计已审查批准的建设工程可采用总价合同；紧急抢险、救灾以及施工技术特别复杂的建设工程可采用成本加酬金合同。

（二）约定内容

（1）发承包双方应在合同条款中对下列事项进行约定：

1）预付工程款的数额、支付时间及抵扣方式。

2）安全文明施工措施的支付计划，使用要求等。

3）工程计量与支付工程进度款的方式、数额及时间。

4）工程价款的调整因素、方法、程序、支付及时间。

5）施工索赔与现场签证的程序、金额确认与支付时间。

6）承担计价风险的内容、范围以及超出约定内容、范围的调整办法。

7）工程竣工价款结算编制与核对、支付及时间。

8）工程质量保证金的数额、预留方式及时间。

9）违约责任以及发生合同价款争议的解决方法及时间。

10）与履行合同、支付价款有关的其他事项等。

（2）合同中没有按照上述第（1）条的要求约定或约定不明的，若发承包双方在合同履行中发生争议由双方协商确定；当协商不能达成一致时，应按“计价规范”的规定执行。

五、工程计量

（一）一般规定

★（1）工程量必须按照相关工程现行国家计量规范规定的工程量计算规则计算。

（2）工程计量可选择按月或按工程形象进度分段计量，具体计量周期应在合同中约定。

（3）因承包人原因造成的超出合同工程范围施工或返工的工程量，发包人不予计量。

（4）成本加酬金合同应按下面第（二）条“单价合同的计量”的规定计量。

（二）单价合同的计量

★（1）工程量必须以承包人完成合同工程应予计量的工程量确定。

（2）施工中进行工程计量，当发现招标工程量清单中出现缺项、工程量偏差，或因工程变更引起工程量增减时，应按承包人在履行合同义务中完成的工程量计算。

（3）承包人应当按照合同约定的计量周期和时间向发包人提交当期已完工程量报告。发包人应在收到报告后7天内核实，并将核实计量结果通知承包人。发包人未在约定时间内进行核实的，承包人提交的计量报告中所列的工程量应视为承包人实际完成的工程量。

（4）发包人认为需要进行现场计量核实时，应在计量前24小时通知承包人，承包人应为计量提供便利条件并派人参加。当双方均同意核实结果时，双方应在上述记录上签字确认。承包人收到通知后不派人参加计量，视为认可发包人的计量核实结果。发包人不按照约定时间通知承包人，致使承包人未能派人参加计量，计量核实结果无效。

（5）当承包人认为发包人核实后的计量结果有误时，应在收到计量结果通知后的7天内向发包人提出书面意见，并应附上其认为正确的计量结果和详细的计算资料。发包人收到书面意见后，应在7天内对承包人的计量结果进行复核后通知承包人。承包人对复核计量结果仍有异议的，按照合同约定的争议解决办法处理。

（6）承包人完成已标价工程量清单中每个项目的工程量并经发包人核实无误后，发承包双方应对每个项目的历次计量报表进行汇总，以核实最终结算工程量，并应在汇总表上签字确认。

（三）总价合同的计量

（1）采用工程量清单方式招标形成的总价合同，其工程量应按照上面第（二）条“单价合同的计量”的规定计算。

（2）采用经审定批准的施工图纸及其预算方式发包形成的总价合同，除按照工程变更规定的工程量增减外，总价合同各项目的工程量应为承包人用于结算的最终工程量。

（3）总价合同约定的项目计量应以合同工程经审定批准的施工图纸为依据，发承包双方应在合同中约定工程计量的形象目标或时间节点进行计量。

（4）承包人应在合同约定的每个计量周期内对已完成的工程进行计量，并向发包人提交达到工程形象目标完成的工程量和有关计量资料的报告。

（5）发包人应在收到报告后7天内对承包人提交的上述资料进行复核，以确定实际完成的工程量和工程形象目标。对其有异议的，应通知承包人进行共同复核。

六、合同价款调整

（一）一般规定

（1）下列事项（但不限于）发生，发承包双方应当按照合同约定调整合同价款：

1）法律法规变化；

2）工程变更；

3）项目特征不符；

4）工程量清单缺项；

5）工程量偏差；

6）计日工；

7）物价变化；

8）暂估价；

9）不可抗力；

10）提前竣工（赶工补偿）；

11）误期赔偿；

12）索赔；

13）现场签证；

14）暂列金额；

15）发承包双方约定的其他调整事项。

（2）出现合同价款调增事项（不含工程量偏差、计日工、现场签证、索赔）后的14天内，承包人应向发包人提交合同价款调增报告并附上相关资料；承包人在14天内未提交合同价款调增报告的，应视为承包人对该事项不存在调整价款请求。

（3）出现合同价款调减事项（不含工程量偏差、索赔）后的14天内，发包人应向承包人提交合同价款调减报告并附相关资料；发包人在14天内未提交合同价款调减报告的，应视为发包人对该事项不存在调整价款请求。

（4）发（承）包人应在收到承（发）包人合同价款调增（减）报告及相关资料之日起14天内对其核实，予以确认的应书面通知承（发）包人。当有疑问时，应向承（发）包人提出协商意见。发（承）包人在收到合同价款调增（减）报告之日起14天内未确认也未提出协商意见的，应视为承（发）包人提交的合同价款调增（减）报告已被发（承）包人认可。发（承）包人提出协商意见的，承（发）包人应在收到协商意见后的14天内对其核实，予以确认的应书面通知发（承）包人。承（发）包人在收到发（承）包人的协商意见后14天内既不确认也未提出不同意见的，应视为发（承）包人提出的意见已被承（发）包人认可。

（5）发包人与承包人对合同价款调整的不同意见不能达成一致的，只要对发承包双方履约不产生实质影响，双方应继续履行合同义务，直到其按照合同约定的争议解决方式得到处理。

（6）经发承包双方确认调整的合同价款，作为追加（减）合同价款，应与工程进度款或结算款同期支付。

（二）法律法规变化

（1）招标工程以投标截止日前28天、非招标工程以合同签订前28天为基准日，其后因国家的法律、法规、规章和政策发生变化引起工程造价增减变化的，发承包双方应按照省级或行业建设主管部门或其授权的工程造价管理机构据此发布的规定调整合同价款。

（2）因承包人原因导致工期延误的，按上述第（1）条规定的调整时间，在合同工程原定竣工时间之后，合同价款调增的不予调整，合同价款调减的予以调整。

（三）工程变更

（1）因工程变更引起已标价工程量清单项目或其工程数量发生变化时，应按照下列规定调整：

1）已标价工程量清单中有适用于变更工程项目的，应采用该项目的单价；但当工程变更导致该清单项目的工程数量发生变化，且工程量偏差超过15%时，该项目单价应按照下文中第（六）条“工程量偏差”的规定调整。

2）已标价工程量清单中没有适用但有类似于变更工程项目的，可在合理范围内参照类似项目的单价。

3）已标价工程量清单中没有适用也没有类似于变更工程项目的，应由承包人根据变更工程资料、计量规则和计价办法、工程造价管理机构发布的信息价格和承包人报价浮动率提出变更工程项目单价，并应报发包人确认后调整。承包人报价浮动率可按下列公式计算：

招标工程为承包人报价浮动率 $L=$（1－中标价/招标控制价）×100%

非招标工程为承包人报价浮动率 $L=$（1－报价/施工图预算）×100%

4）已标价工程量清单中没有适用也没有类似于变更工程项目，且工程造价管理机构发布的信息价格缺价的，应由承包人根据变更工程资料、计量规则、计价办法和通过市场调查等取得有合法依据的市场价格提出变更工程项目的单价，并应报发包人确认后调整。

（2）工程变更引起施工方案改变并使措施项目发生变化时，承包人提出调整措施项目费的，应事先将拟实施的方案提交发包人确认，并应详细说明与原方案措施项目相比的变化情况。拟实施的方案经发承包双方确认后执行，并应按照下列规定调整措施项目费：

1）安全文明施工费应按照实际发生变化的措施项目，依据国家或省级、行业建设主管部门的规定计算，不得作为竞争性费用。

2）采用单价计算的措施项目费，应按照实际发生变化的措施项目，按上述第（三）条“工程变更”中第（1）条的规定确定单价。

3）按总价（或系数）计算的措施项目费，按照实际发生变化的措施项目调整，但应考虑承包人报价浮动因素，即调整金额按照实际调整金额乘以第（三）条“工程变更”中第（1）条规定的承包人报价浮动率计算。

如果承包人未事先将拟实施的方案提交给发包人确认，则应视为工程变更不引起措施项目费的调整或承包人放弃调整措施项目费的权利。

（3）当发包人提出的工程变更因非承包人原因删减了合同中的某项原定工作或工程，致使承包人发生的费用或（和）得到的收益不能被包括在其他已支付或应支付的项目中，也未被包含在任何替代的工作或工程中时，承包人有权提出并应得到合理的费用及利润补偿。

（四）项目特征不符

（1）发包人在招标工程量清单中对项目特征的描述，应被认为是准确的和全面的，并且与实际施工要求相符合。承包人应按照发包人提供的招标工程量清单，根据项目特征描述的内容及有关要求实施合同工程，直到项目被改变为止。

（2）承包人应按照发包人提供的设计图纸实施合同工程，若在合同履行期间出现设计图纸（含设计变更）与招标工程量清单任一项目的特征描述不符，且该变化引起该项目工程造价增减变化的，应按实际施工的项目特征，按上面第（三）条“工程变更”相关条款的规定重新确定相应工程量清单项目的综合单价，并调整合同价款。

（五）工程量清单缺项

（1）合同履行期间，由于招标工程量清单中缺项，新增分部分项工程清单项目的，应按照上面第（三）条“工程变更”中第（1）条的规定确定单价，并调整合同价款。

（2）新增分部分项工程清单项目后，引起措施项目发生变化的，应按照上面第（三）条“工程变更”中第（2）条的规定，在承包人提交的实施方案被发包人批准后调整合同价款。

（3）由于招标工程量清单中措施项目缺项，承包人应将新增措施项目实施方案提交发包人批准后，按照上面第（三）条“工程变更”中第（1）条和第（2）条的规定调整合同价款。

（六）工程量偏差

（1）合同履行期间，当应予计算的实际工程量与招标工程量清单出现偏差，且符合下面

第（2）条、第（3）条规定时，发承包双方应调整合同价款。

（2）对于任一招标工程量清单项目，当因本节“工程量偏差”规定的工程量偏差和上面第（三）条“工程变更”规定的工程变更等原因导致工程量偏差超过15%时，可进行调整。当工程量增加15%以上时，增加部分的工程量的综合单价应予调低；当工程量减少15%以上时，减少后剩余部分的工程量的综合单价应予调高。

（3）当工程量出现上述两条的变化，且该变化引起相关措施项目相应发生变化时，按系数或单一总价方式计价的，工程量增加的措施项目费调增，工程量减少的措施项目费调减。

（七）计日工

（1）发包人通知承包人以计日工方式实施的零星工作，承包人应予执行。

（2）采用计日工计价的任何一项变更工作，在该项变更的实施过程中，承包人应按合同约定提交下列报表和有关凭证送发包人复核：

1）工作名称、内容和数量；

2）投入该工作所有人员的姓名、工种、级别和耗用工时；

3）投入该工作的材料名称、类别和数量；

4）投入该工作的施工设备型号、台数和耗用台时；

5）发包人要求提交的其他资料和凭证。

（3）任一计日工项目持续进行时，承包人应在该项工作实施结束后的24小时内，向发包人提交有计日工记录汇总的现场签证报告一式三份。发包人在收到承包人提交现场签证报告后的两天内予以确认并将其中一份返还给承包人，作为计日工计价和支付的依据。发包人逾期未确认也未提出修改意见的，应视为承包人提交的现场签证报告已被发包人认可。

（4）任一计日工项目实施结束后，承包人应按照确认的计日工现场签证报告核实该类项目的工程数量，并应根据核实的工程数量和承包人已标价工程量清单中的计日工单价计算，提出应付价款；已标价工程量清单中没有该类计日工单价的，由发承包双方按上述第（三）条“工程变更”的规定商定计日工单价计算。

（5）每个支付期末，承包人应按照“计价规范”的规定向发包人提交本期间所有计日工记录的签证汇总表，并应说明本期间自己认为有权得到的计日工金额，调整合同价款，列入进度款支付。

（八）物价变化

（1）合同履行期间，因人工、材料、工程设备、机械台班价格波动影响合同价款时，应根据合同约定，按下列方法之一调整合同价款。

方法一 价格指数调整价格差额

1）价格调整公式。因人工、材料和工程设备、施工机械台班等价格波动影响合同价格时，根据招标人提供的表（见表11-11），并由投标人在投标函附录中的价格指数和权重表约定的数据，应按下式计算差额并调整合同价款，即

$$\Delta P = P_0[A + (B_1 \times F_{t1}/F_{01} + B_2 \times F_{t2}/F_{02} + B_3 \times F_{t3}/F_{03} + \cdots + B_n \times F_{tn}/F_{0n}) - 1]$$

式中 ΔP——需调整的价格差额；

P_0——约定的付款证书中承包人应得到的已完成工程量的金额。此项金额应不包括价格调整、不计质量保证金的扣留和支付，预付款的支付和扣回。约定的变更及其他金额已按现行价格

计价的，也不计在内；

A——定值权重（即不调部分的权重）；

B_1，B_2，B_3，…，B_n——各可调因子的变值权重（即可调部分的权重），为各可调因子在投标函投标总报价中所占的比例；

F_{t1}，F_{t2}，F_{t3}，…，F_{tn}——各可调因子的现行价格指数，指约定的付款证书相关周期最后一天的前42天的各可调因子的价格指数；

F_{01}，F_{02}，F_{03}，…，F_{0n}——各可调因子的基本价格指数，指基准日期的各可调因子的价格指数。

以上价格调整公式中的各可调因子、定值和变值权重，以及基本价格指数及其来源在投标函附录价格指数和权重表中约定。价格指数应首先采用工程造价管理机构提供的价格指数，缺乏上述价格指数时，可采用工程造价管理机构提供的价格代替。

表11-11　承包人提供主要材料和工程设备一览表

工程名称：　标段：　第　页共　页

序号	名称、规格、型号	变值权重 B	基本价格指数 F_0	现行价格指数 F_t	备注
	定值权重 A		—	—	
	合计	1	—	—	

2）暂时确定调整差额。在计算调整差额时得不到现行价格指数的，可暂用上一次价格指数计算，并在以后的付款中再按实际价格指数进行调整。

3）权重的调整。约定的变更导致原定合同中的权重不合理时，由承包人和发包人协商后进行调整。

4）承包人工期延误后的价格调整。由于承包人原因未在约定的工期内竣工的，对原约定竣工日期后继续施工的工程，在使用方法一第1）条的价格调整公式时，应采用原约定竣工日期与实际竣工日期的两个价格指数中较低的一个作为现行价格指数。

方法二　造价信息调整价格差额

1）施工期内，因人工、材料和工程设备、施工机械台班价格波动影响合同价格时，人工、机械使用费按照国家或省、自治区、直辖市建设行政管理部门、行业建设管理部门或其授权的工程造价管理机构发布的人工成本信息、机械台班单价或机械使用费系数进行调整；需要进行价格调整的材料，其单价和采购数应由发包人复核，发包人确认需调整的材料单价及数量，作为调整合同价款差额的依据。

2）人工单价发生变化且承包人报价低于发布的人工单价时，发承包双方应按省级或行业建设主管部门或其授权的工程造价管理机构发布的人工成本文件调整合同价款。

3）材料、工程设备价格变化按照发包人提供的表（见表11-12），由发承包双方约定的风险范围按下列规定调整合同价款：

①承包人投标报价中材料单价低于基准单价：施工期间材料单价涨幅以某准单价为基础超过合同约定的风险幅度值，或材料单价跌幅以投标报价为基础超过合同约定的风险幅度值时，其超过部分按实调整。

②承包人投标报价中材料单价高于基准单价：施工期间材料单价跌幅以基准单价为基础超过合同约定的风险幅度值，或材料单价涨幅以投标报价为基础超过合同约定的风险幅度值时，其超过部分按实调整。

③承包人投标报价中材料单价等于基准单价：施工期间材料单价涨、跌幅以基准单价为基础超合同约定的风险幅度值时，其超过部分按实调整。

④承包人应在采购材料前将采购数量和新的材料单价报送发包人核对，确认用于本合同工程时发包人应确认采购材料的数量和单价。发包人在收到承包人报送的确认资料后3个工作日不予答复的视为已经认可，作为调整合同价款的依据。如果承包人未报经发包人核对即自行采购材料，再报发包人确认调整合同价款的，如发包人不同意，则不作调整。

表11-12　　承包人提供主要材料和工程设备一览表

工程名称：　　标段：　　第　页 共　页

序号	名称、规格、型号	单位	数量	风险系数（%）	基准单价（元）	投标单价（元）	发承包人确认单价（元）	备注

4）施工机械台班单价或施工机械使用费发生变化超过省级或行业建设主管部门或其授权的工程造价管理机构规定的范围时，按其规定调整合同价款。

（2）承包人采购材料和工程设备的，应在合同中约定主要材料、工程设备价格变化的范围或幅度；当没有约定，且材料、工程设备单价变化超过5%时，超过部分的价格应按照第（八）条“物价变化”中方法一或方法二计算调整材料、工程设备费。

（3）发生合同工程工期延误的，应按照下列规定确定合同履行期的价格调整：

1）因非承包人原因导致工期延误的，计划进度日期后续工程的价格，应采用计划进度日期与实际进度日期两者的较高者。

2）因承包人原因导致工期延误的，计划进度日期后续工程的价格，应采用计划进度日期与实际进度日期两者的较低者。

（4）发包人供应材料和工程设备的，不能按上述方法进行调整，应由发包人按照实际变化调整，列入合同工程的工程造价内。

（九）暂估价

（1）发包人在招标工程量清单中给定暂估价的材料、工程设备属于依法必须招标的，应由发承包双方以招标的方式选择供应商，确定价格，并应以此为依据取代暂估价，调整合同价款。

（2）发包人在招标工程量清单中给定暂估价的材料、工程设备不属于依法必须招标的，应由承包人按照合同约定采购，经发包人确认单价后取代暂估价，调整合同价款。

（3）发包人在工程量清单中给定暂估价的专业工程不属于依法必须招标的，应按照“计价规范”相应条款的规定确定专业工程价款，并应以此为依据取代专业工程暂估价，调整合同价款。

(4) 发包人在招标工程量清单中给定暂估价的专业工程，依法必须招标的，应当由发承包双方依法组织招标选择专业分包人，并接受有管辖权的建设工程招标投标管理机构的监督，还应符合下列要求：

1) 除合同另有约定外，承包人不参加投标的专业工程发包招标，应由承包人作为招标人，但拟定的招标文件、评标工作、评标结果应报送发包人批准。与组织招标工作有关的费用应当被认为已经包括在承包人的签约合同价（投标总报价）中。

2) 承包人参加投标的专业工程发包招标，应由发包人作为招标人，与组织招标工作有关的费用由发包人承担。同等条件下，应优先选择承包人中标。

3) 应以专业工程发包中标价为依据取代专业工程暂估价，调整合同价款。

（十）不可抗力

(1) 因不可抗力事件导致的人员伤亡、财产损失及其费用增加，发承包双方应按下列原则分别承担并调整合同价款和工期：

1) 合同工程本身的损害、因工程损害导致第三方人员伤亡和财产损失以及运至施工场地用于施工的材料和待安装的设备的损害，应由发包人承担。

2) 发包人、承包人人员伤亡应由其所在单位负责，并应承担相应费用。

3) 承包人的施工机械设备损坏及停工损失，应由承包人承担。

4) 停工期间，承包人应发包人要求留在施工场地的必要的管理人员及保卫人员的费用应由发包人承担。

5) 工程所需清理、修复费用，应由发包人承担。

(2) 不可抗力解除后复工的，若不能按期竣工，应合理延长工期。发包人要求赶工的，赶工费用应由发包人承担。

(3) 因不可抗力解除合同的，应按“计价规范”相应规定办理。

（十一）提前竣工（赶工补偿）

(1) 招标人应依据相关工程的工期定额合理计算工期，压缩的工期天数不得超过定额工期的20%，超过者，应在招标文件中明示增加赶工费用。

(2) 发包人要求合同工程提前竣工的，应征得承包人同意后与承包人商定采取加快工程进度的措施，并应修订合同工程进度计划。发包人应承担承包人由此增加的提前竣工（赶工补偿）费用。

(3) 发承包双方应在合同中约定提前竣工每日历天应补偿额度，此项费用应作为增加合同价款列入竣工结算文件中，应与结算款一并支付。

（十二）误期赔偿

(1) 承包人未按照合同约定施工，导致实际进度迟于计划进度的，承包人应加快进度，实现合同工期。合同工程发生误期，承包人应赔偿发包人由此造成的损失，并应按照合同约定向发包人支付误期赔偿费。即使承包人支付误期赔偿费，也不能免除承包人按照合同约定应承担的任何责任和应履行的任何义务。

(2) 发承包双方应在合同中约定误期赔偿费，并应明确每日历天应赔额度。误期赔偿费应列入竣工结算文件中，并应在结算款中扣除。

(3) 在工程竣工之前，合同工程内的某单项（位）工程已通过了竣工验收，且该单项（位）工程接收证书中表明的竣工日期并未延误，而是合同工程的其他部分产生了工期延误时，误期赔偿费应按照已颁发工程接收证书的单项（位）工程造价占合同价款的比例幅度予以扣减。

（十三）索赔

（1）当合同一方向另一方提出索赔时，应有正当的索赔理由和有效证据，并应符合合同的相关约定。

（2）根据合同约定，承包人认为非承包人原因发生的事件造成了承包人的损失，应按下列程序向发包人提出索赔：

1）承包人应在知道或应当知道索赔事件发生后28天内，向发包人提交索赔意向通知书，说明发生索赔事件的事由。承包人逾期未发出索赔意向通知书的，丧失索赔的权利。

2）承包人应在发出索赔意向通知书后28天内，向发包人正式提交索赔通知书。索赔通知书应详细说明索赔理由和要求，并应附必要的记录和证明材料。

3）索赔事件具有连续影响的，承包人应继续提交延续索赔通知，说明连续影响的实际情况和记录。

4）在索赔事件影响结束后的28天内，承包人应向发包人提交最终索赔通知书，说明最终索赔要求，并应附必要的记录和证明材料。

（3）承包人索赔应按下列程序处理：

1）发包人收到承包人的索赔通知书后，应及时查验承包人的记录和证明材料。

2）发包人应在收到索赔通知书或有关索赔的进一步证明材料后的28天内，将索赔处理结果答复承包人，如果发包人逾期未作出答复，视为承包人索赔要求已被发包人认可。

3）承包人接受索赔处理结果的，索赔款项应作为增加合同价款，在当期进度款中进行支付；承包人不接受索赔处理结果的，应按合同约定的争议解决方式办理。

（4）承包人要求赔偿时，可以选择下列一项或几项方式获得赔偿：

1）延长工期；

2）要求发包人支付实际发生的额外费用；

3）要求发包人支付合理的预期利润；

4）要求发包人按合同的约定支付违约金。

（5）当承包人的费用索赔与工期索赔要求相关联时，发包人在作出费用索赔的批准决定时，应结合工程延期，综合作出费用赔偿和工程延期的决定。

（6）发承包双方在按合同约定办理了竣工结算后，应被认为承包人已无权再提出竣工结算前所发生的任何索赔。承包人在提交的最终结清申请中，只限于提出竣工结算后的索赔，提出索赔的期限应自发承包双方最终结清时终止。

（7）根据合同约定，发包人认为由于承包人的原因造成发包人的损失，宜按承包人索赔的程序进行索赔。

（8）发包人要求赔偿时，可以选择下列一项或几项方式获得赔偿：

1）延长质量缺陷修复期限；

2）要求承包人支付实际发生的额外费用；

3）要求承包人按合同的约定支付违约金。

（9）承包人应付给发包人的索赔金额可从拟支付给承包人的合同价款中扣除，或由承包人以其他方式支付给发包人。

（十四）现场签证

（1）承包人应发包人要求完成合同以外的零星项目、非承包人责任事件等工作的，发包人应及时以书面形式向承包人发出指令，并应提供所需的相关资料；承包人在收到指令后，应及时向发包人提出现场签证要求。

（2）承包人应在收到发包人指令后的7天内向发包人提交现场签证报告，发包人应在收到现场签证报告后的48小时内对报告内容进行核实，予以确认或提出修改意见。发包人在收到承包人现场签证报告后的48小时内未确认也未提出修改意见的，应视为承包人提交的现场签证报告已被发包人认可。

（3）现场签证的工作如已有相应的计日工单价，现场签证中应列明完成该类项目所需的人工、材料、工程设备和施工机械台班的数量。如现场签证的工作没有相应的计日工单价，应在现场签证报告中列明完成该签证工作所需的人工、材料设备和施工机械台班的数量及单价。

（4）合同工程发生现场签证事项，未经发包人签证确认，承包人便擅自施工的，除非征得发包人书面同意，否则发生的费用应由承包人承担。

（5）现场签证工作完成后的7天内，承包人应按照现场签证内容计算价款，报送发包人确认后，作为增加合同价款，与进度款同期支付。

（6）在施工过程中，当发现合同工程内容因场地条件、地质水文、发包人要求等不一致时，承包人应提供所需的相关资料，并提交发包人签证认可，作为合同价款调整的依据。

（十五）暂列金额

（1）已签约合同价中的暂列金额应由发包人掌握使用。

（2）发包人按照“计价规范”相应规定支付后，暂列金额余额应归发包人所有。

七、竣工结算与支付

（一）一般规定

（1）工程完工后，发承包双方必须在合同约定时间内办理工程竣工结算。

（2）工程竣工结算应由承包人或受其委托具有相应资质的工程造价咨询人编制，并应由发包人或受其委托具有相应资质的工程造价咨询人核对。

（3）当发承包双方或一方对工程造价咨询人出具的竣工结算文件有异议时，可向工程造价管理机构投诉，申请对其进行执业质量鉴定。

（4）工程造价管理机构对投诉的竣工结算文件进行质量鉴定，宜按“计价规范”中“工程造价鉴定”的相关规定进行。

（5）竣工结算办理完毕，发包人应将竣工结算文件报送工程所在地或有该工程管辖权的行业管理部门的工程造价管理机构备案，竣工结算文件应作为工程竣工验收备案、交付使用的必备文件。

（二）编制与复核

（1）工程竣工结算应根据下列依据编制和复核：

1）“计价规范”；

2）工程合同；

3）发承包双方实施过程中已确认的工程量及其结算的合同价款；

4）发承包双方实施过程中已确认调整后追加（减）的合同价款；

5）建设工程设计文件及相关资料；

6）投标文件；

7）其他依据。

（2）分部分项工程和措施项目中的单价项目，应依据发承包双方确认的工程量与已标价工程量清单的综合单价计算；发生调整的，应以发承包双方确认调整的综合单价计算。

（3）措施项目中的总价项目，应依据已标价工程量清单的项目和金额计算；发生调整的，应以发承包双方确认调整的金额计算，其中安全文明施工费应按“计价规范”的规定计算。

（4）其他项目应按下列规定计价：

1）计日工应按发包人实际签证确认的事项计算。

2）暂估价应按“计价规范”相应规定计算。

3）总承包服务费应依据已标价工程量清单金额计算；发生调整的，应以发承包双方确认调整的金额计算。

4）索赔费用应依据发承包双方确认的索赔事项和金额计算。

5）现场签证费用应依据发承包双方签证资料确认的金额计算。

6）暂列金额应减去合同价款调整（包括索赔、现场签证）金额计算，如有余额归发包人。

（5）规费和税金应按“计价规范”相应的规定计算。规费中的工程排污费应按工程所在地环境保护部门规定的标准缴纳后按实列入。

（6）发承包双方在合同工程实施过程中已经确认的工程计量结果和合同价款，在竣工结算办理中应直接进入结算。

（三）竣工结算

（1）合同工程完工后，承包人应在经发承包双方确认的合同工程期中价款结算的基础上汇总编制完成竣工结算文件，应在提交竣工验收申请的同时向发包人提交竣工结算文件。承包人未在合同约定的时间内提交竣工结算文件，经发包人催告后14天内仍未提交或没有明确答复的，发包人有权根据已有资料编制竣工结算文件，作为办理竣工结算和支付结算款的依据，承包人应予以认可。

（2）发包人应在收到承包人提交的竣工结算文件后的28天内核对。发包人经核实，认为承包人应进一步补充资料和修改结算文件，应在上述时限内向承包人提出核实意见，承包人在收到核实意见后28天内应按照发包人提出的合理要求补充资料，修改竣工结算文件，并应再次提交给发包人复核后批准。

（3）发包人应在收到承包人再次提交的竣工结算文件后的28天内予以复核，将复核结果通知承包人，并应遵守下列规定：

1）发包人、承包人对复核结果无异议的，应在7天内在竣工结算文件上签字确认，竣工结算办理完毕。

2）发包人或承包人对复核结果认为有误的，无异议部分按照本条第（1）款规定办理不完全竣工结算；有异议部分由发承包双方协商解决；协商不成的，应按照合同约定的争议解决方式处理。

（4）发包人在收到承包人竣工结算文件后的28天内，不核对竣工结算或未提出核对意见的，应视为承包人提交的竣工结算文件已被发包人认可，竣工结算办理完毕。

（5）承包人在收到发包人提出的核实意见后的28天内，不确认也未提出异议的，应视为发包人提出的核实意见已被承包人认可，竣工结算办理完毕。

（6）发包人委托工程造价咨询人核对竣工结算的，工程造价咨询人应在28天内核对完毕，核对结论与承包人竣工结算文件不一致的，应提交给承包人复核；承包人应在14天内将同意核对结论或不同意见的说明提交工程造价咨询人。工程造价咨询人收到承包人提出的异议后，应再次复核，复核无异议的，应在7天内在竣工结算文件上签字确认，竣工结算办理完毕。复核后仍有异议的，有异议部分由发承包双方协商解决，解决不成的，应按照合同约定的争议解决方式解决。承包人逾期未提出书面异议的，应视为工程造价咨询人核对的竣工结算文件已经承包人认可。

（7）对发包人或发包人委托的工程造价咨询人指派的专业人员与承包人指派的专业人员经核对后无异议并签名确认的竣工结算文件，除非发承包人能提出具体、详细的不同意见，发承包人都应在竣工结算文件上签名确认，如其中一方拒不签认的，按下列规定办理：

1）若发包人拒不签认的，承包人可不提供竣工验收备案资料，并有权拒绝与发包人或其上级部门委托的工程造价咨询人重新核对竣工结算文件。

2）若承包人拒不签认的，发包人要求办理竣工验收备案的，承包人不得拒绝提供竣工验收资料。否则，由此造成的损失，承包人承担相应责任。

（8）合同工程竣工结算核对完成，发承包双方签字确认后，发包人不得要求承包人与另一个或多个工程造价咨询人重复核对竣工结算。

（9）发包人对工程质量有异议，拒绝办理工程竣工结算的，已竣工验收或已竣工未验收但实际投入使用的工程，其质量争议应按该工程保修合同执行，竣工结算应按合同约定办理；已竣工未验收且未实际投入使用的工程以及停工、停建工程的质量争议，双方应就有争议的部分委托有资质的检测鉴定机构进行检测，并应根据检测结果确定解决方案，或按工程质量监督机构的处理决定执行后办理竣工结算，无争议部分的竣工结算应按合同约定办理。

（四）结算款支付

（1）承包人应根据办理的竣工结算文件向发包人提交竣工结算款支付申请。申请应包括下列内容：

1）竣工结算合同价款总额；

2）累计已实际支付的合同价款；

3）应预留的质量保证金；

4）实际应支付的竣工结算款金额。

（2）发包人应在收到承包人提交竣工结算款支付申请后7天内予以核实，向承包人签发竣工结算支付证书。

（3）发包人签发竣工结算支付证书后的14天内，应按照竣工结算支付证书列明的金额向承包人支付结算款。

（4）发包人在收到承包人提交的竣工结算款支付申请后7天内不予核实，不向承包人签发竣工结算支付证书的，视为承包人的竣工结算款支付申请已被发包人认可；发包人应在收到承包人提交的竣工结算款支付申请7天后的14天内，按照承包人提交的竣工结算款支付申请列明的金额向承包人支付结算款。

(5) 发包人未按照上述(3)、(4)条规定支付竣工结算款的，承包人可催告发包人支付，并有权获得延迟支付的利息。发包人在竣工结算支付证书签发后或者在收到承包人提交的竣工结算款支付申请7天后的56天内仍未支付的，除法律另有规定外，承包人可与发包人协商将该工程折价，也可直接向人民法院申请将该工程依法拍卖。承包人应就该工程折价或拍卖的价款优先受偿。

(五) 质量保证金

(1) 发包人应按照合同约定的质量保证金比例从结算款中预留质量保证金。

(2) 承包人未按照合同约定履行属于自身责任的工程缺陷修复义务的，发包人有权从质量保证金中扣除用于缺陷修复的各项支出。经查验，工程缺陷属于发包人原因造成的，应由发包人承担查验和缺陷修复的费用。

(3) 在合同约定的缺陷责任期终止后，发包人应按照下述的“最终结清”规定，将剩余的质量保证金返还给承包人。

(六) 最终结清

(1) 缺陷责任期终止后，承包人应按照合同约定向发包人提交最终结清支付申请。发包人对最终结清支付申请有异议的，有权要求承包人进行修正和提供补充资料。承包人修正后，应再次向发包人提交修正后的最终结清支付申请。

(2) 发包人应在收到最终结清支付申请后的14天内予以核实，并应向承包人签发最终结清支付证书。

(3) 发包人应在签发最终结清支付证书后的14天内，按照最终结清支付证书列明的金额向承包人支付最终结清款。

(4) 发包人未在约定的时间内核实，又未提出具体意见的，应视为承包人提交的最终结清支付申请已被发包人认可。

(5) 发包人未按期最终结清支付的，承包人可催告发包人支付，并有权获得延迟支付的利息。

(6) 最终结清时，承包人被预留的质量保证金不足以抵减发包人工程缺陷修复费用的，承包人应承担不足部分的补偿责任。

(7) 承包人对发包人支付的最终结清款有异议的，应按照合同约定的争议解决方式处理。

第三节 工程量清单计价实例

仅以此例说明工程量清单计价模式下，工程量清单及其计价的编写方式。

一、有关资料

(一) 工程概况

1. 设计说明

本工程为某传达室工程。

(1) 砖基础用M5水泥砂浆、MU10机砖砌筑；砖墙用M5混合砂浆、MU10机砖砌筑。

(2) 现浇钢筋混凝土构件采用C20混凝土。

（3）钢筋。采用热轧Ⅰ级钢筋（HPB300，用Φ表示）和Ⅱ级钢筋（HRB335，用Φ表示）。

（4）外墙上设置钢筋混凝土圈梁，截面尺寸 240mm×300mm（宽×高），内配 4Φ12、Φ6@200 钢筋；构造柱生根于地圈梁，内配 4Φ12、Φ6@200 钢筋。墙体交接处每 500mm 设置不少于 2Φ6 的拉结筋，伸入墙内不小于 1m。洞口 1m 以内的设置钢筋砖过梁。

（5）屋面、台阶、散水及内墙面、外墙面天棚、楼地面等的做法取自××省建筑设计标准图集，详见工程做法表。

（6）屋面采用镀锌铁皮下水口、PVC 水斗、PVC 雨水管排水。本工程共设两套排水系统。

2. 施工条件

（1）本工程土质为Ⅱ类土。

（2）采用人工开挖土方，余（亏）土的运输机械为载重 6.5t 的自卸汽车（人装），运距按 1km 考虑。

（3）施工地点在市区。

3. 有关规定

工程承包方式为包工包料。

（二）施工图

施工图目录如下：

（1）建施 1 平面图（图 11-1）、建施 2 立面图（图 11-2）、建施 3 墙身大样（图 11-3）；结施 1 基础平面图（图 11-4）、结施 1　1—1 剖面图（图 11-5）、结施 2 结构平面图（图 11-6）。

（2）工程做法表（表 11-13）、门窗表（表 11-14）。

表 11-13　　工程做法表

部　位	工 程 做 法
天棚	1. 刷（喷）涂料 2. 5mm 厚 1∶2.5 水泥砂浆抹面 3. 5mm 厚 1∶3 水泥砂浆打底 4. 刷素水泥浆一道（内掺建筑胶） 5. 现浇或预制钢筋混凝土板
外墙	1. 8mm 厚 1∶1.5 水泥石子（小八厘）罩面，水刷露出石子 2. 刷素水泥浆一道 3. 12mm 厚 1∶3 水泥砂浆打底扫毛 4. 砖墙面清扫集灰适量洇水
内墙	1. 刷（喷）内墙涂料 2. 2mm 厚麻刀灰抹面 3. 6mm 厚 1∶3 石灰膏砂浆 4. 10mm 厚 1∶3∶9 水泥石灰膏砂浆打底
屋面	1. 4mm 厚高聚物改性沥青卷材防水层（带铝箔保护层） 2. 20mm 厚 1∶3 水泥砂浆找平层 3. 1∶6 水泥焦渣找 2%坡，最薄处 30mm 厚 4. 钢筋混凝土基层

续表

部　　位	工　程　做　法
踢脚	1. 6mm 厚 1∶2.5 水泥砂浆，压实抹光 2. 6mm 厚 1∶3 水泥砂浆打底扫毛
地面	1. 20mm 厚 1∶2.5 水泥砂浆地面 2. 素水泥浆一道 3. 60mm 厚 C15 混凝土 4. 150mm 厚 3∶7 灰土 5. 素土夯实
散水	1. 50mm 厚 C15 混凝土撒 1∶1 水泥砂子压实赶光 2. 150mm 厚 3∶7 灰土垫层 3. 素土夯实
台阶	1. 20mm 厚 1∶2.5 水泥砂浆抹面压实赶光 2. 素水泥浆结合层一道 3. 60mm 厚 C15 混凝土台阶 4. 素土夯实

表 11-14　　门　窗　表

门窗名称	洞口尺寸	樘　　数	备　　注
C1	1500×1800	5	铝合金推拉窗
M1	1000×2100	3	单扇无亮镶板木门

二、工程量清单

1. 封面（略）

2. 填表须知（略）

3. 总说明

（1）工程概况：建筑面积为 55.75m²，单层混合结构。施工工期 15 天。

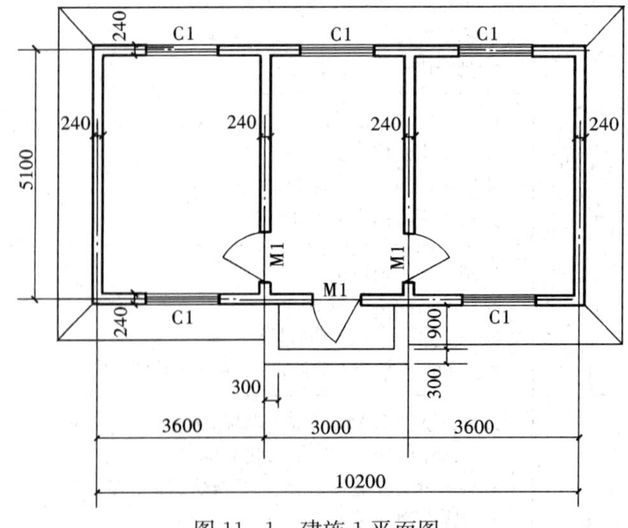

图 11-1　建施 1 平面图

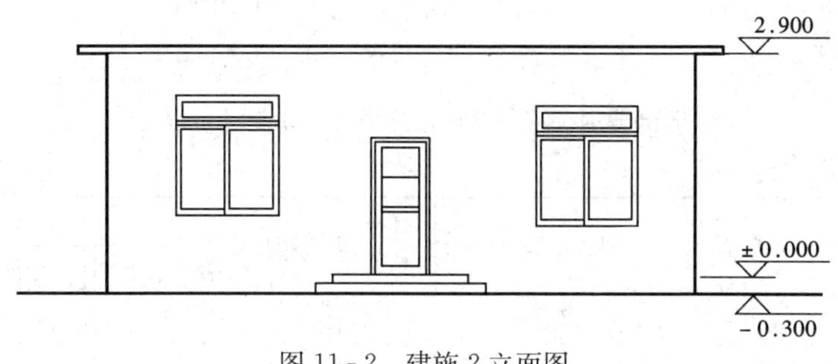

图 11-2　建施 2 立面图

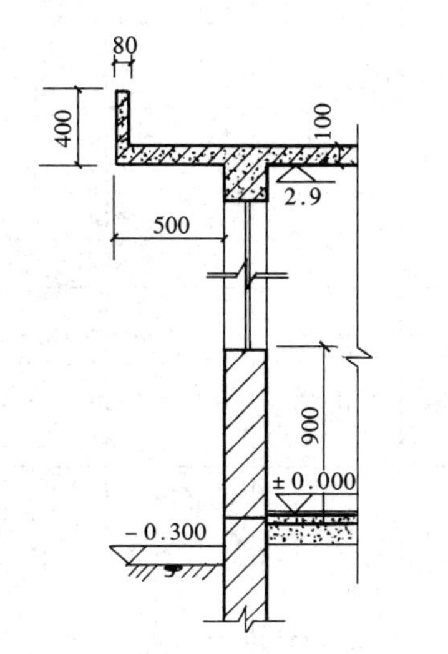

图 11-3　建施 3 墙身大样

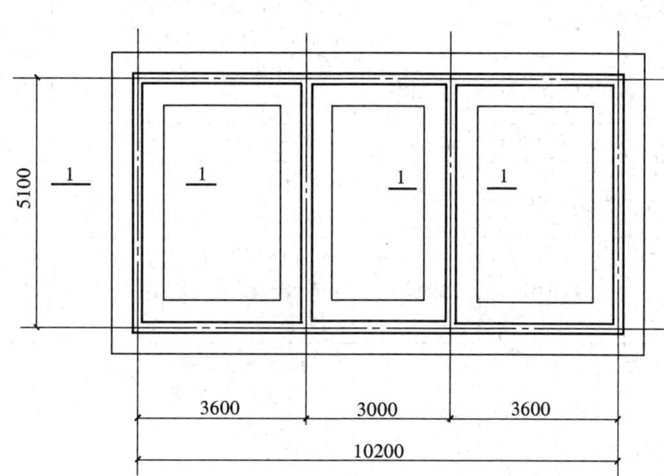

图 11-4　结施 1 基础平面图

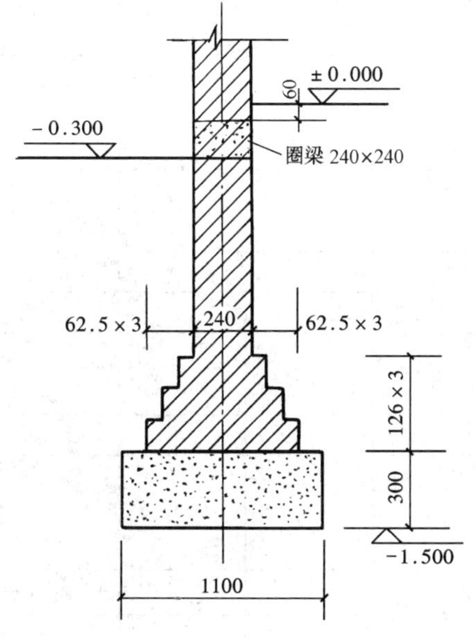

图 11-5　结施 1　1—1 剖面图

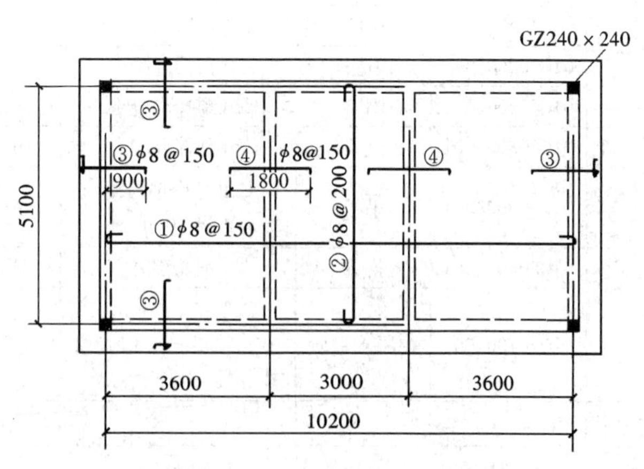

图 11-6　结施 2 结构平面图

（2）编制依据：《建设工程量清单计价规范》、施工设计图纸。

4. 分部分项工程和单价措施项目清单与计价表（表 11-15）

表 11-15 分部分项工程和单价措施项目清单与计价表

工程名称：某传达室 标段： 第 1 页共 4 页

序号	项目编码	项目名称	项目特征描述	计量单位	工程量	金额（元）		
						综合单价	合价	其中：暂估价
		0101 土石方工程						
1	010101001001	平整场地	二类土，土方就地挖填找平	m^2	55.75			
2	010101003001	挖沟槽土方	二类土，条形砖基础，挖土深度 1.2m	m^3	50.95			
3	010103001001	基础回填	素土回填夯实，取土运距 1km	m^3	21.40			
4	010103001002	房心回填	素土夯实	m^3	3.22			
		分部小计						
		0104 砌筑工程						
5	010401001001	砖基础	Mu10 标准机红砖，M5 水泥砂浆砌筑带形砖基础	m^3	13.64			
6	010401003001	实心砖外墙	Mu10 标准机红砖，M5 混合砂浆砌筑 1 砖厚实心砖外墙，墙高 2.9m	m^3	15.25			
7	010401003002	实心砖内墙	Mu10 标准机红砖，M5 混合砂浆砌筑 1 砖厚实心砖内墙，墙高 2.9m	m^3	5.99			
8	010404001001	垫层	砖基础下 300mm 厚 3：7 灰土	m^3	12.74			
		分部小计						
		0105 混凝土及钢筋混凝土工程						
9	010502002001	构造柱	C20 预拌混凝土	m^3	0.86			
10	010503004001	圈梁	C20 预拌混凝土	m^3	2.7			
11	010503005001	过梁	C20 预拌混凝土	m^3	0.48			
12	010505003001	平板	C20 预拌混凝土板，板厚 100mm	m^3	5.55			
13	010505007001	挑檐	C20 钢筋混凝土	m^3	2.52			
14	010507004001	混凝土台阶	踏步高 150mm，踏步宽 300mm，C15 预拌混凝土	m^2	2.52			
本页小计								
合计								

续表

工程名称：某传达室　　标段：　　第 2 页共 4 页

序号	项目编码	项目名称	项目特征描述	计量单位	工程量	金额（元）		
						综合单价	合价	其中：暂估价
15	010507001001	细石混凝土散水	50mm 厚 C15 细石混凝土（预拌）散水撒 1∶1 水泥砂子压实赶光，150mm 厚 3∶7 灰土垫层，沥青砂浆填塞伸缩缝	m^2	25.4			
16	010515001001	现浇构件钢筋	HPB300，Φ10 以内	t	0.61			
17	010515001002	现浇构件钢筋	HPB300，Φ10 以外	t	0.12			
18	010515001003	现浇构件钢筋	HRB335，Φ20 以内	t	0.07			
19	010515001004	砌体加固钢筋	HPB300，Φ6.5	t	0.03			
		分部小计						
		0109 屋面及防水工程						
20	010902001001	屋面卷材防水	4mm 厚 SBS 改性沥青卷材防水层一道，热熔法施工	m^2	83.01			
21	011101006001	屋面砂浆找平层	20mm 厚 1∶3 水泥砂浆找平层	m^2	83.01			
22	010902004001	屋面 PVC 排水管	ϕ75PVC 排水管、水斗、镀锌铁皮水口	m	6.60			
		分部小计						
		0110 保温、隔热、防腐工程						
23	011001001001	屋面保温层	1∶6 水泥焦渣保温屋面，找 2%坡，最薄处 30mm 厚	m^2	55.75			
		分部小计						
本页小计								
合　计								

续表

工程名称：某传达室 标段： 第3页共4页

序号	项目编码	项目名称	项目特征描述	计量单位	工程量	金额（元）		
						综合单价	合价	其中：暂估价
		0111 楼地面装饰工程						
24	011101001001	水泥砂浆地面	20mm 厚 1∶2.5 水泥砂浆地面，素水泥浆一道	m^2	47.15			
25	010404001002	垫层	水泥砂浆地面下 150mm 厚 3∶7 灰土垫层	m^3	7.07			
26	010501001001	垫层	水泥砂浆地面下 60mm 厚 C15 混凝土垫层	m^3	2.83			
27	011105001001	踢脚线	150mm 高，6mm 厚 1∶2.5 水泥砂浆压实抹光，6mm 厚 1∶3 水泥砂浆打底扫毛	m^2	6.65			
28	011107004001	水泥砂浆台阶	20mm 厚 1∶2.5 水泥砂浆抹面压实赶光，素水泥浆结合层一道	m^2	2.52			
		分部小计						
		0112 墙、柱面装饰与隔断、幕墙工程						
29	011201001001	内墙面抹灰	2mm 厚麻刀灰抹面，6mm 厚 1∶3 石灰膏砂浆，10mm 厚 1∶3∶9 水泥石灰膏砂浆打底	m^2	115.55			
30	011201002001	外墙面装饰抹灰	8mm 厚 1∶1.5 水泥石子（小八厘）罩面，刷素水泥浆一道，12mm 厚 1∶3 水泥砂浆打底扫毛，砖墙面清扫集灰适量洇水	m^2	98.44			
		分部小计						
		0113 天棚工程						
31	011301001001	天棚抹灰	5mm 厚 1∶2.5 水泥砂浆抹面，5mm 厚 1∶3水泥砂浆打底，刷素水泥浆一道（内掺建筑胶）	m^2	62.85			
		分部小计						
本页小计								
合计								

续表

工程名称：某传达室　　标段：　　第 4 页共 4 页

序号	项目编码	项目名称	项目特征描述	计量单位	工程量	金额（元）		
						综合单价	合价	其中：暂估价
		0108 门窗工程						
32	010801001001	镶板木门	木门，洞口尺寸 1000 × 2100，5mm 白玻	樘	3			
33	020406001001	铝合金推拉窗	5mm 白玻，洞口尺寸 1500×1800	樘	5			
		分部小计						
		0114 油漆、涂料、裱糊工程						
34	011401001001	木门油漆	底油一遍，调和漆两遍	樘	3			
35	011407001001	内墙面刷涂料	抹灰面刷仿瓷涂料两遍，找补腻子	m^2	117.65			
36	011407002001	天棚面刷涂料	抹灰面刷仿瓷涂料两遍，找补腻子	m^2	62.85			
		分部小计						
		0117 措施项目						
37	011701001001	综合脚手架	砖混结构，檐高 3m	m^2	55.75			
38	011702003001	构造柱模板	木胶合板	m^2	7.95			
39	011702008001	圈梁模板	木胶合板	m^2	23.93			
40	011702009001	过梁模板	木胶合板	m^2	4.8			
41	011702017001	平板模板	木胶合板	m^2	46.07			
42	011702022001	挑檐模板	木胶合板	m^2	41.48			
43	011702027001	台阶模板	木胶合板	m^2	2.52			
		分部小计						
本页小计								
合计								

5. 分部分项工程和单价措施项目清单工程量计算表（表 11 - 16）

表 11 - 16　　分部分项和单价措施项目清单工程量计算表

项目编码	项目名称	单位	工程数量	计算式
土石方工程				
010101001001	平整场地	m^2	55.75	(10.2+0.24) × (5.1+0.24)
010101003001	挖沟槽土方	m^3	50.95	1.1×1.2× [30.6 ($L_{中}$) + (5.1−1.1) ×2]
010103001001	基础回填	m^3	21.40	基础回填：50.95− [0.24× (1.5−0.3−0.3) +0.0945] × [30.6+9.72 ($L_{内}$)（砖基础及构造柱）] −1.1×0.3× [30.6+ (5.1−1.1) ×2] （3∶7 灰土）−0.8× [31.56 ($L_{外}$) +0.8×4−3] × (0.02+0.15)（散水）
010103001002	房心回填	m^3	3.22	房心回填：[(3.6−0.24) × (5.1−0.24) ×2+ (3−0.24) × (5.1−0.24)] × (0.3−0.23) =46.07×0.07

续表

项目编码	项目名称	单位	工程数量	计算式
砌筑工程				
010401001001	M5 水泥砂浆砌砖基础	m^3	13.64	[0.24×（1.5－0.3）＋0.0945]×（30.6＋9.72）－（0.24×0.24×1.2×4＋0.03×0.24×2×1.2×4）（构造柱）－0.24×0.24×30.6（地圈梁）
010401003001	1 砖厚实心砖外墙	m^3	15.25	外墙：30.6×（3－0.1）×0.24－（1.5×1.8×5＋1×2.1）×0.24（门窗）－0.5（圈梁）－0.48（过梁）－0.85（构造柱）
010401003002	1砖厚实心砖内墙	m^3	5.99	内墙：9.72×0.24－（1×2.1）×0.24（门）
010404001001	砖基础下垫层	m^3	12.74	1.1×0.3×[30.6＋（5.1－1.1）]×2
混凝土及钢筋混凝土工程				
010502002001	构造柱 C20	m^3	0.86	（0.24×0.24×3.06＋0.03×0.24×2×2.76）×4
010503004001	圈梁 C20	m^3	2.7	0.24×0.14×30.6－0.48－0.24×0.24×0.2×4（构造柱）＋0.24×0.24×30.6（地圈梁）
010503005001	过梁 C20	m^3	0.48	（1.5＋0.5）×0.24×0.2×5
010505003001	平板 C20	m^3	5.55	55.75×0.1－0.24×0.24×0.1×4
010505007001	挑檐 C20	m^3	2.52	0.5×0.1×（31.56＋0.5×4）＋0.3×0.08×（31.56＋0.42×8）
010507004001	台阶	m^2	2.52	3×1.2－（3－1.2）×0.9－0.3
010507001001	50mm 厚 C15 细石混凝土散水	m^2	25.4	0.8×（31.56＋0.8×4－3）
010515001001～010515001003	现浇钢筋	t	0.80	（略）
010515001001	砌体加固钢筋	t	0.03	（略）
屋面及防水工程				
010902001001	屋面改性沥青卷材防水	m^2	83.01	55.75＋0.5×（31.56＋0.5×4）＋0.3×（31.56＋0.42×8）
011101006001	屋面找平层	m^2	83.01	同上
010902004001	屋面 PVC 排水管	m	6.6	3.3×2（根）
保温、隔热、防腐工程				
011001001001	1∶6 水泥焦渣保温屋面	m^2	55.75	见平整场地
楼地面装饰工程				
011101001001	20mm 厚 1∶2.5 水泥砂浆地面	m^2	47.15	46.07＋[（3－1.2）×（0.9－0.3）]（平台）
010404001002	水泥砂浆地面下 60mm 厚混凝土垫层	m^3	2.83	47.15×0.06

续表

项目编码	项目名称	单位	工程数量	计算式
010501001001	水泥砂浆地面下150mm厚3∶7灰土垫层	m^3	7.07	47.15×0.15
011105001001	150mm高水泥砂浆踢脚线	m^2	6.65	[（10.2−0.24−0.48+5.1−0.24）×2+9.72×2−1×5（门）+0.12×10（门侧壁）]×0.15=（48.12−5+1.2）×0.15
011107004001	20mm厚1∶2.5水泥砂浆台阶	m^2	2.52	3×1.2−（3−1.2）×（0.9−0.3）（平台）
墙、柱面装饰与隔断、幕墙工程				
011201001001	内墙面一般抹灰6+10	m^2	117.65	48.12×2.9−2.1×2×2−1.5×1.8×5
011201002001	外墙面水刷石8+12	m^2	98.44	31.56×3.2−1.5×1.8×5−2.1−（3×0.15+2.4×0.3）（台阶）+0.4×（31.56+0.5×8）（挑檐）
天棚工程				
011301001001	天棚抹灰5+5	m^2	62.85	46.07+0.5×（31.56+0.5×4）
门窗工程				
010801001001	镶板木门	樘	3	
010807001001	铝合金推拉窗	樘	5	
油漆、涂料、裱糊工程				
011401001001	木门油漆	樘	3	
011407001001	内墙面刷涂料	m^2	117.65	117.65
011407002001	天棚面刷涂料	m^2	62.85	62.85
措施项目				
011701001001	综合脚手架	m^2	55.75	（10.2+0.24）×（5.1+0.24）
011702003001	构造柱模板	m^2	7.95	（0.24+0.06）×（2.7+0.06）×2×4+0.06×（2.7+0.06）×2×4
011702008001	圈梁模板	m^2	23.93	（0.2+0.24）×（10.2+5.1）×2×2−0.2×2×1.5×5
011702009001	过梁模板	m^2	4.8	（0.2×2+0.24）×1.5×5
011702017001	平板模板	m^2	46.07	（10.2−0.24×3）×（5.1−0.24）
011702022001	挑檐模板	m^2	41.48	0.5×（31.56+0.5×4）+0.4×（31.56+0.5×8）+0.3×（31.56+0.42×8）
011702027001	台阶模板	m^2	2.52	3×1.2−（3−1.2）×（0.9−0.3）

6. 总价措施项目清单与计价表（见表11-17）
7. 其他项目清单与计价汇总表（表11-18）
8. 暂列金额等明细表（略）
9. 规费、税金项目计价表（表11-19）

表 11-17 **总价措施项目清单与计价表**

工程名称：某传达室 标段： 第 1 页共 1 页

序号	项目编码	项目名称	计算基础	费率（%）	金额（元）	调整费率（%）	调整后金额（元）	备注
1	011707001001	安全文明施工费						
合计								

表 11-18 **其他项目清单与计价汇总表**

工程名称：某传达室 标段： 第 1 页共 1 页

序号	项目名称	金额（元）	结算金额（元）	备注
1	暂列金额			
2	暂估价			
2.1	材料暂估价			
2.2	专业工程暂估价			
3	计日工			
4	总承包服务费			
合计				

注 表中暂列金额、暂估价的金额由招标人确定。

表 11-19 **规费、税金项目计价表**

工程名称：某传达室 标段： 第 1 页共 1 页

序号	项目名称	计算基础	费率（%）	金额（元）
1	规费			
1.1	社会保障费	（1）＋（2）＋（3）		
（1）	养老保险费	直接费		
（2）	失业保险费	直接费		
（3）	医疗保险费	直接费		
1.2	住房公积金	直接费		
1.3	危险作业意外伤害保险	直接费		
1.4	工程定额测定费	直接费		
2	税金	分部分项工程费＋措施项目费＋其他项目费＋规费		
合计				

三、工程量清单计价

1. 工程量清单报价表（略）

2. 投标总价（略）

3. 工程项目总价表（略）

4. 单项工程费汇总表（略）

5. 单位工程投标报价汇总表（表 11 - 20）

表 11 - 20　　单位工程投标报价汇总表

工程名称：某传达室　　标段：　　第 1 页共 1 页

序号	汇总内容	金额（元）	其中：暂估价（元）
1	分部分项工程	22276.58	
0101	土石方工程	1069.16	
0104	砌筑工程	4813.87	
0105	混凝土及钢筋混凝土工程	5877.67	
0109	屋面及防水工程	2834.01	
0110	保温、隔热、防腐工程	427.05	
0111	楼地面装饰工程	1281.34	
0112	墙、柱面装饰与隔断、幕墙工程	2325.35	
0113	天棚工程	522.91	
0108	门窗工程	2136.48	
0114	油漆、涂料、裱糊工程	988.74	
2	措施项目	5204.28	
0117	其中：安全文明施工费	1126.23	
3	其他项目		
4	规费	2390.07	
5	税金	1038.61	
投标报价合计=1+2+3+4+5		30909.54	

6. 分部分项工程和单价措施项目清单与计价表（表 11 - 21）

7. 分部分项工程和单价措施项目定额工程量（表 11 - 22）

8. 总价措施项目清单与计价表（表 11 - 23）

9. 其他项目清单与计价汇总表（略）

10. 暂列金额等明细表（略）

11. 规费、税金项目计价表（表 11 - 24）

12. 综合单价分析表（表 11-25）

表 11-21 **分部分项工程和单价措施项目清单与计价表**

工程名称：某传达室 标段： 第1页共4页

序号	项目编码	项目名称	项目特征描述	计量单位	工程量	金额（元）		
						综合单价	合价	其中：暂估价
		0101 土石方工程						
1	010101001001	平整场地	二类土，土方就地挖填找平	m^2	55.75	3.87	215.75	
2	010101003001	挖沟槽土方	二类土，条形砖基础，挖土深度 1.2m	m^3	50.95	12.54	638.91	
3	010103001001	基础回填	素土回填夯实，取土运距 1km	m^3	21.40	8.06	172.48	
4	010103001002	房心回填	素土夯实	m^3	3.22	13.05	42.02	
		分部小计					1069.16	
		0104 砌筑工程						
5	010401001001	砖基础	Mu10 标准机红砖，M5 水泥砂浆砌筑带形砖基础	m^3	13.64	118.41	1615.11	
6	010401003001	实心砖外墙	Mu10 标准机红砖，M5 混合砂浆砌筑 1 砖厚实心砖外墙	m^3	15.25	127.12	1938.63	
7	010401003002	实心砖内墙	Mu10 标准机红砖，M5 混合砂浆砌筑 1 砖厚实心砖内墙，墙高 2.9m	m^3	5.99	123.0	736.76	
8	010404001001	垫层	砖基础下 300mm 厚 3∶7 灰土	m^3	12.74	41.08	523.37	
		分部小计					4813.87	
		0105 混凝土及钢筋混凝土工程						
9	010502002001	构造柱	C20 预拌混凝土	m^3	0.86	231.04	198.69	
10	010503004001	圈梁	C20 预拌混凝土	m^3	2.7	212.98	575.05	
11	010503005001	过梁	C20 预拌混凝土	m^3	0.48	224.75	107.88	
12	010505003001	平板	C20 预拌混凝土	m^3	5.55	194.45	1079.20	
13	010505007001	挑檐	C20 钢筋混凝土	m^3	2.52	235.38	593.16	
		本页小计					8524.67	
		合计					8524.67	

续表

工程名称：某传达室　　标段：　　第2页共4页

序号	项目编码	项目名称	项目特征描述	计量单位	工程量	金额（元）		
						综合单价	合价	其中：暂估价
14	010507004001	混凝土台阶	踏步高150mm，踏步宽300mm，C15预拌混凝土	m²	2.52	34.78	87.65	
15	010507001001	细石混凝土散水	50mm厚C15细石混凝土（预拌）散水撒1∶1水泥砂子压实赶光，150mm厚3∶7灰土垫层，沥青砂浆填塞伸缩缝	m²	25.4	26.48	672.59	
16	010515001001	现浇构件钢筋	HPB300，Φ10以内	t	0.61	3112.45	1898.59	
17	010515001002	现浇构件钢筋	HPB300，Φ10以外	t	0.12	2958.26	354.99	
18	010515001003	现浇构件钢筋	HRB335，Φ20以内	t	0.07	3125.61	218.79	
19	010515001004	砌体加固钢筋	HPB300，Φ6.5	t	0.03	3035.96	91.08	
		分部小计					5877.67	
		0109屋面及防水工程						
20	010902001001	屋面卷材防水	4mm厚SBS改性沥青卷材防水层一道，热熔法施工	m²	83.01	25.18	2090.19	
21	011101006001	屋面砂浆找平层	20mm厚1∶3水泥砂浆找平层	m²	83.01	7.05	585.22	
22	010902004001	屋面PVC排水管	ϕ75PVC排水管、水斗、镀锌铁皮水口	m	6.60	24.03	158.60	
		分部小计					2834.01	
		0110保温、隔热、防腐工程						
23	011001001001	屋面保温层	1∶6水泥焦渣保温屋面，找2%坡，最薄处30mm厚	m²	55.75	7.66	427.05	
		分部小计					427.05	
本页小计							6497.10	
合计							15021.77	

续表

工程名称：某传达室 标段： 第3页共4页

序号	项目编码	项目名称	项目特征描述	计量单位	工程量	金额（元）		
						综合单价	合价	其中：暂估价
		0111 楼地面装饰工程						
24	011101001001	水泥砂浆地面	20mm厚1∶2.5水泥砂浆地面，素水泥浆一道	m^2	47.15	8.11	382.17	
25	010404001002	垫层	水泥砂浆地面下150mm厚3∶7灰土垫层	m^3	7.07	41.08	290.43	
26	010501001001	垫层	水泥砂浆地面下60mm厚C15混凝土垫层	m^3	2.83	168.69	477.39	
27	011105001001	踢脚线	150mm高，6mm厚1∶2.5水泥砂浆压实抹光，6mm厚1∶3水泥砂浆打底扫毛	m^2	6.65	14.04	93.37	
28	011107004001	水泥砂浆台阶	20mm厚1∶2.5水泥砂浆抹面压实赶光，素水泥浆结合层一道，素土夯实	m^2	2.52	15.07	37.98	
		分部小计					1281.34	
		0112 墙、柱面装饰与隔断、幕墙工程						
29	011201001001	内墙面抹灰	2mm厚麻刀灰抹面，6mm厚1∶3石灰膏砂浆，10mm厚1∶3∶9水泥石灰膏砂浆打底	m^2	117.65	5.78	679.43	
30	011201002001	外墙面装饰抹灰	8mm厚1∶1.5水泥石子（小八厘）罩面，刷素水泥浆一道，12mm厚1∶3水泥砂浆打底扫毛，砖墙面清扫集灰适量洒水	m^2	98.44	16.72	1645.92	
		分部小计					2325.35	
		0113 天棚工程						
31	011301001001	天棚抹灰	5mm厚1∶2.5水泥砂浆抹面，5mm厚1∶3水泥砂浆打底，刷素水泥浆一道（内掺建筑胶）	m^2	62.85	8.32	522.91	
		分部小计					522.91	
本页小计							5973.48	
合　计							4129.56	

续表

工程名称：某传达室　　　　标段：　　　　第4页共4页

序号	项目编码	项目名称	项目特征描述	计量单位	工程量	金额（元）		
						综合单价	合价	其中：暂估价
		0108门窗工程						
32	010801001001	镶板木门	木门，洞口尺寸1000×2100，5mm白玻	樘	3	232.16	696.48	
33	010807001001	铝合金推拉窗	5mm白玻，洞口尺寸1500×1800	樘	5	486.00	2430.00	
		分部小计					2136.48	
		0114油漆、涂料、裱糊工程						
34	011401001001	木门油漆	底油一遍，调和漆两遍	樘	3	23.92	71.76	
35	011407001001	内墙面刷涂料	抹灰面刷仿瓷涂料两遍，找补腻子	m^2	117.65	5.08	597.66	
36	011407002001	天棚面刷涂料	抹灰面刷仿瓷涂料两遍，找补腻子	m^2	62.85	5.08	319.32	
		分部小计					988.74	
		0117措施项目						
37	011701001001	综合脚手架	砖混结构，檐高3m	m^2	55.75	16.28	907.61	
38	011702003001	构造柱模板	钢模板	m^2	7.95	27.96	222.27	
39	011702008001	圈梁模板	钢模板	m^2	23.93	18.75	448.57	
40	011702009001	过梁模板	钢模板	m^2	4.8	30.93	148.45	
41	011702017001	平板模板	钢模板	m^2	46.07	19.53	899.76	
42	011702022001	挑檐模板	钢模板	m^2	41.48	34.00	1410.32	
43	011702027001	台阶模板	钢模板	m^2	2.52	16.30	41.07	
		分部小计					4078.05	
本页小计							7203.27	
合　计							11332.83	

表 11 - 22　　分部分项工程和单价措施项目定额工程量计算表

项目编码	项目名称	单位	工程数量	计　算　式
土石方工程				
010101001001	平整场地	m^2	134.87	55.75＋2×31.56＋16
010101003001	挖基础土方	m^3	50.95	挖土方：1.1×1.2×［30.6（$L_{中}$）＋（5.1－1.1）×2］（本例不需放坡及增加工作面）
				基底钎探：1.1×［30.6（$L_{中}$）＋（5.1－1.1）×2］＝42.46m^2
010103001001	基础回填	m^3	21.4	基础回填同表 11 - 26
				运土：50.95－24.62×1.15－（12.74＋3.81＋7.02）（3∶7 灰土基础垫层，散水下、地面垫层）×1.14＝－4.32m^3
010103001002	房心回填	m^3	3.22	房心回填同表 11 - 26
砌筑工程				
010401001001	M5 水泥砂浆砌砖基础	m^3	13.64	砖基础：［0.24×（1.5－0.3）＋0.094 5］×（30.6＋9.72）－（0.24×0.24×0.06×4＋0.03×0.24×2×0.06×4）（构造柱）－0.24×0.24×30.6（地圈梁）＝13.64m^3
				3∶7 灰土垫层：1.1×0.3×［30.6＋（5.1－1.1）×2］＝12.74m^3
010401003001	1 砖厚实心砖外墙	m^3	15.09	外墙：30.6×（3－0.1）×0.24－（1.5×1.8×5＋1×2.1）×0.24（门窗）－0.5（圈梁）－（0.48＋0.158）（过梁）－0.85（构造柱）
				钢筋砖过梁：0.158m^3
010401003002	1 砖厚实心砖内墙	m^3	5.44	内墙：9.72×（3－0.1）×0.24－（1×2.1）×0.24（门）－0.158×2（钢筋砖过梁）
				钢筋砖过梁：0.158×3＝0.47m^3
010404001001	砖基础下垫层	m^3	12.74	1.1×0.3×［30.6＋（5.1－1.1）×2］＝12.74m^3
混凝土及钢筋混凝土工程				
010502002001	构造柱 C20	m^3	0.86	（0.24×0.24×3.06＋0.03×0.24×2×2.76）×4
010503004001	圈梁 C20	m^3	2.7	0.24×0.14×30.6－0.48－0.24×0.24×0.2×4（构造柱）＋0.24×0.24×30.6（地圈梁）
010503005001	过梁 C20	m^3	0.48	（1.5＋0.5）×0.24×0.2×5
010505003001	平板 C20	m^3	5.55	55.75×0.1－0.24×0.24×0.1×4
010505007001	挑檐 C20	m^3	2.52	0.5×0.1×（31.56＋0.5×4）＋0.3×0.08×（31.56＋0.42×8）
010507004001	台阶	m^2	0.864	0.9×（3－0.6）×0.15＋3×1.2×0.15
010507001001	50mm 厚 C15 细石混凝土散水	m^2	25.4	0.8×（31.56＋0.8×4－3）
010515001001～010515001003	现浇钢筋	t	0.80	（略）
	Φ10 以内	t	0.61	（略）
	Φ10 以外	t	0.12	（略）
	Φ20 以内	t	0.07	（略）

续表

项目编码	项目名称	单位	工程数量	计　算　式
010515001001	砌体加固钢筋	t	0.03	（略）
屋面及防水工程				
010902001001	屋面改性沥青卷材防水	m^2	83.01	防水层：55.75＋0.5×（31.56＋0.5×4）＋0.3×（31.56＋0.42×8）＝83.01m^2
011101006001	屋面找平层	m^2	83.01	同上
010902004001	屋面 PVC 排水管	m	6.6	排水管：3.3×2（根）＝5.94m
				水斗：2 个
				下水口：0.45×2＝0.9m^2
保温、隔热、防腐工程				
011001001001	1∶6 水泥焦渣保温屋面	m^3	4.63	55.75×［0.03＋0.053（平均厚度）］
楼地面装饰工程				
011101001001	20mm 厚 1∶2.5 水泥砂浆地面	m^2	47.87	面层：46.07＋［（3－1.2）×（0.9－0.3）］（平台）＝47.87m^2
				混凝土垫层：（46.07＋1×0.24×3）×0.06＝2.81m^3
				3∶7 灰土垫层：（46.07＋1×0.24×3）×0.15＝7.02m^3
010501001001	混凝土垫层	m^3	2.81	（46.07＋1×0.24×3）×0.06
010404001002	3∶7 灰土垫层	m^3	7.02	（46.07＋1×0.24×3）×0.15
011105001001	150mm 高水泥砂浆踢脚线	m	48.12	［（10.2－0.24－0.48＋5.1－0.24）×2＋9.72×2－1×5（门）＋0.12×10（门侧壁）］＝48.12－5＋1.2
011107004001	20mm 厚 1∶2.5 水泥砂浆台阶	m^2	2.52	3×1.2－（3－1.2）×（0.9－0.3）（平台）
墙、柱面装饰与隔断、幕墙工程				
011201001001	内墙面一般抹灰 6＋10	m^2	115.55	48.12×2.9－2.1×2×2－1.5×1.8×5
011201002001	外墙面水刷石8＋12	m^2	98.44	外墙面：31.56×3.2－1.5×1.8×5－2.1－（3×0.15＋2.4×0.3）（台阶）＝84.22m^2
				挑檐：0.4×（31.56＋0.5×8）＝14.22m^2
天棚工程				
011301001001	天棚抹灰 5＋5	m^2	62.85	见表 11-26
门窗工程				
010801001001	镶板木门	m^2	6.3	1×2.1×3
010807001001	铝合金推拉窗	m^2	13.5	1.5×1.8×5
油漆、涂料、裱糊工程				
011401001001	木门油漆	m^2	6.3	1×2.1×3

续表

项目编码	项目名称	单位	工程数量	计 算 式
011407001001	内墙面刷涂料	m^2	117.65	117.65
011407002001	天棚面刷涂料	m^2	62.85	62.85
措施项目：同清单工程量				

表 11-23 **总价措施项目清单与计价表**

工程名称：某传达室 标段： 第1页共1页

序号	项目编码	项目名称	计算基础	费率（%）	金额（元）	调整费率（%）	调整后金额（元）	备注
1	011707001001	安全文明施工费	分部分项工程费中人工费、材料费、机械费	6.0	759.45			
合 计					759.45			

表 11-24 **规费、税金项目计价表**

工程名称：某传达室 标段： 第1页共1页

序号	项目名称	计算基础	计算基数	计算费率%	金额（元）
1	规费				2390.07
1.1	社会保障费	（1）＋（2）＋（3）＋（4）＋（5）			2047.19
（1）	养老保险费	定额人工费＋材料费＋机械费		6.58	1658.93
（2）	失业保险费	定额人工费＋材料费＋机械费		0.32	80.68
（3）	医疗保险费	定额人工费＋材料费＋机械费		0.96	242.03
（4）	工伤保险费	定额人工费＋材料费＋机械费		0.16	40.34
（5）	生育保险费	定额人工费＋材料费＋机械费		0.10	25.21
1.2	住房公积金	定额人工费＋材料费＋机械费		1.36	342.88
1.3	工程排污费	按实计入			
2	税金	分部分项工程费＋措施项目费＋其他项目费＋规费	3.477		1038.61
合 计					3428.68

表 11 - 25

综合单价分析表

工程名称：某传达室　　标段：　　第 1 页共 3 页

项目编码	010101001001	项目名称	平整场地	计量单位	m^2

清单综合单价组成明细											
定额编号	定额名称	定额单位	数量	单价				合价			
				人工费	材料费	机械费	管理费和利润	人工费	材料费	机械费	管理费和利润
1—29	平整场地	m^2	2.42	1.46	0.00	0.00	0.14	3.53			0.34
人工单价	小　计							3.53			0.34
23.7 元/工日	未计价材料费										
清单项目综合单价								3.87			

材料费明细	主要材料名称、规格、型号	单位	数量	单价（元）	合价（元）	暂估单位（元）	暂估合价（元）
	材料费小计						

清单综合单价组成明细											
定额编号	定额名称	定额单位	数量	单价				合价			
				人工费	材料费	机械费	管理费和利润	人工费	材料费	机械费	管理费和利润
1—8	人工挖地槽	m^3	1	9.79		0.04	0.89	9.79		0.04	0.89
1—28	原土打夯	m^2	0.83	0.26	0.03	0.12	0.45	0.22	0.03	0.10	0.37
1—32	地基钎探	m^2	0.83	1.21			0.11	1.0			0.10
人工单价	小　计							11.01	0.03	0.14	1.36
23.7 元/工日	未计价材料费										
清单项目综合单价								12.54			

续表

工程名称：某传达室　　　　标段：　　　　第2页共3页

项目编码	010101003001	项目名称	挖基础土方	计量单位	m^3

	主要材料名称、规格、型号	单位	数量	单价（元）	合价（元）	暂估单价（元）	暂估合价（元）
材料费明细	水	m^3	0.01	3.00	0.14		
	材料费小计				0.14		

清单综合单价组成明细

定额编号	定额名称	定额单位	数量	单价				合价			
				人工费	材料费	机械费	管理费和利润	人工费	材料费	机械费	管理费和利润
4−1	砖基础	m^3	1	27.8	79.20	1.89	9.52	27.8	79.20	1.89	9.52
人工单价		小　计						27.8	79.20	1.89	9.52
23.7元/工日		未计价材料费									
清单项目综合单价								118.41			

续表

工程名称：某传达室　　　标段：　　　第 3 页共 3 页

项目编码	010301001001	项目名称	砖基础	计量单位	m^3		
材料费明细	主要材料名称、规格、型号	单位	数量	单价（元）	合价（元）	暂估单价（元）	暂估合价（元）
	红砖 240×115×53	千块	0.52	109.02	56.51		
	水泥 325 号	kg	54.05	0.23	12.52		
	水洗中（粗）砂	m^3	0.29	33.03	9.43		
	黄土	m^3	0.94	3.03	2.86		
	生石灰	kg	229.24	0.063	14.44		
	工程用水	m^3	0.44	2.75	1.22		
	材料费小计				94.12		

注　清单综合单价组成明细中的“数量”＝定额工程量（计算详见表 11-22）/清单工程量，如平整场地数量 2.42＝134.87/55.75。

思考与练习题

1. 工程量清单计价模式下建筑工程费用由哪几部分构成？
2. 何谓综合单价？确定综合单价时应注意什么问题？
3. 投标人投标报价时分部分项工程费、措施项目费如何确定？
4. 其他项目费包括哪几部分内容？在招标人确定招标控制价时其费用如何确定？
5. 某住宅楼门洞口尺寸为1000mm×2100mm，要求编制其门窗工程工程量清单，并确定综合单价及进行单价分析。已知条件见表 11-26。

表 11-26　　　**木门特征表**

门类型	樘数	框、扇断面（cm^2）	玻璃品种	五金特征	油漆特征
镶板木门（单扇不带亮）	10	框断面 57.00 扇断面 44.70	平板玻璃 3mm 厚	普通小五金	调和漆两遍，底油一遍，满刮腻子

参 考 文 献

[1] 建设部标准定额研究所.《建设工程工程量清单计价规范》(GB 50500—2003) 宣贯辅导教材. 北京：中国计划出版社，2003.

[2]《建设工程工程量清单计价规范》编制组.《建设工程工程量清单计价规范》(GB 50500—2008) 宣贯辅导教材. 北京：中国计划出版社，2008.

[3] 北京广联达慧中软件技术有限公司工程量清单专家顾问委员会. 工程量清单的编制与投标报价. 北京：中国建材工业出版社，2003.

[4] 全国工程造价工程师考试培训教材编写（审定）委员会. 工程造价的确定与控制. 北京：中国计划出版社，2002.

[5] 中华人民共和国住房和城乡建设部. 建设工程工程量清单计价规范 (GB 50500—2013). 北京：中国计划出版社，2013.

[6] 中华人民共和国住房和城乡建设部. 房屋建筑与装饰工程工程量计算规范 (GB 50854—2013). 北京：中国计划出版社，2013.